国际信息工程先进技术译丛

无线 Ad Hoc 和传感器网络——协议、性能及控制

［美］贾甘纳坦·沙兰加班尼（Jagannathan Sarangapani） 著

熊庆旭 译

机械工业出版社

本书面向数据网络和无线通信领域的初学者介绍了数据网络和无线通信的基本概念，在此基础上分析讨论了 ATM 网络、蜂窝网络、对等网、无线传感器网络以及 RFID 网络的服务质量控制的基本问题、方法和技术，具体包括网络的拥塞控制、接入允许控制以及功率控制，同时包括网络的 MAC 技术和路由等技术。比较全面地介绍了各种网络中的相关技术，提供了作者独有的相关研究成果。另外，书中给出了大量第一手的参考文献，对读者阅读理解会起到直接的帮助。

本书可供通信、电子及计算机及相关领域的研究人员、工程技术人员以及高年级本科生和研究生学习参考。

Wireless Ad Hoc and Sensor Networks/by Jagannathan Sarangapani/ISBN：9780824726751

Copyright©2007 by Taylor & Francis Group, LLC

Authorized translation from English language edition published by CRC Press, part of Taylor & Francis Group LLC；All rights reserved；

本书中文简体翻译版授权由机械工业出版社独家出版并限在中国大陆地区销售。未经出版者书面许可，不得以任何方式复制或发行本书的任何部分。

Copies of this book sold without a Taylor & Francis Sticker on the cover are unauthorized and illegal. 本书封面贴有 Taylor & Francis 公司防伪标签，无标签者不得销售。

本书北京市版权局著作权登记号：图字 01-2011-4250。

图书在版编目（CIP）数据

无线 Ad Hoc 和传感器网络：协议、性能及控制/（美）沙兰加班尼（Sarangapani，J.）著；熊庆旭译. —北京：机械工业出版社，2015.3
（国际信息工程先进技术译丛）
书名原文：Wireless Ad Hoc and sensor networks：protocols, performance, and control
ISBN 978 - 7 - 111 - 49958 - 9

Ⅰ.①无… Ⅱ.①沙…②熊… Ⅲ.①移动通信 - 通信网②无线电通信 - 传感器 Ⅳ.①TN929.5②TP212

中国版本图书馆 CIP 数据核字（2015）第 075551 号

机械工业出版社（北京市百万庄大街 22 号　邮政编码 100037）
策划编辑：林春泉　责任编辑：吕　潇
责任印制：乔　宇　责任校对：张莉娟　任秀丽
北京京丰印刷厂印刷
2015 年 11 月第 1 版·第 1 次印刷
169mm×239mm·24 印张·481 千字
0 001—2 500 册
标准书号：ISBN 978 - 7 - 111 - 49958 - 9
定价：99.00 元

凡购本书，如有缺页、倒页、脱页，由本社发行部调换
电话服务　　　　　　　　　　　网络服务
服务咨询热线：010-88361066　　机 工 官 网：www.cmpbook.com
读者购书热线：010-68326294　　机 工 官 博：weibo.com/cmp1952
　　　　　　　010-88379203　　金 书 网：www.golden-book.com
封面无防伪标均为盗版　　　　　教育服务网：www.cmpedu.com

译 者 序

通信网络由早期的以电路交换为核心的电信网络发展到目前以 Internet 为代表的分组交换网络，由有线网络发展到无线网络。10 多年来，不同于具有基础设施的有线网络和无线蜂窝网络，以 Ad Hoc 为代表的无基础设施的网络技术得到了迅速发展。从 Ad Hoc 网络研究中独立出来的无线传感器网络以其无所不在的应用能力受到了学术界和工业界的高度重视，被许多技术和工业机构和组织评为 21 世纪最有发展前途的技术。2003 年美国国家自然科学基金会的一份研究报告甚至认为"人类历史上所有的在信息领域取得的成就在无线传感器网络面前都显得黯然失色"。而目前正日益得到应用的 RFID 技术便是无线传感器网络技术的简单应用之一。

相对于电路交换，分组交换带来了巨大的灵活性，尤其是对突发性数据具有较好的适应能力。但随之而来的是对网络的服务质量控制常常显得力不从心。这是由于网络业务的复杂多样以及交换过程对网络业务分布的改变通常难以预计和描述。目前，主流的网络技术研究是采用图论、随机过程理论、以及流理论等方法，从网络数据传输的过程出发，寻找相应的网络控制机制和方法。客观地说，虽然取得了不少结果，但总体不能令人满意，突出体现在理论分析与实际情况的差距较大。

值得指出的是，本书从动态系统的角度来观察网络，基于系统稳定性的分析，将网络的输入作为系统的扰动，应用李雅普诺夫方法来分析网络的性能，其具体分析的方法和过程是令人感兴趣的。这种分析角度和方法对于网络通信专业的研究人员来说是值得借鉴和参考的。尤其值得注意的是，在对相同问题在不同网络中的分析讨论时，本书从动态系统的角度展示了将在一种网络中的解决方法推广、改进、应用到另一种网络的过程和方法。这客观上说明了网络技术的核心问题是相同的，只是在不同网络环境和条件下，问题的体现和限制不同。同时应指出的是，网络通信是目前迅速发展的技术领域，不可能苛求书籍中介绍的具体技术当前依然是最新的，但其中对问题本身的分析和解决问题的角度、思路和方法的选取，在问题解决之前是有参考价值和借鉴意义的。显然分组交换的数据网络，无论是有线还是无线数据网络中的服务质量控制依然存在大量问题有待解决。为更好地理解本书内容，读者需要一定的系统理论的基础，书中对此给出了丰富的参考书籍。

为保持原书的特点和学术专业书籍的客观性，本书在翻译过程中以直译为主，只是在个别句子中采用了意译的方法。在本书的翻译过程中，得到了机械工业出版社林春泉编审的大力支持和帮助。同时本人的博士研究生闫付龙、杨丁，硕士生陈成昊、萧翰和张源参加了部分校对工作。在此一并致以衷心感谢。限于译者的水平及时间，书中可能存有错误和不妥之处，恳请读者批评指正。

熊庆旭

2015 年 1 月于北京航空航天大学

作者献辞

本书献给我的父母 Sarangapani Jagannathan 和 Janaki Sarangapani；我的妻子 Sandhya；我的女儿 Sadhika 和我的儿子 Anish Seshadri

原 书 前 言

本书的目的是引导初学者进入计算机和无线网络的控制领域，这是工程领域发展最快的领域之一。本书基于有助于理解一般概念和有线、蜂窝、无线 Ad Hoc、传感器网络等概念来阐述相关的技术概念。这些概念是设计、实施、研究和发明计算机网络以及无线通信网络控制协议的核心。

以前所未有的速度增长的因特网（Internet）业务，无线通信巨大的商业成功以及基于 Internet 协议（Internet Protocol, IP）的多媒体应用的大量涌现，是潜藏在当前及下一代网络演化背后主要的发展动力，被引入到有线、Ad Hoc 以及传感器网络中的数据、语音和视频要求提供不同的服务质量（Quality of Service, QoS）。有线和蜂窝网络具有相应的网络基础设施，例如计算机网络中的路由器和蜂窝网络中的基站（实现路由和其他网络功能）。相比之下，Ad Hoc 网络并不需要任何固定的网络基础设施，但具有多种应用，包括家庭和个人联网，传感器联网，实施搜寻和营救任务以及天气预测等。目前，传感器网络被应用于工业机器状态监测、民用和军用设施监测、森林防火、地震监测、海啸预警、国土安全以及多种其他应用。考虑到可能的应用，本书介绍了在有线和无线网络中实施 QoS 控制的基本理论，结构和技术。

除高速传输和交换技术之外，电信技术在支持大量的 Internet 服务（例如多媒体会议和视频点播）的成功依靠的是基础高速网络中的可靠控制，进而提高 QoS 的保障。计算机网络需要复杂的实时控制机制来管理业务以保证 QoS，这是因为 Internet 业务受控于多媒体服务，其具有突发业务的特点以及多种 QoS 和带宽的要求。因为网速正在向 100Gbit/s 增长，并且每条线路上的连接数目可高达数十万个，在时间及存储器受限的情况下提供 QoS 控制变得极其困难。另外，由于用于建立连接的业务类型及带宽要求预先难以确定，相应技术在支持所要求的改进型学习具有不确定性。有线网络中的 QoS 控制技术包括流量和拥塞控制、接入控制、缓存管理、公平调度等。本书概述了已有的 QoS 控制技术，并详细说明了最新的相关技术，以及在高速网络中实现这些技术的实际方式。

在现代无线网络中，伴随着速率调整的发送器的分布式功率控制（Distributed Power Control, DPC）使相互干扰的通信可以共享同一信道以获得所要求的 QoS 等级。另外，不同于有线网络，无线网络的信道状态影响功率控制、速率调整以及路由协议。进一步地实现用户所要求的 QoS 目标需要采用综合物理层、传输层和网络层的统一的协议设计方式，所以必须考虑跨层优化技术。本书包括已有的和最新的蜂窝、Ad Hoc 以及传感器网络的协议设计技术。更为重要的是，本书还介绍了某些潜在的基于李雅普诺夫（Lyapunov）设计的 QoS 控制技术，以说明控制器的性能。对于每一种情况，本书将给出详细的推演，严格的证明以及仿真和例子。

　　本书第 1 章介绍了有线和无线网络中 QoS 控制的基础，并系统性地概述 QoS 控制方法，包括接入控制，业务速率及流量控制和 QoS 路由，讨论 Internet、异步传输模式（Asynchronous Transfer Mode，ATM）、蜂窝、Ad Hoc 以及传感器网络的基础。一般性地介绍了网络 QoS 的参数。第 2 章介绍了动态系统基础、李雅普诺夫分析以及动态系统的可控性。第 3 章重点介绍了基于李雅普诺夫的分析和协议设计，包括 Internet 和 ATM 网络的高速网络中的拥塞控制。拥塞控制的技术侧重跨越网络的业务负载调整实现拥塞避免和拥塞恢复。

　　第 4 章应用混合系统理论详细讨论了接入控制，基于 QoS 的要求做出合适的网络决定，是否允许新的连接接入。第 5 章探讨了 CDMA 蜂窝网络和对等（peer-to-peer）网络在信道不确定情况下的分布式功率控制（DPC），讨论了已有蜂窝用户活动链路的保护方案以满足所需要的 QoS 等级。第 6 章将 DPC 的讨论扩展到无线 Ad Hoc 网络和无线传感器网络，同时介绍了信道访问控制（Medium Access Control，MAC）协议的设计以实现 DPC。任何一个 QoS 控制系统的重要方面是应用 motes 在实际硬件中的实现。因此，我们在第 6 章建立了在每个网络节点采用 UMR mote 硬件实现 QoS 控制的框架。另外，介绍了测试和评估无线 Ad Hoc 网络和无线传感器网络协议的基准测试床，以及 DPC 详细的理论分析和硬件实现。

　　第 7 章从发展历史的角度概述了不同分组调度方案，以及在网络节点如何控制具有竞争关系的不同分组的业务流以满足每个业务流的 QoS 要求。另外，还讨论了在网络节点采用嵌入式硬件实现 QoS 控制的架构。应用基准测试床，详细讨论了信道的不确定性对无线网络分组调度的影响，以及估计调度协议的性能。第 8 章包括基于每个连接的 QoS 参数的链路状态路由技术，在多条路径中选取一条路径的决定依赖于该路径上资源的有效性。链路状态路由协议被扩展应用到无线网络，其中资源、发射功率以及所期望的时延等因素均被加以考虑。详细地介绍了一种动态最佳链路状态的路由协议。路由协议的硬件实现也包含在其中。

　　第 9 章描述了无线传感器网络中预防性拥塞控制协议，同时包括理论证明。在第 10 章中，DPC 的讨论延伸到以射频来区别的不同类型的无线网络，给出了应用 DPC 在读取率及覆盖性能方面的改进。

　　本书回顾了最新的相关技术工作，以帮助读者了解有线和无线网络控制技术的最新发展。本书适用于计算机工程和计算机科学专业的高年级本科生或研究生水平的课程，并对从事网络设计和操作的软件、硬件及系统工程师有所帮助。

　　特别感谢我的学生，尤其是 Maciej Zawodniok、Sarat Dontula、Niranjan Regatte、Kainan Cha、Anil Ramachandran 和 James Fonda，他们迫使我非常认真地对待本书的

写作并沉浸其中。若没有 Atmika Singh 对本书证明部分的验证付出的巨大努力，Maheswaran Thiagarajan 的打字工作和 Regina Kohout 不倦地帮助，本书不可能成章。最后还要感谢圣路易斯大学的 Kyle Mitchell 在硬件方面给予的帮助。

　　本人的研究工作得到国家科学基金（EcS-9985739，EcS-0216191），国家科学基金工业/大学研究中心基金（IIp 0639182，CISE #0325613），GAANN 教育项目部门，以及密苏里研究局和智能系统中心的支持。

Jagannathan Sarangapani

罗拉市，密苏里州

目　录

第1章 网络背景

基于是物理连接还是利用无线中继连接，可以对计算机或通信网络大致分类。采用连线（例如同轴电缆）来连接的计算机网络称为有线网络。无线网络利用无线电信号作为其物理层。无线网络因其具备摒弃不够灵活的电缆连接两台或多台计算机的能力，以及适应移动环境的灵活性，使其得到了广泛地认可而变得非常流行。关于计算机网络的一般性了解请参考（Stallings 2002，Chao and Guo 2002，Walrand and Varaiya 1996，Tanenbaum 1996）。

1.1 计算机网络

计算机网络和异步传输模式（Asynchronous Transfer Mode，ATM）网络是常见的有线网络例子。具有标准 ATM 功能的宽带综合服务数字网络（Broadband Integrated Services Digital Network，B-ISDN）被认为能够支持具有可变业务特性和用户所要求的服务质量（Quality of Service，QoS）的新服务。简单地说，ATM 是面向连接的交换和复接技术，其采用固定长度分组在 B-ISDN 网络中传输信息。ATM 高速传输短的固定长度信元以期提供完全的带宽灵活性，并且提供基本架构来保证 QoS 多种性能指标的要求，例如时延和分组丢失率。

与此同时，宽带网络技术的出现极大地提高了分组交换网络的容量，传输速率从每秒百兆比特提高到每秒上千兆比特，甚至每秒吉兆比特。这种增长的数据传输容量使得新的应用（如视频会议和 IP 电话）成为可能。这些应用具有不同的 QoS 要求，有的要求严格的端到端时延界限，有的有最小传输速率的要求，而有的简单地要求高吞吐量（throughput）。随着因特网（Internet）应用的多样化以及指数律增长，如何为大量不同用户的应用提供必要的 QoS 就成为一个重要问题。本书力图阐明 QoS 问题，并且考察一些提出的网络解决方案的效能。这些方案主要应用了拥塞控制、分组调度和接入允许控制技术。

简而言之，QoS 依赖于业务的统计特性。应当定义适当的服务模型，并且设计网络 QoS 的控制方法来满足不同 QoS 性能的要求（例如吞吐量，时延和分组丢失），这些参数通常用来表征服务模型的 QoS。网络的业务类型主要分两类：时延敏感型业务和丢失敏感型业务。时延敏感型业务的特点体现在速率和持续时间方面，需要实时传输。例如视频会议、电话以及音频/视频点播，通常具有严格的时延要求，但可以接受一定量的数据丢失。丢失敏感型业务的特点体现在传输信息的量上。例如网页，文件和邮件，通常具有严格的数据丢失要求，但对完成传输没有截止时间的限制。

网络业务还有其他类型，例如多播业务［例如网络会议，分布式交互仿真（Distributed Interactive Simulation，DIS）和网络游戏］，以及业务聚合［例如来自局域网（Local Area Network，LAN）的互联］。对 LAN 业务的观察（Stallings 2002）显示，业务呈现自相似（self-similar）和长期相关（long-range dependent）的行为特性。这些业务的速率始终是变化的，不可能定义一段时间，其间业务强度近似为常数。对每一种类型的网络而言，这些对网络的观察结果已经得到大量的确认。对自相似性一种似乎合理的解释是，LAN 业务是突发长度为重尾分布（heavy-tailed distribution）业务的叠加。

网络一直在向用户提供 QoS 保证方面演进。例如，骨干网中广泛采用的 ATM 能够为每一个虚连接预留传输带宽和缓存空间。相似地，Internet 集成服务（Integrated service，Intserv）也能够在 IP（Internet Protocol，因特网协议）网络为每一个业务流提供 QoS 保证。Internet 区分服务（Differentiated service，Diffserv）对不同类型的分组采取不同的处理操作，而不是基于业务流，所以比 Intserv 具有更好的扩展性。作为一种应用于 Internet 的新技术，多协议标签交换（Multiprotocol Label Switching，MPLS）允许网络服务商通过业务工程策略实现更好的 QoS 控制和提供更好的 QoS 服务。

ATM 论坛总结了 ATM 网络中用到的业务参数。恒定比特率（Constant Bit Rate，CBR）服务类型应用于要求确保信元丢失和时延的连接，对于每一个连接在其连接期间始终提供带宽资源，且信源能够以等于或小于峰值码率（Peak Cell Rate，PCR）的速率传输，也可以不传输。CBR 连接必须指定相应的参数，包括 PCR 或者峰值发送间隔 $T = 1/\text{PCR}$、信元时延变化容忍度（Cell Delay Variation Tolerance，CDVT）、最大信元传输时延以及信元丢失率。ATM 论坛标准通过确定终端到网络接口之间时延抖动（信元时延变化）的必要范围的算法来定义速率。所选择的算法称为虚拟调度算法或连续状态漏桶机制，但没有作为一般信元速率算法（Generic Cell Rate Algorithm，GCRA）的标准。

可变比特率（Variable Bit Rate，VBR）服务类型适用于多种连接，包括具有实时限制（real-time constrained，rt-VBR）的连接，以及无时间限制（not need timing constraints，nrt-VBR）的连接。（注意 CBR 通常用于实时服务。）描述 VBR 的基本参数包括 PCR，可持续信元速率（Sustainable Cell Rate，SCR），以及信元的最大突发长度（Maximum Burst Size，MBS）。SCR 指定了平均数据率的上界，MBS 指定了以峰值码率连续发送信元的数量。

可用比特率（Available Bit Rate，ABR）的标准指定了用户如何进行发送数据和资源管理（Resource Management，RM）分组，响应以显性速率或拥塞指示形式标示的网络反馈。采用 ABR 服务的应用要详细说明其将用到的 PCR 以及所要求的最小码率（Minimum Cell Rate，MCR）。网络进行资源分配使得所有的 ABR 应用至少获得其 MCR 的信道容量。任何未被使用的信道容量将以公平且可控的方式被所有 ABR 信源共享。ABR 机制对信源采用显性反馈以确保信道容量的公平分配。

在任何给定的时间，ATM 网络中总有一定的信道容量用于传输 CBR 和两种类型的 VBR 业务。由于以下一或两种原因还存在其他可用信道容量：

（1）不是所有的信源只有 CBR 和 VBR 业务；

（2）VBR 业务的突发特性意味着某些时候其实际使用的信道容量小于所要求容量。

任何未被 ABR 信源使用的信道容量可供下面将说明的未定比特率（Unspecified Bit Rate，UBR）业务使用。

UBR 服务适用于能够承受可变时延以及部分信元丢失的应用，典型的就是传输控制协议（Transmission Control Protocol，TCP）业务。在 UBR 中，信元传输采用先进先出（First-In，First-Out，FIFO）的策略使用未被其他服务所使用的信道容量，可能出现时延和变化的信元丢失。对于 UBR 信元事先没有服务承诺，也不提供相关的拥塞反馈，这被称为尽力而为的服务。

确保性帧速率（Guaranteed Frame Rate，GFR）试图通过增加某种形式的 QoS 保证来改善 UBR 服务。GRF 用户必须明确发送到 ATM 网络中最大的分组长度，以及希望保证得到的最小吞吐量，即 MCR。用户也许会以高于 MCR 的速率发送分组，但这些分组将被尽力而为地传输。若用户将吞吐量和分组长度保持在界限内，则将有望获得很低的分组丢失率。若用户的分组发送速率超过 MCR，在存在可用资源的情况下，其将和其他竞争的用户平等地分享可用的网络资源。

1.1.1　集成服务（Intserv）

正如最初所设想的，Internet 只提供点到点尽力而为的数据传递。作为控制网络拥塞的手段，路由器采用简单的 FIFO 服务策略，应答缓存管理和分组丢弃。通常，应用根本无法预知其数据什么时候传送到其他终端，除非得到网络明确的通知。因此，需要新的服务结构来支持具有不同 QoS 要求的实时应用，例如远程视频和多媒体会议。目前，Intserv 是优先可选项。

集成服务采用了流的概念，即相关数据包单纯的可分辨的业务流，这些数据包来自单个用户的活动且要求相同 QoS。支持不同服务类型特别要求网络和路由器明确地管理带宽和缓存，以对具体的流提供相应的 QoS。这意味着资源预留、接入允许控制、分组调度和缓存管理也是 Intserv 关键的组成部分。

此外，在路由器中对特定流状态的要求，表明 Internet 模型发生了重要和根本性的变化。因为 Internet 是非面向连接的，所以其通过信令系统，如资源预留协议

(Resource Reservation Protocol, RSVP), 采用软状态 (soft-state) 方法周期性地刷新流的速率。由于 ATM 是面向连接的, 可以简单地采用硬状态 (hard-state) 机制, 在呼叫建立期间建立连接状态, 并保持到连接拆除。这意味着某些用户具有服务优先权, 所以需要采取强制性的策略以及管理控制。

目前, Intserv 中定义了两种服务类型: 确保服务 (Guaranteed Service, GS) 和负载控制服务 (Controlled-Load Service, CLS) (Stallings 2002)。GS 的特点是服务保证完全可靠的端到端分组时延的上界。描述 GS 业务特性的参数包括峰值码率, 令牌桶参数 (令牌速率和桶深) 和最大分组长度。GS 需要在用户端进行业务接入允许控制 (用令牌桶), 和在路由器中采用公平分组调度 (Fair Packet Queuing, FPQ), 来提供最小带宽。由于这种上界是基于其他业务流行为的最差情况假设的, 每一个路由器可以提供适当的缓存来保证不丢失分组。

CLS 为用户数据流提供路由器在非重载或拥塞时接近该业务流应该得到的 QoS 等级。换句话说, 它是为可忍受分组时延的抖动, 以及最小分组丢失率接近于传输介质基本的分组误码率的应用所设计的。CLS 业务的特征参数同样包括峰值码率 (可选), 令牌桶参数和最大分组长度。CLS 并不接受或使用控制参数指定的目标值, 例如时延或分组丢失。CLS 采用松散的接入允许控制和简单的排队机制, 这对自适应实时通信而言是最基本的。因此, CLS 不能像 GS 那样提供一个最大时延界。

Intserv 要求基于流的分组调度和缓存管理。随着业务流数目和线速的增加, 路由器支持 Intserv 将变得非常困难和昂贵。一种称为区分服务 (Diffserv) 的解决方案能够提供基于服务等级的 QoS 控制, 它比 Intserv 更为可行和经济有效。

1.1.2　区分服务 (Diffserv)

区分服务希望支持多种应用需求和用户期望, 并且允许不同的 Internet 服务策略。DS 或 Diffserv (Stallings 2002) 意图在 Internet 中提供可扩展的服务差别而不需要如同 Intserv 中所要求的每一个流的状态和每一跳的信令。在网络中 DS 提供 QoS 的方法是使用一个小的、定义明确的模块集合, 由此建立各种服务。服务是端到端或者是区域内的。通过下面方法的组合, 可以提供大量不同的服务:

● 在网络边界和管理边界设置服务类型 (Type of Service, ToS) 字节中的比特;
● 网络中的路由器应用这些比特确定如何处理分组;
● 根据每一种服务的要求在网络边界调整标记的分组。

根据这个模型, 网络业务在网络的入口处被分类和调整, 并被划归到不同的行为聚合体中。每一个这样的聚合体被赋予一个单个 DS 码点 (即 DS 比特中的一个标记)。不同的 DS 码点表示分组应在内部路由器中得到不同的处理。用于处理分组的每种不同的处理类型被称为不同的每跳行为（Per-Hop Behavior, PHB）。在核心网络中，依据与码点相关的 PHB 来传递分组。所用到的 PHB 在每个 IP 分组头部通过区分码点（Diffserv CodePoint, DSCP）来表示。DSCP 标记应用于可信用户或者是进入 DS 网络入口的边界路由器。

这种方案的优点是大量的业务流可以被聚合到一种或较少数量的行为聚合体（Behavior Aggregates, BAs）中，路由器使用相同的 PHB 传递每一种聚合体中的业务流，因而简化了处理及相关的存储。因为 QoS 是基于逐个分组考虑的，所以没有信令，不同于在每个分组的 DSCP 中采用的方式，并且在 DS 核心网络中并不需要其他的相关处理。关于 DS 的细节可以在文献（Stallings 2002）找到。

1.1.3 多协议标签交换（MPLS）

MPLS 是 Internet 中新出现的重要技术，其体现了数据网络中数据报和虚电路这两种根本不同的传输方式的结合。传统上，每一个 IP 分组由路由器基于其目的地址独立地逐跳传输，路由器之间交换路由信息来更新路由表。另一方面 ATM 和帧中继（Frame Relay, FR）是面向连接的技术——在分组进入网络之前必须通过信令协议明确地建立一条虚电路。

MPLS 利用一个插入到分组头部短而固定长度的标签来传递分组。支持 MPLS 的路由器，称之为标签交换路由器（Label-Switching Router, LSR），利用位于分组头部的标签作为索引来寻找下一跳和相应的新标签。在将现有标签替换为指定下一跳的新标签后，LSR 传递分组到下一跳。分组经过 MPLS 区域的路径称为标签交换路径（Label-Switched Path, LSP）。由于在每一个 LSR 中标签的匹配是固定的，所以一条 LSP 由其在 LSP 中第一个 LSR 的初始标签值所决定。

MPLS 的关键思路是采用基于标签交换的传递方式可以和大量不同的控制模块相结合。每个控制模块负责分配和分发一个标签集合，以及负责维护其他相关的控制信息。由于 MPLS 允许不同的模块使用各种各样的准则对分组分派标签，其解耦了分组传输和分组 IP 头部的内容。这个特性对于支持业务工程和虚拟专用网络（Virtual Private Network, VPN）是必不可少的。

1.1.4 Internet 和 ATM 网络的 QoS 参数

一般地，QoS 是网络指定保证的吞吐量水平的术语，其允许网络提供商保证用户端到端的时延不超过指定的范围。对于 Internet 和 ATM 网络而言，QoS 参数包括峰—峰之间分组或信元的时延变化（Cell Delay Variation, CDV），最大分组或信元的传输时延（maximum Cell Transfer Delay, maxCTD），以及分组丢失率或信元丢失率（Cell Loss Ratio, CLR）。表 1-1 给出了业务和 QoS 参数的概述。

Internet 或 ATM 网中业务管理的目的是在满足单个用户 QoS 的同时，最大化网络资源利用率。例如，网络的输入负载应低于某个水平以避免拥塞，否则将导致网络吞吐量降低以及时延增大。下面我们重点讨论一些针对业务管理的 QoS 控制方法。

表 1-1　ATM 服务类型特性

特性	ATM 层服务类型				
	恒定比特率	实时可变比特率	非实时可变比特率	未定比特率	可用比特率
业务参数	峰值码率	峰值码率 持续码率 平均比特率	峰值码率 持续码率 平均比特率	峰值码率	峰值码率
QoS 参数	信元时延变化容忍度 信元时延变化 最大信元传输时延 信元丢失率	信元时延变化容忍度 信元时延变化 最大信元传输时延 信元丢失率	信元时延变化容忍度 信元丢失率		信元时延变化容忍度 信元丢失率
一致性定义	通用信元速率算法	通用信元速率算法	通用信元速率算法		动态 GCRA
反馈	未指定				指定

1.2　QoS 控制

　　网络中被路由器或分组交换机分隔的两个用户简称为两个节点，下面考虑两个节点之间的数据通信。若信源的数据包比最大分组长度要长，其通常将数据包分段组成分组并逐个传输这些分组到网络。每个分组包括部分数据加上分组头部的控制信息。控制信息最少包含路由信息（Internet 中的 IP 目的地址，或者帧中继和 ATM 网络的虚通道标识），使得网络能够传输分组到达去往的目的地。

　　分组首先被传输到第一跳节点，即信源和网络之间的边界节点。当分组到达该节点，节点将分组暂存在输入缓存中，根据分组头部的路由控制信息，通过搜寻路由表（由路由协议建立的）确定其路由的下一跳，然后将分组移送到连接输出链路的输出缓存中。当输出链路可用时，尽可能快地传输分组到其路径的下一跳节点。这实际就是统计时分复用。最后所有分组沿其路径通过网络，被传递到去往的目的地。

　　路由选择是分组交换网络运行所必不可少的。通常需要采用某些自适应或动态路由技术。路由的选择随着网络变化而变化。例如，当节点或链路失效，其不能再被用作路由的组成部分。当部分网络区域严重拥塞时，则希望将分组绕道而不是通过拥塞区域。

为最大化网络资源（即带宽和缓存）的利用率且同时满足单个用户的 QoS，需采用特定的 QoS 控制机制，在网络节点上控制资源占用的优先级。例如，实时排队系统是任何实现 QoS 控制的网络服务的核心。提供单一服务等级的 QoS 控制服务要求协调地应用接入允许控制，业务访问控制，分组调度以及缓存管理。其他技术还包括流量和拥塞控制以及 QoS 路由，这些将在下面各节简要说明。每种技术在本书后面关于计算机网络和其他无线网络的参考书中有详细的说明。

1.2.1 接入允许控制

接入允许控制对排队系统中的业务进行限制，判断能否满足新用户的接入请求而不影响已接入数据流的服务保证。基本上，在 ATM 网络中，一旦接收到新的接入请求，则执行接入允许控制（Admission Control，AC）或呼叫接入允许控制（Call Admission Control，CAC）过程，以决定是接受还是拒绝该请求。用户提供信源业务描述信息——多个接入请求的业务参数或 ATM 信源业务参数（例如 PCR，SCR，MBS 和 MCR），QoS 参数（诸如时延，时延抖动和信元丢失率），以及一致性定义（例如通用信元速率算法（Generic Cell Rate Algorithm，GCRA）或 ABR 业务的动态 GCRA（Dynamic GCRA，DGCRA））。然后，网络判断是否有足够的网络资源（缓存和带宽）来满足 QoS 要求。

鉴于多数实时排队系统在重载时不能提供 QoS 控制服务，接入允许控制确定何时生成忙音信号。对于已接入的请求，根据其 QoS 参数例如最小带宽和缓存空间，保留适当的资源。第4章将介绍一种新的分组交换网络中接入允许控制算法。

1.2.2 业务访问控制

业务访问控制（例如 GCRA）在网络入口和网络内部指定节点对业务流进行整形。连接一旦被网络接受，进入网络的业务必须符合其约定的业务参数。否则，超过约定的业务要么被丢弃或者要么被标记为低优先级，或者被延时（即整形）。不同的调度和接入允许控制方案对进入网络的业务的特性（例如速率，突发度）有不同的限制。业务访问控制算法过滤数据流以使得其符合调度算法的要求。业务访问控制的详细内容参见文献 Stallings（2002）。

1.2.3 分组调度

分组调度指定节点的排队服务规则——即排队分组实际传输的顺序。由于多个用户的分组可能离开同一个输出节点，分组调度同时强制执行一系列共享链路带宽的规则。例如，一个用户被赋予最高优先级访问链路，其分组将始终优先传输，而其他用户的分组将被延时，该具有优先权用户的分组在进入网络时可以通过相应的业务接入允许控制算法加以标注。

　　换句话说，分组调度把用户的业务通过优先级分为两类：时延优先的实时业务和丢失优先的数据型业务。这里一个主要的关注点是保证链路带宽在连接之间被公平地共享，并且保护单个用户的共享不受恶意用户的干扰（即在连接之间修筑防火墙）。就此来看，FPQ 是值得期待的。第 7 章将介绍面向不同目标无线网络中的多种调度算法。无线网络的调度方案非常类似有线网络的调度方案，尽管无线网络中不可预测的信道状态成为了调度方案设计中的一个问题。

　　对于大容量数据和高速链路网络而言，FPQ 分组排序及排队管理存在一个挑战性的设计问题，即增加了计算开销和传输负担。第 7 章介绍了加权公平调度器的开发和实现，以及如何评估无线 Ad Hoc 网络中调度器带来的开销。

1.2.4　缓存管理

　　缓存共享问题自然地产生于设计高速通信设施，例如分组交换机，路由器和多路复用器，其中多个分组流共享一个共同的缓存空间。缓存管理建立缓存共享策略并决定当缓存溢出时分组的丢弃。因此，缓存共享策略的设计对于网络性能而言同样非常关键。由于路由器和交换机中存在可变长度的分组，对缓存管理和前面提到的 PFQ 而言，每个时隙处理高速链路上的大容量数据是困难的。缓存管理对于拥塞控制也是非常关键的。更多细节参见文献 Stallings（2002）。

1.2.5　流量和拥塞控制

　　在所有网络中都存在外部输入负载大于网络所能承受的情况。如果不采取措施限制进入网络的业务，在瓶颈链路上的队列长度将快速变长同时分组延时将增大。最终，缓存空间被耗尽，然后部分进入的分组被丢弃，这很可能违反相应的最大时延及分组丢失的约定。流量控制和拥塞控制对于调节网络中的分组总量是必不可少的。流量控制对于两个用户之间的速率匹配有时也是必需的，就是说，保证高速发送端不会因发送过多的分组超过了接收能力而压垮了低速接收端。第 3 章介绍了 ATM 网络和 Internet 中的拥塞控制方案，第 9 章详细说明了无线网络中的拥塞控制。

1.2.6　QoS 路由

　　目前，IP 网络中采用的路由协议属于典型的对不同分组和业务流的 QoS 要求是透明的（译者注：即不予理睬）。结果是，路由决策忽略了资源的可用性和要求。这意味着业务流通常沿着那些不能支持其要求的路径传输，尽管存在其他具有足够资源的路径。这可能导致性能的显著恶化，如同 ATM 网络中的高呼叫堵塞率。

　　为满足应用的 QoS 要求和提高网络性能，对路由上的路径必须进行严格的资源限制。QoS 路由是指一类路由算法，其能够确定路由的路径，路径具有足够剩余（未用的）资源来满足特定连接（流）的 QoS 限制。这种路径称之为可行路径。另外，大多数 QoS 路由算法还考虑了资源利用率的优化，例如时延、跳数、可靠性和带宽。更多无线 Ad Hoc 和传感器网络中的详细内容在第 8 章给出。下面我们给出无线网络的概述。

1.3 无线网络概述

无线网络近年来正成为民用、商用和军用计算的一个主要部分。无线网络免去了难看和笨重的电缆并增加了移动性，这只是无线网络的部分优点，这些优点使无线网络得到广泛地认可并变得流行。世界范围内蜂窝电话行业以及用户数目的迅速增长显示无线通信是一种健全和切实可行的数据和语音传输机制。

近来发展起来的无线 Ad Hoc 网络免去了网络用户之间通信对固定基础网络设施的要求（蜂窝网络需要中心基站），扩展了无线网络的范围。移动 Ad Hoc 网络（Mobile Ad Hoc Networks，MANET）由自治终端组成，通过构成多跳无线网络实现终端之间的通信，并且以分布式方式维护终端之间的连接。人们发现，MANET 以及特别是无线传感器网络（Wireless Sensor Networks，WSN）在战场士兵之间通信、紧急救援人员之间相互协调、地震灾后、自然灾难救援、家庭联网以及当今快速移动商业环境中的应用不断增长。

由于周围环境对信号的干扰，以及传输路径上的噪声和回音所引起的信号堵塞，无线通信的实现比有线通信要困难得多。因此相比有线，无线连接的质量较差：带宽低、误码率高以及假掉线更频繁。导致无线通信性能降低的原因还包括移动性和电池电源管理的效率不高。用户可能进入高干扰区域或者离开网络收发器的覆盖范围。不像典型的有线网络，蜂窝中的设备数量是动态变化的，例如在会议和公共事件场所，移动用户的大量集中将使得网络过载。MANET 和 WSN 提出了许多有待解决的挑战性问题，例如拓扑变化情况下的路由，QoS 限制等等。针对蜂窝、无线 Ad Hoc 和传感器网络不同的标准和协议正在研究中。

1.3.1 蜂窝无线网络

设计移动无线系统的主要目标是通过利用单一的大功率发射器覆盖大范围的用户（Rappaport 1999）。这种方获得了好的覆盖，但系统中用户的数量不能超过一定的限制，因为用户同时发射信号时，大量增加用户数量将导致严重的干扰。

蜂窝网络的概念是解决信号堵塞和用户容量问题的一个主要突破点。蜂窝概念利用多个低功率发射器（服务小蜂窝的基站）代替已有的大功率发射器以克服干扰，并在有限的频带范围中增加用户数量。每个小功率发射器只覆盖一个小的服务区，称之为蜂窝。每个蜂窝采用不同的信道频谱组，使得所有可用带宽都被分配到较小数量的相邻蜂窝中。相邻基站或蜂窝使用不同的频谱组，使得基站之间的干扰最小。

Internet 的成功推动了高速数据访问技术的研究，甚至是对移动用户。第 3 代（Third-Generation，3G）蜂窝系统旨在实现这个目标。3G 蜂窝系统被寄望提供的通信能力包括 VoIP（Voice over Internet Protocol）、空前的网络容量、多用户数据访问以及移动用户的高速数据访问。

研究人员目前关注构建第 4 代（Fourth-Generation，4G）移动系统的技术，正在研究不同的调制技术，如用于无线城域网（WirelessMAN™，IEEE 802.16）和数字视频广播（Digital Video Broadcast，DVB）等其他无线系统中的正交频分复用（Orthogonal Frequency Division Modulation，OFDM）技术。研究还包括网状网技术，在网状网中手持设备或终端被用作中继器，动态地建立和维护路由链路。新的标准和技术正得以实现以替代铜缆线。今天大多数蜂窝通信系统采用普遍称为 2G（Second-Generation）技术的第 2 代蜂窝标准。下面简要描述无线蜂窝标准，然后详细介绍用于 Ad Hoc 网络的 IEEE 802.11 标准。

1.3.1.1　无线蜂窝标准和协议

第 1 代蜂窝网络：第 1 代蜂窝系统依靠频分多址/频分双工 FDMA/FDD（Frequency Division Multiple Access/Frequency Division Duplexing）的多址访问技术来有效利用可用带宽资源。模拟调频，一种模拟调制方式，被用于用户和移动终端之间的信号传输。

第 2 代（2G）蜂窝网络：现有的蜂窝网络采用 2G 蜂窝标准。2G 蜂窝标准采用数字调制方式和时分多址/频分双工 TDMA/FDD（Time Division Multiple Access/Frequency Division Duplexing）和码分多址/频分双工 CDMA/FDD（Code Division Multiple Access/Frequency Division Duplexing）多址访问方案。在众多提出的蜂窝标准中，4 种流行的 2G 标准得到了广泛的认可。这其中包括 3 种 TDMA 标准和一种 CDMA 标准。下面简单介绍这些标准。

全球移动通信系统（Global System Mobile，GSM）：GSM 在每一个 200kHz 无线信道中支持 8 个时隙化用户，广泛地应用在蜂窝移动服务商建设的蜂窝和个人通信系统（Personal Communication Systems，PCS）领域，分布在亚洲、欧洲、澳洲、南美以及美国的部分地区。

IS-136（Interim Standard 136）：该蜂窝网络标准也是众所周知的北美数字蜂窝（North American Digital Cellular，NADC）或美国数字蜂窝（U. S. Digital Cellular，USDC）标准。其在每一个 30kHz 无线信道中支持 3 个时隙化用户，是北美、南美以及澳洲服务商常用的选择。

太平洋数字蜂窝（Pacific Digital Cellular，PDC）：这是日本的 TDMA 标准，类

似于 IS-136，用户超过 5 千万。

IS-95 码分多址（Interim Standard 95 Code Division Multiple Access）：这项流行的 2G CDMA 标准采用正交编码或复用支持高达 64 个用户，64 个用户的信号在一个 1.25MHz 信道同时传输。

移动无线网络（2.5G）：2G 蜂窝标准包含电路交换的数据调制解调器，其将数据用户限制在一条电路交换的数据语音信道中。因此 2G 中的数据传输通常限于单个用户的数据吞吐率。这些系统只支持单个用户 10kbit/s 数量级的数据速率。

高速数据访问的需求要求改进 2G 蜂窝系统标准。对于 GSM 运营商来说有 3 种不同的升级途径，其中两种支持 IS-136。3 种可用的 TDMA 升级选择包括：（1）高速电路交换数据（High-Speed Circuit Switched Data，HSCSD）；（2）通用无线分组服务（General Packet Radio Service，GPRS）；（3）增强型数据速率 GSM 演进技术（Enhanced Data Rates For GSM Evolution，EDCE）。

这些 2G 蜂窝网络的升级方法使得通过 GSM 和 IS-136 标准访问 Internet 的速率显著提高。2.5G GSM 的标准 HSCSD 能够为单个用户提供高达 57.6kbit/s 的原始传输速率。GPRS 和 IS-136 标准能够获得 171.2kbit/s 的数据速率。2.5GSM 和 IS-136 的标准 EDGE 在 GSM 标准的高斯最小移频键控（Gaussian filtered Minimum Shift Keying，GMSK）调制之外，采用了不带任何误差保护的 8-PSK 数字调制方式。一个 GSM 无线信道的所有 8 个时隙都分配给单个用户，可提供 547.2kbit/s 的原始峰值数据吞吐率。通过组合不同无线信道的容量（例如采用多载波传输），EDGE 能够为单个用户提供每秒几兆比特的数据吞吐率。

第 3 代（3G）无线网络：无线蜂窝网络的第 3 代标准可实现全新的无线访问，兆比特级的 Internet 访问、VoIP 通信、声控呼叫和无所不在的"始终在线"访问以及多种其他不同的无线访问。世界范围内出现了多种 3G 标准，其中多数向下兼容。图 1-1 列举了不同的由 2G 到 3G 的升级途径。在现有的 3G 标准中，下面蜂窝标准得到了高度的认可。

3G W-CDMA（UMTS）：通用移动通信系统（Universal Mobile Telecommunications Systems，UMTS）是由欧洲通信标准学会（European Telecommunications Standards Institute，ETSI）研发的具有想象力的空中接口标准。UMTS 被设计用来作为 GSM 大容量升级途径。多个其他相互竞争的宽带 CDMA（Wideband CDMA，WCDMA）建议同意融合为一个称为 UMTS 的单一的 W-CDMA 标准。

通用移动通信系统（UMTS）：UMTS 确保兼容 2G GSM 和 IS-136 技术。3G W-CDMA 空中接口标准被设计作提供基于分组的"始终在线"无线服务，支持单个用户高达 2.048Mbit/s 数据速率。未来的 W-CDMA 版本将支持静态用户超过 8Mbit/s 的数据速率。

3G CDMA2000：CDMA2000 提供对现有 2G 和 2.5G CDMA 技术无缝渐进高速

数据升级途径，采用了在原有每个 1.25MHz 带宽的 2G CDMA 信道中心构建模块的方式。正在研究的 CDMA 2000 标准由美国通信工业学会（Telecommunications Industry Association，TIA）45 工作组支持。根据用户数量、用户移动速度以及传输条件，CDMA 2000 1X 支持单个用户瞬时分组数据率达 307kbit/s，超过典型的单个用户 144kbit/s 的速率。

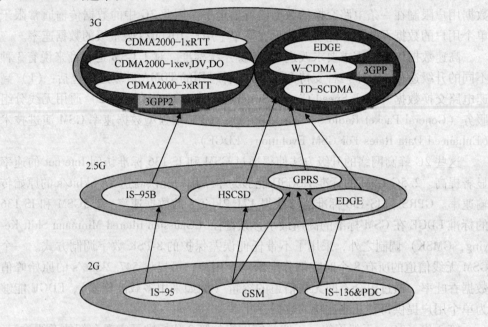

图 1-1　2G 技术升级路线（参见 Rappaport，T. S.，*Wireless Communications*：*Principles and Practice*，Prentice Hall，Upper Saddle River，NJ，1999. 并得到许可）

　　3G TD-SCDMA：1998 年中国电信科学技术研究院和西门子公司联合提交了基于时分同步码分多址 TD-SCDMA（Time Division Synchronous Code Division Multiple Access）的 IMT-2000 3G 标准建议。该标准 1999 年被国际电信联盟 ITU（International Telecommunication Union）采纳为 3G 标准之一。TD-SCDMA 依靠现有的核心 GSM 基础设施，结合 TDMA 和 TDD 技术在现有 GSM 网络上只叠加数据服务。在 TD-SCDMA 中用户可获得高达 384kbit/s 的数据传输率。

　　第 4 代（4G）蜂窝网络：未来无线网络中的宽带应用要求多倍于 UMTS 提供的最大数据传输率。其预计提供像无线高质量视频会议（高达 100Mbit/s）或者无线虚拟实现（高达 500Mbit/s 当允许物体自由运动时）的宽带服务。下一代无线系统 4G 的目标是提供远高于 3G 的数据传输率，同时给予用户同样的移动性。

1.3.1.2　蜂窝网络设计

　　将频率分配给基站以降低相邻基站之间干扰的过程称为频率复用，将在下面详细解释。频率复用的概念通过将蜂窝考虑为六边形来加以解释。六边形的蜂窝是概念上的，是对基站无线覆盖的简化模型。这种被广泛接受的形状使得对蜂窝系统可以容易地进行可管理性分析。不同于假设的六边形结构，已知一个蜂窝实际的无线覆盖范围为足迹形，可以通过实地测量和传播预测模型来实际确定。频率复用的概念在下一段落解释。

蜂窝标准小结见表1-2。

表1-2 蜂窝标准小结

	UMTS					CDMA2000		
	EDGE GERAN	W-CDMA	TD-CDMA	TD-CDMA	HSDPA	1×RTT	1×EV-DO	1×EV-DV
载波带宽/MHz	0.2	5		1 6	根据基带技术	1.25		
最小需求频带 /MHz	2×2.4 (因 BCCH 对 4/12)	2×5	1×5	1×1.6		2×1.25		
多址方式	时分和频分	码分	码分和时分			码分	上行:码分 下行:码分和时分	
芯片速率/Mc/s	不适用	3.84		1.28				
调制方式	GMSK,8-PSK	QPSK		QPSK,8-PSK	QPSK,16QAM	BPSK,QPSK	BPSK,QPSK,B-PSK 16QAM	
峰值用户数据率/[kbit/s]ª	473	384[2048b]2048		2048	10000c	307[625d]	2400	3100
系统非对称性 (上行:下行)	1:1	1:1	2:13-14:1	1:6-6:1	1:1-5:1	1:1	1:1-4:1	
服务等级	3 和 4	1…4				无	只有 3 级服务	
传输网络	PCM(CS),PCM,FR,ATM 用于 CS 和 PO 服务区 FR(PO) ATM					Sonet 用于 CS 区域,IP 网络 (PPP 和 SDLC)用于 PO 区域		
移动性支持	MAP					IS-41,IP 协议用于数据传输		

a 根据当前定义的帧、编码和调制方案并假设在理想无线条件下

b 对于微微蜂窝.

c 当前假设.

d 第二步.

来源：西门子（Siemens）公司并得到许可.

频率复用

对于蜂窝无线系统而言，通过覆盖区域智能地分配和复用信道是重要的。对一个系统内所有蜂窝基站选择和分配信道组的设计过程称为频率复用。图1-2 清楚地说明了蜂窝频率复用的概念。图中7个阴影蜂窝 A 到 G 构成一个蜂窝簇。蜂窝簇重复于整个覆盖区域。在一个蜂窝簇中所有可用的信道等同地分布在这些蜂窝中。具有相同名称的蜂窝表示他们使用相同的信道集合。

对于图1-2 所示情况，一个簇中所有的蜂窝数定义为簇的大小，这里等于7。

因为每一个蜂窝包含1/7 所有可用信道，频率复用因子为1/7。图 1-2 清楚地显示了在覆盖区域上的频率复用方案，其表明了所使用的不同的频率信道。在整个覆盖区域频率信道的分配方式应使得用一组相同频率的蜂窝之间的干扰减小到最小。

在蜂窝模型中，当考虑到模型的覆盖区域为六边形时，假设基站发射器位于蜂窝中心或者位于边缘兴奋蜂窝（edge-excited cells）6 个顶点之中 3 个的位置上。频率复用的概念可以解释如下。考虑蜂窝系统总共有 S 个可用的双向信道。每个蜂窝假设分配 k 条信道（$k <$ S）。若 S 条信道在 N 个蜂窝中平均分配，则所有可用无线信道总数可以表示为（Rappaport 1999）

$$S = kN \qquad (1-1)$$

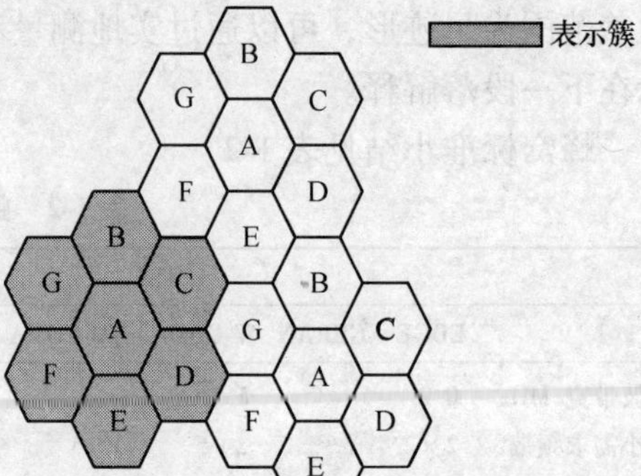

这个 N 个共同使用全部可用频率集的蜂窝称为蜂窝簇。若一个簇在一个系统内重复 M 次，则所有双向信道数 C 被用作网络容量的测度且为

图 1-2　蜂窝频率复用说明（源自 Rappaport, T. S., *Wireless Communications*：*Principles and Practice*, Prentice Hall, Upper Saddle River, NJ, 1999. 并得到许可.）

$$C = MkN = MS \qquad (1-2)$$

由式（1-2），我们看到在一个固定服务区域内，一个蜂窝网络的容量与蜂窝簇重复使用的次数直接成正比。因子 N 称为簇的大小，用每个簇中蜂窝数来定义。如果簇的大小 N 减少而保持蜂窝大小不变，则需要更多的簇来覆盖该区域，以获得更大的容量。蜂窝簇越大将使得蜂窝半径与相同频道蜂窝之间距离的比值越小，从而降低了同信道干扰。相反地，蜂窝簇越小意味着相同信道蜂窝分布得越接近。蜂窝系统的频率复用因子给定为 $1/N$，因为在一个蜂窝簇内整个系统可用信道的 $1/N$ 被分配给每一个蜂窝。

1.3.1.3　干扰对网络容量的影响

干扰是制约无线系统性能的主要因素。干扰源包括在同一蜂窝中另外的移动终端，邻近蜂窝中正在处理的呼叫，工作在同一频段的其他基站，或者任何非蜂窝系统的能量无意地泄漏到蜂窝频段。由于存在不希望的传输，音频信道的干扰导致串音，此时用户在背景中听到干扰。闹市区的干扰更加严重，这是由于存在更大的射频噪声背景以及大量的基站和移动终端。干扰已经被认识到是增容的主要瓶颈，通常也是导致掉话的主要原因。同信道干扰和邻信道干扰是蜂窝中由系统产生的两种主要的干扰。通常蜂窝网络中产生的干扰信号实际上很难控制，而更难控制的是带外用户的干扰，这种干扰的产生通常没有征兆，原因是用户设备的前端过载或者间歇性互调。

1.3.1.4　同信道干扰和网络容量

频率复用是指将一组相同的频道分配给覆盖给定区域的若干个蜂窝以提高蜂窝网络的容量。共享同一组频率的蜂窝被称为同信道蜂窝，来自这些蜂窝的信号之间的干扰称为同信道干扰。这种干扰不同于热噪声，不能简单地通过提高发射功率来控制。提高发射功率将增加对临近蜂窝的干扰，导致系统容量降低。这种干扰只能通过根据最小距离对同信道蜂窝进行物理分隔来降低。

当每个蜂窝大小相等且基站的发射功率相同时，则同信道干扰的程度取决于发射功率，并与蜂窝半径（R）和最近的同信道蜂窝中心距离（D）构成函数关系。通过增加 D/R 的比值来增加相对于一个蜂窝覆盖距离的同信道蜂窝之间的空间分离。因此，由于提高了同信道蜂窝的射频能量的隔离性从而降低干扰。参数 Q 称为同信道复用率，其与簇的大小相关。对于六边形蜂窝（Rappaport 1999），

$$Q = \frac{D}{R} = \sqrt{3N} \tag{1-3}$$

Q 值越小，则容量越大。因为簇的大小 N 小，然而大的 Q 值能够改善传输质量，这是因为同信道干扰较小。在实际的蜂窝系统设计中必须在这两个目标之间做出折中。令 i_0 表示存在同信道干扰的蜂窝数，则对于移动接收机而言，监控前向信道的信干比（Signal-to-Interference，SIR）或信噪比（Signal-to-Noise Ratio，SNR）可以表示为

$$\frac{S}{I} = \frac{S}{\sum_{i=1}^{i_0} I_i} \tag{1-4}$$

其中 S 是来自期望基站的期望的信号功率，I_i 是第 i 个同道蜂窝基站产生的干扰功率。如果已知同信道蜂窝的信号强度，则前向链路的 SIR 可以通过式（1-4）得到。

对移动传输信道的传输测量显示，任意一点的平均接收信号强度以发射机和接收机之间距离的平方律衰减。在距离发射天线 d 处的平均接收功率 P_r 近似为（Rappaport 1999）

$$P_r = P_0 \left(\frac{d}{d_0} \right)^{-n} \tag{1-5}$$

或者

$$P_r = P_0(\text{dBm}) - 10n\log\left(\frac{d}{d_0} \right) \tag{1-6}$$

式中，P_0 是天线远场最近参考点的接收功率，该参考点距发射天线的距离为 d_0；n 是路径损耗指数。考虑前向链路的期望信号来自基站而干扰来自共同信道基站的情况。如果 D_i 为移动终端距第 i 个干扰源的距离，由于第 i 个干扰蜂窝的原因，该移

动终端的接收功率与 $(D_i)^{-n}$ 成正比。在闹市中的蜂窝系统中，典型的路径损耗指数在 2 到 4 之间。当每个基站发射功率相同且覆盖区域内路径损耗指数相同时，则移动终端的 SIR 可近似表示为

$$\frac{S}{I} = \frac{R^{-n}}{\sum_{i=1}^{i_0} (D_i)^{-n}} \tag{1-7}$$

1.3.1.5　CDMA 蜂窝网络的容量

在 TDMA 和 FDMA 系统中，网络容量受到带宽的限制。但如前面所描述的，在蜂窝系统中网络容量受到干扰的限制。可以推断当用户数量减少时，链路性能提高。目前，已经提出了一些减少信道干扰的方法。具体包括（Rappaport 1999）：

多扇区天线：定向天线只接收当前用户中一部分用户的信号，进而减少了干扰。

非连续传输模式：另一种提高 CDMA 容量的方式是以非连续传输（Discontinuous Transmission，DTX）模式控制天线。在 DTX 模式中，发射机在通话的静音期间关机。已经观察到，语音信号在地面有线网络中的占空因子约为 3/8，在移动系统中为 1/2，背景噪声和波动可以触发语音活动检测器。因此，CDMA 系统平均容量的提高与占空因子的倒数成正比。

有效的功率控制方案：有效的功率控制方案应当在保持传输所需功率的同时，选择合适的功率大小以减小干扰。好的功率控制方案有助于处理网络用户数的增加，从而增加系统容量。采用有效的功率控制可以使得同信道干扰降低到最小，从而提高空间复用率。

1.3.1.6　CDMA 蜂窝网络容量评估

蜂窝网络包含大量与蜂窝基站通信的移动用户。基站发射机包含线性组合器，为单个用户增加扩频信号，并对每一个信号加权以实行前向链路功率控制。考虑单一蜂窝系统，可以假设这些加权因子是相同的。基站发射机加入导频信号用于每个移动终端为后向链路设置其功率控制。对于带有功率控制的单一蜂窝系统，基站接收到的后向信道中的所有信号的功率大小是相同的。假设用户数目为 N，则基站中每一个解调器接收到包含功率为 S 的期望信号和 $(N-1)$ 个干扰用户的信号，每一个干扰信号的功率为 S，则 SNR 为

$$SNR = \frac{S}{(N-1)S} = \frac{1}{N-1} \tag{1-8}$$

除 SNR 之外，对于通信系统而言，信号的比特能量噪声比也是重要参数，其可用信号功率除以基带信号比特率 R 和整个射频段的干扰功率 W 得到。基站接收机的 SNR 可以用 E_b/N_0 来表示（Rappaport 1999）：

$$\frac{E_b}{N_0} = \frac{S/R}{(N-1)(S/W)} = \frac{W/R}{N-1} \tag{1-9}$$

式（1-9）没有考虑背景热噪声和扩展频带。考虑到背景热噪声，E_b/N_0 可以表示为

$$\frac{E_b}{N_0} = \frac{W/R}{(N-1)+(\eta/S)} \tag{1-10}$$

式中，η 是背景热噪声。因此，可访问系统的用户数可通过简化式（1-10）得到，为

$$\frac{E_b}{N_0} = 1 + \frac{W/R}{(N-1)} - (\eta/S) \tag{1-11}$$

式中，W/R 称为处理增益。在给定发射功率的情况下背景噪声决定蜂窝半径。

1.3.2 信道分配

目前，已研究了若干信道分配策略来实现诸如增加容量和信道复用等目标。在固定的信道分配策略中，每个蜂窝预先分配一个信道集合。当有新用户请求接入时，为其提供信道集中一条未使用的信道。若无未使用的信道，则呼叫被堵塞。为最小化呼叫堵塞，采用借用策略，即在可能情况下向邻近蜂窝借用信道。这个借用过程由移动交换中心（Mobile Switching Center，MSC）控制。另一种信道分配方式是动态分配信道。当呼叫出现时，服务基站向 MSC 申请一个信道，信道的分配依赖于若干限制，目的是增加信道复用。

1.3.3 切换策略

当移动终端在通话时进入到另一个蜂窝，MSC 自动将呼叫切换到属于新基站的一个新的信道。切换操作需要了解一些信息以确定新基站及与新基站相关的话音及控制信道。

目前，有两种通常采用的切换策略：硬切换和软切换。在硬切换过程中，当发生切换时，MSC 分配不同的无线信道来为用户提供服务。IS-95 CDMA 系统提供了更有效的称为软切换的切换策略，是其他无线系统所不具有的。在软切换中，在分配的信道中没有任何物理变化，而是由不同的基站来完成无线通信任务。根据若干邻近基站接收到的用户信号，MSC 确定服务基站。软切换有效地减少了切换中所不希望的掉话现象。

1.3.4 近-远问题

CDMA 系统中的所有信号在同一时间同一频段发送。当所有移动终端以相同的功率向基站发送信号时，附近（不想要的）移动终端发射到监听基站的信号功率会盖过远处（想要的）移动终端的信号功率。这是实现 CDMA 蜂窝系统的主要障碍，称为近-远问题（Mohammed 1993）。解决近-远问题的方法是采取有效的功率

控制方案。

1.3.5　CDMA 功率控制

CDMA 系统性能和并发用户数量的限制取决于系统克服近-远问题的能力。为获得最大并发用户数，必须控制每个移动终端的发射功率，使得信号到达基站具有最小所要求的 SIR。

若蜂窝覆盖区域内的所有移动用户发射信号的功率得到控制，则基站接收到的所有移动终端的发射信号的功率等于平均发射功率乘以蜂窝覆盖区域内所有工作的移动终端数。然而，必须考虑一个折中的问题，若来自某移动用户较强的信号与来自另一移动用户较弱的信号一起到达基站，较弱信号的用户将被丢弃。若接收到的某一用户的信号过强，虽然性能是可接受的，但将对蜂窝中其他用户产生不希望出现的干扰，这既浪费了能量又导致网络容量下降。这就必须采取有效的功率控制方案来达到折中。第 5 章将概述蜂窝网络的功率控制，并详细地描述如何设计分布式功率控制（Distributed Power Control，DPC）方案。下面将概述移动 Ad Hoc 网络。

1.4　移动 Ad Hoc 网络（MANET）

蜂窝网络的主要不足是需要集中式基础设施。近来技术发展使得通过配置无线接口，便携式计算机可以在移动中实现网络通信。无线联网极大地加强了便携式计算设备的作用，它在为移动用户相互之间提供多样化灵活的通信以及持续的访问网络服务方面，比蜂窝网络和寻呼系统更加灵活。

MANET 是在高度动态和有限电池供电环境下，由通过带宽相对有限的无线信道进行通信的移动用户组成的集合体。一般来说，因为网络中用户的高度移动，在一段时间里网络拓扑结构是动态的，且快速和不可预测地变化。由于节点的退出、加入以及移动节点的存在，所以节点之间的连通性随时间而变化。为保持网络节点之间的通信，无线 Ad Hoc 网络中的每个节点同时承担发射器、主机和路由器的角色。网络管理和控制的功能是由节点分布式实现的。另外，由于网络是高度分布式的，所有的网络行为包括拓扑发现、信息传输以及有效利用电池能量都必须由节点自己完成。

由于 MANET 中用户通过无线信道通信，其必须克服无线通信的影响，例如噪声、衰落、屏蔽和干扰。无论哪种应用，MANET 都采用有效的分布式算法来确定网络的组织、链路调度、功率控制和路由。

MANET 由一簇移动主机构成，可以快速布设而无需建立基础设施和集中式管理。由于收发器传输范围的限制，两个移动主机或者因相距足够近直接通信（主机到主机），或者通过中间主机中继分组而非直接通信（多跳通信）。网络和移动的结合带来了新的服务，例如协作软件支持即兴会议、自我调节的照明和取暖、自然灾害的救援行动、在非熟悉地区和旅游时导引用户的导航软件。由于没有集中式基础设施，为蜂窝网络研发的网络协议标准不再适用于 Ad Hoc 网络。下面将介绍 Ad Hoc 网络的协议标准，其不同于蜂窝网络标准。

1.4.1　IEEE 802.11 标准

IEEE 801.11 标准（IEEE 标准 1999）定义了局域内固定、便携和移动用户无线连接的介质访问控制（Medium Access Control，MAC）以及物理层（Physical Layer，PHY）的规范。

该标准还为监管机构提供了一种标准化的手段来访问一个或多个频段以实现局域通信。该标准之所以有十分重要的意义是基于以下的特点：

1）描述了符合 IEEE 802.11 标准的设备运行于 Ad Hoc 以及有基础设施的网络中需具备的操作功能和服务，以及用户在这些网络中移动（过渡）的规范4.。

2）定义了支持异步 MAC 服务数据单元（MAC Service Data Unit，MSDU）传递服务的 MAC 规程。

3）定义了 IEEE 802.11 MAC 控制的多种物理层信令技术和接口功能。

4）允许符合 IEEE 802.11 的设备在一个与多个 IEEE 802.11 无线 LAN 重叠的无线 LAN 中的相关操作。

5）描述了对通过无线介质（Wireless Medium，WM）传输的用户信息提供保密，以及符合 IEEE 802.11 设备身份认证的要求和规程。

1.4.2　IEEE 802.11 物理层规范

IEEE 在 1997 年 5 月发布了最初的标准，"无线 LAN 介质访问控制（MAC）和物理层（PHY）规范"，即众所周知的 IEEE 802.11 标准。该标准定义了工作于 2400 到 2483.5 MHz，902 到 928 MHz 和 5.725 到 5.85GHz 3 个频段的物理层规范。1999 年的标准允许三种不同的传输方式。

跳频扩频无线物理层：该物理层提供 1Mbit/s（2Mbit/s 可选）版本。1Mbit/s 版本使用 2-level 高斯频移键控（Gaussian Frequency Shift Keying，GFSK）调制方式，2Mbit/s 版本使用 4-level GFSK 调制方式。

直接序列扩频无线物理层：该物理层提供 1Mbit/s 和 2Mbit/s 版本。1Mbit/s 版本使用差分二进制相移键控（Differential Binary Phase Shift Keying，DBPSK）调制方式，2Mbit/s 版本使用差分正交相移键控（Differential Quadrature Phase Shift Keying，DQPSK）调制方式。

红外物理层：该物理层提供 1Mbit/s 或 2Mbit/s 可选。1Mbit/s 版本使用 16-positions（16-PPM）脉冲位置调制（Pulse Position Modulation，PPM）方式，2Mbit/s

版本使用 4-PPM 调制方式。

1.4.3　IEEE 802.11 版本

IEEE 802.11b：作为 802.11 协议 "2.4GHz 频段较高速物理层扩展规范
（Higher Speed Physical Layer Extension in the 2.4GHz Band）" 的附录于 1999 年发布
（IEEE 802.11b 1999），称之为 802.11b 标准。该标准工作在 2.4GHz，在已有的
1Mbit/s 和 2Mbit/s 之外，提供 5.5Mbit/s 和 11Mbit/s 的数据传输率。该扩展使用 8
码片（8-chip）补码键控（Complementary Code Keying，CCK）调制方式。IEEE 于
1997 年批准 IEEE 802.11 规范作为 WLAN 的标准。目前的 802.11 版本即 802.11b
支持的传输速率达 11Mbit/s。众所周知，Wi-Fi 用于在局域环境，如家庭中 PC、
打印机及其他设备快速方便地联网。目前的 PC 和笔记本电脑具有支持 Wi-Fi 的
硬件配置。购买和安装 Wi-Fi 路由器和接收器是一件花费不多且大家所愿意的事
情。

IEEE 802.11a：另一个作为已有 802.11（IEEE 802.11a 标准 1999）附录的
IEEE 802.11a 于 1999 年发布。该标准称为 "5GHz 频段高速物理层（High-Speed
Physical Layer in the 5GHz Band）"。该标准应用 5GHz 频段可达 54Mbit/s 的传输率。
在该高速下多径延时成为一个主要问题，须采用一种称为编码正交频分复用（Co-
ded-Orthogonal Frequency Division Multiplexing，COFDM）新的调制方式以克服多径
延时问题。

IEEE 802.11g：2003 年 2 月，对 802.11b 无线 LAN 54Mbit/s 扩展的 IEEE 802.11g
获得了工作组通过。IEEE 802.11g 被称为 "无线 LAN 介质访问控制（MAC）和物理
层（PHY）规范：IEEE 802.11b 的高速物理层的扩展"，通过采用正交频分复用
（OFDM，Orthogonal Frequency Division Multiplexing）使得 LAN 的传输速率提高到
54Mbit/s。IEEE 802.11g 规范后向兼容广泛应用的 IEEE 802.11b 标准。

1.4.4　IEEE 802.11 网络类型

IEEE 802.11 支持两种网络类型。它们是 Ad Hoc 网络及其扩展的网络。Ad
Hoc 不需要任何现有的网络基础设施。网络中的每个节点除了作为发射器外，还必
须同时承担主机和路由器的角色。网络中的每个节点应当中转去往非直接连接节点
的分组。

1.4.4.1　Ad Hoc 网络

根据 IEEE 802.11 标准，Ad Hoc 网络定义为仅包含通过 WM 在彼此通信范围
内的站点组成的网络。Ad Hoc 通常以自发的形式组建，其明显的特点是存在的时
间和空间有限。这些限制使得网络非专业用户可以简单方便地建立和拆除 Ad Hoc
网络，即除了 Ad Hoc 网络的站点外，无需专门的技术，以及很少甚至无需时间或

额外资源。Ad Hoc 这个名词通常用作独立基本服务集（Independent Basic Service Set, IBSS）的俚语。

另一方面，扩展服务集网络依赖已有的节点之间通信的基础设施，包括有线网络在内。网络基础设施包括一个或多个接入点（Access Points, AP）为网络节点提供路由。

与蜂窝网络情形相似，Ad Hoc 网络中节点的发射功率影响信道的容量。因此，功率控制方案是必要的。本书考虑无线 Ad Hoc 网络中有效功率控制方式，其能够提高信道复用和网络中节点的数量。理解功率控制的操作需要了解节点在网络中如何通信的知识。下一节将给出实现 Ad Hoc 中 MAC 协议的网络仿真器（Network Simulator, NS）（Fall and Varadhan 2002）。

1.4.5 IEEE 802.11 MAC 协议

IEEE 802.11 规范提供了两种 MAC 协议的信息，点协调功能（Point Coordination Function, PCF）和分布式协调功能（Distributed Coordination Function, DCF）。PCF 是集中式方案，而 DCF 是分布式方案。本文这里考虑 DCF 规范，理解这些规范所需的重要定义见表1-3。

表1-3 无线 LAN 技术规范

| 技术 | 多址接入技术 | 调制技术 | 用户速率 Mbit/s | 关键性能和目标值 | | | 频段 |
				典型误码率	典型时延 /ms	连接性	
IEEE 802.11	DSSS,FHSS	2GFDK, 4GFSK, DBPSK, DQPSK	可到2 典型1	$\approx 10^{-5}$	10~50	无连接	2.4GHz 免照频段（ISM 频段）
IEEE 802.11b	CCK-DSSS	DBPSK, DQPSK	可到11 典型5	和有线 IP 或 ATM 相同			
IEEE 802.11g	CCK-DSSS, OFDM	DBPSK DQPSK 16-	可到54 典型25				
IEEE 802.11a ETSI HiperLAN2	OFDM	QAM,64- QAM		$<5 \times 10^{-14}$	<5	无链接，和面向连接	5GHz 免照频段（RLAN 频段）

传输范围：这是指围绕发射器的距离范围，在该范围内任何网络中的用户能够接收和正确解码发射机发送的分组。当使用最大发射功率时，传输范围为250m。

载波监听范围：这是指围绕发射器的距离范围，在该范围内任何网络中的用户能够监听到发射机发出的信息。当使用最大发射功率时，监听范围为500m。

载波监听区域：这是指围绕发射器的距离范围，在该范围内任何网络中的用户能够监听到发射机发出的信息但不能正确解码。当使用最大发射功率时，监听区域为 250～500m。

图 1-3 显示了用户 C 的传输范围，载波监听范围以及载波监听区域。这里用户 B 和 D 如前面定义的位于 C 的传输范围。用户 A 和 E 位于载波监听区域。图中所有节点均位于载波监听范围。

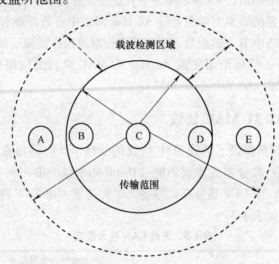

图 1-3　IEEE 802.11 无线 LAN

IEEE 802.11 中 DCF 的工作采用了带有冲突避免的载波侦听多路访问（Carrier Sense Multiple Access with Collision Avoidance，CSMA/CD）方式。载波监听是通过空中接口采用物理层载波检测以及虚拟载波检测的方式来实现的。虚拟载波检测利用了分组传输的持续时间，其包含在 RTS，CTS 和 DATA 帧的头部。包含在这些帧中的持续时间可用来推断信源节点应该接收到发射机发出的 ACK 帧的时间。RTS 帧中的持续时间表示 CTS，DATA 和 ACK 传输所需时间。CTS 和 DATA 帧中的持续时间与此类似。

IEEE 802.11 网络中的用户维护一个网络分配矢量（Network Allocation Vector，NAV），该矢量表示正在传输的过程的剩余时间。NAV 应用 RTS，CTS 和 DATA 帧中持续时间域中的信息进行更新。物理和虚拟载波检测中的任何一者检测到信道忙则认为信道忙。

图 1-4 显示了在载波检测范围的网络用户利用 RTS，CTS，DATA-ACK 交换（exchange）调整其 NAV 的过程。这里有 4 个帧间隔（Interframe Space，IFS），分别是短 IFS（Short Interframe Space，SIFS），DCF IFS（DCF Interframe Space，DIFS），PCF IFS（PCF Interframe Space，PIFS）和扩展 IFS（Extended Interframe

Space，EIFS）。IFS 确定访问信道的优先级。SIFS 在 RTS，CTS 和 DATA 帧之后使用，分别赋予 CTS，DATA，ACK 最高优先级。在 DCF 中，当信道空闲时，节点等待 DIFS 间隔结束后再传输分组。

如图 1-4 所示，传输范围内的节点在接收到 RTS 和 CTS 后正确地设置其 NAV。然而，由于载波检测区域内的节点不能对分组正确解码，无法知道分组传输的持续时间。为防止在信源节点处与 ACK 的接收发生碰撞，当节点检测到分组传输但不能正确解码时，则设置其 NAV 为 EIFS 间隔。EIFS 的主要目的是为发送端用户提供足够时间来接收 ACK 帧，因此 EIFS 间隔比 ACK 传输时间长。按照 IEEE 802.11 标准，EIFS 是根据 SIFS、DIFS 和物理层最低速率传输 ACK 帧的时间来获得的，即 EIFS = SIFS + DIFS + [（8×ACK 长度）+ 前导长度 + PLCP 头部长度]/比特率，其中 ACK 长度等于 ACK 帧的长度（以字节为单位），比特率为物理层强制性的最低传输速率。前导长度为 144bit，PLCP 头部长度为 48bit。

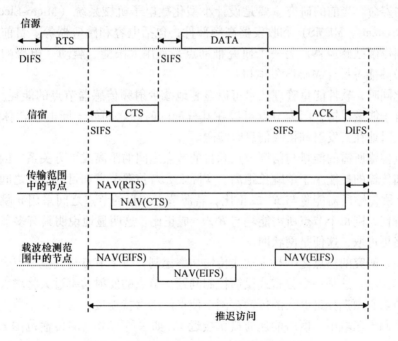

图 1-4　RTS-CTS-DATA-ACK 传输期间的 NAV

1.4.6　功率控制方案和协议的必要性

无线蜂窝、Ad Hoc 和传感器网络的带宽和电池能量有限。不同于计算机网络，无线网络受限于带宽和干扰。网络中用户的干扰导致网络容量的下降。因此，对网络而言，减少干扰提高网络容量以及空间复用的有效方法非常重要。解决该问题的方法之一是有效控制随机分布于网络中的用户的信号，这将增加网络容量和电池寿命。所以，人们研究提出了若干蜂窝网络的集中式功率控制方案（Dontula and Jagannathan 2004）。这些方案的主要不足在于计算量太大，耗费了基站大量的计算资源。另一方面 DPC 方案在最小化干扰方面更为实用。这些 DPC 方案（Dontula and Jagannathan 2004）通过检测局部环境来调节网络用户的功率大小，直截明确且用户资源消耗最小，以及控制分组信息的传输量最小。

Ad Hoc 网络没有集中式管理代理（agent），因此 DPC 方案是自然的选择。不断检测干扰以确定网络中移动用户所需发射功率，这在高动态环境中是一个挑战性问题。在军用环境中网络需要保持被拦截和侦测的概率很低，当工作在远距离和非占领地区，节点的辐射和发射要尽量小和少，以减少被检测和拦截的概率。这些要求的任何失效都可能导致网络性能和可靠性的下降。

随着传感器分布式布设在远距离环境中（例如飞机播撒传感器来监控人员和车辆）的 Ad Hoc 网络的出现，关注点是通过能量的产生、节约及管理来延长传感器节点的寿命。当前的研究主要是设计小型化微电子机械系统（Micro-Electro-Mechanical Systems，MEMS）和收发器高频部件，包括电容和感应器等。目前的制约因素是制作微型感应器。另一个研究推动点是利用太阳能、震动（电磁的和静电的）以及热能等设计 MEMS 发电机。

与此同时，软件能量管理技术可以显著地减少射频传感器节点的能耗。TDMA 特别适合于能量保持，因为节点可以在其分配的时隙之间处于断电或"休眠"状态，并及时地在其发射和接收信息时唤醒。

节点传输所需的能量与信源节点和目的节点之间的距离成平方关系。因此，多跳短距离传输的耗能小于单跳长距离。实际上，若信源节点和目的节点之间的距离为 R，单跳传输所需能量与 R^2 成正比。若源节点和目的节点之间采用 n 跳短距离传输来替代，则每个节点所需能耗与 R^2/n^2 成正比。这明显地说明具有多节点的分布式网络更可取，这便是网状网。

目前，研究的热点之一是主动式传输功率控制，每个节点与其他节点合作选择传输功率大小。这是一个分布式反馈控制问题。节点的发射功率过大将增大网络拥塞，但节点必须选择足够大的传输范围，使得网络保持连接。对于 n 个节点随机分布在一个圆形区域中，网络的连通概率接近 1，如果所有节点的传输范围 r 选取为（Kumar 2001）

$$r \geqslant \sqrt{\log n + \frac{\gamma(n)}{\pi n}} \tag{1-12}$$

式中，$\gamma(n)$ 当 n 足够大时趋于无穷大。

1.4.7　网络仿真器

NS-2（Fall and Varadhan 2002）是用于网络研究的离散事件仿真器。NS 为有线和无线网络、卫星网络、TCP 以及路由的仿真提供了重要支持。1989 年 NS 的出现是作为 REAL 网络仿真器的改进，随后得到了快速发展。1995 年 NS 的开发得到了 DARPA 在 LBL，Xerox PARC，UCB，和 USC/ISI 进行的 VINT 项目的支持。目前，NS 的发展得到 DARPA SAMAN 项目以及 NSF CONSER 项目的支持，两者均与包括 ACIRI 在内的其他研究者合作。NS 包含了其他研究者的重要贡献，包括 UCB Daedelus 和 CMU Monarch 项目以及 Sun Microsystems 公司的无线代码。

NS 提供了分割编程模式。OTcl 作为解释器用于在仿真中定义对象的组成（节点，链路等），以使得对脚本修改后无需重新编译。C ++ 关注对象和协议的机制和内部，使分组的仿真更有效。这种分割编程方式有利于研究者的创造。另外，NS-2 为每一次网络仿真生成详细的跟踪文件和动画文件，这非常便于过程的分析。NS-2 是开源软件，可以从 Internet 上下载。对于其他的功能，可以扩展已有的协议，并且可以实现新的协议。为测试建立的网络拓扑，可以自动地生成复杂的业务模型，拓扑以及动态事件。NS-2 已经实现了部分有线和无线网络相关的协议，因此通常用来实现计算机网络、Ad Hoc 和传感器网络的方案和协议。

1.4.8 应用 NS 实现 MAC 802.11 的功率控制

有效地控制发射功率能够减少干扰提高信道复用。目前，IEEE 802.11 协议中，只允许发射器以单一大小功率发射。但是，采用功率控制方案要求网络中的用户以不同等级的功率发射。因此，需要对 802.11 协议进行修改以加入功率控制。

对 IEEE 802.11 协议的修改可以在接收端接收 RTS 消息时进行，在 CTS 应答消息的头部加入接收到的 RTS 消息的信干比的编码信息。相似地，在发送 DATA 信息时，发射端对接收到的 RCS 的信干比进行编码。因此，在一次 RTS-CTS-DATA-ACK 交换期间，发射端和接收端相互告知对方其发送信号的质量。此时，两个节点可以改变下一次相互通信时发射功率的等级。网络发射端和接收端之间的事件及顺序如图 1-5 所示。

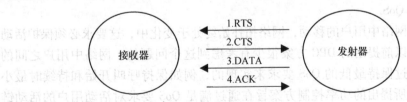

图 1-5　IEEE 802.11 消息处理信令

功率控制方案的性能通过其保持编码数据准确度的能力来衡量。在移动无线网络中，路径损耗，衰落和干扰导致接收 SIR 波动。这种波动还导致误码率（Bit Error Rate，BER）的波动。SIR 或 SNR 越低，接收器解码接收到的信号越困难。因此，无线网络中 SIR 是一个重要指标，即使存在网络波动也需要维持在一定的水平。

图 1-6 给出了 DPC 的框图。接收器（如框图表示）接收到发射器的信号后，测量 SIR 的值，并与要求的 SIR 的目标阈值比较。传送期望的与接收到的信号 SIR 值的差值到功率更新模块，然后计算出发射器下次发送分组时维持所要求的 SIR 的最佳功率大小。该功率大小反馈到发射器，然后作为下次分组传输时接收器所要求的发射功率的大小。

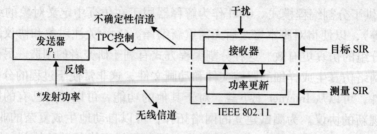

图 1-6　DPC 框图表示

在第 5 章和第 6 章将分别给出蜂窝网络和 Ad Hoc 网络 DPC 方案，以满足无线工作环境下的严格要求。中断概率、总功耗以及新链路接入网络过程的收敛速度都是评价 DPC 方案性能和比较各种功率控制方案的参数。其实，过去已经提出了一些 DPC 方案（Dontula and Jagannathan 2004）。这些方案的收敛性没有得到数学证明，且不能满足性能要求，例如低中断概率和高空间复用，这是无线网络的重要性能。本书所提出的方案利用了系统理论的方法来解决网络的问题。

当新用户试图访问信道时，因为 QoS 指标保持过程中的波动，活动用户可能会被不经意地丢弃。在稳定状态下，即使新用户在稳态下最后被接入也可能导致活动用户被丢弃。而且，为提高网络利用率和保证某些网络 QoS 指标如较低的端到端时延及分组丢失率，接入新用户到无线网络是必要的。本书第 5 章给出的有效功率控制方案对正在使用的链路提供保护，该方法即使在新用户试图进入网络时也始终保持用户的 QoS。

由于无线网络中用户的移动，网络拓扑始终处于变化中，这要求必须保护活动用户的链路。以前提出的 DPC 方案很少有考虑到这个问题的。网络中用户之间的链路保护是通过保持最低的 QoS 要求来实现的，例如保持呼叫开始和持续时最小的 SNR。本书所提出的功率控制方案旨在通过满足 QoS 要求对活动用户的活动链路进行保护。

已有协议需要进行修改以容纳所提出的功率控制方案。已有 Ad Hoc 移动网络标准和协议不允许用户发射不同等级的功率。所以，修改控制信息中的分组格式且最小化改动物理层和 MAC 层的功能，能够实现所提出的带有活动链路保护的 DPC 方案。下面我们对 WSN 进行概述。

1.5 无线传感器网络

智能环境代表了建筑、工程应用、工业、家庭、船舶以及交通运输自动化领域未来的发展步骤。如同任何有机体，智能环境依赖来自分散在不同位置不同类型的多种传感器采集的物理世界的数据。智能环境需要了解周围环境的信息以及内部工作情况。

无论是在建筑、工程应用、工业、家庭、船舶以及交通运输自动化，或是其他领域，传感器网络都是智能环境收集所需信息的关键。近来应对恐怖组织及非政府武装的战争手段需要分布式网络，传感器节点由飞机播撒且具有自组织能力。在这些应用中，采用有线或电缆通常是不现实的。传感器网络要求能够快速而简便地架设和维护。

巨大的挑战出现在层次化检测相关对象，监视、收集和聚合数据，评估相关信息，制定有意义的用户显示信息，决策及告警。智能环境所需信息由分布式无线传感器网络（WSN）提供，传感器网络负责采集数据，同时也是处理层次的第一层。

WSN 研究的挑战在于需要多个学科广泛的知识。在本章中，我们概述通信网络、WSN 和智能传感器、商业化无线传感器系统，自组织，以及一些家庭自动化的概念。

分布式网络的路由表随着节点数以指数律增大。一个 $n \times m$ 的网状网有 nm 条链路，每个信源和信宿节点之间有多条路径。分层网络结构简化了路由，同时能够适应分布式信号处理和决策，因为部分处理可以由每一层进行。重要的是要指出全连通网络具有 NP-hard 复杂度，而限制路由协议中的可选路径获得可重入流拓扑，进而得到多项式复杂度。这种线性化的路由自然适合分层网络。

当增加节点时，网络链路数呈指数性增加。这使得网络路由及故障恢复成为一个 NP-复杂问题。为简化网络结构，我们可以采用层次化分簇技术。层次化结构必须一致，即在每一层具有相同的结构。层次化结构在 WSN 中相当常见，地理空间上分布的节点组成簇，簇头在自组织过程中确定（见第 8 章）。来自节点的数据在簇头聚合，然后各簇头将数据通过多跳网络传输到汇聚基站。

Ad Hoc 和传感器网络之间存在许多根本性差别。Ad Hoc 网络对存储器、能耗和处理过程的限制没有传感器网络那么严格。另外，WSN 没有 IP 地址，而 Ad Hoc 网络的节点有 IP 地址。典型情况是，Ad Hoc 网络具有移动性，而 WSN 可以有静止或移动节点。WSN 必须传输大量信息，故而采用了层次化结构并进行数据聚合。相比之下，MANET 并不总是有大量数据需要传输。再者，WSN 的节点密度远高于 Ad Hoc 网络。相比 Ad Hoc 网络，传感器节点更容易失效。最后，传感器节点比 Ad Hoc 网络中的节点受到更严格的能量限制。尽管传统网络追求获得高 QoS 服务，

WSN 协议必须首先关注节能。因此，WSN 必须有内建功率或能耗监测和智能机制，为终端用户提供延长网络生存期的选择，但这要以降低吞吐量或增大时延为代价。本书涉及的许多文献报道的研究工作致力于研究满足这些要求的方案。

WSN 可用于检测各种各样的环境状况，包括温度，湿度，车辆移动，压力和土壤成分等。在军用方面包括战场监视，空中和地面侦查，目标命中率，战场打击评估，核、生物和化学攻击检测，以及水质监测等。还有大量的家庭应用，包括家庭自动化和智能环境。WSN 中的传感器节点可以用于过程/系统健康的持续评估，事件检测，位置感应以及自动控制。

设计 WSN 受多种因素影响，包括硬件限制，传输介质，能耗，网络拓扑，扩展性以及容错能力。虽然许多研究者对其中的许多因素进行了研究，但都没有将所有因素综合在一起进行研究（Akyildiz et al. 2002）。

传感器节点可因缺乏能量而失效或产生拥塞，引起网络功能的问题。传感器节点的可靠性 $R_i(k)$ 或容错可用泊松分布（Poisson distribution）对时间间隔 $(0, k)$ 内无故障的概率建模（Hoblos et al. 2000），即

$$R_i(k) = e^{-\lambda_i k} \tag{1-13}$$

式中，λ_i 和 k 分别是传感器节点 i 的故障率和时间点。传感器网络协议和算法的设计必须考虑网络的容错要求。

WSN 通常可以包含几百或上千个传感器节点。因此，协议和算法应当具有扩展性，这是 Ad Hoc 网络中观察到的一个主要问题。节点密度可以是直径小于 10m 的区域分布的传感器节点数。根据（Bulusu et al. 2001），节点密度可以计算为

$$\gamma(R) = (N\pi R^2)/A \tag{1-14}$$

式中，N 是在区域 A 中的传感器节点数，R 是传输距离，$\gamma(R)$ 表示区域 A 中每个节点的传输半径内的节点数目。

由于传感器节点容易失效，以及不可到达节点和孤立节点的存在，使得 WSN 中的拓扑维护是一项挑战性任务。正因为如此，也许不可能按照仔细计划好的方案布设传感器节点。最初的布设方案必须去除任何预先的组织和计划，而应增强自组织和容错能力。

由于 WSN 中簇头采用多跳路由协议传输信息，通信节点的无线传输介质可以是无线、红外或者光介质。无线介质使用标准的 ISM 频段。除了无线链路外，节点可以采用红外通信，因为不需要专门的许可，而且不易受电子设备的干扰。

传感器节点通信耗能较多，通常包括数据的发送和接收。在文献 Shih et al.（2001）中，计算无线传输功耗（P_c）的公式为

$$P_c = N_T[P_T(T_{on} + T_{st}) + P_{out}T_{on}] + N_R P_R(R_{on} + R_{st}) \tag{1-15}$$

式中，P_T，P_R 分别是发射器、接收器消耗的功率；P_{out} 是发射器的输出功率；T_{on}/R_{on} 是发射器/接收器处于 "on" 状态的时间；T_{st}/R_{st} 是发射器/接收器的启动时间；

N_T/R 是发射器/接收器在单位时间里切换到"on"状态的次数，取决于具体的任务和所用的 MAC 方案。T_{on} 可以进一步写成 L/R，其中 L 是分组长度，R 是数据传输率。

数据处理耗能远小于数据通信。因此，本地数据聚合处理对于最小化能耗非常重要。同样，最小化数据处理的能耗也有相关研究。计算数据处理过程中的能耗是一项困难的任务，因为取决于处理器的时钟周期和缓存器操作次数等。文献（Shih et al. 2001）给出了数据处理能耗的计算为

$$P_d = CV_{dd}^2 f + V_{dd} I_0 e^{\frac{V_{dd}}{\zeta V_T}} \tag{1-16}$$

式中，C 是总开关电容；V_{dd} 是电压波动；f 是切换频率。

现在简要说明传感器网络的通信结构。数据由传感器节点通过多跳路径传输到基站。基站和所有节点采用的协议栈如图 1-7 所示（Akyildiz et al. 2002）。WINS（Pottie and Kaiser 2000），智能微型传感器节点（Kahn et al. 1999）和 mAMPS（Akyildiz et al. 2002）均采用了该协议栈。该协议栈结合了能量与路由敏感性，整合了数据与网络协议以及无线信道通信能耗，即使存在移动节点和传感器节点之间的协作进行了整合。

依据检测的任务，可以开发大量不同的应用软件在应用层中使用。常见的应用管理协议包括传感器管理协议（Sensor Management Protocol，SMP），任务分配和数据通告协议（Task Assignment and Data Advertisement Protocol，TADAP），和传感器查询和数据分发协议（Sensor Query and Data Dissemination Protocol，SQDDP）（Akyildiz et al. 2002）。应用层协议承担管理任务，例如规范数据聚合、节点分簇、交换位置确定信息、传感器节点的时间同步、移动性、ON/OFF 特性、查询传感器节点配置、身份认证、密钥分发和安全性等。

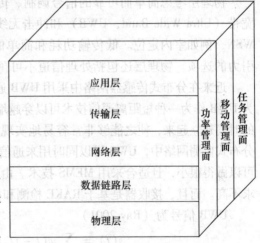

图 1-7 传感器网络协议栈（源自 Akyildiz, I. F. et al., Computer Networks, Vol. 38，393-422，2002. 并获得许可）

传输层帮助管理数据流，而网络层监视传输层数据的路由。WSN 传输层的协议不多。因为节点缓存器容量有限，基站和传感器节点之间的通信完全采用 UDP 类型的协议。不能采用类似 TCP 的协议，因为节点没有全局地址。作为替代，端到端方案必须考虑基于特性的命名方式以明确目的节点。能耗、扩展性以及以数据

为中心的路由使得传感器网络不同于其他网络，这需要新型传输层协议。

MAC 协议必须是能量敏感型的，并且能够使得由于采用 CSMA/CA 协议与邻居节点广播的碰撞概率最小。Ad Hoc 网络中的协议不能用于 WSN，因为 WSN 中能耗的有效性是至关重要的。在蜂窝网络中，移动节点总是单跳的，保障 QoS 被看做是最重要的而能耗被置于第二位。这就使得蜂窝网络中的 MAC 协议不适用于 WSN。除能量的有效性外，WSN 是以数据为中心的，具有基于特性的地址和位置敏感性，并进行数据聚合，所以 MAC 协议必须在这些限制下工作。MAC 层协议须允许自组织且公平而有效地共享传感器节点之间的通信资源。第 8 章将给出 WSN 自组织和路由协议。无论 WSN 中应用哪种类型的介质访问控制方案，都必须支持节点的节能模块。节能最简单的形式是关闭收发器当其不需要时，而在需要时打开它。

数据链路层负责通信网络的差错控制。由于无线信道不可预测，误码率（Bit Error Rate，BER）被用作评价链路性能的参数。选择好的纠错编码如前向纠错（Forward Error Correction，FCC）或汉明码可以降低几个等级的误码率而无需额外能耗，因而适合于 WSN。

物理层考虑简单而可靠的信号调制、传输和接收技术。直接序列扩频方式、超宽带（Ultra Wide Band，UWB）和冲击无线电（Impulse Radio，IR）已被提出用于 WSN，例如室内定位。低传输功耗和简单的收发器电路使得 UWB 对 WSN 是有吸引力的选项。物理层还包括处理信道不可预测的方法。

近来在分布式传感器网络中采用 UWB 通信方式激起了人们极大的兴趣。这是因为 UWB 作为一种短距离通信技术可以穿越墙壁，适合多节点传输，并且可以在很短的时间建立起来，使之能够非常容易地实现短到 1cm 长到 40m 的测距。这意味着在分布式监测网络中，UWB 可以同时用来通信、定位、追踪目标。另外，UWB 收发器可以做得很小，且适合采用 MEMS 技术。由于采用 PPM 调制，无需载波，对天线要求不高。而且，接收器是基于 RAKE 检测和相关器阵列的，无需中频处理。

UWB 信号为（Ray 2001）

$$s(t) = \sum_j w(t - jT_f - c_j T_c - \delta d_{[j/N_s]}) \tag{1-17}$$

式中，$w(t)$ 是持续时间约为 1ns 的基本脉冲，通常为小波或高斯单周期波；T_f 表示帧或脉冲重复时间。在多节点场合，为避免灾难性的碰撞，采用伪随机序列 c_j 在一帧内将脉冲移到不同时段，时段长度为 $T_c(s)$。例如可以设置 $T_f = 1\mu s$ 和 $T_c = 5ns$。数据传输可以采用数字化 PPM 调制方式，若数据比特为 0 则脉冲不时移，若为 1 则脉冲时移 δ。选择调制时移尽量使得 $w(t)$ 和 $w(t - \delta)$ 的关系为负数。$d_{[j/N]}$ 的含义是同一比特传输 N_s 次，使得传输可靠且误码率低。

另外，能量、移动性和任务管理平面监测能量、运动和传感器节点间的任务分配，帮助传感器节点协调数据采集，同时降低整体能耗。许多 WSN 协议和算法在设计时考虑了物理层的需求，例如微处理器和接收器的类型。这对于降低能耗是必要的，即使在协议中考虑物理层的需求会导致解决方案不够通用化。

1.5.1 相关研究

下面是和 WSN 相关的研究。它们是：

蓝牙（Bluetooth）：始于 1998 年并由 IEEE 标准化为无线个人区域网络（Wireless Personal Area Network，WPAN）的规范 IEEE 802.15。蓝牙是短距离无线技术，旨在促进电子设备之间以及和 Internet 的通信，允许对用户透明地进行数据同步。支持的设备包括 PC，笔记本电脑、打印机、游戏操纵杆、键盘、鼠标、手机、PDA 和消费类电子产品，同时也支持移动设备。发现协议允许新设备很容易地连接入网。蓝牙使用免照的 2.4GHz 频段，传输速率可达 1Mbit/s，可以穿过非金属固体物，传输距离为 10m 且可扩展到 100m。主站可同时支持 7 条链路。构成的网络例如微微网中，一个主站可以服务 200 个用户。目前，可以在许多供应商处订购到蓝牙开发工具包，但系统的实现通常需要大量的时间、精力以及编程和调试知识。组建微微网目前还不够简化，相当困难。

家庭射频（Home RF）：始于 1998 年具有和蓝牙组建 WPAN 相同的目的，其目标是共享数据/语音传输。它和 Internet 及公共交换电话网络互连。它使用 2.4GHz 频段且具有 50m 的传输距离，适合家庭和庭院环境，一个网络中最多支持 127 个节点。

1.5.2 IEEE 1451 和智能传感器

WSN 中传感器节点所希望的功能包括：易于安装，自标识，自我诊断，可靠，与其他节点协调的时间感知，软件功能和 DSP，以及标准的控制协议和网络接口（IEEE 1451 Expo 2001）。

现在在市场上有许多传感器制造商和许多网络，对制造商而言，为市场上每一个网络生产特定的传感器成本太高。不同制造商生产的不同部件应当相互兼容。因此，在 1993 年 IEEE 和美国国家标准和技术协会（National Institute of Standards and Technology，NIST）开始智能传感器网络的标准化工作。工作结果便是作为智能传感器网络的标准 IEEE 1451。该标准的目标是使得不同生产商更容易地开发智能传感器以及与网络接口。

智能传感器，虚拟传感器（Smart sensor，virtual sensor）：IEEE 1451 研究的一个主要结果是标准化智能传感器的概念。智能传感器除了获取感应对象正确信息的基本功能之外，还具有附加功能，包括信号波形整形、信号处理以及决策和告警。智能传感器的功能包括对感应对象的理解，更有效地聚合和管理分布式传感器系统，面向统一目标的传感器数据汇聚、控制、计算和通信，以及和大量不同类型的传感器无缝地连接。虚拟传感器的概念还有待于进一步探讨。虚拟传感器是在物理传感器的基础上，加上信号波形整形和数字信号处理（Digital Signal Processing，DSP），以获得对感应信息的可靠估计。虚拟传感器是智能传感器的一部分。

1.5.3　智能环境中的传感器

现在许多供应商生产了多种类型的适合无线网络应用的商业化传感器，例如，可访问下列公司的网站：SUNX Sensors，Schaevitz，Keyence，Turck，Pepperl & Fuchs，National Instruments，UE Systems（超声波），Leake（IR），CSI（震动）。表1-4 列举了哪种物理原理被应用于测量不同的参量。到目前为止这些测量中应用最多的是 MEMS 传感器。

表1-4　物理原理和测量

	被测变量	物理原理
		无线传感器网络中的被测变量
物理特性	压力	压阻、电容性的
	温度	电热的、热机的、热电偶
	湿度	电阻性的、电容性的
	流	气压变化、电热的
运动特性	位置	电磁、GPS、触点传感器
	速度	多普勒、霍尔效应、光电的
	角速度	视觉编码器
	加速度	压阻的、压电的、光纤
接触特性	拉伸	压阻的
	压迫	压电的、压阻的
	扭转	压阻的、光电的
	滑动	二重扭转力
	震动	压阻的、压电的、光纤、声音、超声波
表现	触觉/触碰	接触开关、电容性的
	临近	霍尔效应、电容性的、磁性的、震动的、音响的、高频
	距离/范围	电磁（声纳、雷达、激光雷达），磁性的
	运动	电磁、红外、音响、震动
生化	生化代理	生化转换器
鉴别	个人特性	视觉
	个人标识	指纹、虹膜扫描、声音

1.5.4　商用无线传感器系统

许多无线通信节点可在市场购买到，包括 Lynx 技术，各种蓝牙套件包括 CSR（Cambridge Silicon Radio）的 Casira 设备。

1）伯克利 Crossbow 节点（Crossbow Berkley Motes）：这可能是功能最全的用于

原型开发的 WSN 设备。Crossbow（http://www.xbow.com/）生产3个 Moto 处理器无线模块系列——MICA（MPR300）（第一代），MICA2（MPR400）和 MICA2-DOT（MPR500）（第二代）。节点安装了5个传感器——温度、光、声音（麦克风）、加速度/地震和磁性。它们特别适用于行人和车辆监测网络。根据需要安装不同的传感器。低功耗和小型化使得几乎可以布设在任何地方。由于网络所有传感器节点都可以作为基站，因此网络有自组织和多跳路由功能。ISM 频段的工作频率为916MHz 或 433MHz，数据传输率为40Kbit/s，传输范围 30～100ft。每个节点都具有低功耗处理器，频率为4MHz，闪存为128KB，SRAM 和 EEPROM 为4KB。Csy 采用 Tiny-OS 操作系统，是加州伯克利大学（UC-Berkeley）开发的小型微线程分布式操作系统，采用 NES-C（nested C）语言（类似 C）编程。安装这些设备需要进行大量的编程。本书多个章节对比了 Crossbow Mote 和 UMR/SLU mote。

2）Mircrostrain's X-链路测量系统（http://www.microstrain.com/）：这可能是最容易组建、运行和编程的系统。工作频率为916MHz，处于在美国免照的 ISM 频段。传感器节点是多信道的，一个无线节点最多支持8个传感器。有3种传感器节点——S-链路（形变测量），G-链路（加速测量）和 V-链路（支持任何传感器产生的电压差）。传感器节点配置了预编程的 EPROM，这样用户不再需要安装大量的程序。附带的数据存储器为2MB。传感器节点使用内置的3.6V 锂离子电池（支持外接9V 充电电池）。一个接收器（基站）处理多个节点。每个节点有唯一的16比特地址，最多处理 2^{16} 个节点。基站和节点之间双向射频通信，传感器节点的数据记录采样率可编程。射频链路传输范围为30m，波特率为19200。基站和终端 PC 之间串行 RS-232 链路波特率为38400。支持 Lab VIEW 接口。

3）射频识别设备（RFID：Radio frequency identification devices）：RFID 标签是询问应答器微电路，有一个电感和电容（Inductor and Capacitor, L-C）储能电路，存储接收到的询问信号的能量，并用于发送应答。被动式标签没有配置电源且数据存储量有限，而主动式标签配有电池和容量可达1MB 的存储器。RFID 设备工作在100kHz 到1.5MHz 的低频段，或900MHz 到2.4GHz 的高频段，传输范围可达30m。RFID 标签非常便宜，用于制造和销售的库存控制，集装箱运输控制和家庭安全。一些城市 RFID 安装在水表上，测量车可以简单地通过远程读取读数。它们还可以用于汽车通行费的自动收取。RFID 网络可以看作移动 WSN，故蜂窝和 Ad Hoc 网络的 DPC 方案可以扩展应用到密集 RFID 网络，以提高读取速率和覆盖范围，这些将在第10章进行讨论。

1.5.5 自组织和定位

飞机和轮船都可以看作 Ad Hoc 网络的节点。Ad Hoc 网络自组织包括通信自组织和定位自组织。在前者中，节点必须被唤醒，相互检测，组成一个通信网络。相关技术已经标准化，移动电话行业对此进行了大量研究。分布式监测传感器网络需要节点相对位置信息以进行信号的分布式处理，以及绝对定位信息用于报告相关检测目标的数据。第 8 章将给出 WSN 的自组织方案。

1) 相对定位（局部定位）：相对定位或局部定位需要内部节点通信，并在 TDMA 消息头部的帧结构中包含通信和定位数据域。有多种测量节点与邻居距离的方法，多数基于射频信号的传输时间。已知电磁波空中传播速度，故时间差可以转换为距离。给定节点间的相对距离，便可以将网络组织成以相对距离表示的栅格。

2) 绝对定位：若已知所有节点间的相对位置，则网络可以说是相对校准。现在需要确定网络的绝对地理位置。对于已知的（完全）校准的平面 2 维（2-D）网络，至少需要确定网络中 3 个节点的绝对位置。目前，有许多节点绝对定位的方法，包括 GPS、基于存储地图，地标或信标的技术（Bulusu et al. 2002）。

1.6　总结

无论是计算机网络还是无线网络，确保网络的性能都是极其重要的。尽管有线网络中明确处理了 QoS 问题，但对于无线网络来说，能效是最重要的。QoS 问题可以通过拥塞和接入允许控制、调度和路由协议解决。许多有线网络方案除了仿真结果外，没有给出性能的理论分析。虽然 WSN 具有移动性，低成本和快速布设的优点，带来了许多新的应用机会，但 WSN 必须满足硬性限制，包括容错性、扩展性、成本、硬件、拓扑变化、环境以及能耗。由于这些严格的限制，需要新的协议和算法来保证网络性能。本书致力于讨论这些问题，并提供与网络类型无关的如何保证网络性能的分析框架。

参 考 文 献

Akyildiz, I. F., Su, W., Sankarasubramaniam, Y., and Cayirci, E., Wireless sensor networks: a survey, *Computer Networks*, Vol. 38, 393-422, 2002.

Bulusu, N., Estrin, D., Girod, J., and Heidemann, J., Scalable coordination for wireless sensor networks: self-configuring localization systems, *Proceedings of the International Symposium on Communication Theory and Applications* (*IS-CTA 2001*), Ambleside, U. K., July 2001.

Bulusu, N., Heidemann, J., Estrin, D., and Tran, T., Self-configuring localization systems: design and experimental evaluation, *ACM TECS Special Issue on Networked Embedded Computing*, 1-31, August 2002.

Chao, H. J. and Guo, X., *Quality of Service Control in High-Speed Networks*, Wiley-Interscience, New York, 2002.

Dontula, S. and Jagannathan, S., Active link protection with distributed power control of wireless networks, *Proceedings of the World Wireless Congress*, May 2004, pp. 612-617.

Fall, K. and Varadhan, K. , ns Notes and Documentation, Technical report UC Berkley LBNL USC/IS Xerox PARC, 2002.

Hoblos, G. , Staroswiecki, M. , and Aitouche, A. , Optimal design of fault tolerant sensor networks, *Proceedings of the IEEE International Conference on Control Applications*, Anchorage, AK, September 2000, pp. 467-472.

IEEE 802. 11a-1999, Amendment to IEEE 802. 11: High-speed Physical Layer in the 5 GHz band.

IEEE 802. 11b-1999, Supplement to 802. 11 – 1999, Wireless LAN MAC and PHY spec- ifications: Higher speed Physical Layer (PHY) extension in the 2. 4 GHz band, *NS-2 manual*, http://www. isi. edu/nsnam/ns/ns-documentation. html.

Kahn, J. M. , Katz, R. H. , and Pister, K. S. J. , Next century challenges: mobile networking for smart dust, *Proceedings of the ACM MOBICOM*, Washington, D. C. , 1999, pp. 271-278.

Mohammed, A. F. , Near-far problem in direct-sequence code-division multiple-access systems, *Proceedings of the Seventh IEE European Conference on Mobile and Personal Communications*, December 1993, pp. 151-154.

Pottie, G. J. and Kaiser, W. J. , Wireless Integrated Network Sensors, *Communications of the ACM*, Vol. 43, No. 5, 2000, pp. 551-558.

Rappaport, T. S. , *Wireless Communications: Principles and Practice*, Prentice Hall, Upper Saddle River, NJ, 1999.

Ray, S. "an introduction to ultra wide band (impulse ratio)", Internal Report Elec. and Comp. Eng. Dept. , Boston University, Oct. 2001.

Shih, E. , Cho, S. , Ickes, N. , Min, R. , and Sinha, A. , Wang, A. , and Chandrahasan, A. , Physical layer driven protocols and algorithm design for energy-efficient wireless sensor networks, *Proceedings of the ACM MOBICOM*, Rome, Italy, July 2001, pp. 272-286.

Siemens, 3G Wireless Standards for Cellular Mobile Services, 2002.

Sinha, A. and Chandrahasan, A. , Dynamic power management in wireless sensor networks, *Proceedings of the IEEE International Conference on Communications*, Helsinki, Finland, June 2001.

Stallings, W. , *High-Speed Networks and Internets: Performance and Quality of Service*, 2nd ed. , Prentice Hall, Upper Saddle River, NJ, 2002.

Tanenbaum, A. S. , *Computer Networks*, 3rd ed. , Prentice Hall, Upper Saddle River, NJ, 1996.

Walrand, J. and Varaiya, P. , *High-Performance Communication Networks*, Morgan Kaufmann Publishers, San Francisco, CA, 1996.

Wireless LAN Medium Access Control (MAC) and Physical Layer (PHY) Specifications, *ANSI/IEEE Standard 802. 11*, 1999 Edition.

Kulli, R. and Varadhan, K., ns Notes- and Documentations, Technical report UC Berkley LBNL USC/IS Xerox PARC, 2002

Hobbes, C., "Sincere ... ... aspect of fault tolerant sensor networks," Proceeding of the IEEE International Conference on Control Department, Anchorage, AK, September 2000, pp. 467-472.

tenibar 803 ICo-1999 Asynchronous in IEEE 802.17 Hi Research Physical Layer and the Extcband

10W Vol. 43, No. 5, 2000, pp. 551-553.

Rappaport, T. S., Wireless Communications Principles and Practice, Prentice Hall, Upper dle River, NJ, 1999

Fite, S., an introduction to ultra-wide band (impulse radio) Internal Report Blue and

Siemens, 3G Wireless Standards for Cellular Mobile Services, 2002.

Shah, N. and Chandrashas ... "Dynamic power management in mobile phone ... culling ... Prentice Hall, Upper ...

Whitehead, J. and Varanasi, P., High-Performance Computation, Web and ... Morgan ...

第 2 章　背 景 知 识

本章给出动态系统简要的背景知识，主要包括对讨论网络协议和算法研究，例如拥塞控制，接入允许控制和调度，以及在网络闭环控制中的神经网络（Neural Network，NN）的应用等重要的内容。相当普遍的是，从事无线网络系统和控制工作的非控制领域出身的工程师们对反馈控制和动态系统的了解很少。他们所观察到的许多现象并不属于 NN 的特性，而是属于反馈控制系统的特性。在某些方面应用动态系统控制是一个复杂的问题。对其中任何不完全的理解会导致得到错误的结论，由于不准确的原因，许多在 NN 控制系统中观察到的探索、调整和行为现象被确信完全是因为 NN。实际上，多数是因为特征更明显的反馈本身。本章内容包括离散时间系统，计算机仿真，范数和稳定性。

2.1　动态系统

许多系统包括神经生物系统本质上都是动态系统，在这个意义上，这些系统受外界激励，有内存，表现为随时间变化的某种规律性的行为。根据 Whitehead（1953）所定义的系统的概念，系统是区别于环境的实体，其与环境的交互可以通过输入输出信号来表征。Luenberger（1979）给出了动态系统的一种直觉感受，包括许多例子。

2.1.1　离散时间系统

如果时间变量为整数 k 而不是实数 t，则系统称为离散时间系统。一般的离散时间系统可以由在离散时间状态空间形式的非线性常差分方程来表示

$$x(k+1)=f(x(k)，u(k))，y(k)=h(x(k)，u(k)) \tag{2-1}$$

式中，$x(k)\in\mathcal{R}^n$，是内部状态矢量；$u(k)\in\mathcal{R}^m$，为控制输入；$y(k)\in\mathcal{R}^p$ 为系统输出。

这些方程可以从动态系统或过程的分析中直接推导出来，它们是非线性连续时间动态系统的抽样化或离散化的结果。今天，控制器是通过嵌入式硬件以数字化形式来实现的，这就使得有必要对控制器采用离散时间来描述，这依赖基于离散时间动态系统动态特性的设计。应用许多已有的技术，可以很好地理解线性系统的抽样。但非线性系统的抽样则不是一个简单问题。实际上，非线性连续动态系统的精确离散是基于 Lie 导数的，且导致无穷级数表示（例如 Kalkkuhl and Hunt 1996）。多种近似和离散化技术采用了精确级数表示的截尾近似。

2.1.2　Brunovsky 范式

令 $x(k) = [x_1(k) \cdots x_n(k)]^T$，非线性动态系统的形式由一组以离散 Brunovsky 范式表示的系统给定为

$$x_1(k+1) = x_2(k)$$
$$x_2(k+1) = x_3(k)$$
$$\vdots \quad\quad\quad\quad\quad\quad (2\text{-}2)$$
$$x_n(k+1) = f(x(k)) + g(x(k))u(k)$$
$$y(k) = h(x(k))$$

如图 2-1 所示，这是 组单位延时单元 z^{-1} 的链或级联，即移位寄存器。每个延时单元存储信息并需要初始条件。所观察的输出 $y(k)$ 是各延时存储器状态的一般函数，或者更专门的形式为

$$y(k) = h(x_1(k)) \quad\quad\quad\quad (2\text{-}3)$$

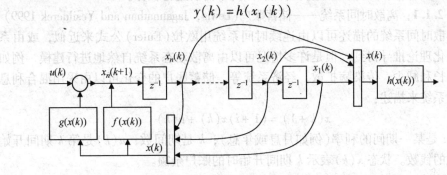

图 2-1　离散时间单输入 Brunovsky 范式

离散 Brunovsky 范式可以等效地写成

$$x(k+1) = Ax(k) + bf(x(k)) + bg(x(k))u(k) \quad\quad (2\text{-}4)$$

其中

$$A = \begin{bmatrix} 0 & 1 & 0 & . & . & 0 \\ 0 & 0 & 1 & . & . & 0 \\ & & \vdots & & & \\ 0 & 0 & . & . & 1 & 0 \\ 0 & 0 & 0 & . & . & 0 \end{bmatrix}, \quad b = \begin{bmatrix} 0 \\ 0 \\ \vdots \\ 0 \\ 1 \end{bmatrix} \quad\quad (2\text{-}5)$$

而且，可以写出更加一般的离散时间形式。系统具有长度为 n_1，n_2，…的 m 个并行延时单元链（例如 m 个移位寄存器），每个都由输入控制激励。连续时间 Brunovsky 范式可以用来描述许多实际系统。然而，对一个连续时间 Brunovsky 范式系统（Lewis，Jagannathan，and Yesilderek 1999）抽样，结果不是方程(2-2)中的一般形式。在某种条件下，满足方程(2-1)形式的一般离散时间系统可以转化为离散

Brunovsky 范式系统(例如 Kalkkuhl and Hunt 1996)。

2.1.3 线性系统

一类特殊和重要的动态系统是离散时间线性时不变(linear time invariant, LTI)系统

$$x(k+1) = Ax(k) + Bu(k)$$
$$y(k) = Cx(k) \tag{2-6}$$

式中, A, B 和 C 是矩阵常数的一般形式[不限于方程(2-5)]。一个 LTI 系统用(A, B, C)来表示。假设系统初始状态为 $x(0)$, 则 LTI 系统的解可以显性地表示为

$$x(k) = A^k x(0) + \sum_{j=0}^{k-1} A^{k-j-1} Bu(j) \tag{2-7}$$

下面例子将表明这些解之间的关系, 并显示一般的离散时间非线性系统比连续时间系统更容易在计算机上进行仿真, 因为不需要进行积分。

例 2.1.1: 离散时间系统——储蓄账户(Lewis, Jagannathan and Yesilderek 1999)

离散时间系统的描述可以由连续时间系统用欧拉(Euler)公式来近似, 或由系统离散化理论推导得到。但是许多情况可以由离散动态系统自然地进行建模, 例如人口增长和减少, 传染病扩散, 经济系统等。储蓄账户的变化可以由采用混合利息的一阶系统来描述:

$$x(k+1) = (1+i)x(k) + u(k)$$

式中, i 是某一期间的利率(例如月息或年息); k 是期间数; $u(k)$ 是第 k 期间开始时存入的钱数。状态 $x(k)$ 表示 k 期间开始时的账户余额。

分析

由方程(2-7), 若每次存款数目相同即 $u(k) = d$, 则账户余额为

$$x(k) = (1+i)^k x(0) + \sum_{j=0}^{k-1} (1+i)^{k-j-1} d$$

其中 $x(0)$ 是账户的初始款数。应用标准的级数求和公式,

$$\sum_{j=0}^{k-i} a^j = \frac{1-a^k}{1-a}$$

可以推出复合利息与固定存款数 d 情况下的标准计算公式

$$x(k) = (1+i)^k x(0) + d(1+i)^{k-1} \sum_{j=0}^{k-1} \frac{1}{(1+i)^j}$$

$$= (1+i)^k x(0) + d(1+i)^{k-1} \left[\frac{1 - \dfrac{1}{(1+i)^k}}{1 - \dfrac{1}{(1+i)}} \right]$$

$$= (1+i)^k x(0) + d \left[\frac{(1+i)^{k-1} - 1}{i} \right]$$

仿真

离散时间系统很容易仿真，和连续时间系统相比无需数值积分驱动程序，取而代之的是简单的"do loop"循环。仿真复合利息动态变化完整的 MATLAB 程序为

```
% Discrete-Time Simulation program for
Compound Interest Dynamics
d = 100;i = 0. 08;% 8% interest rate
x(1) = 1000;
for k = 1:100
x(k + 1) = (1 + i) * x(k)
end
k = [1:101];
plot(k,x);
```

2. 2 数学基础

2. 2. 1 矢量和矩阵范数

我们假设读者熟悉范数，包括矢量和导出矩阵范数（Lewis，Abdallah，and Dawson 1993）。我们用 $\|\cdot\|$ 表示任意相应矢量的范数，$\|\cdot\|_p$ 表示 p 阶范数。对于任意矢量 $x \in \mathcal{R}^n$，

$$\|x\|_1 = \sum_{i=1}^{n} |x_i| \tag{2-8}$$

$$\|x\|_p = \left(\sum_{i=1}^{n} |x_i|^p \right)^{\frac{1}{p}} \tag{2-9}$$

$$\|x\|_\infty = \max_i |x_i| \tag{2-10}$$

二阶范数是标准的欧几里德（Euclidean）范数。

给定矩阵 A，其导出的 p 阶范数用 $\|A\|_p$ 表示。令 $A = [a_{ij}]$，其导出的一阶范数等于其列项绝对值之和的最大值，即

$$\|A\|_1 = \max_j \sum_i |a_{ij}| \tag{2-11}$$

其导出的无穷阶范数等于其行项绝对值之和的最大值，即

$$\|A\|_\infty = \max_i \sum_j |a_{ij}| \tag{2-12}$$

对于任意矢量 x，导出的矩阵 p 阶范数满足不等式

$$\|A\|_p \le \|A\|_p \|x\|_p \tag{2-13}$$

且对于任意两个矩阵 A 和 B，存在

$$\|AB\|_p \le \|A\|_p \|B\|_p \qquad (2\text{-}14)$$

给定一个矩阵 $A = [a_{ij}]$，定义所有元素平方之和的根为其弗罗贝尼乌斯范数（Frobenius norm）

$$\|A\|_F^2 = \sum a_{ij}^2 = tr(A^T A) \qquad (2\text{-}15)$$

其中 $tr(\cdot)$ 表示矩阵的迹（即对角线元素之和）。尽管弗罗贝尼乌斯范数不是导出范数，但它兼容矢量的二阶范数，所以

$$\|Ax\|_2 \le \|A\|_F \|x\|_2 \qquad (2\text{-}15a)$$

2.2.1.1　奇异值分解

由矢量二阶范数导出的矩阵 A 的二阶范数 $\|A\|_2$ 等于矩阵 A 的最大的奇异值。对于一般的 $m \times n$ 阶矩阵 A，其奇异值分解（Singular Value Decomposition，SVD）可以写成

$$A = U \Sigma V^T \qquad (2\text{-}16)$$

式中，U 和 V 分别是 $m \times n$ 和 $n \times n$ 阶正交矩阵，即

$$U^T U = U U^T = I_m$$

$$V^T V = V V^T = I_n \qquad (2\text{-}17)$$

式中，I_n 为 $n \times n$ 阶单位矩阵。$m \times n$ 阶奇异值矩阵的结构为

$$\Sigma = \text{diag}\{\sigma_1, \ \sigma_2, \ \cdots, \ \sigma_r, \ 0, \ \cdots, \ 0\} \qquad (2\text{-}18)$$

式中，r 是矩阵 A 的秩；σ_i 是矩阵 A 的奇异值。通常以非增的顺序排列奇异值，则最大奇异值为 $\sigma_{max}(A) = \sigma_1$。若 A 为满秩矩阵，则 r 等于 m 和 n 中的较小者。因此，最小奇异值为 $\sigma_{min}(A) = \sigma_r$（否则最小奇异值等于 0）。

SDV 将特征值的概念推广到一般非方矩阵。矩阵 A 的奇异值为 AA^T（或者等效地 $A^T A$）的非零特征值的（正）平方根。

2.2.1.2　二次型与正定

给定一个 $n \times n$ 阶矩阵 Q，x 为一 n 维矢量，二次型 $x^T Q x$，Q 在本书中对于稳定性分析非常重要。二次型，在某些场合下，具有与 x 的选择无关的特性。下面给出 4 个重要的定义：

Q 为正定的，表示为 $Q > 0$，如果 $x^T Q x > 0$，$\forall x \ne 0$。

Q 为半正定的，表示为 $Q \ge 0$，如果 $x^T Q x \ge 0$，$\forall x$。

Q 为负定的，表示为 $Q < 0$，如果 $x^T Q x < 0$，$\forall x \ne 0$。

Q 为半负定的，表示为 $Q \le 0$，如果 $x^T Q x \le 0$，$\forall x$。 $\qquad (2\text{-}19)$

如果 Q 是对称的，当且仅当其所有特征值为正数时，其为正定的；当且仅当其所有特征值为非负数时，其为半正定的。如果 Q 是非对称的，判定便更复杂并且涉及矩阵子式的确定。负定和半负定的判定可以通过观察 Q 是负定（半负定）来发现，当且仅当 Q 是正定的（半负定）。

如果 Q 是对称矩阵，其奇异值等于其特征值乘以常数。如果 Q 是对称半正定

矩阵，其奇异值和特征值相同。如果 Q 是半正定的，则对任意矢量，可以得到下面应用广泛的不等式

$$\sigma_{\min}(Q)\|x\|^2 \leqslant x^T Q x \leqslant \sigma_{\max}(Q)\|x\|^2 \tag{2-20}$$

2.2.2 连续性和函数范数

给定子集 $S \subset \mathscr{R}^n$，函数 $f(x): S \to \mathscr{R}^m$ 在 $x_0 \in S$ 处是连续的，若对任意 $\varepsilon > 0$，存在 $\delta(\varepsilon, x_0) > 0$ 使得 $\|x - x_0\| < \delta(\varepsilon, x_0)$，则 $\|f(x) - f(x_0)\| < \varepsilon$。若 δ 不依赖于 x_0，则称函数 $f(x)$ 一致连续。一致连续通常不宜判定，但若 $f(x)$ 是连续的且导数 $f'(x)$ 有界，则 $f(x)$ 一致连续。

函数 $f(x): \mathscr{R}^n \to \mathscr{R}^m$ 可微，若其导数 $f'(x)$ 存在。若其导数存在且连续，则函数连续可微。函数 $f(x)$ 称为局部利普希茨（Lipschitz）的，若对于所有 $x, z \in S \subset \mathscr{R}^m$，对于某些有限常数 $L(S)$，存在

$$\|f(x) - f(z)\| < L\|x - z\| \tag{2-21}$$

式中，L 称为利普希茨常数。若 $S = \mathscr{R}^n$，则函数称为全局利普希茨的。

若 $f(x)$ 是全局利普希茨的，则是一致连续的。若函数连续可微，则是局部利普希茨的。若函数可微，则是连续的。例如 $f(x) = x^2$ 连续可微，它是局部而不是全局利普希茨的。该函数连续但不一致连续。

给定函数 $f(t): [0, \infty) \to \mathscr{R}^n$，根据 Barbalat 引理，若

$$\int_0^\infty f(x)\,\mathrm{d}t \leqslant \infty \tag{2-22}$$

且 $f(x)$ 一致连续，则当 $t \to \infty$ 时 $f(t) \to 0$。

给定函数 $f(t): [0, \infty) \to \mathscr{R}^n$，其 L_p（函数）范数可以通过在每个 t 值上以矢量范数 $\|f(t)\|_p$ 得到，即

$$\|f(\cdot)\|_p = \left(\int_0^\infty \|f(t)\|_p^p \mathrm{d}t\right)^{\frac{1}{p}} \tag{2-23}$$

且若 $p = \infty$，

$$\|f(\cdot)\|_\infty = \sup_t \|f(t)\|_\infty \tag{2-24}$$

若 L_p 范数有限，则称 $f(t) \in L_p$。请注意函数位于 L_∞ 内，当且仅当其有界时。更多的细节见 Lewis, Abdallah 和 Dawson（1993），以及 Lewis, Jagannathan 和 Yesilderek（1999）。

在离散时间情况下，令 $Z_+ = \{0, 1, 2, \cdots\}$ 为自然数集合，$f(k): Z_+ \to \mathscr{R}^n$。$L_p$（函数）范数可以通过在每个 k 值的矢量范数 $\|f(k)\|_p$ 得到，即

$$\|f(\cdot)\|_p = \left(\sum_{k=0}^\infty \|f(k)\|_p^p\right)^{\frac{1}{p}} \tag{2-25}$$

且若 $p = \infty$，

$$\|f(\cdot)\|_\infty = \sup_k \|f(k)\|_\infty \tag{2-26}$$

若 L_p 范数有限，则称 $f(k) \in L_p$。注意函数位于 L_∞ 内，当且仅当其有界时。

2.3　动态系统特性

这一节将讨论包括稳定性在内的动态系统的一些特性。关于系统的可观察性和可控制性参见 Jagannathan(2006)，以及 Goodwin 和 Sin(1984)。若初始开环系统是可控和可观察的，则可设计反馈系统来满足所期望的性能。若系统具有某种被动特性，则设计过程简单，且可保障其他的闭环特性诸健全。另一方面，原有闭环系统中不存在的稳定等特性，将被作为闭环性能的要求在设计中得到体现。

稳定性以及健壮性(将在下一小节讨论)是闭环系统的性能要求。换句话说，原有系统中的开环稳定性不能令人满意，就需要设计反馈系统使得具有适当的闭环稳定性。我们将讨论离散时间系统的稳定性，但只需简单修改，相同的定义对于连续时间系统依然有效。

考虑动态系统

$$x(k+1) = f(x(k), k) \qquad\qquad (2-27)$$

式中，$x(k) \in \mathscr{R}^n$，其可表示一个非可控开环系统，也可表示一个由状态 $x(k)$ 表示控制输入 $u(k)$ 的闭环系统。令起始时间为 k_0 且起始条件为 $x(k_0) = x_0$。由于时间 k 是显性表示的，该系统称为是非自治的。若 k 在 $f(\cdot)$ 中非显性出现，则系统是自治的。控制系统中出现显性时间的基本原因是存在与时间相关的扰动 $d(k)$。

状态 x_e 是系统 $f(x_e, k) = 0$，$k \geqslant k_0$ 的一个平衡点。如果 $x_0 = x_e$，这样系统在平衡状态下启动，且一直保持不变。对于线性系统，唯一可能的平衡点是 $x_e = 0$；对于非线性系统，系统 x_e 可能是非零值。实际上，甚至存在一个平衡集，如有限环。

2.3.1　渐进稳定性

平衡点 x_e 被称为在 k_0 局部渐进稳定(Asymptotically Stable，AS)，如果存在一个紧致集 $S \subset \mathscr{R}^n$，对于所有初始条件 $x_0 \in S$，当 $k \to \infty$ 时，$\|x(k) - x_e\| \to 0$。也就是说，状态 $x(k)$ 收敛于 x_e。若 $S = \mathscr{R}^n$，且对于所有的 $x(k_0)$，都有 $x(k) \to x_e$，则 x_e 被称为在 k_0 全局渐进稳定(Globally Asymptotically Stable，GAS)。若该条件对于所有 k_0 都成立，则稳定被称为是一致的(uniform)(即 UAS，GUAS)。

渐进稳定是非常强的特性，对于闭环系统是极其难获得的，即使是采用了先进的反馈控制设计技术。其主要原因是存在未知但有界的系统扰动。一个弱化的要求讨论如下。

2.3.2　李雅普诺夫稳定性

平衡点 x_e 在 k_0 被称为李雅普诺夫稳定(Stable in the Sense of Lyapunov，SISL)，

如果对于任一 $\varepsilon > 0$，存在 $\delta(\varepsilon, x_0)$ 使得 $\|x_0 - x_e\| < \delta(\varepsilon, k_0)$，也就是说，当 $k \geq k_0$ 时存在 $\|x(k) - x_e\| < \varepsilon$。若 $\delta(\cdot)$ 与 k_0 无关，则稳定被称为是一致的（即一致 SISL）。也就是说对所有 k_0 系统是 SISL 的。

将这些条件与函数的连续性和一致连续性条件比较是极为令人感兴趣的事情。SISL 是动态系统连续的概念。注意对于 SISL，要求状态 $x(k)$ 在起始时足够逼近 x_e 后能保持任意逼近它。这对于闭环控制在未知扰动的情况下依然是非常苛刻的。因此，本书中用于反馈控制设计性能目标的实际稳定性的定义如下述。

2.3.3 有界性

有界性的说明如图 2-2 所示。如果存在一个紧致集合 $S \subset \mathcal{R}^n$，对于所有 $x_0 \in S$，存在一个界 $\mu \leq 0$ 和数 $N(\mu, x_0)$，使得对于所有 $k \geq k_0 + N$ 存在 $\|x(k)\| \leq \mu$，则平衡点 x_e 称为一致最终有界（Uniformly Ultimately Bounded, UUB）的。这里的含义是指对于位于紧致集合 S 中的所有初始状态，系统轨迹经过时间 N，最终到达 x_e 附近有界的范围。

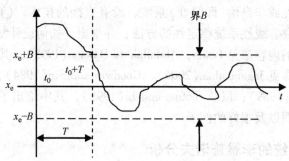

图 2-2 一致最终有界性（UUB）的说明

UUB 和 SISL 的差别是，在 UUB 中不能通过在起始时更加逼近 x_e，而使得界 μ 任意小。实际上，Vander Pol 振荡器是 UUB 而非 SISL 的。在实际闭环应用中，μ 取决于扰动幅度和其他因素。然而对实际应用而言，若控制器设计合理，μ 可以足够小。一致是指 N 的大小不依赖于 k_0。最终是指经过时间 N 后有界性成立。若 $S = \mathcal{R}^n$，则系统称为全局 UUB（GUUB）。

2.3.4 关于自治系统和线性系统的说明

若系统是自治的，使得

$$x(k+1) = f(x(k)) \tag{2-28}$$

其中 $f(x(k))$ 不是时间的显性函数，系统状态轨迹与起始时间无关。这意味着依据上述三个定义中的任何一个，平衡点是稳定的，则该稳定自动是一致的。非一致性仅是非自治系统中的问题。

若系统是线性的，使得

$$x(k+1) = A(k)x(k) \qquad (2-29)$$

且 $A(k)$ 为 $n \times n$ 阶矩阵，则只有原点可能是平衡点。

对于线性时不变(Linear Time-Invariant, LTI)系统，矩阵 A 是时不变的，则系统极点由方程(2-30)所示特征方程的根给定。

$$\Delta(z) = |zI - A| = 0 \qquad (2-30)$$

式中，$|\cdot|$ 表示矩阵行列式；z 是 Z 变换的变量。对于 LTI 系统，AS 对应于要求所有系统极点位于单位圆内(即没有位于单位圆上的极点)。SISL 对应于边界稳定，也就是说，所有极点位于单位圆内且单位圆上只有单阶极点。

2.4　非线性稳定性分析和控制设计

对于 LTI 系统，可以直接通过检测 s-平面中极点的位置来判定系统的稳定性。但是，对于非线性或非自治(即时变)系统，没有直接的技术。(直接的)李雅普诺夫方法提供了研究非线性系统稳定性的方法，并指出了如何设计复杂非线性系统的控制系统。更多的内容参见 Lewis，Abdallah 和 Dawson(1993)，其中讨论了机械臂控制问题。还可参见 Jagannathan(2006)，Goodwin and Sin(1984)，Landau(1979)，Sastry and Bodson(1989)，以及 Slotine and Li(1991)，其中给出了连续和离散时间系统中的许多证明以及很好的例子。

2.4.1　自治系统的李雅普诺夫分析

自治(时不变)动态系统

$$x(k+1) = f(x(k)) \qquad (2-31)$$

其中 $x \in \mathcal{R}^n$，可以表示带有控制器的闭环系统。在2.3.1节我们定义了多种类型的稳定性。这里我们将说明如何应用一般性的能量方法考察系统的稳定性特性。一个孤立的平衡点 x_e 总是可以通过重新定义坐标使之归为原点。因此，不失一般性地，假设原点是平衡点。首先，我们给若干出定义和结论。然后，给出一些例子说明李雅普诺夫方法的作用。

令 $L(x): \mathcal{R}^n \to \mathcal{R}$ 为标量函数且 $L(0) = 0$，同时 S 为 $\mathcal{R}^n$ 的紧致子集。则 $L(x)$ 被称为

局部正定，若对于所有 $x \in S$，当 $x \neq 0$ 时，$L(x) > 0$。(记为 $L(x) > 0$)

局部半正定，若对于所有 $x \in S$，当 $x \neq 0$ 时，$L(x) \geq 0$。(记为 $L(x) \geq 0$)

局部负定，若对于所有 $x \in S$，当 $x \neq 0$ 时，$L(x) < 0$。(记为 $L(x) < 0$)

局部负半定，若对于所有 $x \in S$，当 $x \neq 0$ 时，均有 $L(x) \leq 0$。(记为 $L(x) \leq 0$)

正定函数的例子之一便是二次型 $L(x) = x^T P x$，其中 P 为任意对称和正定矩阵。正定函数仅在 $x = 0$ 时为零。半正定函数可能在 $x \neq 0$ 的点上为零。若 $S = \mathscr{R}^n$，则上述定义称为全局成立。

函数 $L(x)$：$\mathscr{R}^n \rightarrow \mathscr{R}$ 且可持续偏差分（或可导）称为是定理 2.4.1 所述系统的李雅普诺夫函数，若对于某些紧致集合 $S \subset \mathscr{R}^n$，则具有局部

$$L(x) \text{正定}, \quad L(x) > 0 \tag{2-32}$$

$\Delta L(x)$ 负半定，

$$\Delta L(x) \leq 0 \tag{2-33}$$

式中 $\Delta L(x)$ 根据(2.4.1)的轨迹来计算（见下面例子）。这就是

$$\Delta L(x(k)) - L(x(k+1)) - I_i(x(k)) \tag{2-34}$$

定理 2.4.1（李雅普诺夫稳定性）

若方程 2-31 所示系统存在李雅普诺夫函数，则平衡点为李雅普诺夫稳定（SISL）。

这个有力的结果使得可以应用能量的一般性概念来分析系统的稳定性。李雅普诺夫函数承担能量函数的角色。若 $L(x)$ 正定且其导数负半定，则 $L(x)$ 为非增函数，这意味着状态 $x(t)$ 有界。下面结果显示发生了什么情况，若李雅普诺夫导数负定——则 $L(x)$ 持续减小直到 $\|x(k)\|$ 为零。

定理 2.4.2（渐进稳定）

若方程 2.31 所示系统存在李雅普诺夫函数 $L(x)$，但对其导数有严格限制，即 $\Delta L(x)$ 负定，

$$\Delta L(x) < 0 \tag{2-35}$$

则平衡点渐进稳定（AS）。

要获得全局稳定的结果，则需要将集合 S 扩大到 $\mathscr{R}^n$ 全域，同时需要另外的发散性非有界特性。

定理 2.4.3（全局稳定）

全局 SISL：若方程(2-31)所示系统存在李雅普诺夫函数 $L(x)$，使得方程(2-32)和方程(2-33)全局成立，且

$$\text{当} \|x\| \rightarrow \infty \text{ 时}, \quad L(x) \rightarrow \infty \tag{2-36}$$

则平衡点全局 SISL。

全局 AS：若方程(2-31)所示系统存在李雅普诺夫函数 $L(x)$，使得方程(2-32)和方程(2-35)全局成立，且方程(2-36)的非有界性成立，则平衡点全局 AS。

上述结果的全局性当然意味着所说的平衡点是唯一的平衡点。

随后的例子说明李雅普诺夫方法的应用并给出一些结论。其中的侧重点是说明李雅普诺夫函数与系统的能量特性密切相关。

例 2.4.1：局部和全局稳定

局部稳定

考虑如下系统

$$x_1(k+1) = x_1(k)\left(\sqrt{x_1^2(k) + x_2^2(k)} - 2\right)$$

$$x_2(k+1) = x_2(k)\left(\sqrt{x_1^2(k) + x_2^2(k)} - 2\right)$$

非线性离散时间系统的稳定性可以通过选择下式作为二次李雅普诺夫函数来考察，即

$$L(x(k)) = x_1^2(k) + x_2^2(k)$$

上式是能量函数的直接实现，且具有一阶差分

$$\Delta L(x(k)) = x_1^2(k+1) - x_1^2(k) + x_2^2(k+1) - x_2^2(k)$$

沿系统轨迹，简单地代入动态系统的状态差，此时得到

$$\Delta L(x(k)) = -(x_1^2(k) + x_2^2(k))(1 - x_1^2(k) - x_2^2(k))$$

上式小于零，只要

$$\|x(k)\| = x_1^2(k) + x_2^2(k) < 1$$

所以，$L(x(k))$ 是系统（局部）李雅普诺夫函数，系统局部渐进稳定。系统被称为有半径为 1 的吸引域。起始于相平面 $\|x(k)\| = 1$ 外的轨迹不能保证收敛。

全局稳定

现在考虑如下系统：

$$x_1(k+1) = x_1(k)x_2^2(k)$$

$$x_2(k+1) = x_2(k)x_1^2(k)$$

其中状态满足 $(x_1(k)x_2(k))^2 < 1$。

选择下式作为李雅普诺夫函数：

$$L(x(k)) = x_1^2(k) + x_2^2(k)$$

上式是能量函数的直接表达且具有一阶差分。

$$\Delta L(x(k)) = x_1^2(k+1) - x_1^2(k) + x_2^2(k+1) - x_2^2(k)$$

沿系统轨迹，简单地代入动态系统的状态差，在这种情况下，得到

$$\Delta L(x(k)) = -(x_1^2(k) + x_2^2(k))(1 - x_1^2(k)x_2^2(k))$$

应用该限制，系统是全局稳定的，因为状态受限。

例 2.4.2：李雅普诺夫稳定

考虑系统

$$x_1(k+1) = x_1(k) - x_2(k)$$

$$x_1(k+1) = \sqrt{2x_1(k)x_2(k) - x_1^2(k)}$$

选择下式作为李雅普诺夫函数

$$L(x(k)) = x_1^2(k) + x_2^2(k)$$

上式是能量函数的直接表达且具有一阶差分

$$\Delta L(x(k)) = x_1^2(k+1) - x_1^2(k) + x_2^2(k+1) - x_2^2(k)$$

沿系统轨迹，简单地代入动态系统的状态差，这种情况下，得到

$$\Delta L(x(k)) = -x_1^2(k)$$

这只能是负半定(注意在 $x_2(k) \neq 0$ 时，$\Delta L(x(k))$ 可以为 0)。所以 $L(x(k))$ 是李雅普诺夫函数，但用这种方法系统只能判定为 SISL——也就是 $\|x_1(k)\|$ 和 $\|x_2(k)\|$ 均有界。

2.4.2 应用李雅普诺夫技术设计控制器

虽然我们以定理 2.4.1 描述的形式，给出了仅适用于非受迫系统的李雅普诺夫分析方法，其无控制输入，但这些方法还提供了多种有力的工具来设计反馈控制系统，其形式为

$$x(k+1) = f(x(k)) + g(x(k))u(k) \tag{2-37}$$

这样，选择李雅普诺夫函数 $L(x) > 0$，沿系统轨迹进行差分，得到

$$\Delta L(x) = L(x(k+1)) - L(x(k)) = x^T(k+1)x(k+1) - x^T(k)x(k)$$
$$= (f(x(k)) + g(x(k))u(k))^T(f(x(k)) + g(x(k))u(k)) - x^T(k)x(k) \tag{2-38}$$

通常通过恰当地选择 $u(k)$ 使得 $\Delta L \leq 0$。当这些得以实现时，则可以得到一般性的状态——反馈形式，也就是说，$u(k)$ 是状态 $x(k)$ 的函数。

具有激励限制和饱和的实际系统通常包含非连续函数，包括为标量 $x \in \mathscr{R}$ 定义的符号函数

$$\mathrm{sgn}(x) = \begin{cases} 1, & x \geq 0 \\ -1, & x < 0 \end{cases} \tag{2-39}$$

如图 2-3 所示，对于矢量 $x = [x_1\ x_2 \cdots x_n]^T \in \mathscr{R}^n$，符号函数的定义为

$$\mathrm{sgn}(x) = [\mathrm{sgn}(x_i)] \tag{2-40}$$

其中 $[z_i]$ 表示包含分量 z_i 的矢量 z。这些函数的不连续性使得其不可能用于需要微分的输入/输出反馈的线性化。在某些场合，应用李雅普诺夫方法，可以对包含非连续性的系统进行控制器设计。

例 2.4.3：利用李雅普诺夫分析设计控制器

考虑系统

$$x_1(k+1) = x_2(k)\mathrm{sgn}(x_1(k))$$
$$x_2(k+1) = \sqrt{x_1(k)x_2(k) + u(k)}$$

具有激励非线性。应用反馈线性化技术(即去除所有非线性)设计控制输入。利用李雅普诺夫方法可以容易地设计稳定控制器。

选择下式作为李雅普诺夫函数

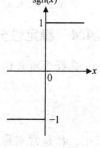

图 2-3　符号函数

$$L(x(k)) = x_1^2(k) + x_2^2(k)$$

计算得到

$$\Delta L(x(k)) = x_1^2(k+1) - x_1^2(k) + x_2^2(k+1) - x_2^2(k)$$

将系统动态变化代入上式，得到

$$\Delta L(x(k)) = x_2^2(k)\,\mathrm{sgn}^2(x_1(k)) - x_1^2(k) + (x_1(k)x_2(k) + u(k)) - x_2^2(k)$$

现在，选择反馈控制

$$u(k) = -x_2^2(k)\,\mathrm{sgn}^2(x_1(k)) + x_1^2(k) - x_1(k)x_2(k)$$

得到

$$\Delta L(x(k)) = -x_2^2(k)$$

所以，$L(x(k))$ 呈现为一(闭环)李雅普诺夫函数。因为 $\Delta L(x(k))$ 是负半定的，所以带有该控制器的闭环系统是 SISL 的。

重要的是注意到，对控制器稍作调整，同样可以说明闭环系统的全局渐进稳定。另外注意到，该控制器具有反馈线性化元素(Lewis, Jagannathan and Yesiderek 1999 对此进行了讨论)，因为选择控制输入 $u(k)$ 用于去除非线性。但是，在李雅普诺夫方法中不需对方程右边式子微分，但其成为二次的，这使得很难设计控制器和显示稳定性。这对离散时间系统是个问题，当采用标准的自适应控制器和基于 NN 的控制器时，我们将给出对于复杂系统如何选择合适的李雅普诺夫函数形式。最后，在该例子中还有一些问题，例如不连续控制信号的选择，其可能产生震荡。实际中，动态系统起到低通滤波的作用，使得控制器工作良好。

2.4.3 线性系统的李雅普诺夫分析和控制器设计

对于一般的非线性系统而言，并不是总是容易地找到李雅普诺夫函数。不能找到李雅普诺夫函数可能是因为系统不稳定，或是因为设计者缺乏眼光和经验。但是，对于 LTI 系统

$$x(k+1) = Ax \tag{2-41}$$

李雅普诺夫分析是简单的，且若李雅普诺夫函数存在，则是比较容易找到的。

2.4.4 稳定性分析

选择李雅普诺夫函数，其二次形式为

$$L(x(k)) = \frac{1}{2}x^T(k)Px(k) \tag{2-42}$$

式中，P 是常对称正定矩阵。因为 $P > 0$，则 $x^T Px$ 是正函数。该函数是广义范数，其作为系统能量函数。则

$$\Delta L(x(k)) = L(x(k+1)) - L(x(k)) = \frac{1}{2}\left[x^T(k+1)Px(k+1) - x^T(k)Px(k)\right] \quad (2\text{-}43)$$

$$= \frac{1}{2}x^T(k)\left[A^TPA - P\right]x(k) \quad (2\text{-}44)$$

对于稳定性,要求负半定性。所以必须存在一个对称半正定矩阵 Q,使得

$$\Delta L(x) = -x^T(k)Qx(k) \quad (2\text{-}45)$$

该结论导致了下面定理。

定理 2.4.4(线性系统李雅普诺夫定理)

方程 2-41 讨论的系统李雅普诺夫稳定(SISL),若存在矩阵 $P > 0$ 和 $Q \geq 0$ 满足李雅普诺夫方程

$$A^TPA - P = -Q \quad (2\text{-}46)$$

如果 P 和 Q 均为正定的解,则系统渐进稳定(AS)。

可以证明该定理是充分且必要的。这就是说,对于 LTI 系统,如果不存在方程(2-42)表示的二次形式的李雅普诺夫函数,则不存在李雅普诺夫函数。这个结论提供了一种考察矩阵 A 的特征值的选择。

2.4.5 LTI 反馈控制器的李雅普诺夫设计

这些概念对 LTI 控制系统的设计提供了有价值的过程。注意到闭环系统带有状态反馈

$$x(k+1) = Ax(k) + Bu(k) \quad (2\text{-}47)$$

$$u = -Kx \quad (2\text{-}48)$$

是 SISL 的当且仅当存在矩阵 $P > 0$,$Q > 0$ 满足闭环李雅普诺夫方程

$$(A - BK)^TP(A - BK) - P = -Q \quad (2\text{-}49)$$

如果 P 和 Q 为正定矩阵,则系统是 AS 的。

现在假设存在 $P > 0$ 和 $Q > 0$ 满足黎卡提(Riccati)方程

$$P(k) = A^TP(k+1)(I + BR^{-1}B^TP(k+1))^{-1}A + Q \quad (2\text{-}50)$$

现在选择反馈增益为

$$K(k) = -(R + B^TP(k+1)B)^{-1}B^TP(k+1)A \quad (2\text{-}51)$$

以及控制输入为

$$u(k) = -K(k)x(k) \quad (2\text{-}52)$$

对于某些矩阵 $R > 0$。

这些方程证实了该控制输入的选择可确保闭环系统的渐进稳定。

注意到黎卡提方程仅依赖于已知的矩阵——系统 (A, B) 和两个对称设计矩阵 Q 和 R,且 Q 和 R 需要选择为正定矩阵。有许多好的途径可以求得方程的解 P 使得系统 (A, B) 是可控的(例如 MATLAB)。然后,由方程(2-51)可求得稳定增益。

选择不同的 Q 和 R，可以得到不同的闭环极点。这种方法远超过经典的频域或根轨迹的设计技术，这里简单地求解矩阵设计方程，便可确定复杂的多变量系统的稳定反馈。关于该线性二次型设计技术更多的细节参见 Lewis and Syrmos（1995）。

2.4.6　非自治系统的李雅普诺夫分析

我们考虑非自治（时变）动态系统

$$x(k+1) = f(x(k), k), \quad k \geqslant k_0 \tag{2-53}$$

其中 $x \in \mathscr{R}^n$。同样地假设原点为平衡点。对于非自治系统，前面所引入的基本概念依然有效，但必须考虑系统与时间的显性关系。这里的基本问题是李雅普诺夫函数可能与时间有关。这种情况下，必须修改"定"的定义，并且需要采用"递减"的概念。

令 $L(x(k), k)$：$\mathscr{R} \times \mathscr{R} \to \mathscr{R}$ 为标量函数且 $L(0, k) = 0$，以及 S 为 $\mathscr{R}^n$ 上的紧致子集。$L(x(k), k)$ 被称为

局部正定，若 $L(x(k), k) > L_0(x(k))$ 对某个时变正定 $L_0(x(k))$，对于所有的 $k \geqslant 0$ 和 $x \in S$。（表示为 $L(x(k), k) > 0$）

局部半正定，若 $L(x(k), k) \geqslant L_0(x(k))$ 对某个时变半正定 $L_0(x(k))$，对于所有的 $k \geqslant 0$ 和 $x \in S$。（表示为 $L(x(k), k) \geqslant 0$）

局部负定，若 $L(x(k), k) < L_0(x(k))$ 对某个时变正定 $L_0(x(k))$，对于所有的 $k \geqslant 0$ 和 $x \in S$。（表示为 $L(x(k), k) < 0$）

局部负半定，若 $L(x(k), k) \leqslant L_0(x(k))$ 对某个时变负半定 $L_0(x(k))$，对于所有的 $k \geqslant 0$ 和 $x \in S$。（表示为 $L(x(k), k) \leqslant 0$）

这样，对于时变函数的"定"，时变定义的功能占主导地位。上述这些定义称为是全局成立的若 $S \in \mathscr{R}^n$。

时变函数 $L(x(k), k)$：$\mathscr{R}^n \mathscr{R}^n \times \mathscr{R} \to \mathscr{R}$ 称为是递减的，如果 $L(0, k) = 0$ 且存在时变正定函数 $L_1(x(k))$，使得

$$L(x(k), k) \leqslant L_1(x(k)), \quad \forall k \leqslant 0 \tag{2-54}$$

图 2-4 图示了时变函数递减和正定的概念。

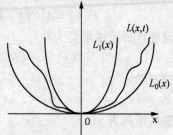

例 2.4.4：递减函数

考察时变函数

$$L(x(k), k) = x_1^2(k) + \frac{x_2^2(k)}{3 + \sin kT}$$

图 2-4　正定（$(L_0(x(k))) < L(x(k), k)$）和渐减（$L(x(k), k) \leqslant L_1(x(k))$）的时变函数 $L(x(k), k)$

注意到 $2 \leqslant 3 + \sin kT \leqslant 4$，所以

$$L(x(k), k) \geqslant L_0(x(k)) \equiv x_1^2(k) + \frac{x_2^2(k)}{4}$$

所以 $L(x(k), k)$ 是全局正定。而且

$$L(x(k), k) \leqslant L_1(x(k)) \equiv x_1^2(k) + x_2^2(k)$$

所以 $L(x(k), k)$ 是递减的。

定理 2.4.5(非自治系统李雅普诺夫结果)

1)李雅普诺夫稳定：若对于方程 2-53 所描述的系统，存在一个连续偏导数 $L(x(k), k)$，使得对于紧致集合 $S \subset \mathcal{R}^n$ 中的 x，

$$L(x(k), k) \text{是正定的}, \quad L(x(k), k) > 0 \tag{2-55}$$

$$\Delta L(x(k), k) \text{是负半定的}, \quad \Delta L(x(k), k) \leqslant 0 \tag{2-56}$$

则平衡点是 SISL 的。

2)渐进稳定：进一步，若条件(2-56)加强到

$$\Delta L(x(k), k) \text{是负定的}, \quad \Delta L(x(k), k) < 0 \tag{2-57}$$

则平衡点是 AS 的。

3)全局稳定：如果平衡点是 SISL 或 AS 的，若 $S = \mathcal{R}$，以及径向无界条件的成立，则全局稳定。

$$L(x(k), k) \to \infty, \quad \text{当} \|x(k)\| \to \infty, \quad \forall k \tag{2-58}$$

4)一致稳定：如果平衡点是 SISL 或 AS 的，且 $L(x(k), k)$ 是递减的[即方程(2-54)成立]，则稳定是一致的(即独立于 k_0)。

平衡点可以同时是一致和全局的，即上述定理中的所有条件都成立，则是 GUAS 的。

2.4.7 李雅普诺夫方法扩展和有界稳定性

已经给出的李雅普诺夫结果可以用来判定 SISL，如果存在函数如 $L(x(k), k) > 0$，$\Delta L(x(k), k) \leqslant 0$；以及 AS，如果存在函数 $L(x(k), k) > 0$，$\Delta L(x(k), k) < 0$。进一步了解动态系统的深层结构，这些结论的多种扩展可以用来确定更多的稳定特性。

2.4.7.1 UUB 分析和控制设计

我们已经看到如何利用李雅普诺夫方法来确定系统的 SISL 和 AS。但在实际应用中，存在未知的扰动或模型误差使得即使是在闭环系统中 SISL 都难以估计。典型的例子是具有如下形式的系统

$$x(k+1) = f(x(k), k) + d(k) \tag{2-59}$$

$d(k)$ 是未知但有界的扰动。稳定性更一般实际的概念是一致最终有界(UUB)。下面的结果说明若李雅普诺夫导数在 $\mathcal{R}^n$ 的某个区域的界外是负的，则可以保证是 UUB 的。

定理 2.4.6(UUB 的李雅普诺夫分析)

对于方程(2-59)所描述的系统，若存在可连续偏微函数 $L(x, k)$，使得对于属于紧致集合 $S \subset \mathcal{R}^n$ 中的 x，

$$L(x(k), k) \text{ 是正定的，} L(x(k), k) > 0$$

$$\Delta L(x(k), k) < 0, \text{对于} \|x\| > R$$

对于某些 $R > 0$，使得 R 为半径的球形空间包含在 S 中，则系统是 UUB 的，同时状态范数受限于 R 附近。在这个结果中，注意到 ΔL 必须严格地小于 0 在半径为 R 的球外。如果对所有的 $\|x\| > R$ 只有 $\Delta L(x(k), k) \leq 0$，则得不到任何关于系统稳定性的结论。

对于满足该定理的系统，可能存在某些扰动效应使得系统状态偏离平衡点。然而，若状态变得太大，动态变化的趋势将它拉回到平衡点。当 $\|x\| \approx R$ 时，存在两种相反的效应达到平衡，随着时间推移系统状态趋向于维持在 $\|x\| = R$ 附近。实际上，状态范数有效或实际地被 R 界定。

ΔL 为负的球外不应当与例 2.4.1a 中的吸引域混淆。可以看到，若 $\|x\| < 1$ 系统是 AS 的，定义了一个半径为 1 的吸引域。

下面的例子将说明如何应用该结果。从中得到该结果还可以用作控制设计技术，其中选择控制输入以保证定理成立的条件。

例 2.4.5：存在扰动的线性系统的 UUB

通常在实际系统中存在未知扰动，其一般受限于某个已知的范围。这种扰动导致 UUB，并需要扩展 UUB 来分析。假设系统

$$x(k+1) = Ax(k) + d(k)$$

具有 A 稳定，并且扰动 $d(k)$ 未知，但有界即 $\|d(k)\| < d_M$，且 d_M 已知。

选择李雅普诺夫函数

$$L(x(k)) = x^T(k)Px(k)$$

差分得到

$$\begin{aligned}\Delta L(x(k)) &= x^T(k+1)Px(k+1) - x^T(k)Px(k) \\ &= x^T(k)(A^TPA - P)x(k) + 2x^T(k)A^TPd(k) + d^T(k)Pd(k) \\ &= -x^T(k)Qx(k) + 2x^T(k)A^TPd(k) + d^T(k)Pd(k)\end{aligned}$$

其中(P, Q)满足李雅普诺夫方程

$$A^TPA - P = -Q$$

应用范数等式，写为

$$\Delta L(x(k)) \leq -[\sigma_{min}(Q)\|x(k)\|^2 - 2\|x(k)\|\sigma_{max}(A^TP)\|d(k)\| - \sigma_{max}(P)\|d(k)\|^2]$$

上式为负，只要

$$\|x(k)\| \geq \frac{\sigma_{max}(A^TP)d_M + \sqrt{\sigma_{max}^2(A^TP)d_M^2 + \sigma_{min}(Q)\sigma_{max}(P)d_M^2}}{\sigma_{min}(Q)}$$

这样，若扰动幅度的界增大，则状态范数也将增大。

例 2.4.6：闭环系统的 UUB

UUB 扩展可以用来设计稳定的闭环系统。系统描述如下：

$$x(k+1) = x^2(k) - 10x(k)\sin x(k) + d(k) + u(k)$$

受有界未知扰动的激励，扰动幅度有界即 $\|d(k)\| < d_M$。为寻找使系统稳定并减小扰动效应的控制，选择控制输入为

$$u(k) = -x^2(k) + 10x(k)\sin x(k) + k_v x(k)$$

这有助于抵消正弦非线性性和提供稳定项以得到闭环系统

$$x(k+1) = k_v x(k) + d(k)$$

选择李雅普诺夫函数形式

$$L(x(k)) = x^2(k)$$

其一阶差分为

$$\Delta L(x(k)) = x^2(k+1) - x^2(k)$$

沿闭环系统的轨迹计算一阶差分，得到

$$\Delta L(x(k)) \leqslant -x^2(k)(1 - k_{v\max}^2) - 2x(k)k_v d(k) + d^2(k)$$

上式为负，只要

$$\|x(k)\| > \frac{k_{v\max} d_M + \sqrt{k_{v\max}^2 d_M^2 + (1 - k_{v\max}^2) d_M^2}}{(1 - k_{v\max}^2)}$$

简化上式，得到

$$\|x(k)\| > \frac{(1 + k_{v\max})}{(1 - k_{v\max}^2)} d_M$$

通过将闭环极点移近原点，可以使得 UUB 的界变小。将极点放置在原点将导致控制器失效，是在任何情况下都需要避免的。

参 考 文 献

Goodwin, C. G. and Sin, K. S. , *Adaptive Filtering, Prediction, and Control*, Prentice Hall, Englewood Cliffs, NJ, 1984.

Ioannou, P. and Kokotovic, P. , *Adaptive Systems with Reduced Models*, Springer-Verlag, New York, 1983.

Jagannathan, S. , *Neural Network Control of Nonlinear Discrete-Time Systems*, Taylor and Francis (CRC Press), Boca Raton, FL, 2006.

Kalkkuhl, J. C. and Hunt, K. J. , Discrete-time neural model structures for continuous-time nonlinear systems, *Neural Adaptive Control Technology*, Zbikowski, R. and Hunt, K. J. , Eds. , World Scientific, Singapore 1996, chap. 1.

Landau, Y. D. , *Adaptive Control: The Model Reference Approach*, Marcel Dekker, Basel, 1979.

Lewis, F. L. and Syrmos, V. L., *Optimal Control*, 2nd ed., John Wiley and Sons, New York, 1995.

Lewis, F. L., Abdallah, C. T., and Dawson, D. M., *Control of Robot Manipulators*, Macmillan, New York, 1993.

Lewis, F. L., Jagannathan, S., and Yesiderek, A., *Neural Network Control of Robot Manipulators and Nonlinear Systems*, Taylor and Francis, London, 1999.

Luenberger, D. G., *Introduction to Dynamic Systems*, Wiley, New York, 1979.

Narendra, K. S. and Annaswamy, A. M., *Stable Adaptive Systems*, Prentice Hall, Englewood Cliffs, NJ, 1989.

Sastry, S. and Bodson, M., *Adaptive Control*, Prentice Hall, Englewood Cliffs, NJ, 1989.

Slotine, J.-J. E. and Li, W., *Applied Nonlinear Control*, Prentice Hall, NJ, 1991. Von Bertalanffy, L., *General System Theory*, Braziller, New York, 1998.

Whitehead, A. N., *Science and the Modern World*, Lowell Lectures (1925), Macmillan, New York, 1953.

习题

2.1 节

习题 2.1.1：仿真复利系统。仿真例 2.1.3 中的系统，并画出系统状态与时间的关系曲线。

习题 2.1.2：遗传学。许多先天性疾病可以解释为单个位置的两个基因变成了同一个隐性基因的结果（Luenberger 1979）。在相同假设下，隐性基因的生成频率 k 由以下递归形式给定

$$x(k+1) = \frac{x(k)}{1 + x(k)}$$

用 MATLAB 仿真，并设 $x(0) = 75$。观察 $x(k)$ 非常缓慢地收敛到 0。这可以解释为什么致命的遗传疾病能够很长时间的处于活跃状态。从 $x(0)$ 为一个很小的负数开始仿真，观察离开 0 以后的变化趋势。

习题 2.1.3：仿真离散时间系统。用 MATLAB 仿真下面系统，

$$x_1(k+1) = \frac{x_2(k)}{1 + x_2(k)}$$

$$x_2(k+1) = \frac{x_1(k)}{1 + x_2(k)}$$

画出相平面曲线。

2.4 节

习题 2.4.1：李雅普诺夫稳定分析。利用李雅普诺夫稳定分析，确定下列系统的稳定性。画出系统变化的时间曲线，证实你的结论。验证系统的被动性和耗散性。

a. $x_1(k+1) = x_1(k)\sqrt{(x_1^2(k) + x_2^2(k))}$

$x_2(k+1) = x_2(k)\sqrt{(x_1^2(k) + x_2^2(k))}$

b. $x(k+1) = -x^2(k) - 10x(k)\sin x(k)$

习题 2.4.2：李雅普诺夫控制设计。利用李雅普诺夫方法设计控制器，使得下列系统稳定。画出系统状态随时间变化曲线，验证你的设计。验证系统的无源性和耗散性。

a. $x(k+1) = -x^2(k)\cos x(k) - 10x(k)\sin x(k) + u(k)$

b.
$x_1(k+1) = x_1(k)x_2(k)$
$x_2(k+1) = x_1^2(k) - \sin x_2(k) + u(k)$

习题 2.4.3：应用反馈提高稳定性。系统

$$x(k+1) = Ax(k) + Bu(k) + d(k)$$

的扰动 $d(k)$ 未知，但有界即 $\|d(k)\| < d_M$，d_M 为已知常数。在例 2.4.6 中，系统无控制输入，$B = 0$ 且 A 稳定是 UUB 的。说明采用控制输入 $u(k) = -Kx(k)$ 能够提高系统的 UUB 稳定性，通过减小 $\|x(k)\|$ 的界。实际上，若采用反馈，初始系统矩阵 A 并不需要是稳定的，只要 (A, B) 是稳定的。

第 3 章 ATM 网络和 Internet
中的拥塞控制

第 2 章介绍了动态系统和李雅普诺夫稳定的背景知识。在本书的后续部分我们将这些控制理论的概念应用于有线和无线网络协议的设计和研究。可以看到，应用控制理论的概念，不仅能够说明协议的稳定性，同时能说明协议的性能，包括通过量、分组/信元丢失、端到端时延、时延抖动、能效等服务质量(Quality of Service, QoS)指标。特别是，我们将关注有线和无线网络的拥塞和接入允许控制，分布式功率控制和速率调整，分布式公平调度以及路由协议的研究。首先，我们在有线网络中的拥塞控制协议设计中应用控制系统的概念。

本章首先提出一种用于高速异步传输模式(Asynchronous Transfer Mode, ATM)网络可用比特服务(Available Bit Rate, ABR)的自适应拥塞控制方法，然后提出一种高速 Internet 网络端到端拥塞控制方案。在该方法中，根据网络节点的反馈信息，信源控制发送速率以避免拥塞。网络被建模为一个非线性离散时间系统。因为网络业务的表现为自相似业务流，且通常预先未知业务行为，所以采用基于神经网络(Neural Network, NN)的控制器设计了一种自适应方案来防止拥塞，其中 NN 用于估计交换机/信宿缓存中的业务累积。基于 δ 规则对 NN 进行调整以估计未知业务。数学分析说明了缓存占用系统中闭环误差的稳定性，所以可以确保所期望的 QoS。ATM 网络中的 QoS 指标包括分组丢失率(Cell Loss Ratio, CLR)、传输时延和公平性。NN 不需要学习阶段，直接初始化网络权重。然而，通过增加初始学习阶段，可以改进瞬态条件下分组丢失的 QoS。

我们从数学上推导用于选择 NN 算法参数的规则，以确保发生拥塞时期望的性能，并给出了可能的折中。仿真结果说明了理论结论的正确性。非线性系统理论的方法可以容易地用于设计路由算法、传输链路的带宽估计和分配等等。ATM 网络采用逐跳反馈的方式，而 Internet 采用端到端反馈的方式。我们首先介绍 ATM 网络的拥塞控制问题，然后讨论 Internet 端到端拥塞控制问题。

3.1 ATM 网络拥塞控制

ATM 在多种网络中是整合宽带多媒体业务(Broad-Band Multimedia Service, B-ISDN)的关键技术，包括数据、视频和语音信息的传输。ATM 通过对固定长度为 53 个字节的信元进行统计复用，为这些具有不同业务特性的信源提供服务。宽带业务模式的不确定性、业务流到达统计特性的不可预测性和网络业务的自相似性，都会导致在网络交换机、集线器以及通信链路上发生拥塞。

ATM 论坛制定了多种与 ATM 网络业务管理相关的服务类型。这些服务类型提供两种主要的服务等级：确保型服务和尽力而为服务（Kelly et al. 2000）。尽力而为服务类型进一步分为两个子类，即未定比特率 UBR（Unspecified Bit-Rate）和 ABR。UBR 信源既不指定也不得到带宽、时延和分组丢失率的保证。与此相反，若信源遵守来自网络动态变化的管理信令，ABR 服务类型保证信元丢失率为零。网络采用资源管理（Resource Management，RM）信元告知 ABR 信源可用带宽。如果信源遵守这些信令，则保证零丢失。

在 B-ISDN 中，业务和拥塞控制描述了 ATM 操作的不同方面。拥塞定义为 ATM 网络的一个条件，即网络不能满足其申明的性能目标。相比之下，业务控制如接入允许控制（Connection Admission Control，CAC）定义了一组网络采取的行动以避免拥塞。由于多媒体服务中业务流的不确定性，尽管实际上采取了适当的 CAC 方案，网络依然可能发生拥塞。为避免短时间拥塞时 QoS 的严重下降，需要采取适当的拥塞控制方案。

因为 ATM 论坛决定采用闭环速率拥塞控制方案作为 ABR 服务的标准（Lakshman et al. 1999），所以人们提出了多种反馈控制方案，参见（Jagannathan 2002，Chen et al. 1999，Fuhrman et al. 1996，Cheng and Chang 1996，Bonomi and Fendick 1995，Benmohamed and Meerkov 1993，Lakshman et al. 1999，Jain 1996，Mascola 1997，Qiu 1997，Izmailov 1995，Bae and Suda 1991，Liew and Yin 1998，Liu and Douligeris 1997，Bonomi et al. 1995，Jagannathan and Talluri 2002）带有（Chen et al. 1999，Fuhrman et al. 1996，Cheng and Chang 1996，Qiu 1997，Jagannathan and Talluri 2002）和不带有神经网络和模糊逻辑（Bonomi and Fendick 1995，Benmohamed and Meerkov 1993，Jain 1996，Mascola 1997，Izmailov 1995，Bae and Suda 1991，Liu and Douligeris 1997，Bonomi et al. 1995，Jagannathan and Talluri 2000）。就反馈控制而言，拥塞控制在保证公平性的同时，调整信源速率和规范信源进入网络的业务。这些方案中大多数是基于 ABR 缓存的线性模型的。每个 ABR 缓存拥有一个相应的拥塞控制器，其发送拥塞告警信元（Congestion Notification Cells，CNC）给信源。上述文献中的反馈控制方案基于缓存长度，缓存变化率，信元丢失率和缓存阈值等等。

最简单的拥塞控制方案是采用 FIFO 排队方式的二进制反馈。当缓存占用超过预先定义的阈值时，交换机持续发送二进制告警信息给信源，直到缓存占用回落到阈值之下。这在本章中称为阈值法。遗憾的是，FIFO 排队方式会使得经过了若干个交换机的连接得到不公平地惩罚，因此研究提出了包括显性速率反馈等更先进的方案如 ERCIA 方案。在这些方案中，反馈通过 RM 信元向信源显性地告知速率。

这些方案可以提供某种程度的公平性。但是，对这些方案没有进行严格的数学分析来说明其 QoS 性能，只能依靠仿真进行研究。Benmohamed and Meerkov（1993）作者报道了某些拥塞控制方案甚至会导致震荡现象。在 Benmohamed and Meerkov（1993）中，基于线性控制理论提出了分组交换网络中一种稳定的反馈控制器。虽然通过线性控制器可以得到稳定的操作，但没有估计网络业务速率，同时在分析中没有考虑控制器设计中网络业务的自相似性。

在本章中（Jagannathan and Tohmaz 2001，Jagannathan and Talluri 2002），网络业务在交换机中的累积被看做是非线性的。基于学习的方法，提出一种自适应多级 NN 拥塞控制方案，将连接的速率显性地发回给信源。提出了 NN 权重的调整规则，应用李雅普诺夫分析证明了闭环的收敛性和稳定性。结果显示 NN 不需要任何初始学习过程，控制器可以确保所期望的性能，即使是对于有不确定界的自相似业务。然而，对 NN 进行离线训练，结果显示能够改善 QoS。这里的目的是得到分组丢失的确切界，同时降低传输时延，在充分利用可用缓存空间的同时保证公平性。仿真结果验证了发生拥塞时的理论分析结论。尽管仿真结果和分析是针对 ATM 网络的，但其方法可以容易地应用于 Internet 端到端的场合。

3.2　背景

下面给出逼近性质（approximation property）的背景知识。

3.2.1　神经网络和逼近性质

过去几十年，基于 NN 的算法在计算机科学和工程中如雨后春笋般地涌现。基于 NN 算法的普及在于其具有功能逼近和学习能力，这可以容易地应用于多种应用中。本节中描述的这类应用之一，是用于拥塞控制的网络业务预测。基于 NN 的算法大致可以分为基于离线和在线学习的方案。离线学习方案用于训练 NN。一旦训练结束，NN 权重不再更新且 NN 被纳入应用中。遗憾的是，目前已知离线学习方案所采用的反向传播（BackPropagation，BP）算法（Jagannathan 2006）存在收敛和权重初始化问题。

本章提出的在线学习的 NN 方案——尽管需要更多的实时计算，放松了离线学习阶段，避免了权重初始化问题，并且同时进行学习和调整。该方案还避开了离线学习的数据收集问题，因为这些数据通常在某些应用中很难得到。但是，一旦能预先得到相似的数据，则可以利用这些数据离线训练 NN，并将训练得到的权重作为在线训练的初始权重。我们证明了所提方法的总收敛性和稳定性。一旦权重训练完成，无论是离线还是在线，权重保持不变。

一个通用函数 $f(x) \in C^{(s)}$ 可以用两级 NN 来近似为

$$f(x(k)) = W^T \varphi_2(V^T \varphi_1(x(k))) + \varepsilon(k) \tag{3-1}$$

式中，W 和 V 是固定权重；$\varphi_2(V^T(k)\varphi_1(x(k)))$，$\varphi_1(x(k))$ 表示 k 时刻激活函数的矢量；$\varepsilon(k)$ 是 NN 函数重建误差矢量。定义网络输出为

$$\hat{f}(x(k)) = \hat{W}^T \varphi_2(\hat{V}^T \varphi_1(x(k))) \tag{3-2}$$

从现在开始，$\varphi_1(x(k))$ 用 $\varphi_1^{(k)}$ 表示，$\varphi_2(\hat{V}^T \varphi_1(x(k)))$ 用 $\hat{\varphi}_2^{(k)}$ 表示。现在的主要挑战是研究合适的权重更新方程以满足方程(3-1)和方程(3-2)。

3.2.2　系统稳定性

为公式化表示离散时间控制器，需要用到下面的稳定性概念（Jagannathan 2006）。考虑下面的非线性系统：

$$x(k+1) = f(x(k), u(k))$$
$$y(k) = h(x(k)) \tag{3-3}$$

其中 $x(k)$ 为状态矢量，$u(k)$ 为输入矢量，$y(k)$ 为输出矢量。如果对于所有 $x(k_0) = x_0$，存在一个 $\mu \geq 0$ 以及数值 $N(\mu, x_0)$，使得 $\|x(k)\| \leq \mu$ 对于所有 $k \geq k_0 + N$，则解称为一致最终有界(UUB)的。

3.2.3　网络建模

图 3-1a 显示了流行的停车场网络配置方案，用来评估所提拥塞控制方案。该配置和命名源于剧场停车场，如图中所示其包含若干个停车区域并通过一个出口路径相连。对于计算机网络，一个 n 级停车场配置包括连接 n 条虚电路(Virtual Circuit, VC)的 n 个交换机。一旦输入速率大于可用链路速率则发生拥塞。换句话说，即

$$\sum 输入速率 > 可用链路容量 \tag{3-4}$$

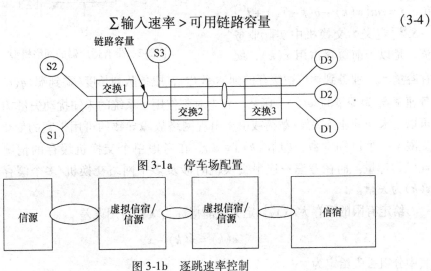

图 3-1a　停车场配置

图 3-1b　逐跳速率控制

　　许多拥塞控制方案采用调整输入速率的方法来匹配可用链路容量以满足所期望的 QoS。依据拥塞持续的时间可以采用不同的方案。当拥塞持续时间小于连接持续的时间，则可以采用端到端的反馈控制方案。对于短时间的拥塞，最好的方案是在交换机中提供足够的缓存，这需要一个设计过程。尽管可以采用端到端速率控制，但往返的时延可能很大。这个问题可以通过将网络分段成若干个小片，并令交换机成为"虚拟信源"和"虚拟信宿"的方法来解决。采用虚拟信源/信宿对网络进行分段减小了反馈回路的大小（Jain 1996），但必须通过软件来更新中间交换机/路由器使得整个系统透明。解决这个问题的典型办法是端到端控制方案。避免拥塞最重要的步骤是采用智能的方式估计在交换机中累积的网络业务。在最差的情况下，每个 ATM 交换机都可以承担虚拟信源/虚拟信宿的角色，采用如图 3-1b 所示的逐跳速率控制来避免拥塞。对于避免因溢出而导致的分组丢失和维持网络资源的高利用率，跟踪排队长度（其准确值根据 QoS 测量来确定）是可取的。

　　计算机网络可以看做是由一系列虚拟信源/信宿对组成的，它们可以建模为如图 3-2 所示受控的多输入多输出离散时间非线性系统，具体表示

$$x(k+1) = f(x(k)) + Tu(k) + d(k) \qquad (3-5)$$

且状态 $x(k) \in \mathscr{R}^n$ 为 k 时刻缓存长度（或占用），T 为抽样时刻，$f(\cdot)$ 表示非线性业务累积或缓存占用，控制器 $u(k) \in \mathscr{R}^n$ 是根据反馈控制计算得到的业务速率，所以信源在预定速率基础上改变发送速率。未知的非线性函数 $f(\cdot) = sat[x(k) - q(t - T_{fb}) + I_{ni}^{(k)} - S_r^{(k)}]$ 定义为交换机中实际业务流，是以当前缓存占用 $x(k)$，缓

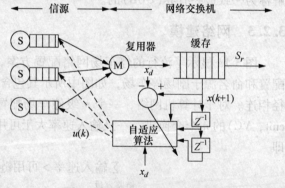

图 3-2　带有适应器的网络模型

存容量 x_d，业务到达信宿缓存的到达率 $I_{ni}^{(k)}$，瓶颈队列长度（端到端）$q(t - T_{fb})$ 及服务速率 S_r 为变量的 $sat(\cdot)$ 函数。在 k 时刻作用于系统的未知扰动矢量 $d(k) \in \mathscr{R}^n$，可以是未知的业务突发/载荷或由于出现网络故障导致的可用带宽的变化，假设其受限于一个已知常数，即 $\|d(k)\| \le d_M$。在考虑单个交换机缓存的情况下，状态 $x(k)$ 为标量。而在考虑一连串交换机时涉及多个网络交换机/多个缓存器，状态 $x(k)$ 为矢量。

　　给定有限的缓存大小 x_d，定义性能指标为缓存占用误差

$$e(k) = x(k) - x_d \qquad (3-6)$$

其中分组丢失给定为

$$c(k) = e(k)，若 e(k) > 0，\tag{3-7}$$
$$= 0，\qquad 其他。$$

方程(3-6)可以表示为

$$e(k+1) = x(k+1) - x_d \tag{3-8}$$

式中，$e(k+1)$ 和 $x(k+1)$ 分别表示 $k+1$ 时刻的缓存占用误差和状态。在方程(3-8)中应用方程(3-5)，方程(3-5)中描述的非线性系统的动态变化可以用缓存长度误差的形式表示为

$$e(k+1) = f(x(k)) - x_d + Tu(k) + d(k) \tag{3-9}$$

在高速网络中，每个信源应当能够使用直到其峰值码率(Peak Cell Rate, PCR)的可用带宽，或至少满足保证公平性要求的最低码率。因此，业务速率控制器的目标是在保持一个好的 QoS 的同时充分利用可用网络带宽，其中 QoS 参数为 CLR、公平性、传输时延或等待时间。该目标是利用反馈选择适当的业务速率 $u(k)$ 来实现的，具体方法是通过缓存占用误差、其变化率和分组丢失等预测拥塞程度，使得实际的和期望的缓存长度的差别最小。

定义利用反馈计算得到的业务速率输入 $u(k)$ 为

$$u(k) = \frac{1}{T}(x_d - \hat{f}(x(k)) + k_v e(k)) \tag{3-10}$$

式中，$\hat{f}(x(k))$ 是网络交换机中未知非线性业务累积函数 $f(x(k))$ 的估值；k_v 是对角增益矩阵。则缓存占用系统的闭环误差由方程(3-9)给定。可选择 $u(k)$ 为

$$u(k) = \frac{1}{T}(x_d - \hat{f}(x(k)) + k_v e_1(k)) \tag{3-11}$$

式中 $\hat{f}(x(k))$ 是网络交换机中未知非线性业务累积函数 $f(x(k))$ 的估值，对角增益矩阵 $k_v = [k_{v1}\ k_{v2}]^T$，误差矢量 $e_1^{(k)} = \left[e(k)\ \dfrac{e(k) - e(k-1)}{T}\right]^t$，且 $e(k-1)$ 为前一个缓存占用值。因此，缓存占用系统的闭环误差变成

$$e(k+1) = k_v e(k) + \tilde{f}(x(k)) + d(k) \tag{3-12}$$

其中业务流模型的误差为

$$\tilde{f}(x(k)) = f(x(k)) - \hat{f}(x(k)) \tag{3-13}$$

定义方程(3-10)给出的无业务估计项的控制器为比例控制器，同时定义方程(3-11)给出的无业务估计项的控制器为比例微分控制器。不论哪种情况，由分组丢失表示的缓存占用系统误差取决于网络业务流模型误差和未知扰动。在本章中，可以预见在离散时间系统中恰当地应用自适应 NN 得到业务估计 $\hat{f}(\cdot)$ 和缓存长度误差，可以最小化分组丢失和时延，以及保证公平性。注意到，对于端到端拥塞控制方案，非线性函数 $f(\cdot)$ 包含了未知瓶颈队长，因此对非线性函数的估计有助于设计有效的控制器，因为瓶颈排队长度始终是未知的。本章提出的方法能够容易地应

用于逐跳和端到端两种情况。本章同时给出了有和无离线训练的多级 NN 的 QoS 结果的对比。

增益矩阵 k_v 中闭环极点的位置说明了在应用缓存的情况下信元传输时延和分组丢失之间的折中（Jagannathan and Talluri 2002）。换句话说，分组丢失越小意味着信元传输时延越大，反之亦然。方程（3-12）表示的缓存长度误差系统集中于选择离散时间 NN-调整算法，通过恰当地控制缓存长度误差 $e(k)$，以确保分组丢失 $c(k)$。

对于单个信源发送业务到网络交换机的情况，应用方程（3-10）或方程（3-11）计算得到的反馈速率为标量变量。而若多信源传输业务时，反馈速率 $u(k)$ 需在所有信源中公平共享（fair share）。目前，最广为接受的公平性概念是最大公平性，定义如下

$$\text{公平共享} = MR_p + \frac{a - \left(\sum_{i=1}^{M^\tau} \tau_i + \sum_{i=1}^{l} MR \right)}{N - M^\tau} \tag{3-14}$$

式中，MR_p 是信源 p 的最小速率；$\sum_{i=1}^{l} MR$ 是 l 个活动信源最小速率之和；a 是链路上所有可用带宽；N 是活动信源数目；τ 是其他 M^τ 个堵塞的活动信源带宽之和。为获得公平性，对于可调信源选择的反馈速率为

$$u(k) = \sum_{i=1}^{m} u_i^{(k)} + \sum_{i=m+1}^{M} \max(u_i(k), Fairshare(k)) \tag{3-15}$$

式中，$u_i(k)$，$i = 1, \ldots, M$ 为信源速率，对于最后 M 个信源，反馈用于改变其速率。注意到在许多场合下，可控信源数目不是精确可知的，因此所提出的方案还可用来改变一些实时业务例如实时视频，其被压缩编码且所能容忍的延界很小。

本章所提方法可以描述如下：交换机中的 NN 估计网络业务，估值连同分组丢失用于计算速率 $u(k)$，信源根据 $u(k)$ 提高或降低其原有发送速率。若 $u(k)$ 大于零，意味着缓存空间可用并预计无拥塞，信源可以增大速率且增大量由方程（3-14）或方程（3-15）确定。另一方面，若 $u(k)$ 小于零，这说明交换机中出现了分组丢失，信源必须采用方程（3-14）或方程（3-15）降低发送速率。无论如何，基于 NN 的控制器在学习时应当保证性能和稳定性。

3.3　ATM 网络的业务速率控制设计

对于两级 NN，以非线性方式调整 NN 权重。对两级 NN 权重调整算法的稳定性分析采用李雅普诺夫直接法。因此，假设逼近误差有界，即 $\|\varepsilon(k)\| \le \varepsilon_N$，其中界 ε_N 为已知常数。为获得适当的逼近特性，需要选择足够多数目的隐层神经元。对于一般的多级 NN 并不知道如何计算这个数目。典型的做法是在仔细分析之后选择隐层神经元的数目。

3.3.1　控制器结构

定义控制器中 NN 的估计函数为

$$\hat{f}(x(k)) = \hat{W}^T \varphi_2(\hat{V}^T \varphi_1(k)) \tag{3-16}$$

且 $\hat{W}(k)$ 和 $\hat{V}(k)$ 为当前 NN 权重，下面确定权重的更新以确保网络闭环缓存误差动态性能。控制器结构如图 3-3 所示，可以假设每个 ATM 交换机中都存在一个控制器。

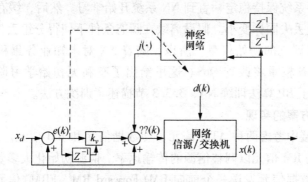

图 3-3　神经网络(NN)控制器结构

令 W 和 V 为满足方程(3-1)中逼近所要求的未知的理想权重，且假设受限于已知值，即

$$\|W\| \leqslant W_{\max}, \quad \|V\| \leqslant V_{\max} \tag{3-17}$$

则估计的权重误差为

$$\tilde{W}(k) = W - \hat{W}(k), \quad \tilde{V}(k) = V - \hat{V}(k), \quad \tilde{Z}(k) = Z - \hat{Z}(k), \tag{3-18}$$

式中，$Z = \begin{bmatrix} W & 0 \\ 0 & V \end{bmatrix}$；$\hat{Z} = \begin{bmatrix} \hat{W} & 0 \\ 0 & \hat{V} \end{bmatrix}$。

事实 3.3.1

激活函数受限于已知正数值即 $\|\hat{\varphi}_1(k)\| \leqslant \varphi_{1\max}$，$\|\hat{\varphi}_2(k)\| \leqslant \varphi_{2\max}$，$\|\tilde{\varphi}_1(k)\| \leqslant \tilde{\varphi}_{1\max}$，和 $\|\tilde{\varphi}_2(k)\| \leqslant \tilde{\varphi}_{2\max}$。

应用反馈 $u(k)$，计算业务速率，得到

$$u(k) = \frac{1}{T}(x_d(k+1) - \hat{W}^T(k)\hat{\varphi}_2(k) + k_v e(k)) \tag{3-19}$$

且闭环动态变化为

$$e(k+1) = k_v e(k) + \bar{e}_i(k) + W^T(k)\tilde{\varphi}_2(k) + \varepsilon(k) + d(k) \tag{3-20}$$

其中业务流模型误差定义为

$$\bar{e}_i(k) = \tilde{W}^T(k)\tilde{\varphi}_2(k) \tag{3-21}$$

3.3.1.1　权重初始化和在线学习

本章提出的 NN 控制方案调整权重无需起始离线分析。权重只是简单地初始化为零。从图 3-3 可以看出，控制器只是简单和传统地以速率的比例微分控制器为基础，因为 NN 输出为零。结果是，在起始或传输开始的一段时间里，交换机中未知的业务累积不能被 NN 所近似。标准结果（Jagannathan and Talluri 2000）表明，对于控制业务拥塞，若选择合适的增益，传统的速率控制器可能导致有界的缓存占用误差。所以，闭环系统保持稳定一直到 NN 系统开始学习。然后，缓存占用误差逐渐变小，最后分组丢失同样变小。假设离线在瞬态条件下使得分组丢失最小，则离线权重可作为在线训练的初始权重。所以，随着 NN 对未知业务累积 $f(x(k))$ 的学习，在线调整 NN 权重将改善 QoS。这里给出了有和无初始学习阶段多级 NN 的 QoS。这里采用了 BP 算法训练 NN，3.3.3 节描述了训练方法。

3.3.1.2　所提方案的实现

在 ABR 连接中考虑两种 ATM 信元，即数据信元和 RM 信元。信源/虚拟信源接收提供反馈的 RM 信元以调整信源的传输速率。信源初始化大多数 RM 信元并每隔（$Nrm-1$）个数据信元发送一个前向 RM（Forward RM，FRM）信元，Nrm 是一个预先设定的参数。信宿每收到一个 FRM，便将其转发回信源作为后向 RM（Backward RM，BRM）信元。除了当前码率（Current Cell Rate，CCR）和最小码率（Minimum Cell Rate，minCR）域之外，每个 FRM 还包含拥塞指示（Congestion Indication，CI）、非增（No Increase，NI）以及显式码率（Explicit Cell Rate，ER）域。任何中间交换机都可以设置 CI 和 NI 域，信源设置 CCR 和 MinCR 域，而中间或信宿交换机设置 ER 域。我们提出的方案在每个中间/信宿交换机中提供反馈 $u(k)$，其用于信源/虚拟信源的 ER 域，并且相应地，信源/虚拟信源根据 ER 域改变速率。因此，实现很简单直接。下面确定权重的更新，使得闭环跟踪误差动态的跟踪性能得到保障。

3.3.2　权重更新

需要证明利用缓存占用误差 $e(k)$ 来监控的分组丢失 $c(k)$、传输时延以及缓存占用等性能指标可以处于适当小的范围，信源速率调整是公平的，业务速率 NN 的权重 $\hat{W}(k)$ 和 $\hat{V}(k)$ 是有界的，而且 $u(k)$ 是有界的。下面定理给出了基于缓存占用误差的离散时间权重调整的算法，其同时保障缓存占用误差和权重估计是有界的。

定理 3.3.1（业务控制器设计）

令期望的缓存长度 x_d 有限，NN 业务逼近误差界 ε_N，其等于目标 CLR，且扰动界 d_M 为已知常数。将方程（3-19）的控制输入代入到方程（3-5），且权重调整的方法为

$$\hat{V}(k+1) = \hat{V}(k) - \alpha_1 \hat{\varphi}_1(k) \left[\hat{y}_1(k) + B_1 k_v e(k) \right]^T - \Gamma \| I - \alpha_1 \hat{\varphi}_1(k) \hat{\varphi}_1^T(k) \| \hat{V}^T(k) \tag{3-22}$$

$$\hat{W}(k+1) = \hat{W}(k) - \alpha_2 \hat{\varphi}_2(k) e^T(k+1) - \Gamma \| I - \alpha_2 \hat{\varphi}_2(k) \hat{\varphi}_2^T(k) \| \hat{W}(k) \tag{3-23}$$

式中，$\hat{y}_1(k) = \hat{V}^T(k) \hat{\varphi}_1(k)$ 且 $\Gamma > 0$ 是设计参数。则缓存占用误差 $e(k)$、NN 权重估值 $\hat{V}(k)$) 和 $\hat{W}(k)$ 都是 UUB 的，且界由方程(3-A-9)和方程(3-A-10)(见本章附录 3. A)给定，假定设计参数的选择为

$$(1) \quad \alpha_1 \varphi_{1max}^2 < 2 \tag{3-24}$$

$$(2) \quad \alpha_2 \varphi_{2max}^2 < 1 \tag{3-25}$$

$$(3) \quad 0 < \Gamma < 1 \tag{3-26}$$

$$(4) \quad k_{vmax} < \frac{1}{\sqrt{\overline{\sigma}}} \tag{3-27}$$

其中

$$\overline{\sigma} = \beta_1 + k_1^2 \beta_2 \tag{3-28}$$

$$\beta_1 = 1 + a_2 \varphi_{2max}^2 + \frac{\left[-a_2 \varphi_{2max}^2 + \Gamma(1 - a_2 \varphi_{2max}^2) \right]^2}{1 - a_2 \varphi_{2max}^2} \tag{3-29}$$

$$\beta_2 = 1 + a_1 \varphi_{1max}^2 + \frac{\left[a_1 \varphi_{1max}^2 + \Gamma(1 - a_1 \varphi_{1max}^2) \right]^2}{2 - a_1 \varphi_{1max}^2} \tag{3-30}$$

证明　见附录 3. A。

3.3.3　仿真案例

本节说明仿真中使用的 NN 模型，参数和常数。同时讨论仿真中用到的业务信源，并解释仿真结果。

3.3.3.1　神经网络模型

本方法中用到的神经网络(Neural Network，NN)模型如图 3-4 所示。前面 6 个缓存占用值用于第一级 NN 的输入，作为近似和计算的折中。NN 的输出为标量，其给出了交换机中业务的近似值。每个交换机中 $\hat{V}(k)$ 权重矩阵为 6×6 矩阵，$\hat{W}(k)$ 权重为 6×1 矢量。每个节点输入及输出层的激励函数 $\phi(\cdot)$ 是线性的，同时节点的隐层采用正切 sigmoid 函数。每个交换机有各自的拥塞控制器。

选择反馈增益 k_v 为 $[0.1\ 0]^T$。初始自适应增益 α 为 0.9，采用投影算法进行更新即 $\alpha(k) = \dfrac{0.1}{((0.1 + \phi(x))^T \phi(x(k)))}$。参数 Γ 按要求选择为 0.001，初始时缓存占用为零。对于无离线训练的 NN，初始化权重全部选择为零。这里可以为权重选择任意初值。本章将给出有和无训练阶段的 NN 的对比。

从影片星球大战(Star Wars)中随机选择 4000 帧图像数据，采用著名的 BP 算

法(Jagannathan 2006)对 NN 进行训练。存储训练后的权重，并将其作为在线训练的初始权重。这里推导的权重调整更新用于在线训练。所用到的网络模型和业务源将在下面讨论。

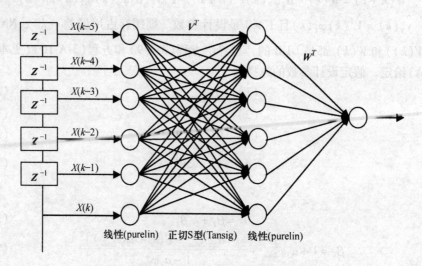

图 3-4 用于业务近似的两层神经网络结构

3.3.3.2 网络模型和性能指标

类似图 3-2 所示，仿真网络模型采用多个 ATM 交换机串联。交换机缓存的最大容量 x_d 分别取 150、200、250、300 和 350 信元。分组丢失 $c(k)$ 定义为 $x(k) - x_d$，当 $x(k) > x_d$ 时。CLR 定义为因分组溢出而被接收端丢弃的信元数除以发送到网络的所有信元数。传输时延定义为

$$传输时延 = T_c - T_o \tag{3-31}$$

式中，T_c 和 T_o 分别是在有和无反馈时信源完成传输的时间。除了来自仿真器因拥塞而被延时的反馈，起始时无额外时延被加入到反馈。而后加入额外的时延，以评估由于其他不确定性或硬件导致反馈时延增加的情况下控制器的性能。

假设信源的缓存空间无限，且缓存的服务速率根据入口交换机的反馈而改变。若虚拟信源为 ATM 交换机，则缓存容量有限且接收其他交换机的反馈。而且若无反馈，则信源/虚拟信源缓存的到达率和服务率相等，这称为开环模式。若有反馈，则信源/虚拟信源缓存的服务率采用方程(3-19)中的反馈 $u(k)$ 进行调整。信源的服务率将成为信宿的到达率。在多个信源情况下，采用方程(3-19)计算反馈 $u(k)$，并利用方程(3-15)将其公平分配给所有信源以保持最小速率。在我们的仿真中考虑了多个信源。由于要将所提方法与阈值法、自适应 ARMAX 和基于一阶 NN 的方法进行比较，下面将介绍这些方法。最后给出仿真方案和结果，仿真参数的选取参照

了其他相关工作（Chang and Chang 1993，Benhamohamed and Meerkov 1993，Jain 1996，Liu and Douligeris 1997，Bonomi et al. 1995）。

3.3.3.3 阈值法

在基于阈值的控制器中（Liu and Douligeris 1997），当占用的缓存长度比率大于阈值 Q_t 时，生成一个拥塞指示信元 CNC。因此，所有信源在接收到 CNC 时，将其传送速率降低到当前速率的 50%。为简单起见，和其他研究者发表的工作相似，缓存阈值选为 40%，也就是说选择 $Q_t = 0.4$。

3.3.3.4 自适应 ARMAX 和一阶神经网络

在自适应 ARMAX 方法中（Jagannathan and Talluri 2000），业务累积由线性参数 ARMAX 方法给定。而基于一阶 NN 的方法在隐层中用函数来近似业务（Jagannathan and Talluri 2002）。这些方法的细节参见文献（Jagannathan and Talluri 2000，2002）。

3.3.3.5 业务信源

本节介绍不同的业务信源以及仿真中使用的 NN 模型。仿真采用了 ON/OFF 和 MPEG 数据。首先，为评估控制器性能，分别采用了 ON/OFF 和 MPEG 信源。在评估公平性时，同时采用 ON/OFF 和 MPEG 信源。

3.3.3.5.1 多个 ON/OFF 信源

为评估控制器性能，首先采用多个 ON/OFF 信源。图 3-5 给出了由 40 个 ON/OFF 信源产生的多个 ON/OFF 业务。每个信源的 PCR 为 1200 信元/s，MCR 为 1105 信元/s。所有信源的总 PCR 为 48,000 信元/s，总 MCR 为 44,200 信元/s。仿真中使用的抽样间隔为 1ms。

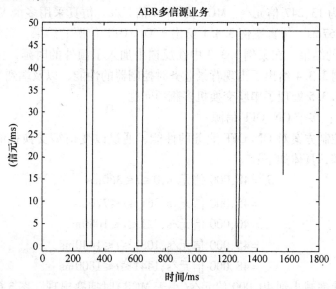

图 3-5 ON/OFF 信源业务

3.3.3.5.2   VBR 信源

在诸如 ATM 和 Internet 高速网络中，实时视频应用将成为主要的业务信源。在这类应用中（Moving Picture Expert Group，MPEG）的帧间压缩技术是最有发展潜力的技术之一（Jagannathan and Talluri 2002）。因此，关键问题之一是有效地实现网络中的 MPEG 视频传输。我们的方案利用了 MPEG 视频编码的灵活性和 ABR 服务的反馈机制。

压缩视频通常具有速率自适应性，也就是说，有可能通过调整视频编码器的压缩参数动态地改变信源的速率（Liu and Yin 1998）。通过压缩时改变量化等级，可以使得视频信源速率与 RM 信元中返回的速率相匹配。因此，甚至对于可变比特率（Variable Bit Rate，VBR）类型业务也可以采用反馈控制。

仿真中用的 MPEG 数据来自 Bellcore 的 Ftp 网站（Liu and Douligeris 1997）。这些数据集采集自电影"星球大战"。该影片长度约 2h，包含了从低复杂情景到快速运动情景的不同组合。数据集有 174，138 种模式，每种模式代表了一帧时间 F 内产生的比特数。在视频数据中每秒编码 24 帧，所以 F 等于 1/24s。该视频数据集的峰值码率为 185,267bit/帧，平均码率为 15,611bit/帧，标准差约为 18,157。我们的仿真使用其中的 4000 帧。用于离线训练和用于测试的视频数据不同。

MPEG 数据信源不适合用传统的业务模型来建模。因为显式速率方案允许信源在整个传输时间内要求不同的带宽，这种信源表现可以纳入 ABR 服务。当不能满足带宽要求时，网络发出反馈以改变信源速率。

图 3-10 显示了由多个 VBR 信源产生的多路复用的 MPEG 业务。所有信源合在一起的 PCR 为 13,247 信元/s，MCR 为 3444 信元/s。仿真采用多个 VBR 信源，观测时间为 41.67ms。仿真案例 3.3.1 给出了 ON/OFF 信源的结果，案例 3.3.2 给出了 VBR 信源的结果。在案例 3.3.3 中在反馈中加入了额外的时延，比较了控制器的性能，案例 3.3.4 给出了出现背景业务时控制器的性能，以及端到端情况下的公平性。案例 3.3.5 处理了串联交换机多瓶颈问题。

例 3.3.1：多个 ON/OFF 信源

为评估控制方案对 ON/OFF 业务的性能，通过改变信宿交换机的服务速率来产生网络拥塞，具体如下：

$$
\begin{aligned}
S_r &= 48,000 \text{ 信元/s}, 0 \leqslant t \leqslant 360\text{ms} \\
&= 45,000 \text{ 信元/s}, 361 \leqslant t \leqslant 720\text{ms} \\
&= 40,000 \text{ 信元/s}, 721 \leqslant t \leqslant 1080\text{ms} \\
&= 45,000 \text{ 信元/s}, 1081 \leqslant t \leqslant 1440\text{ms} \\
&= 48,000 \text{ 信元/s}, 1441 \leqslant t \leqslant 1800\text{ms}
\end{aligned}
\tag{3-32}
$$

当服务速率减小到 40,000 信元/s（小于 MCR）时拥塞出现。图 3-6 和图 3-7（和图 3-6 相同只是去除了阈值方案）显示了当交换机缓存长度为 250 个信元时，阈值法、自适应 ARMAX 法、一级 NN 和二级 NN 有和无离线训练阶段的拥塞控制方案的 CLR 与时间的关系。方程(3-32)给出交换机不同时间的服务率。正如所预计的,对于阈值、ARMAX 及一级 NN 方法而言,随着服务率的下降,CLR 增大。当在 $721 \leqslant t \leqslant 1080$ms 期间服务率下降到最小值时,CLR 增大到最大值。当服务速率向信源总的 PCR 增大时,CLR 又再减小。

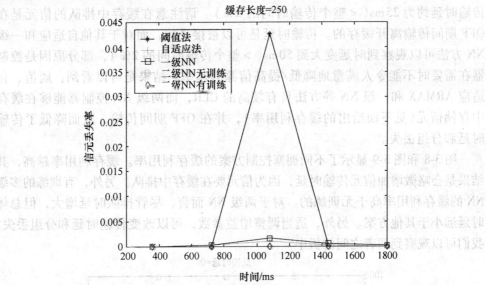

图 3-6　信元丢失率与拥塞的关系

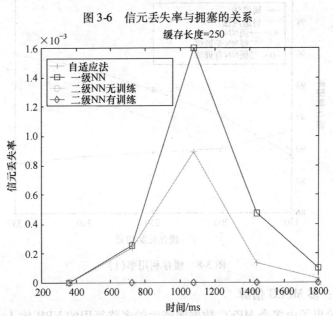

图 3-7　信元丢失率与拥塞的关系

与此相反，两级 NN 方法的 CLR，无论是有还是无预先训练，在仿真期间一直保持在零附近，即使服务速率降低到 20,000 信元/s。这意味着在发生拥塞时，两级 NN 控制器控制信元进入信宿缓存的到达率的性能优于所有其他方法。当所有业务均为 ON/OFF 信源时，所提出的方法可以公平快速地减小信源速率从而得到较低的 CLR。而且注意到，所提出的两级 NN 方法在出现拥塞和反馈时延时，传输时延约为 25ms（< 整个传输时间的 2%）。请注意在缓存中排队的信元是在 OFF 期间传输离开缓存的。传输时延是可以被接受的，而对于其他自适应和一级 NN 方法可以观察到时延变大到 50ms（> 整个传输时间的 2%），部分原因是控制器在需要时不能令人满意地降低/提高信源的速率。结果是可以看到，阈值、自适应 ARMAX 和一级 NN 等方法具有较高的 CLR，而两级 NN 控制器能够在缓存中存储信元（见下面给出的缓存利用率），并在 OFF 期间传输，故而降低了传输时延和分组丢失。

图 3-8 和图 3-9 显示了不同拥塞控制方案的缓存利用率。缓存利用率越高，其结果是会略微增加信元传输时延，因为信元要在缓存中排队。另外，有训练的多级 NN 的缓存利用率高于无训练的。对于两级 NN 而言，尽管排队时延增大，但总体时延远小于其他方案。另外，适当调整增益参数，可以改变传输时延和分组丢失，我们可以观察到两者之间的折中。

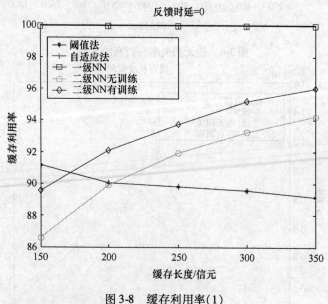

图 3-8　缓存利用率(1)

例 3.3.2：多 MPEG 信源

图 3-10 给出了由多个 MPEG 数据源产生的多路复用的 VBR 输入业务。图 3-11 和图 3-12（和图 3-11 一样但去除了阈值法）显示了服务率为固定的 2400 信元/s 时

CLR 与缓存容量的关系，其略小于 3444 信元/s 的 MCR。对于一级和两级 NN 的方法而言，分组丢失随着缓存容量的增大而减小。因为缓存容量增大 CLR 略微减小，带有训练的两级 NN 的方法在缓存容量为 150 信元时的结果和 350 信元时相似。首先，观察到所有方法由于采用了反馈从而降低了 CLR，并且大容量缓存或反馈意味着较大的时延和较低的 CLR。

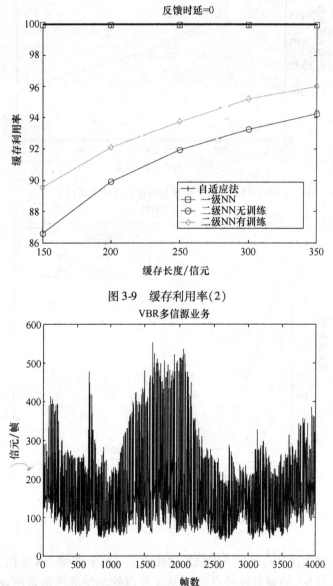

图 3-9　缓存利用率(2)

图 3-10　MPEG 信源业务

CLR 与缓存容量的关系，此概念正是众多的 MCR。对于一些的规模 NN 的方法说而言，分组越大网络容量越大而减小，因为分组容量的增大使 CLR 随越高而减小。带有训练的两级 NN 的方法对于 150 信元的缓存与带有 350 信元时相比，当关于跟踪到间仍在逐渐加大而优化了 CLR 时，但缓存容量或其因素体着较大的时间逐渐优化的 CLR。

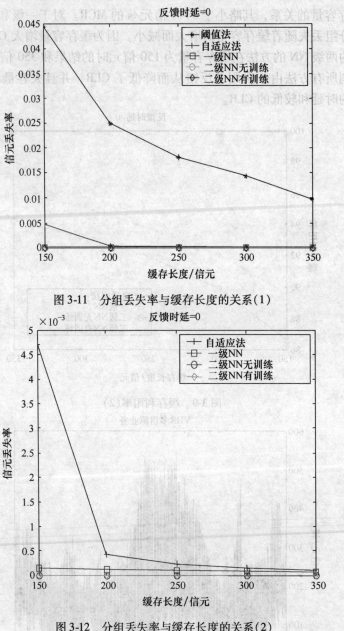

图 3-11　分组丢失率与缓存长度的关系（1）

图 3-12　分组丢失率与缓存长度的关系（2）

　　另外，与阈值法和自适应 ARMAX 法相比，一级和多级 NN 方法呈现出较低的 CLR，这是因为 NN 的逼近特性有利于基于前面的测量准确地预测业务。实际上，带有预先训练的两级 NN 方法的 CLR 接近于零。基于 NN 的拥塞控制器能够获得较低的 CLR，是因为 NN 准确地预测业务的到达和拥塞的开始。相应地，NN 控制器能够产生所希望的信源速率以防止拥塞，而且信源能够快速调整行为来响应时延反馈。另一方面，即使当阈值为 40% 时，阈值法的 CLR 也比其他方法高很多，且传输完所有信元花费的时间更长。提高阈值将增大 CLR，但时延减小。和 ON/OFF 业务情况相似，注意到在所有控制方法中，基于 NN 的方法能够获得小于 2% 的传输时延，而其他方法要长得多。

图 3-13 和图 3-14（和图 3-13 一样但去除了阈值法）给出了在缓存容量为 250 信元时，通过调节网络交换机输出链路速率而产生拥塞的仿真结果。调节的方法是在 66.71 到 100s 期间将服务速率降低到 1920 信元/s，具体如下：

$$
\begin{aligned}
S_r &= 4680 \text{ 信元/s} & 0 \leqslant t \leqslant 33.33\text{s} \\
&= 3360 \text{ 信元/s} & 33.37 \leqslant t \leqslant 66.66\text{s} \\
&= 1920 \text{ 信元/s} & 66.71 \leqslant t \leqslant 100\text{s} \\
&= 3360 \text{ 信元/s} & 100.04 \leqslant t \leqslant 133.33\text{s}
\end{aligned}
\tag{3.33}
$$

在 0~33.33s 和 133.37~167s 期间，服务速率高于 MCR，所有方法的 CLR 都接近于 0。如所预料的，当服务速率减小到低于总业务的 MCR 时，CLR 到达最大。另外，可以看到和自适应 ARMAX、阈值法及一级 NN 方法相比，两级 NN 方法在拥塞期间具有更低的 CLR。然而不出所料，和开环情况相比，多级 NN 方法花费更长的时间将信元由信源传输到信宿。另外，进行离线训练确实降低了信元传输时延，而且 CLR 依然接近于零。从图中可以清楚看到，两级 NN 方法的 CLR 优于自适应 ARMAX、阈值及一级 NN 方法。最后，两级 NN 方法的总时延在整个传输时间 167s 的 1% 之内，其他方法则超过 3%。

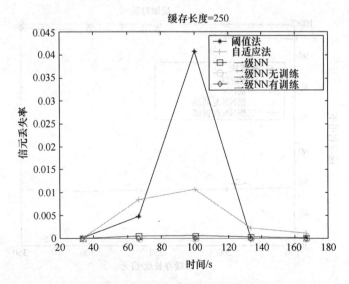

图 3-13　分组丢失率与拥塞的关系(1)

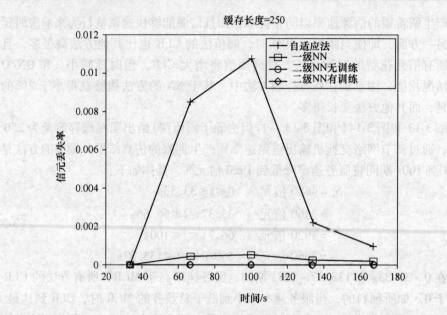

图 3-14　分组丢失率与拥塞的关系(2)

图 3-15 和图 3-16 给出了自适应 ARMAX、阈值法、一级和多级 NN 方法有和无预先训练时的缓存利用率。因为阈值为 40% ，阈值法的缓存利用率非常低，而一级 NN 方法频繁地在缓存中存储信元导致非常高的利用率。和有训练的多级 NN 方法一样，无预先训练的多级 NN 方法不使用缓存。这是由于缺乏预先训练对业务流

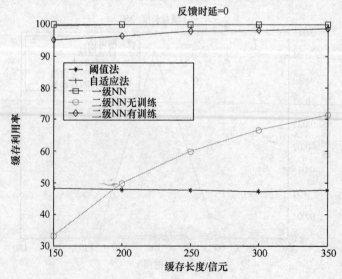

图 3-15　分组丢失率与拥塞的关系(3)

的了解不准确的原因。而且，当为无预先训练的多级 NN 方法提供更多缓存时，利用率随缓存容量的增大而增大。但是，正如前面指出的，整个时延仍然小于其他方法，即使是排队时延略微增大。

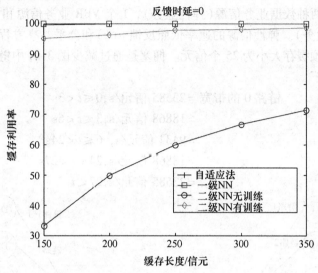

图 3-16　分组丢失率与拥塞的关系(4)

例 3.3.3：与额外反馈时延相比的性能

请注意例 3.3.1 和例 3.3.2 中观察到的时延是由于反馈，因为不考虑硬件时延。例 3.3.3 给出了数倍于观察间隔 T 的额外时延加入到反馈的情况。图 3-17 显示了在反馈中加入额外时延时，各种方法的 CLR 和时延的关系。图中清楚地显示，在存在反馈时延时，基于两级 NN 的控制器比自适应 ARMAX(基于速率)方法更加稳定和健壮。当速率调整仅依赖于缓存占用的幅度时，阈值法(阈值为 0.4)显得更

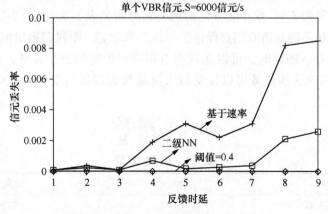

图 3-17　分组丢失与反馈时延的关系

加稳定。但拥塞时和两级 NN 方法相比，其 CLR 和时延的性能不能令人满意。对于更多背景业务可以观察到相似的结果。

例 3.3.4：背景业务中的公平性测试

我们采用两种数据业务信源（弹性业务），1 个 VBR 业务信源和 3 个 CBR 业务信源（非弹性业务）。弹性信源的速率依照反馈 $u(k)$ 和公平共享方程即方程(3-15)进行调整。瓶颈缓存大小为 25 个信元。拥塞是通过减少图 3-18 中链路 0 的带宽得到的。具体如下

$$
\begin{aligned}
链路 0 \text{ 的带宽} &= 23585 \text{ 信元/s}, 0 \leqslant t < 3\text{s} \\
&= 18868 \text{ 信元/s}, 3 \leqslant t < 6\text{s} \\
&= 9434 \text{ 信元/s}, 6 \leqslant t < 24\text{s} \\
&= 18868 \text{ 信元/s}, 24 \leqslant t < 27\text{s} \\
&= 23585 \text{ 信元/s}, 27 \leqslant t
\end{aligned}
\tag{3-34}
$$

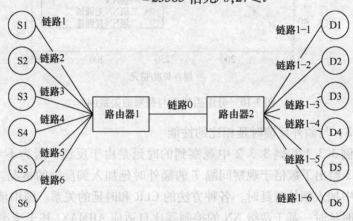

图 3-18　端到端拓扑

所得结果见表 3-1。单个业务信源的传输时间见表 3-2。由表 3-1 和表 3-2，我们可以说阈值法不能对所有用户保证公平地共享带宽，而我们提出的 NN 方法在保证非弹性业务 QoS 的同时，可以实现所有用户对带宽的公平共享，通过调整弹性业务的速率（因为这些业务可以接受较大时延和通过量的变化）。这里定义"功效（power）"测度为

$$
功效 = \frac{平均通过量}{传输时延}
\tag{3-35}
$$

表 3-1　结 果 比 较

例 4	NN	阈值法
信元丢失率	0	1.172%
系统功效	7.475	7.0917

表 3-2 保证公平性信源的传输时间

信源	NN/s	阈值法/s	信源	NN/s	阈值法/s
DATA1	31.58	30.05	CBR1	30.04	31.95
DATA2	31.85	30.05	CBR2	30.05	30.04
VBR	30.07	30.05	CBR3	30.04	30.04

例 3.3.5：带有多个瓶颈的扩展拓扑

我们采用相同的业务信源：3 个 VBR 业务信源和例 3.3.4 中的 3 个 CBR 业务信源。信源速率利用反馈 $u(k)$ 分别进行调整。每个交换机中的缓存容量为 50 个信元。对于图 3-11 中的结果，通过降低图 3-19 中拓扑不同链路的带宽产生拥塞，具体如下，即在特定时间保持速率直到传输结束。

$$链路 0\ 带宽 = 23584\ 信元/s \rightarrow 5896\ 信元/s, \quad t = 3s$$
$$链路 1\ 带宽 = 23584\ 信元/s \rightarrow 7862\ 信元/s, \quad t = 6s \tag{3-36}$$
$$链路 2\ 带宽 = 23584\ 信元/s \rightarrow 11793\ 信元/s, \quad t = 24s$$

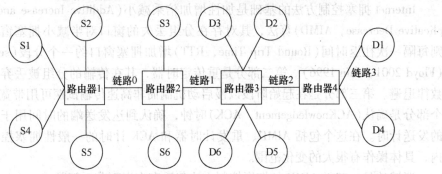

图 3-19 带有多瓶颈的拓扑扩展

由图 3-11 我们再次可以看到，所提出的拥塞控制方案的 CLR 性能远好于基于阈值法的拥塞控制方案。实际上，应用所提出的拥塞控制方法时得到的 CLR 等于零，如例 3.3.4，控制器公平地降低信源速率。基于所提方法和阈值法的控制器的结果的比较见表 3-3。

表 3-3 扩展拓扑结果比较

3VBR + 3CBR	NN	基于阈值	3VBR + 3CBR	NN	基于阈值
总分组丢失	0	73	归一化时延	0.6587	0.6643
分组丢失率	0	0.42%	系统功效	6.9984	6.968

3.4 Internet 端到端拥塞控制器设计

近年来，高速 Internet 和多媒体业务增长的融合对于无缝地传输数据带来了一些挑战性问题。Internet 为多媒体业务提供尽力而为服务，而多媒体业务具有突发性业务特点和多种 QoS 及带宽的要求，因此高速 Internet 需要实时的控制方法来管理业务流的接入和控制以避免拥塞。

拥塞和接入允许控制协议不胜枚举，这里只提及一些重要的。已提出的拥塞控制方法有（Jagannathan and Talluri 2002，Benmohamed and Meerkov 1993，Chen and Chang 1996，Widmer *et al.* 2001，Floyd 2001，Jain 1996，Kelly et al. 2000，Floyd and Fall 1999，Low *et al.* 2002，Jagannathan and Talluri 2002，Chandrayana *et al.* 2002）。一些方法（Jagannathan 2002，Benmohamed and Meerkov 1993，Cheng and Chang 1996）基于非线性系统理论（Low *et al.* 2002，Jagannathan and Talluri 2002，Chandrayana *et al.* 2002），而其他的则是基于启发式和经验式方法（Floyd 2001）。大多数方法通过调整输入速率来匹配可用链路容量（或速率）（Jain 1996，Lakshman *et al.* 1999）或谨慎地接入新业务（Kelly *et al.* 2000，Mortier *et al.* 2000）。文献（Fall and Floyd 1996）给出了多种基于 TCP 端到端拥塞控制改进方法的性能对比。

Internet 拥塞控制方法的基础是加性增加倍乘减小（Additive Increase and Multi-plicative Decrease，AIMD）算法，其对存在分组丢失的窗口对半减小拥塞窗口，否则每隔一次往返时间（Round Trip Time，RTT）增加拥塞窗口约一个分段（segment）（Floyd 2001，Jain 1996）。第二部分是重传定时器，其在传输的分组被丢弃时以指数律退避。第三部分是在起始阶段以慢启动机制而非高速传输试探可用带宽。第四个部分是确认（ACKnowledgement，ACK）时钟，确认到达发送端的时间用于新数据的发送计时。在这个包括 AIMD、重发计时器和 ACK 计时的一般性拥塞控制框架内，具体操作有很大的变化范围。

遗憾的是，基于 AIMD 的拥塞控制方法似乎存在以下若干问题：

1）它不能对所有用户（弹性和非弹性）保证公平共享（Widmer et al. 2001）。

2）理论上不能证明收敛性以及整个系统不能显示是稳定的。

3）Internet 中分组丢失可能会被解释为拥塞。

4）目前起始拥塞窗口的选择方式是启发式的。

5）这是一个反应式方法，因为反馈时延的原因预测性方法更为可取。最后，因为 Internet 正逐步转化为多服务高速网络，其拥塞控制问题更加严重。

用于控制平均排队长度的随机早期检测（Random Early Detection，RED）方法被用来防止不必要的分组丢弃（Floyd 2001）。进一步采用了显式拥塞指示（Explicit Congestion Notification，ECN），在建立队列管理时，ECN 使得在信宿节点的路由器标记而不是丢弃分组，并作为拥塞的标识（Floyd 2001）。但是许多问题（前面列举的问题 1，2，4 和 5）依然存在。

在今天的 Internet 中，拥塞控制机制已经成为广泛应用的人工反馈系统的代表之一。需要采用分布式方式来实现协议——使用信源和链路以满足一些基本目标，例如均衡的网络高利用率和对任意时延容量及路由的局部稳定性(Low et al. 2002)。在排队时延相比传播时延最终变小的假设前提下，Johari 和 Tan(2001)基于端到端 Internet 拥塞控制的液体流模型推导了稳定性。拥塞控制机制的选择受到在传播时延确定的时间内发送速率调整的限制。作为端到端传播时延的时标，控制方案的执行自然地包含终端用户，因此人们希望得到稳定的分布式端到端拥塞控制算法。

另一种在 Floyd and Fall(1999)中介绍的方法是，为了尽力而为的业务共享有限的带宽，支持路由器将连续地使用端到端拥塞控制作为基本机制，并激励其连续的使用。这些激励表现为路由器的机制，在拥塞时采用不成比例共享带宽的方式限制尽力而为业务流的带宽。这些机制应该给终端用户、应用开发者和协议设计者对尽力而为业务进行端到端拥塞控制提供一个有力的激励。最近研究提出了大量新的端到端拥塞控制方案(Jagannathan and Talluri 2002，Chandrayana *et al.* 2002，Bansal and Balakrishnan 2001，Borri and Merani 2004，Kuzmanovic and Knightly 2004，Sastry and Lam 2005)，例如二项式拥塞控制(Bansal and Balakrishnan 2001)、TCP-Friendly 控制方案(Borri and Merani 2004)和 CYRF(Sastry and Lam 2005)等，以克服基于 TCP 的联网协议的限制。然而，在 Chandrayana et al. (2002)中的仿真研究显示，基于 AIMD 的方案在大量网络环境下依然优于兼容 TCP 的二项式拥塞控制方案。相比 ATM 网络采用逐跳拥塞控制(3.3 节)，Internet 采用端到端拥塞控制。

本章给出一种源于 Peng et al. 2006 新的基于速率的端到端控制方案，克服已有的拥塞控制方案(Bansal and Balakrishnan 2001，Borri and Merani 2004)中的一些问题。方案的新颖性在于基于非线性系统理论的分布式网络模型，采用该模型可以对方案性能和稳定性进行数学分析。不同于其他方案(Floyd and Fall 1999，Sastry and Lam 2005)假设预先知道业务累积，所提方案采用 NN 估计业务累积率，并利用该估计来设计拥塞控制器。采用 NS-2 仿真实现该方案，仿真结果验证了理论结果。仿真中测量缓存占用、分组达到和信宿服务率，确定用于拥塞控制的信源数据速率。和 TCP-Friendly 方案相比，在大量网络环境下所提方案能获得更好的结果。

3.4.1　网络模型

图 3-20 显示了为评估所提拥塞控制方案的端到端网络配置。当入口节点的输入速率(I_{ni})大于可用链路容量，或者在网络内部存在拥塞节点时，则发生拥塞。在图 3-20 中，$q(k)$表示建模为单个缓存的网络，I_r表示分组到达出口节点的速率，U_k是来自信宿的反馈变量，X_d是希望的出口节点缓存占用，S_r表示分组去往信宿的离开速率，以及 V_k是分组离开入口节点进入网络的速率。

大多数拥塞控制方案包括对输入速率的调整以匹配可用的链路容量(或速率)(Jain 1996)，或者谨慎地接入新业务(Qiu 1997，Bae and Suda 1991)。根据拥塞持续的时间采用不同的方案。对于长时间的拥塞，采用端到端反馈控制方案。对于短时拥塞，最好的方法是在交换机中提供足够的缓存。

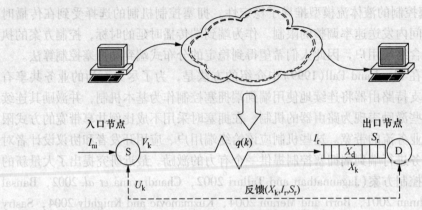

图 3-20　端到端网络配置

采用端到端协议的原因是，将复杂的功能放在主机上而不是网络内部，所以主机通常更新软件以得到更好的服务。第二个原因是保持网络简单，使得网络更易扩展。在这一章中，我们定义入口和出口节点/路由器为终端主机。这些主机具有有限缓存，且通过有限带宽链路连接到网络。根据信源类型，我们相应地采用反馈以满足公平性准则。例如，反馈可以用来改变信源的速率或压缩比/编码的量化参数（Lakshman et al.，1999），和/或动态地路由分组。本文不讨论最佳方式的选择过程，将在以后给出。

避免拥塞最重要的步骤是通过网络建模来估计网络业务。一般来说，高速网络的建模是相当复杂的，因为这涉及网络层不同时间标度（分组级别的拥塞控制，信源级别的接入允许控制，差错控制），并且控制方案涉及离散事件和离散/连续动态变化。在本章中，拥塞控制是通过缓存动态变化的离散时间建模来完成的。

考虑一对连接到网络入口/出口节点的缓存的动态变化，其特征为可控分布式离散时间非线性系统，形式如下：

$$x(k+1) = Sat_p(f(x(k)) + Tu(k) + d(k)) \tag{3-37}$$

式中，$x(k) \in \mathcal{R}^n$，表示 n 个缓存的状态变量，k 时刻时的缓存占用；$u(k) \in \mathcal{R}^n$ 是控制信号，是整形后的业务速率；T 是测量间隔。函数 $f(\cdot)$ 表示在网络路由器/节点上实际的分组累积，具体定义为 $f(\cdot) = [x(k) + q(k) + (I_{ni}(k) - S_r(k))T]$，其中 $I_{ni}(k)$ 是来自 n 个信源的分组到达入口节点的速率，$q(k)$ 是通过 $(I_{ni}(k) - I_r(k))T$ 估计得到的瓶颈队列长度，$I_r(k)$ 是到达出口/信宿节点的速率，$S_r(k)$ 是出口节点的服务率，$Sat_p(\cdot)$ 是饱和函数。假设未知的扰动矢量 $d(k) \in \mathcal{R}^n$ 可以看作是不希望出现的业务突发/载荷或者网络错误，受界于常数即 $\|d(k)\| \leq d_M$。

给定期望的信宿缓存大小 x_d，定义缓存占用误差为

$$e(k) = x(k) - x_d \tag{3-38}$$

其中因缓存溢出产生的分组丢失定义为 $c(k) = \max(0, e(k))$。缓存动态变化可以由缓存占用误差表示为

$$e(k+1) = Sat_p[f(x(k)) - x_d + Tu(k) + d(k)] \tag{3-39}$$

这里的目标是选择合适的业务速率 $u(k)$，使得可用带宽被利用到其峰值分组速率(Peak Packet Rate, PPR)。

3.4.2　端到端拥塞控制方案

定义输入业务速率 $u(k)$ 为

$$u(k) = \frac{1}{T}(x_d - f(x(k)) + k_v e(k)) \tag{3-40}$$

式中，k_v 是对角增益矩阵；$f(x(k))$ 是在瓶颈链路/出口缓存上的业务累积，T 是测量间隔。则缓存长度系统误差为

$$e(k+1) = Sat_p[k_v e(k) + d(k)] \tag{3-41}$$

采用自适应估计器来估计信宿缓存的瓶颈队长及其分组累积 $\hat{f}(\cdot)$，则缓存长度误差可写为

$$e(k+1) = Sat_p[k_v e(k) + \hat{f}(\cdot) + d(k)] \tag{3-42}$$

则定义 $u(k)$ 为

$$u(k) = \frac{1}{T}(x_d - f(x(k)) + k_v e(k)) \tag{3-43}$$

本文所提出的基于速率的方法，利用分组到达入口和出口节点的速率来估计网络业务累积或业务流。出口节点的估值和分组累积一起用来计算速率 $u(k)$，据此信源降低和提高发送速率。若 $u(k)$ 是正数，则意味着缓存空间可用，信源可以提高速率。而当 $u(k)$ 为负数，则意味着在出口节点存在分组丢失，信源必须降低速率。在保证对所有信源公平的同时，基于 $u(k)$ 更新业务速率使得实际和期望的缓存长度的差值最小。下节对于稳定性的详细分析显示，对于网络的任意起始状态，队长误差 $e(k)$ 有界，并且分组丢失同样有界和有限。

3.4.2.1　稳定性分析

引理 3.4.1

非线性系统 $y(k+1) = Sat(Ay(k))$，对于 $A \in \mathscr{R}^{2 \times 2}$，其中 $sat(y)$ 的形式：

$$sat(y_i) = 1, \quad > 1$$
$$= y_i, \quad |y|_i \leq 1$$
$$= -1, \quad y_i < -1 \tag{3-44}$$

是渐进稳定的，若对称矩阵 $A = [a_{ij}]$ 稳定，且满足条件 $|a_{11} - a_{22}| \leq 2$ 使得 $||a_{11}|,$

$|a_{22}|\} + 1 - \det(A)$ 最小，其中 $\det(A)$ 为矩阵 A 的行列式。对于方程(3-41)、方程(3-43)定义的系统和多个缓存而言，这些条件能够得到满足，只要 $0 < k_{\max} < 1$，其中 $k_{v\max}$ 是 k_v 的最大奇异值。

定理 3.4.1(理想情况)

令期望的缓存长度 x_d 有限且网络扰动的界 d_M 等于零。令方程(3-37)中信源的速率由方程(3-41)给定，则缓存的动态变化是全局渐进稳定的，倘若

$$0 < k_v^T k_v < I \tag{3-45}$$

证明　考虑下面的李雅普诺夫函数

$$J = e(k)^T e(k) \tag{3-46}$$

其一阶差分为

$$\Delta J = e(k+1)^T e(k+1) - e^T(k) e(k) \tag{3-47}$$

将缓存误差动态方程(3-42)代入方程(3-47)，得到

$$\Delta J \leqslant - (1 - k_{v\max}^2) \| e(k) \|^2 \tag{3-48}$$

闭环系统全局渐进稳定

推论 3.4.1

令期望缓存长度 x_d 有限且网络扰动的界 d_M 等于零。令方程(3-37)中信源的速率由方程(3-41)给定，则分组丢失 $e(k)$ 渐进地收敛于零。

注释 1：

这个定理说明在有限扰动业务模式下，对于任何初始条件，缓存长度误差 $e(k)$ 和分组丢失渐进地收敛于零。收敛速度、传输时延和网络利用率取决于增益矩阵 k_v。

定理 3.4.2(一般情况)

令期望缓存长度 x_d 有限且网络扰动的界 d_M 为已知常数。在方程(3-37)中采用如同方程(3-41)的控制输入，且网络业务估值渐进误差 $\tilde{f}(\cdot)$ 的上界为 f_M，则缓存长度误差 $e(k)$ 为 GUUB，倘若

$$0 < k_v < I \tag{3-49}$$

证明　考虑下面的李雅普诺夫函数，即方程(3-46)，将方程(3-42)代入一阶差分方程(3-47)，得到

$$\Delta J = (k_v e + \tilde{f} + d)^T (k_v e + \tilde{f} + d) - e^T(k) e(k) \tag{3-50}$$

$\Delta J \leqslant 0$，当且仅当

$$(k_{v\max} \| e \| + \tilde{f} + d_M) < \| e \| \tag{3-51}$$

或者

$$\| e \| > \frac{\tilde{f}_m + d_M}{1 - k_{v\max}} \tag{3-52}$$

这里，可以采用任何基于速率的方案，包括鲁棒控制方法，只要业务累积近似

误差的界已知。

推论 3.4.2(一般情况)

令期望缓存长度 x_d 有限且扰动的界 d_M 为已知常数。在方程(3-37)中采用如同方程(3-43)的控制输入,则分组丢失有限。

注释2:

该定理显示对于任意初始网络状态,队长误差 $e(k)$ 有界,且分组丢失也有界和有限。收敛速度取决于增益矩阵。

情况 Ⅱ(未知拥塞程度/到达和服务速率)

在这种情况下,提出了一种基于神经网络(NN)的自适应方案且可采用任何类型的函数近似器。因此,假设对于二阶 NN 存在理想的固定权重 W 和 V,则方程3-48 中的非线性业务累积函数可以写成:

$$f(x) = W^T \varphi(V^T x(k)) + \varepsilon(k) \tag{3-53}$$

式中,V 是隐层权重的输入且在随机选择后在调整过程中一直保持为常数,$\varphi(V^T x(k))$ 是隐层反曲激励函数矢量,近似误差 $\|\varepsilon(k)\| \leq \varepsilon_N$ 的常数界 ε_N 已知。请注意,初始时随机选择 V 且不改变,隐层反曲函数构成一个基(Jagannathan 2006)。

3.4.2.2　拥塞控制器结构

定义控制器中的 NN 业务估计

$$\hat{f}(x(k)) = \hat{W}^T(k)\varphi(x(k)) \tag{3-54}$$

式中,$\hat{W}(k)$ 为权重的当前值,令 W 为在方程(3-53)中成立的逼近所需的未知的理想权重,且假设它们有界,所以

$$\|W\| \leq W_{max} \tag{3-55}$$

式中,W_{max} 是未知权重的最大界。因此,估计期间权重误差为

$$\tilde{W}(k) = W - \hat{W}(k) \tag{3-56}$$

事实 3.4.1

由于缓存大小有限,激励函数受限于未知正数,所以 $\|\varphi(x(k))\| \leq \varphi_{max}$ 以及 $\|\tilde{\varphi}(x(k))\| \leq \tilde{\varphi}_{max}$。

业务速率 $u(k)$ 为

$$u(k) = \frac{1}{T}(x_d - \hat{W}^T(k)\varphi(x(k)) + k_v e(k)) - \sum u(k - RTT) \tag{3-57}$$

且闭环缓存占用动态变化为

$$e(k+1) = k_v e(k) + \bar{e}_i(k) + \varepsilon(k) + d(k) \tag{3-58}$$

其中业务流的建模误差定义为

$$\bar{e}_i(k) = \tilde{W}^T(k)\varphi(x(k)) \tag{3-59}$$

3.4.2.3　保障 QoS 的权重更新

需要说明的是,通过缓存占用误差来监测的分组丢失 $c(k)$、传输时延以及网

络利用率等性能指标是适当地小的，并且对于有界和有限的业务速率 $u(k)$，NN 权重 $\hat{W}(k)$ 保持有界。

定理 3.4.3（业务速率控制器的设计）

令期望的缓存长度 x_d 有限，以及 NN 业务重建误差界 ε_N 和扰动界 d_M 为已知常数。在方程 3-37 采用如同方程 3-47 的输入业务速率，并且权重的调整由下式给定

$$\hat{W}(k+1) = \hat{W}(k) + \alpha\varphi(x(k))e^T(k+1) - \Gamma\|I - \alpha\varphi(x(k)\varphi^T(x(k)))\|\hat{W}(k)$$
(3-60)

式中，设计参数 $\Gamma > 0$。则缓存长度误差 $e(k)$ 和 NN 权重估计 $\hat{W}(k)$ 是 UUB 的，且界由式（3-67）和式（3-68）给定，倘若下面条件成立：

(1) $\qquad\qquad\qquad \alpha\|\varphi(x(k))\|^2 < 1$ $\qquad\qquad\qquad$ (3-61)

(2) $\qquad\qquad\qquad 0 < \Gamma < 1$ $\qquad\qquad\qquad$ (3-62)

(3) $\qquad\qquad\qquad k_{v\max} < \dfrac{1}{\sqrt{\overline{\sigma}}}$ $\qquad\qquad\qquad$ (3-63)

式中，$k_{v\max}$ 为 k_v 的最大奇异值，且 $\overline{\sigma}$ 为

$$\overline{\sigma} = \eta + \frac{[\Gamma^2(1-\alpha\|\varphi(x(k))\|^2)^2 + 2\alpha\Gamma\|\varphi(x(k))\|^2(1-\alpha\|\varphi(x(k))\|^2)]}{(1-\alpha\|\varphi(x(k))\|^2)}$$
(3-64)

证明 定义李雅普诺夫函数

$$J = e^T(k)e(k) + \frac{1}{a}tr(\tilde{W}^T(k)\tilde{W}(k))$$
(3-65)

其一阶差分为

$$\Delta J = e^T(k+1)e(k+1) - e^T(k)e(k) + \frac{1}{a}tr(\tilde{W}^T(k+1)\tilde{W}(k+1) - \tilde{W}^T(k)\tilde{W}(k))$$
(3-66)

利用缓存长度动态方程（3-39）和调整机制方程（3-60），得到

$$\|e(k)\| > \frac{1}{(1-\overline{\sigma}k_{v\max}^2)}[\gamma k_{v\max} + \sqrt{\rho_1(1-\overline{\sigma}k_{v\max}^2)}]$$
(3-67)

或

$$\|\tilde{W}(k)\| > \frac{\Gamma(1-\Gamma)W_{\max}}{\Gamma(2-\Gamma)} + \frac{\sqrt{\Gamma^2(1-\Gamma)^2W_{\max}^2 + \Gamma(2-\Gamma)\theta}}{\Gamma(2-\Gamma)}$$
(3-68)

式中，ρ_1 和 θ 是常数。一般地，在紧致集上 $\Delta J \leqslant 0$，只要方程（3-61）~方程（3-68）得到满足，以及方程（3-67）或方程（3-68）成立。根据标准的李雅普诺夫扩展理论（Jagannathan 2006），这说明缓存占用误差和权重估计误差是 UUB 的。

推论 3.4.3

令期望的缓存长度 x_d 有限，以及 NN 业务重建误差界 ε_N 和扰动界 d_M 为已知常数。将方程(3-43)中的输入业务速率代入方程(3-43)中，并且权重的调整由方程(3-60)给定。如果方程(3-61)~方程(3-63)成立，则分组丢失 $c(k)$ 和 NN 权重估计 $\hat{W}(k)$ 为全局 UUB。

下面结论说明闭环队长误差系统的行为，在网络动态过程中没有业务建模误差的理想情况下，且没有扰动出现。

定理 3.4.4

令期望的缓存长度 x_d 有限，且网络业务估计误差界 ε_N 和扰动界 d_M 等于零。令方程(3-37)中信源速率由方程(3-43)给出，且权重调整由下式给定

$$\hat{W}(k+1) = \hat{W}(k) + \alpha\varphi(x(k))e^T(k+1) \tag{3-69}$$

式中，$\alpha > 0$ 是固定学习率参数或调整增益。所以缓存占用误差 $e(k)$ 渐进地趋向于零，以及权重估计有界，假设方程(3-61)中的条件成立且

$$k_{vmax} < \frac{1}{\sqrt{\eta}} \tag{3-70}$$

式中，η 是

$$\eta = \frac{1}{(1 - \alpha\|\varphi(x(k))\|^2)} \tag{3-71}$$

证明　证明步骤与前面定理相同。

推论 3.4.5

令期望的缓存长度 x_d 有限，且网络业务估计误差界 ε_N 和扰动界 d_M 等于零。令方程(3-37)中信源速率由方程(3-43)给出，且权重调整由方程(3-69)给定。若方程(3-70)和方程(3-71)成立，则缓存占用误差 $e(k)$ 或分组丢失 $c(k)$ 渐进地趋向于零，以及权重估计有界。

3.5　仿真实现

网络仿真器 2(Network Simulator 2，NS-2)是用于网络研究的离散事件仿真器。我们选择 NS-2 实现我们的方案。为方便起见，我们用 TQ(Transmission-based Queue size)表示我们的方案。

3.5.1　NS-2 实现

在 NS-2 中，代理表示产生或吸收网络层分组的终端节点，用于在各层实现协议。我们在传输层实现我们的 TQ 方案。Tq 代理表示 TQ 发送器，发送数据到一个 Tq 汇聚点代理，处理确认和执行拥塞控制。Tq 的另一个目的是表示应用的需求。

当其观察到 3 个重复的 ACK 时，TQ 假设发生分组丢失（因为拥塞）并立即重传丢失的分组。出口节点产生的反馈给出 RTT。下面图 3-21 显示的是实现的 UML 状态图。

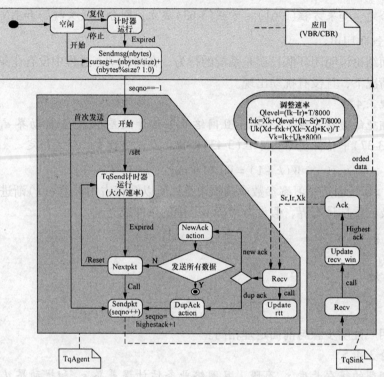

图 3-21　TQ 实现的 UML 状态图

该算法的伪代码给出如下，随后解释具体实现。

```
//pseudo code for TQ algorithm
//notation：
//Ik：packets arrive rate at the ingress node
//Vk：packets departure rate at the ingress node
//Uk：feedback variable from the destination
//Qlevel：bottleneck queue level
//Ir：packets arrive rate at the egress node
//Sr：packets departure rate at the egress node
//Xk：buffer occupancy at the egress node buffer
//Xd：desired buffer occupancy at the egress node buffer
//kv：diagonal gain matrix
```

```
//T：measurement interval
100 begin
101 while( not finishing sending all packets） do
102   begin
103     TqAgent send packets using current rate
104
105 meanwhile if receive ACK packets from TqSink then
106 begin
107   get Sr, Ir, Xk from ACK packet
108       Qlevel = ( Ik-Ir） * T;
109       fxk = Xk + Qlevel + ( Ik − Sr） * T;
110       Uk = ( Xdfxk + kv * ( XkXd））/T;
111       Vk = Ik + Uk;
112       update current sending rate using Vk
113 end
114 end
115 end
```

上面端到端算法可在入口节点作为拥塞控制软件代理来实现。实现不需要网络内部的信息。利用来自信宿的确认分组，拥塞控制代理将网络看作出口节点上的缓存来估计网络内的分组数，包括在信宿上的分组数。这里，进入入口和出口节点的分组可以提供网络瓶颈标示，而出口节点缓存中的分组连同期望的缓存占用，可以提供可用缓存空间的信息。这个信息作为确认的一部分回传。利用该反馈信息，可以确定允许进入分组网络的分组速率并用于随后的时间间隔。

若分组由入口节点进入网络的速率大于到达出口节点的速率，则可预计瓶颈将很快出现。利用信宿的队长及网络中的分组数量，可以估计拥塞的开始时间，并计算减轻拥塞的合适的速率。随后，调整分组传输速率使其比前一时刻或者增大或者减小。

3.5.2 开销分析

在实现过程中，我们使用 3 个参数——信宿节上的缓存占用，分组到达率和分组服务率——作为反馈输入。反馈信息将增加网络流的部分开销，但实际上，我们能够获得分组到达信宿缓存的速率，在给定信宿缓存占用和分组服务率的情况下（分组到达率等于分组服务率加上缓存占用除以观察时间间隔）。因此，我们只需要两个参数。我们归一化这两个参数为与其最大值（分别为期望缓存占用和峰值码率）的百分比。因此，我们只需要 7bit 来表示每个值（百分比）。所以每一个观察间隔的开销仅为 14bit。虽然相比确认开销很小，未来将在对开销比特分析的基础上进一步减少开销。

3.5.3 实现的一般性讨论

在实现中，我们一个观察期间只需 14 个比特，相对确认分组这相当少了。此外，端到端的实现不需要来自网络内部的信息。所提出的算法不依赖于网络节点的数目，因为网络被作为缓存来处理，而且网络中的分组作为缓存占用来估计。所以算法具有可扩展性。

3.6 仿真结果

本节中我们给出评估算法性能的仿真结果。本节介绍仿真中使用的网络拓扑，业务信源，参数和常数，以及得到的仿真结果。NS-2 作为仿真平台。我们将所提算法与 New Reno-TCP 协议（Fall and Floyd 1996）进行比较，因为该协议很好地反映了当前分组交换网络（如 Internet）。

3.6.1 网络拓扑和业务信源

仿真中我们使用典型的"哑铃（dumb-bell）"拓扑见图 3-18。除瓶颈链路外，所有链路均有足够的带宽确保分组的丢弃/延时的发生都是由于瓶颈链路的拥塞造成的。所有链路均为弃尾（drop-tail）链路。

设每条链路上缓存长度的缺省值为 50 个分组，每个分组大小为 1KB。每条链路的带宽设为 10Mbit/s。瓶颈链路的时延为 10ms，其他链路为 5ms。仿真时间为 30s。仿真使用 6 个信源，即 S1 到 S6。由于所提出的算法要和 New-Reno TCP（该方法基于 AIMD）相比较，下面介绍该方法。

3.6.2 New-Reno TCP 方法

Reno TCP 即 TCP（Fall and Floyd 1996）防止通信路径在快速重传后空闲，从而避免在单个分组丢失后需要慢启动达到链路速率。假设收到重复的 ACK 便代表单个分组已经离开信道，则启动快速恢复。在快速恢复期间，发送端以所接收到的重复 ACK 的数目增大发送窗口。这样，在快速恢复期间，TCP 发送端能够智能化地估计未完成的数据数量。进入快速恢复和重传单个分组后，发送端等待直到接收到一半窗口数量重复的 ACK，然后每收到一个重复的 ACK 便发送一个新分组。当在一个数据窗口期丢失多个分组时，Reno TCP 的性能存在问题，因为在重新初始化数据流之前其必须等到重传计时器的过期。

相对 Reno 算法，New-Reno TCP（Fall and Floyd 1996）在发送端有小的变化。在

快速恢复期收到的部分 ACK，被作为紧随 ACK 分组的分组已经丢失而需要重传的指示。因此，当在一个数据窗口内丢失多个分组时，New-Reno 能够进行恢复而无需等到重传时间过期，每一个往返时间重传一个分组，直到重传完所有在该窗口时间丢失的分组。

3.6.3 性能指标

主要性能测度包括传输时延，分组丢失率，系统功效以及公平性。定义传输时延为

$$传输时延 = \frac{T_c - T_o}{T_o} \tag{3-72}$$

式中，T_c 和 T_o 分别是有和无反馈时信源完成分组传输的时间。

定义网络利用率为

$$网络利用率 = \frac{当前吞吐量}{带宽} \times 100\% \tag{3-73}$$

定义分组丢失 $c(k)$ 为 $x(k) - x_d$，当 $x(k) > x_d$ 时。定义分组丢失率(Packet Loss Ratio，PLR)为所有接收端因缓存溢出丢弃的分组数除以所有发往网络的分组数。

$$PLR = \frac{丢弃的分组总数}{发送的分组总数} \times 100\% \tag{3-74}$$

定义系统功效为

$$系统功效 = \frac{平均吞吐量}{传输时延} \tag{3-75}$$

系统功效指标将吞吐量除以时延作为单一的度量。功效表现为一个简洁的测度可以用来比较不同拥塞控制方案，因为在拥塞期间，大吞吐量导致大时延。

最大-最小公平准则是最广泛接受的公平性测度，其定义为

$$公平共享 = MR_p + \frac{a - \left(\sum_{i=1}^{M^\tau} \tau_i + \sum_{i=1}^{l} MR \right)}{N - M^\tau} \tag{3-76}$$

式中，MR_p 是信源 p 的最小速率；$\sum_{i=1}^{l} MR$ 是入口节点上 l 个活动信源的最小速率之和；a 是链路上所有可用带宽；N 是活动信源数；τ 是其余被堵塞的 M^τ 个活动信源的带宽之和。注意到在许多情况下，可控信源的数目不是精确可知的，因此本文所提方案可以用来调整某些实时业务，例如进行压缩编码和能接受有限时延的实时视频业务。

3.6.4 仿真方案

为显示所提出的基于速率端到端的拥塞控制算法的性能，我们对如下情形进行了测试。

例 3. 6. 1：单信源

图 3-22a ～ 图 3-22d 所示为单个信源 CBR 业务与时间的关系。每条链路带宽为 2Mbit/s。选取瓶颈缓存大小为 10 个分组。瓶颈链路时延为 2ms，其他链路时延为 10ms。仿真中路由器之间的瓶颈链路 0 的带宽从 2Mbit/s 减小到 0.5Mbit/s，并且各种性能测量是在链路 0 上观察的。相应的总的分组丢失如图 3-22a 所示，缓存利用率如图 3-22b 所示，PLR 如图 3-22c 所示，网络利用率如图 3-22d 所示。由这些图可以

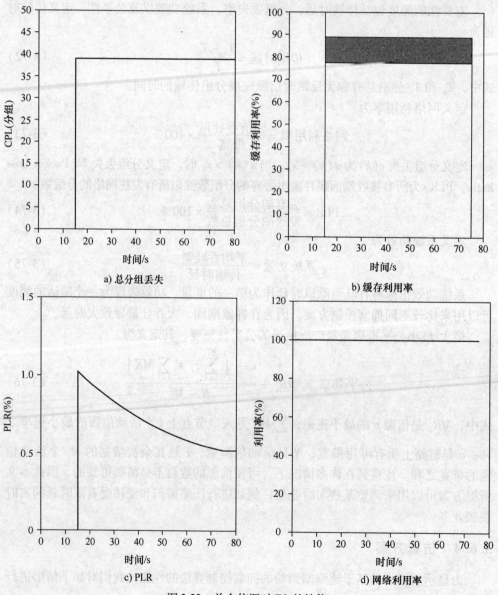

a) 总分组丢失

b) 缓存利用率

c) PLR

d) 网络利用率

图 3-22　单个信源时 TQ 的性能

清楚地看到，在拥塞期间分组被存储在缓存中以避免丢失。在节点间链路带宽减小到 25% 的情况下，当控制方案试图使的分组丢失最小时，时延显著增大。进一步丢失仅发生在瞬态，而在稳态下没有发现分组丢失。最后，当不出现拥塞时，传输所有分组的时间约为 60ms，远大于无反馈的情况，这是因为需要重传分组。相比之下，New-Reno TCP 在开环情况下耗时约 210ms，约为所提出的 TQ 方案的 3.5 倍。

TCP New-Reno 相应的结果如图 3-23a ~ 图 3-23d 所示。图 3-23a 中给出了 New

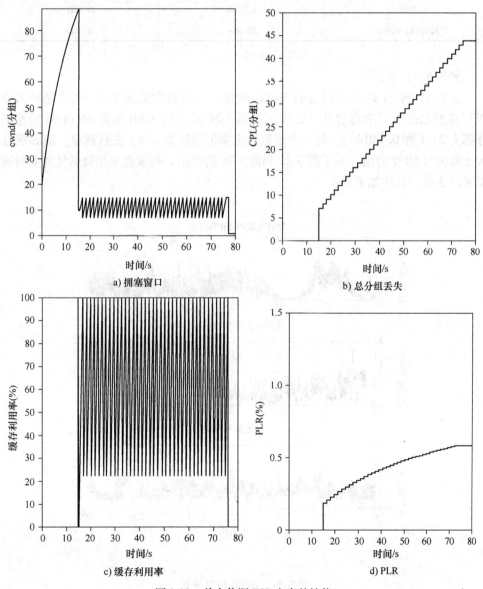

a) 拥塞窗口

b) 总分组丢失

c) 缓存利用率

d) PLR

图 3-23　单个信源 TCP 方案的性能

Reno-TCP 方案的拥塞窗口，其呈现为锯齿。我们还测试了其他单业务信源，所得结果与前面得到的相似。表 3-4 给出了 TQ 和 NewReno TCP 的结果对比。

表 3-4　单个信源结果比较

情况 I	TQ	New-Reno TCP
分组丢失率	0.517%	0.583%
传输时延	1.5033	1.5360
功效	1.3304	1.3021
传输时间(无拥塞)	30.06s	30.21s

例 3.6.2：多信源

这里 S1 到 S3 是来自网站的 MPEG 数据。这些数据集采集于电影"星球大战 IV""侏罗纪公园 I"和体育片"足球"(如图 3-24 所示)。CBR 信源 S4 到 S6 的速率分别为 2，1 和 0.5Mbit/s。每一个信源的速率根据反馈 $u(k)$ 进行调整。瓶颈缓存大小取值为 60 个分组。对于图 3-25 到图 3-28 的结果，拥塞是采用降低链路 0 的速率来产生的，具体如下：

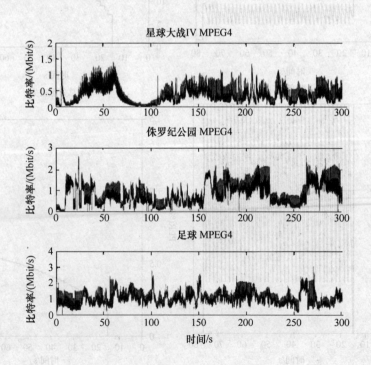

图 3-24　MPEG 信源业务

$$链路 0 带宽 = 10\text{Mbit/s}, \quad 0 \leqslant t < 3\text{s};$$
$$= 2\text{Mbit/s}, \quad 3\text{s} \leqslant t < 6\text{s};$$
$$= 1\text{Mbit/s}, \quad 6\text{s} \leqslant t < 24\text{s};$$
$$= 2\text{Mbit/s}, \quad 24\text{s} \leqslant t < 27\text{s};$$
$$= 10\text{Mbit/s}, \quad 27 \leqslant t_o$$

图 3-25 所示为采用 TQ 和基于 New-Reno TCP 的拥塞控制方案时的 PLR 与时间的关系。可以看到对于两种方案，PLR 随着服务速率的下降而增大，当服务速率在 $6\text{s} \leqslant t < 24\text{s}$ 为最小值时 PLR 达到最大值。当服务速率增大时 PLR 又降低。从图 3-26 看到，TQ 拥塞控制方案的 PLR 性能远好于 New-Reno TCP 拥塞控制方案。表 3-5 给出了全部分析结果。

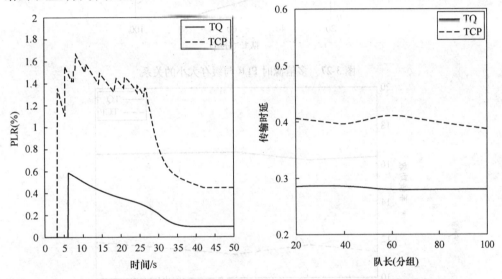

图 3-25　多信源时 PLR 与时间的关系　　　　图 3-26　多信源时传输时延与
　　　　　　　　　　　　　　　　　　　　　　　　缓存大小的关系

表 3-5　TQ 和 New-Reno TCP 比较

情况 II	TQ	New-Reno TCP
分组丢失率	0.087%	0.443%
传输时延	0.2783	0.4110
系统功效	16.5701	11.2162

图 3-26 ~ 图 3-28 所示为 TQ 和 New-Reno TCP 方案不同队长时的传输时延（TD，Transmission Delay）、PLR 和系统功效（SP，System Power）。对于两种方案而言，分组丢失随着队长的增加都减小。从这 3 个图中我们可以看到，TQ 拥塞控制方案的 TD，PLR，和 SP 远好于 New-Reno TCP 拥塞控制方案。

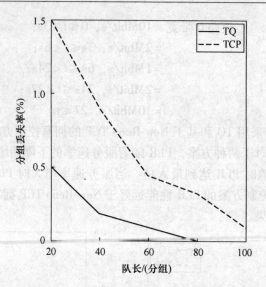

图 3-27　多信源时 PLR 与缓存大小的关系

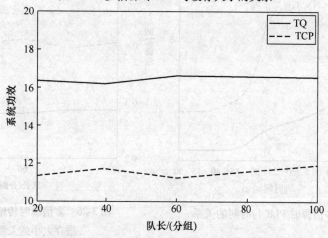

图 3-28　多信源时系统功效与缓存大小的关系

例 3.6.3：扩展拓扑

我们还应用图 3-19 中的扩展拓扑，在多瓶颈情况下测试了我们的方案的性能。我们采用以下业务信源：情况 Ⅱ 中的 3 个 VBR 信源和 3 个 CBR 信源。信源速率根据反馈 $u(k)$ 分别可调。瓶颈缓存大小取值为 50 个分组。对于图 3-29 中的结果，拥塞采用减小不同链路带宽的方法来产生，具体如下：

$$链路\ 0\ 的带宽 = 10 \rightarrow 4 Mbit/s，t = 3s；$$

$$链路\ 1\ 的带宽 = 10 \rightarrow 3 Mbit/s，t = 6s；$$

$$链路\ 2\ 的带宽 = 10 \rightarrow 2 Mbit/s，t = 24s；$$

$$链路\ 3\ 的带宽 = 10 \rightarrow 1 Mbit/s，t = 27s；$$

由图 3-29 我们可以再次看到，TQ 拥塞控制方案的 PLR 远好于 New-Reno TCP 拥塞控制方案，因为数学分析显示 TQ 方案可以确保其收敛性和性能。实际上，在传输时延很小的情况下，TQ 拥塞控制方案的 PLR 等于零。这是由于我们的方案在保证最少重传的前提下，利用分组丢失和端到端时延来主动地控制分组，由此降低了时延和提高系统功效。反之，New-Reno TCP 方案不能限制分组丢失，从而导致了大量的分组重传。表 3-6 给出了 TQ and New-Reno TCP 方案的结果对比。

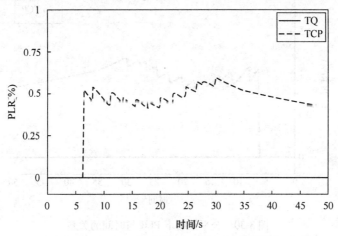

图 3-29　扩展拓扑的 PLR 与时间的关系

表 3-6　TQ 和 New-Reno TCP 比较

情况 III	TQ	New-Reno TCP
分组丢失率	0	0.42%
传输时延	0.6587	0.6643
系统功效	6.9984	6.968

例 3.6.4：公平性

这里我们应用 2 个数据业务信源(弹性信源)，1 个 VBR 业务信源和 3 个 CBR 业务信源(非弹性信源)。弹性信源的速率根据反馈 $u(k)$ 和公平共享方程(3-20)来调整。瓶颈缓存的大小取 10 个分组。对于图 3-27 到图 3-29 中的结果，拥塞是采用如下减小链路 0 的带宽的方法来产生的：

$$链路 0 的带宽 = 10\text{Mbit/s}, \quad 0s \leqslant t < 3s;$$
$$= 8\text{Mbit/s}, \quad 3s \leqslant t < 6s;$$
$$= 4\text{Mbit/s}, \quad 6s \leqslant t < 24s;$$
$$= 8\text{Mbit/s}, \quad 24s \leqslant t < 27s;$$
$$= 10\text{Mbit/s}, \quad t \geqslant 27s。$$

从图 3-31 和图 3-32 可以看到，TQ 拥塞控制方案的 PLR 远好于 New Reno TCP。特别是由图 3-30 可以看到，TQ 方案的吞吐量比 New-Reno TCP 更为平滑。表 3-7 给出了两者的比较。单个业务信源的传输时间见表 3-8。从该表中可以看出，TCP 不能确保所有用户的公平性，而 TQ 方案能够通过调整弹性业务的速率(因为这类业务可以承受较大范围的时延和吞吐量的变化)来实现用户的公平性，同时确保非

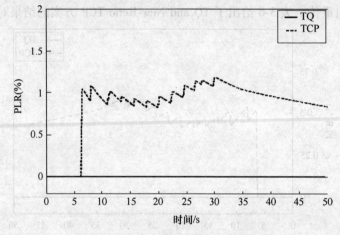

图 3-30　公平策略下 PLR 与时间的关系

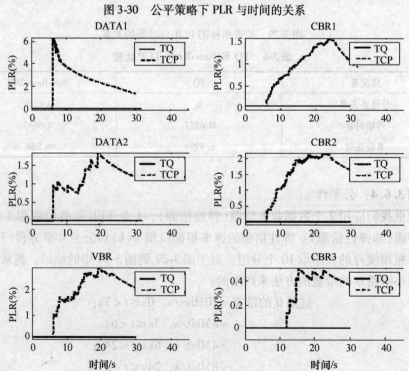

图 3-31　公平策略下单个 PLR 与时间关系

弹性用户的 QoS。根据前面章节给出的理论分析结果进行速率调整，可以保证性能。因此，与 TCP 相比，TQ 方案显示出更高的性能。这些结果是有重要意义的，因为 Internet 的拥塞控制是不公平的，从而导致了尽力而为服务的结果。与之相反，这里基于严密的数学分析所提出的端到端拥塞控制方案，通过理论分析和大量的仿真实验研究得到，能够确保性能。

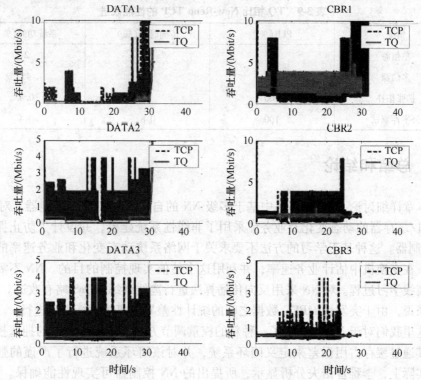

图 3-32 公平策略下单个吞吐量与时间关系

表 3-7 公平性比较

情况Ⅳ	TQ	New-Reno TCP
分组丢失率	0	1.172%
传输时延	0.0617	0.0650
系统功效	7.475	7.0917

表 3-8 传输时间

业务	TQ/s	New-Reno TCP/s	业务	TQ/s	New-Reno TCP/s
Data1	31.58	30.05	CBR1	30.04	31.95
Data2	31.85	30.05	CBR2	30.05	30.04
VBR	30.07	30.05	CBR3	30.04	30.04

3.6.5　结果讨论

在所有测试情况下，就 PLR、传输时延和系统功效来看，发生拥塞时 TQ 方案好于 New-Reno TCP 方案。TQ 方案比 New-Reno TCP 具有更小的 PLR 和传输时延，以及更高的系统功效。具体的性能改进见表 3-9。

表 3-9　TQ 相比 New-Reno TCP 的性能改进

情况	PLR(%)	传输时延(%)	系统功效(%)
单信源	11	2	2
多信源	80	32	45
扩张拓扑	100	1	0.4
公平性测试	100	0.8	0.4

3.7　总结和结论

本章详细讨论了 ATM 网络中基于多级 NN 的自适应业务速率控制器。对 ATM 交换机/缓存器的动态变化及业务流采用了非线性系统建模，并设计了防止拥塞的 NN 控制器。这种基于学习的方法不要求关于网络系统动态变化和业务速率的精确信息，在交换机中估计业务速率，并利用这个估值实现控制的目的。NN 不需要起始的离线学习过程。对 NN 采用反向传播算法进行离线训练，QoS 略有改进。然而，一般来说，由于突发性 MPEG 数据之间的统计性差异，离线训练很难进行。

这里我们对于 NN 推导出了一种新的权重调节方法。不同于其他的拥塞控制技术，其通过缓存占用误差来定义闭环系统，并对该闭环系统进行了严谨的数学分析。实际上，李雅普诺夫分析显示，所提出的 NN 控制器可实现性能确保。而且，通过适当地选择增益，可将 CLR 降到任意小。在 ON/OFF 和突发性 MPEG 两种信源接入网络情况下，研究了所提出的控制器在拥塞时的性能，并得到了相应的结果。基于这些结果可以推导出，和自适应 ARMAX，一阶 NN 以及阈值法相比，所提出的方法的 CLR 和整体时延更低，且在拥塞时可以保证公平性。另外，由于对权重进行调整，在多数情况下可以设计更小缓存的交换机。也就是说，仿真结果显示所提出的基于两级 NN 的拥塞控制器的性能因缓存容量增加的变化不大。这是个重要的结论，它可以用于设计网络交换机的缓存。最后，在 ATM 网络中基于学习的方法提供了更有效的排队管理。

随后，本章讨论了分组交换网络基于速率的端到端拥塞控制方案。采用非线性动态系统对缓存的动态变化建模，其受到输出带宽、瓶颈队列长度和输入业务流速率的影响。在入口/出口节点通过分组到达率对瓶颈排队长度进行估计。不同于其他已有的拥塞控制方案，通过队长误差定义了闭环系统，并对闭环系统进行了严格的数学分析。实际上，如同李雅普诺夫分析，所提出的控制器可以确保性能。通过仿真例子验证了理论分析结论。基于这些结果可以归纳得出，所提方法的性能优于常规的 New-Reno TCP 方法。

参 考 文 献

Bae, J. J. and Suda, T. , Survey of traffic control schemes and protocols in ATM networks, *Proceedings of the IEEE*, Vol. 79, No. 2, February 1991, pp. 170-189.

Bansal, D. and Balakrishnan, H. , Binomial congestion control algorithms, *Proceedings of the IN-FOCOM*, Vol. 2, 2001, pp. 631-640.

Benmohamed, L. and Meerkov, S. M. , Feedback control of congestion in packet switching networks: the case of a single congested node, *IEEE/ACM Transaction on Networking*, Vol. 1, No. 6, 693-707, 1993.

Bonomi, F. and Fendick, K. , The Rate-Based Flow Control Framework for the ABR ATM Service, *IEEE Network*, Vol. 9, No. 2, 1995, pp. 25-39.

Bonomi, F. , Mitra, D. and Seery, J. B. , Adaptive algorithms for feedback-based flow control in high-speed, wide-area ATM networks, *IEEE Journal on Selected Areas in Communications*, Vol. 13, No. 7, 1267-1283, September 1995.

Borri, M. and Merani, M. L. , Performance and TCP-friendliness of the SQRT congestion control protocols, *IEEE Communication Letters*, Vol. 8, No. 8, 541-543, August 2004.

Chandrayana, K. , Sikdar, B. , and Kalyanaraman, S. , Comparative study of TCP compatible binomial congestion control schemes, *Proceedings of the High Performance Switching and Routing*, 2002, pp. 224-228.

Chen, B. , Zhang, Y. , Yen, J. , and Zhao, W. , Fuzzy adaptive connection admission control for real-time applications in ATM-based heterogeneous networks, *Journal of Intelligent and Fuzzy Systems*, Vol. 7, No. 2, 1999.

Cheng, R. -G. and Chang, C. -J. , Design of a fuzzy traffic controller for ATM networks, *IEEE/ACM Transactions on Networking*, Vol. 4, No. 3, June 1996.

Fall, K. and Floyd, S. , Simulation-Based Comparisons of Tahoe, Reno and SACK TCP, *Computer Communication Review*, Vol. 26, No. 3, July 1996, pp. 5-21.

Floyd, S. and Fall, K. , Promoting the use of end-to-end congestion control in the Internet, *IEEE/ACM Transactions on Networking*, Vol. 7, No. 4, 458-472, August 1999.

Floyd, S. , A Report on Recent Developments in TCP Congestion Control, *IEEE Communications Magazine*, April 2001, pp. 84-90.

Fuhrman, S. , Kogan, Y. , and Milito, R. A. , An adaptive autonomous network congestion controller, *Proceedings of the IEEE conference of Decision and Control*, 1996, pp. 301-306.

Izmailov, R. , Adaptive feedback control algorithms for large data transfers in highspeed networks, *IEEE Transactions on Automatic Control*, Vol. 40, No. 8, 1469-1471, August 1995.

Jagannathan, S. and Talluri, J. , Adaptive predictive congestion control of high-speed networks,

IEEE Transaction on Broadcasting, Vol. 48, No. 2, 129-139, June 2002.

Jagannathan, S. and Talluri, J., Predictive congestion control of ATM networks: multiple sources/single buffer scenario, *Proceedings of IEEE Conference on Decision and Control*, Vol. 1, December 2000, pp. 47-52.

Jagannathan, S. and Tohmaz, A., Congestion control of ATM networks using a learning methodology, *Proceedings of the IEEE Conference on Control Applications*, September 2001, pp. 135-140.

Jagannathan, S., End to end congestion control of packet switched networks, *Proceedings of the IEEE Conference on Control Applications*, September 2002, pp. 519-524.

Jagannathan, S., *Neural Network Control of Nonlinear Discrete-Time Systems*, Taylor and Francis, Boca Raton, FL, 2006.

Jain, R., Congestion control and traffic management in ATM networks: recent advances and a survey, *Computer Networks and ISDN Systems*, Vol. 28, 1723-1738, 1996.

Johari, R. and Tan, D. K. H, End-to-end congestion control for the Internet: delays and stability, *IEEE/ACM Transactions on Networking*, Vol. 9, No. 6, 818-832, December 2001. Kelly, F. P., Key, P. B., and Zachary, S., Distributed admission control, *IEEE Journal on Selected Areas in Communications*, Vol. 18, No. 12, 2617-2628, December 2000. Kuzmanovic, A. and Knightly, E., A performance vs. trust perspective in the design of end-point congestion control protocols, *Proceedings of the 12th IEEE Conference on Network Protocols*, 2004, pp. 96-107.

Lakshman, T. V., Mishra, P. P., and Ramakrishan, K. K., Transporting compressed video over ATM networks with explicit-rate feedback control, *IEEE/ACM Transactions on Networking*, Vol. 7, No. 5, October 1999.

Liew, S. and Yin, D. C., A control-theoretic approach to adopting VBR compressed video for transport over a CBR communications channel, *IEEE/ACM Transactions on Networking*, Vol. 6, No. 1, 42-55, February 1998.

Liu, Y. -C. and Douligeris, C., Rate regulation with feedback controller in ATM networks—a neural network approach, *IEEE/ACM Transactions on Networking*, Vol. 15, No. 2, 200-208, February 1997.

Low, S. H., Paganini, F., and Doyle, J. C., Internet Congestion Control, *IEEE Control Systems Magazine*, Vol. 22, No. 1, February 2002, pp. 28-43.

Mascolo, S., Smith's principle for congestion control in high speed ATM networks, *Proceedings of the IEEE Conference on Decision and Control*, 1997, pp. 4595-4600.

Mortier, R., Pratt, I., Clark, C., and Crosby, S., Implicit admission control, *IEEE Journal on Selected Areas in Communications*, Vol. 18, No. 12, 2629-2639, December 2000.

MPEG-4 trace files, available: http://www-tkn. ee. tu-berlin. de/ ~ fitzek/TRACE/ltvt. html.

NS-2 manual, available at http://www. isi. edu/nsnam/ns/ns-documentation. html.

Peng, M., Jagannathan, S., and Subramanya, S., End to end congestion control of multimedia high speed Internet, *Journal of High Speed Networks*, accepted for publication, 2006.

Pitsillides, A., Ioannou, P., and Rossides, L., Congestion control for differentiated services using nonlinear control theory, *Proceedings of the IEEE INFOCOM*, 2001, pp. 726-733.

Qiu, B., A predictive fuzzy logic congestion avoidance scheme, Proceedings of *the IEEE Conference on Decision and Control*, 1997, pp. 967-971.

Sastry, N. R. and Lam, S. S., CYRF: a theory of window-based unicast congestion control, *IEEE Transactions on Networking*, Vol. 13, No. 2, 330-342, April 2005.

Widmer, J., Denda, R., and Mauve, M., A Survey on TCP-Friendly Congestion Control, *IEEE Network*, May/June 2001, pp. 28-37.

习题

3.2 节

习题 3.2.1：网络建模。查找文献并确定网络建模技术。对比基于排队论的建模方案和基于状态空间的网络建模方案。

习题 3.2.2：带有时延的网络建模。对含有时延的 ATM 网络建模。

3.3 节

习题 3.3.1：业务速率控制器。对比常规的和本章提出的基于 NN 方法的业务速率控制器。

习题 3.3.2：开销分析。用倍数关系来评估基于 NN 的业务速率控制器设计的开销。

习题 3.3.3：端到端方案评估。采用图 3-18 端到端拓扑，且信源 6 到 15 发送数据，分析拥塞控制方案的性能。

习题 3.3.4：扩展拓扑。采用图 3-19，且信源从 6 增加到 10，再次分析拥塞控制方案的性能。

3.4 节

习题 3.4.1：网络建模。查找文献并确定对图 3-20 所示网络端到端拥塞控制的网络建模技术。对比基于排队论的建模方案和基于状态空间的网络建模方案。

习题 3.4.2：带有时延的网络建模。对含有时延的 Internet 建模。

3.6 节

习题 3.6.1：业务速率控制器。对比常规的和本章提出的基于 NN 方法的业务速率控制器。

习题 3.6.2：开销分析。用倍数关系来评估基于 TQ 的控制器设计开销。

习题 3.6.3：端到端方案。采用图 3-18 端到端拓扑，且信源 6 到 15 发送数据。评估 TQ 控制方案的性能

习题 3.6.4：扩展拓扑。采用图 3-19，且信源从 6 增加到 10，评估 TQ 控制方案的性能。

附录 3. A

定理 3.3.1 证明　定义的李雅普诺夫函数

$$J = e^T(k)e(k) + \frac{1}{\alpha_1}tr[\tilde{V}^T(k)\tilde{V}(k)] + \frac{1}{\alpha_2}tr[\tilde{W}^T(k)\tilde{W}(k)] \tag{3-A-1}$$

其一阶差分为

$$\Delta J = \Delta J_1 + \Delta J_2 \tag{3-A-2}$$

$$\Delta J_1 = e^T(k+1)e(k+1) - e^T(k)e(k) \tag{3-A-3}$$

$$\Delta J_2 = \frac{1}{\alpha_2}tr[\tilde{W}^T(k+1)\tilde{W}(k+1) - \tilde{W}^T(k)\tilde{W}(k)]$$

$$+ \frac{1}{\alpha_1}tr[\tilde{V}^T(k+1)\tilde{V}(k+1) - \tilde{V}^T(k)\tilde{V}(k)] \tag{3-A-4}$$

应用缓存长度误差动态变化方程(3-20)，得到

$$\Delta J_1 = -e^T(k)[1 - k_v^T k_v] + 2(k_v e(k))^T(\bar{e}_i(k) + W^T\tilde{\varphi}_2(k) + \varepsilon(k) + d(k))$$
$$\times \bar{e}_i^T(k)(\bar{e}_i(k) + 2W^T\tilde{\varphi}_2(k) + 2(\varepsilon(k) + d(k))) + (W^T\tilde{\varphi}_2(k))^T$$
$$\times (W^T\tilde{\varphi}_2(k) + 2(\varepsilon(k) + d(k)))(\varepsilon(k) + d(k))^T(\varepsilon(k) + d(k)) \tag{3-A-5}$$

考虑输入和隐层权重的更新，且将其应用于方程(3-A-1)，并和方程(3-A-5)结合，得到

$$\Delta J \leqslant -(1 - \bar{\sigma}k_{v\max}^2)\|e(k)\|^2 + 2\gamma k_{v\max}\|e(k)\|$$
$$+ \rho - \left\| \tilde{V}(k)\hat{\varphi}_1(k) \frac{(1 - \alpha_1\hat{\varphi}_1^T(k)\hat{\varphi}_1(k)) - \Gamma\|1 - \alpha_1\hat{\varphi}_1^T(k)\hat{\varphi}_1(k)\| \times (V^T\hat{\varphi}_1(k) + B_1 k_v e(k))}{2 - \alpha_1\hat{\varphi}_1^T(k)\hat{\varphi}_1(k)} \right\|$$
$$\times [2 - \alpha_1\hat{\varphi}_1^T(k)\hat{\varphi}_1(k)]$$
$$- \left\| \bar{e}_i(k) - \frac{\alpha_2\hat{\varphi}_2^T(k)\hat{\varphi}_2(k) + \Gamma\|I - \alpha_2\hat{\varphi}_2^T(k)\hat{\varphi}_2(k)\| \times (k_v e(k) + W^T\tilde{\varphi}_2(k) + \varepsilon(k) + d(k))}{1 - \alpha_2\hat{\varphi}_2^T(k)\hat{\varphi}_2(k)} \right\|^2$$
$$\times [I - \alpha_2\hat{\varphi}_2^T(k)\hat{\varphi}_2(k)] + \frac{1}{\alpha_1}\|I - \alpha_1\hat{\varphi}_1^T(k)\hat{\varphi}_1(k)\|^2 tr[\Gamma^2\hat{V}^T(k)\hat{V}(k) + 2\Gamma\hat{V}^T(k)\hat{V}(k)]$$
$$+ \frac{1}{\alpha_2}\|I - \alpha_2\hat{\varphi}_2^T(k)\hat{\varphi}_2(k)\|^2 tr[\Gamma^2\hat{W}^T(k)\hat{W}(k) + 2\Gamma\hat{W}^T(k)\hat{W}(k)] \tag{3-A-6}$$

其中

$$\gamma = \beta_1(W_{\max}\tilde{\varphi}_{2\max} + \varepsilon_N + d_M + \Gamma(1 - \alpha_2)\varphi_{2\max}^2)\varphi_{2\max}W_{\max}$$
$$+ k_1(\beta_2 + \Gamma(1 - \alpha_1\varphi_{1\max}^2))\varphi_{1\max}V_{\max} \tag{3-A-7}$$

以及

$$\rho = [\beta_1(W_{\max}\tilde{\varphi}_{2\max} + \varepsilon_N + d_M) + 2\Gamma(1 - \alpha_2\varphi_{2\max}^2)\varphi_{2\max}W_{\max}]$$
$$\times (W_{\max}\tilde{\varphi}_{2\max} + \varepsilon_N + d_M)[\beta_2 + \Gamma(1 - \alpha_1\varphi_{1\max}^2)\varphi_{1\max}^2 V_{\max}^2] \tag{3-A-8}$$

对方程 3-A-6 中 $\|\tilde{Z}(k)\|$ 二次方，得到 $\Delta J \leqslant 0$，只要方程(3-24)到方程(3-27)的

条件得到满足，且缓存长度误差上界为

$$\|e(k)\| > \frac{1}{(1 - \overline{\sigma} k_{v\max}^2)} \left(\gamma k_{v\max} + \sqrt{\left(\gamma^2 k_{v\max}^2 + \left(\rho + \frac{\Gamma}{(2 - \Gamma)} Z_M^2 \right) (1 - \overline{\sigma} k_{v\max}^2) \right)} \right)$$

$$(3\text{-}A\text{-}9)$$

另一方面，对方程 3-A-6 中 $\|e(k)\|$ 平方，得到 $\Delta J \leqslant 0$，只要方程 3-24 到方程 3-27 的条件得到满足，并且

$$\|\tilde{Z}(k)\| < \frac{1}{\Gamma(2 - \Gamma)} (\Gamma(1 - \Gamma) Z_M + (\Gamma^2 (1 - \Gamma)^2 Z_M^2 + \Gamma(2 - \Gamma)\theta))$$

$$(3\text{-}A\text{-}10)$$

其中

$$\theta = \Gamma^2 Z_M^2 + \frac{\Gamma^2 k_{v\max}^2}{1 - \overline{\sigma} k_{v\max}^2} + \rho \qquad (3\text{-}A\text{-}11)$$

一般地，在紧致集合上 $\Delta J \leqslant 0$，只要方程 (3-24) 到方程 (3-27) 得到满足，并且方程 (3-A-9) 或者方程 (3-A-10) 两者之一成立。根据标准李雅普诺夫扩展定理 (Jagannathan 2006)，这说明对分组丢失和权重误差的估计是 UUB 的。

第4章 高速网络接入允许控制器设计：混合系统方法

第3章讨论了 ATM 和 Internet 网络拥塞控制。在许多应用中，仅仅有拥塞控制是不够的，还需要采用某种形式的接入允许控制。在本章中，我们应用拥塞控制方案来研究接入允许控制。

4.1 引言

支持多媒体服务的高速网络需要能够处理突发业务并且满足多种多样的服务质量(QoS)和带宽要求。作为高速网络的通道，异步传输模式(ATM)是在异质网络中融合宽带多媒体服务(Integrating Broadband Multimedia Services，B-ISDN)的关键技术，其中多媒体应用包括传输数据、视频和语音信源(Lakshman et al. 1999, Jain 1996, Liew and Yin 1998)。由于宽带业务模式的不确定性和不可预测网络业务的统计性变化，高速网络中带宽管理和业务控制提出了新的挑战并成为难题。因此，高速网络必须采用合适的接入允许控制(Admission Control，AC)方法，不仅维持现有信源的 QoS，而且通过接入新的业务来提高网络利用率。本章讨论一种基于混合系统理论的接入允许控制的方案。所提方案的性能尽管是通过信元来估计的，但可用于基于分组的网络。例如，ATM 对于不同业务特性的信源的服务是，通过对固定长度为 53B 的信元进行统计复用来实现的。因此，我们交替使用分组和信元这两个名词。

传统的 AC 方案(Bae and Suda 1991, Gurin et al. 1991, Jamin et al. 1997)或者采用容量估计或者采用缓存阈值，其存在根本性的限制例如需要了解输入业务的特性，AC 方案必须是动态的，体现在根据网络条件的变化来调节业务流。然而，这需要了解网络的动态变化。所以，对具有突发业务或处于动态变化情况下的多媒体高速网络，不可能确定缓存阈值的等效容量(Dziong et al. 1997)。另一方面基于数学分析传统的 AC 方案对不同的类型的业务环境提供的解决方案，存在估计(建模误差)和近似误差(实时)的问题，不适应于动态环境(Dziong et al. 1997)。网络被迫基于不完整的信息做出决定，若决定不适当，将导致网络网络性能的下降。因此，研究提出了基于神经-模糊的 AC 方法(Chen et al. 1999, Cheng et al. 1999)。尽管这种方法是在信息不完整的情况下做出决定的，但并不清楚这种方法在实时应用中是否可以实现，而且在(Chen et al. 1999, Cheng et al. 1999)中缺乏数学分析来说明方法的性能。

网络在决定是否接入一个新信源时需要了解可用带宽的信息。路由选择和信源接入的方法是使得某种资源指标最小，且同时对承载的业务提供适当的 QoS。这就要求精确地估计业务条件和新信源接入后的影响。随后，这个信息用于计算当前分配给已接入信源的带宽，并且确定为新接入的信源在其通过的链路上需要预留的带宽。

由于业务的统计复用和缓存共享，带宽的计算和预留基于某些总的统计指标以满足所有业务的要求，而不是针对单个信源的带宽或缓存空间的物理分配。为精确计算当前使用的带宽，必须确定当前流经链路的业务。已有的带宽估计方法是基于仿真曲线的（Bae and Suda 1991）。利用仿真曲线的主要缺陷是，除了需要在带宽控制点上存储预先计算的曲线外，信息的静态特性不能精确地反映网络业务环境和连接特性的非线性动态变化。

虽然某些带宽估计和分配方法在本质上是启发式的（Jamin et al. 1997），其他的采用了神经和模糊逻辑的方法（Chen et al. 1999，Cheng et al. 1999）。这些方法中部分采用了反向传播算法或线性最小二乘法来估计网络业务。因为不能证明反向传播算法在所有情况下是收敛的，并且需要起始学习阶段，研究提出了其他在线方案。例如线性最小二乘法，尽管计算简单，但不能保证精确地估计高度非线性网络业务。我们提出的带宽估计方案利用了离散时间域简单网络模型的优点，在线计算当前带宽和估计未来需求的带宽，在满足 QoS 的前提下对新信源公平地分配可用带宽。注意到已有的方案对于实时语音和视频业务预留的带宽等于其峰值码率（Peak Cell Rate，PCR）。遗憾的是，预留带宽等于 PCR 会浪费带宽和其他网络资源，从而降低网络利用率。我们所提出的在线带宽方案将解决这个问题。

仅仅在线估计带宽还不足以解决接入新业务的问题。事实上，若新信源被接入网络，还必须考虑潜在的拥塞问题。因此，对于接入允许控制方案的合理工作，还必须使用拥塞指示来决定接入新业务信源对网络的影响。在研究文献中，提出了大量的拥塞控制方案（Jain 1996，Bae and Suda 1991）。遗憾的是，许多方法本质上属于被动型方法，不能防止拥塞。因此，一种新的预测拥塞控制方案（Peng et al. 2006）被用来生成拥塞指示，该指示被用于接入允许控制。最后，应用以前的缓存占用值来预测新信源的可用网络资源。接入允许控制器根据可用资源和带宽以及拥塞指示来决定是否接入新的信源。

本章中，业务在入口节点进入网络，入口节点缓存的动态变化用非线性离散时间系统来建模（Jagannathan 2005）。为估计链路上的网络业务，基于最小化缓存占用误差，研究了一种新的自适应带宽方案。可以采用任何功能逼近器来估计业务，为简单起见，这里提出了一种基于多级神经网络的估计器。给出了估计器参数的调节规则，并应用李雅普诺夫分析方法证明了采用在线带宽估计器时的闭环收敛性和网络稳定性。应用估计的和缓存的业务以及所要求的 QoS，计算满足 QoS 要求时所有信源的带宽需求。结果显示通过精确估计已接入信源所需带宽，所提出的在线带宽估计方案可确保所需 QoS，甚至在网络业务变化不确定但有界时。基于 Jagannathan(2005)的研究，本章提出了一种新的自适应接入允许控制器结构，其结合了拥塞控制器、带宽估计方案和所提出的基于规则的离散事件控制器。通过服务时延、信元/分组丢失和网络利用率，比较了自适应接入控制器的性能。给出的仿真结果用于验证理论结论。

4.2　网络模型

图 4-1a 所示为流行的停车场网络配置，其用于评估所提出的接入允许控制、带宽估计和拥塞控制方案(Jain 1996)。它还可以看作端到端的环路，如图 4-1b 所示，若业务由入口节点/交换机进入，由出口节点离开，流经各种网络或服务提供设施，而对网络内部的状态信息所知甚少。考虑到拥塞问题，带有有限缓存的出口节点在每个测量期间通过网络向入口节点发送反馈信号。可以设想所提出的接入允许控制器配置在每一个交换矩阵中，在每个测量期间估计入口节点链路带宽。确定带宽使用和分配最重要的步骤是利用入口交换机/节点的缓存占用，智能地估计在缓存中排队的网络业务。

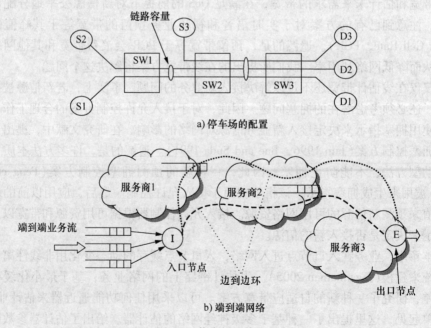

a) 停车场的配置

b) 端到端网络

图 4-1　停车场网络配置

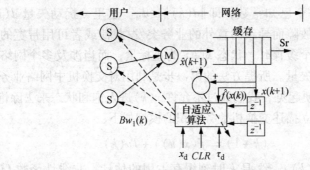

a) 入口交换机/节点上带宽分配方案

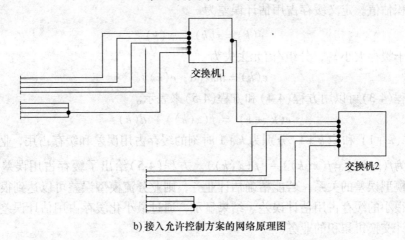

b) 接入允许控制方案的网络原理图

图 4-2　入口节点/交换机矩阵中缓存的动态变化过程

考虑如图 4-2a 所示的入口节点/交换机矩阵中缓存的动态变化过程，由下式给定

$$x(k+1) = Sat_p(f(x(k)) + Tu(k) + d(k)) \qquad (4-1)$$

式中，$x(k) \in \mathcal{R}^n$ 是 k 时刻的缓存长度（或占用）；T 为测量间隔；$u(k) \in \mathcal{R}^n$ 为通过反馈确定的信源速率。非线性函数 $f(x(k))$ 取决于入口交换机/节点的缓存占用、信源速率和服务容量 S_r，即 $f(\cdot) = [x(k) - q(t - T_{fb}) + I_{ni}(k) - S_r k)]$；$I_{ni}(k)$ 是分组到达率，$q(t - T_{fb})$ 是瓶颈队长，T_{fb} 为由瓶颈到信宿再返回信源的传播时间，S_r 为入口节点输出链路的服务速率，$Sat_p(.)$ 为满足下式的饱和函数，

$$Sat_p(z) = 0, \ 若 \ z \leqslant 0,$$
$$= p, \ 若 \ z \geqslant p,$$
$$= z, \ 其他。$$

数值 T_{fb} 由往返时延（$RTT - RTT_{min}$）得到，其中 RTT 为往返时延，而 RTT_{min} 为基于链路带宽得到的最小传播时间。在 k 时刻作用系统的未知扰动矢量为 $d(k) \in$

$\mathscr{R}^n$，假设其不大于一个已知常数，即 $\|d(k)\| \leqslant d_M$。这里，扰动矢量 $d(k)$ 可以看做由于出现网络出现故障而导致的意外的业务突发/载荷或者可用带宽的变化。当考虑单个交换机或单个缓存时，状态 $x(k)$ 为正标量；而当涉及多个网络交换机或多个缓存时，其变为矢量。所提方法的第一步是利用对交换机中网络业务的估值来估计缓存占用。为方便起见，我们通过不允许 $x(k)$ 进入饱和状态来去除饱和。

这里的目标是建立描述交换机业务累积的模型如下：

$$\hat{x}(k+1) = \hat{f}(x(k)) + Tu(k) \tag{4-2}$$

式中，模型的状态 $\hat{x}(k) \in \mathscr{R}^n$ 是 k 时刻缓存占用的估计，非线性函数 $\hat{f}(x(k))$ 为业务累积估值。定义缓存占用估计误差为

$$e(k) = x(k) - \hat{x}(k) \tag{4-3}$$

其中对于缓存大小 x_d，分组/信元丢失为

$$c(k) = \max(0, e(k)) \tag{4-4}$$

方程(4-3)可以用方程(4-4)和方程(4-5)来表示。

$$e(k+1) = \tilde{f}(x(k)) + d(k) \tag{4-5}$$

式中，$e(k+1)$ 和 $x(k+1)$ 分别为 $k+1$ 时刻的缓存占用误差和缓存占用，业务流模型误差为 $\tilde{f}(x(k)) = f(x(k)) - \hat{f}(x(k))$。方程(4-5)给出了缓存占用误差估值和业务流模型误差的关系。若能精确估计业务，则业务流模型误差可以达到很小，进而得到很小的缓存占用估计误差。结果显示，通过最小化缓存占用估计误差，可以精确估计交换机累积的业务。

在高速网络中，每个信源应该能够使用高达其峰值码率(Peak Bit/Cell Rate, PBR/PCR)的可用带宽。带宽估计和分配方案的目标是在保持良好的 QoS 的同时，使得可用带宽能够得到充分利用，这里的 QoS 参数是指分组或信元丢失率(Packet or Cell Loss Ratio, PLR/CLR)和传输时延。本章中，恰当选择业务估计方案的目标是，估计当前使用的带宽，预测未来带宽的需求以及确定在下一测量期间新信源的可用容量。

方程(4-5)计算了业务估计方案导致的交换矩阵中发生的分组/信元丢失。本章中，通过恰当地利用离散时间自适应估计器得到业务估计 $\hat{f}(x(k))$ 和缓存长度误差，从而使得分组/信元丢失最小。实际的分组/信元丢失与下一测量期间的带宽需求相关。通过适当地结合采用预测业务状况得到的带宽估值、分组/信元丢失以及交换机中排队的数据，可以估计在下一测量期间满足目标 QoS 所要求的带宽。

假设不存在拥塞，应用方程(4-5)描述的缓存占用估计误差系统，来确定离散时间参数调节的算法，算法通过对现有信源分配适当的带宽来确保 QoS。这里提出的自适应方法可以描述为：该自适应方案在入口节点/交换机矩阵中估计网络业务；应用业务、分组/信元丢失和目标传输时延的估计值来计算满足目标 QoS 所要求的

等效带宽。

4.3　自适应业务估计器设计

在两级 NN 情况下，以非线性方式调节权重。本章研究了新的权重调节算法，并采用李雅普诺夫直接方法对其进行稳定性分析。假设对于两级 NN 存在理想化的固定权重 W 和 V，则非线性业务累积函数可以写为

$$f(x(k)) = W^T \varphi_2(V^T \varphi_1(x(k))) + \varepsilon(k) \tag{4-6}$$

式中，$\varphi_2(k)$ 是隐层激活函数矢量；$\varphi_1(k)$ 是矢量线性函数；$\|\varepsilon(k)\| \leqslant \varepsilon_N$ 且 ε_N 是已知常数。为了得到适当的逼近特性，需要选择足够多的隐层神经元。对于一般多级 NN 而言，并不知道如何计算这个数目，典型的做法是采用尝试法来选择隐层神经元数目。

4.3.1　估计器的结构

定义在缓存占用估计器中对 NN 业务的估计为

$$\hat{f}(x(k)) = \hat{W}^T(k) \varphi_2(V^T \varphi_1(x(k))) \tag{4-7}$$

式中，$\hat{W}(k)$ 和 $\hat{V}(k)$ 为当前 NN 权重，下一步确定权重更新以确保交换机闭环缓存占用估计误差系统动态变化的性能。估计器的结构如图 4-3 所示，其中当前和以前的缓存占用值被用作 NN 模型的输入，以精确估计网络业务累积。当前和以前业务估值用于推导等效带宽。

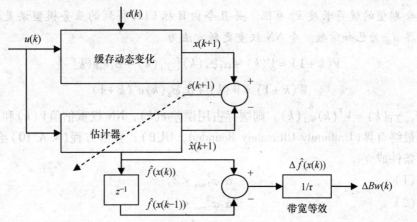

图 4-3　神经网络带宽估计器结构

令 W 和 V 为未知的目标 NN 权重，该权重是方程(4-5)中的近似成立所需的。假设它们有界，即

$$\|W\| \leqslant W_{\max}, \quad \|V\| \leqslant V_{\max} \tag{4-8}$$

式中，$W_{\max}$ 和 $V_{\max}$ 是未知权重的上界。权重的估计误差为

$$\widetilde{W}(k) = W - \hat{W}(k), \ \widetilde{V} = V - \hat{V}(k), \ \widetilde{Z} = Z - \hat{Z}(k) \tag{4-9}$$

式中，$Z = \begin{bmatrix} W & 0 \\ 0 & V \end{bmatrix}$ 和 $\hat{Z} = \begin{bmatrix} \hat{W} & 0 \\ 0 & \hat{V} \end{bmatrix}$。

事实 4.3.1

激励函数有上界，且界为已知的正数，即

$$\|\varphi_2(x(k))\| \leqslant \varphi_{2\max} \text{和} \|\widetilde{\varphi}_2(x(k))\| \leqslant \widetilde{\varphi}_{2\max}$$

采用 NN 业务速率估计，闭环缓存占用动态变化为

$$e(k+1) = k_v e(k) + \bar{e}_i(k) + W^T(k)\widetilde{\varphi}_2(k) + \varepsilon(k) + d(k) \tag{4-10}$$

其中业务流模型误差定义为

$$\bar{e}_i(k) = \widetilde{W}^T(k)\widetilde{\varphi}_2(x(k)) \tag{4-11}$$

4.3.2　确保型估计的权重更新

需要说明的是，通过缓存占用估计误差 $e(k)$ 监控的信元丢失 $c(k)$ 和时延等性能指标能够处于适当小的范围，而且 NN 权重 $\hat{W}(k)$ 和 $\hat{V}(k)$ 始终有界。下面定理给出了基于缓存占用误差的离散时间权重调节算法，该算法同时确保缓存占用误差和权重估计有界。

定理 4.3.1(存在网络扰动时的一般情况)

令期望的缓存长度 x_d 有限。并且令由目标 CLR 得到的业务模型误差界 ε_N 和扰动界 d_M 为已知常数。令 NN 权重更新方法为

$$\hat{V}(k+1) = \hat{V}(k) - \alpha_1 \hat{\varphi}_1(k)[\hat{y}_1(k) + B_1 k_v e(k)]^T \tag{4-12}$$

$$\hat{W}(k+1) = \hat{W}(k) + \alpha_2 \hat{\varphi}_2(k) e^T(k+1) \tag{4-13}$$

式中，$\hat{y}_1(k) = \hat{V}^T(k)\hat{\varphi}_1(k)$。则缓存占用误差 $e(k)$，NN 权重估值 $\hat{V}(k)$ 和 $\hat{W}(k)$ 为一致最终有界(Uniformly Ultimately Bounded，UUB)，界由方程(4.A.10)给定，若下面条件成立

$$(1) \qquad\qquad \alpha_1 \varphi_{1\max}^2 < 2, \tag{4-14}$$

$$(2) \qquad\qquad \alpha_2 \varphi_{2\max}^2 < 1, \tag{4-15}$$

$$(3) \qquad\qquad c_0 < 1, \tag{4-16}$$

其中

$$c_0 = \frac{k_1^2}{2 - \alpha_1 \phi_{1\max}^2} \tag{4-17}$$

注释1：

注意到很容易验证条件方程(4-14) ~ 方程(4-16)是可实现的，因此略去证明。

证明　见附录4. A.

注释2：

因为缓存容量有限且在隐层采用了 Sigmoid 函数，条件方程(4-14) ~ 方程(4-16)很容易成立。

注释3：

该定理说明采用方程(4-12)和方程(4-13)给出的参数更新，若按方程(4-14)到方程(4-16)来选取设计参数，则缓存占用估计误差和权重估计误差收敛到一个小的子集。因为缓存占用估计误差的有界性意味着业务累积误差的有界性，因此交换机中的业务累积得以精确估计。

注释4：

网络业务模型误差界 ε_N 和扰动界 d_M 以令人感兴趣的方式增大了缓存占用估计误差的界。

注释5：

自适应增益 α 大则使得缓存占用估计误差变小，但权重估计误差变大，这导致业务累积估计不准确。相反地，自适应增益 α 小则导致缓存占用估计误差大和权重估计误差小。

在下一节中，采用业务累积估计来获得当前带宽的使用情况和所有类型业务未来带宽的需求。最后，推导出下一个测量期间满足对所有类型业务估计的业务量及目标 QoS 要求的总带宽需求。同时，利用总带宽和实际可用带宽得到可用带宽并公平分配给信源。

4.4　带宽估计、分配和可用容量确定

假设所有分组在固定时间间隔内传输到缓存，考虑新的测量期间开始时新的总带宽分配。若可知下一测量期间业务累积，则满足分组/信元丢失要求所需的额外带宽可以确定为

$$\Delta Bw(k) = \frac{(\hat{f}(x(k)) - \hat{f}(x(k-1)))}{T} \qquad (4\text{-}18)$$

式中，$\Delta Bw(k)$ 是处理新数据需要的额外带宽；$\hat{f}(x(k))$ 和 $\hat{f}(x(k-1))$ 分别是 k 和 $k-1$ 时刻的业务估值。进一步，下面方程与满足目标 CLR 所需的额外带宽相关：

$$\Delta Bw(k) = \frac{实际信元丢失}{TCLR * T} \qquad (4\text{-}19)$$

式中，$TCLR$ 是目标或希望的分组/信元丢失率。为保证有足够的带宽进行分配以满足下一测量期间的时延要求，满足时延要求的带宽为

$$\Delta Bw(k) = \frac{x(k)}{\tau} \tag{4-20}$$

式中，$x(k)$ 是当前缓存占用；τ 是目的分组传输时延。

方程(4-18)给出了传输在入口交换机缓存中排队的数据到其目的节点所需分配的额外带宽。通常，用整个传输时间的百分比来表示目的时延。利用方程(4-18)到方程(4-20)，可以得到满足下一测量期间累积的业务、CLR 和时延限制的额外带宽为

$$\Delta Bw(k) = \max\left(\frac{\Delta \hat{f}(x(k))}{T}, \frac{实际信元丢失}{TCLR * T}\right) + \frac{x(k)}{\tau} \tag{4-21}$$

式中，$\Delta \hat{f}(x(k)) = \hat{f}(x(k)) - \hat{f}(x(k-1))$，是测量期间的业务累积。下一测量期间所有已接入信源所需要的带宽为

$$Bw(k+1) = Bw(k) + \Delta Bw(k) \tag{4-22}$$

式中，$Bw(k+1)$ 和 $Bw(k)$ 分别是 $k+1$ 和 k 时刻的带宽。方程(4-22)决定了分配给传输业务到入口节点/交换机的信源的带宽，假设入口交换机链路的带宽满足最大可用容量要求。若 $Bw(k+1)$ 超过输出链路的最大容量 S_{max}，则可用带宽设置为 S_{max}。否则，由方程(4-22)计算得到带宽。

在已有文献中，为使得短期丢失最小，所有信源的带宽根据预先确定的特设因子进行调节，其相应算法称为超额分配算法。这里，因子$(0.8 < \rho < 1)$根据尝试法来选取，且 k 时刻所需带宽的计算用 $\dfrac{Bw(k)}{\rho}$ 来代替 $Bw(k)$。若选择超额分配因子不够合适，将浪费带宽。在已有文献中，PBR/PCR 用于为音频和视频业务预留带宽以使得时延最小，因为它们属于实时信源。然而，对于给定的信源以 PBR/PCR 分配带宽，将导致带宽和可用资源的浪费从而降低了网络利用率，因为 PBR 可能不能很好地表示信源分组的到达率。为说明我们的方案优于 PCR 和超额分配方案，我们提出在线带宽估计方案并和其他方案进行对比。

对于单个信源传输分组到网络交换机的情况，下一测量期间所需带宽由方程(4-22)计算得到。另一方面，若某一类业务的多个信源在入口节点/交换机发送分组，出口链路的带宽必须在所有信源中公平分享。在已有文献中该问题被称作带宽分配(Fahmy et al. 1998)。在任意 k 时刻，带宽在 n 个信源中的公平共享表示为

$$Bw_i(k) = \frac{PCR_i}{\sum\limits_{i=1}^{n} PCR_i} Bw(k) \tag{4-23}$$

或

$$Bw_i(k) = \frac{MCR_i}{\sum\limits_{i=1}^{n} MCR_i} Bw(k) \tag{4-24}$$

或

$$Bw_i(k) = \frac{In_i(k)}{\sum\limits_{i=1}^{n} In_i(k)} Bw(k) \tag{4-25}$$

式中，PCR_i，MCR_i 和 $In_i(k)$ 分别是信源 i 的 PCR、平均信元速率和当前速率。相比而言，公平性测度可用于带宽分配。

4.5　接入允许控制

在保持 QoS 的同时，可用容量（带宽）、拥塞指示和可用缓存被用来决定是否接入新的信源。图 4-4 给出了多媒体高速网络中的接入允许控制（Admission Control，AC）及其周边方案。该 AC 采用了多个参数作为输入，包括可用容量，可用资源估计，拥塞指示，目的分组/信元丢失率，而输出的则是接收或拒绝新信源的决定信号。可用容量通过将物理链路上最大可用容量减去所有已接入信源当前使用的带宽计算得到。

$$可用容量 = S_{max} - \sum\limits_{i=1}^{n} Bw_i(k) \tag{4-26}$$

式中，n 是已接入信源数目。该可用容量假设用于接入新信源。其他呼叫接入允许控制采用基于等效容量的算法。基于等效容量的算法将新信源的业务特性（通常用三个参数描述：PBR/PCR，MBR/MCR 和峰值分组/信源持续期）转换为统一的测度，即等效带宽（equivalent bandwidth），以减小控制机制对业务类型的依赖。但是，转换要么基于统计关系，要么基于仿真曲线。

基于已接入业务突发情况，拥塞指示器观察传输链路上的拥塞情况，避免在接入新信源时发生拥塞。CLR 是由系统提供的系统性能的反馈，可用于实现一个闭环控制系统，该系统可以自我调节实现稳定和健壮的工作。而且，将可用缓存空间大小作为控制器的输入，其计算为

$$可用网络资源 = \varphi_{max} - \sum\limits_{i=1}^{n} x_i(k) \tag{4-27}$$

网络资源估计器一直跟踪每一个节点/交换矩阵上的可用缓存空间。当带有具体带宽说明的新信源将被接入时，则更新可用缓存空间，即将可用网络资源减去分配给新接入信源的缓存。相反地，当已接入信源停止传输，该信源使用的资源此时可供其他信源分享，并因此更新可用网络资源。

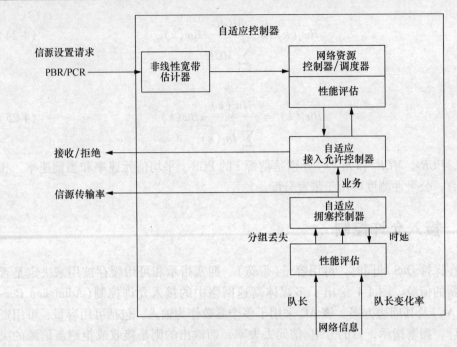

图 4-4　自适应接入允许控制器

AC 的周边方案包括拥塞控制器（Jagannathan 2006，Jagannathan and Talluri 2002），和方程(4-2)到方程(4-4)给出的带宽估计器，以及网络资源估计器。拥塞控制器根据系统状态的测量生成拥塞指示，系统状态包括出口节点的排队长度值 $q(k)$ 和其以前的值，CLR 和往返时延。这里采用 Jagannathan and Talluri(2002) 中研究的预测拥塞控制器，但可以采用包括缓存阈值法在内的任何其他的拥塞控制器。设置拥塞指示标志的条件是，前若干个缓存占用达到约 90%，队长变化率为正数且较大，往返时延较大以及 CLR 持续发生。这些参数值需要通过仔细分析来获得。换句话说，

若$((q(k)) > 90\%)$和$(q(k-1) > 90\%)$和$(\mathrm{RTT} > 2\mathrm{RTT}_{\min}))$ 则

拥塞标志 = 真，否则为假　　　　　　　　　(4-28)

带宽估计器得到必须分配给下一测量期间的当前带宽的精确估计。开始时，新信源只要求告知其预期的 PBR/PCR，而其他方案除此之外，还要求平均比特/信元速率(Mean Bit/Cell Rate，MBR/MCR)、突发度、时延和分组/信元数目。所有接入的新信源被分配一个等于 PBR/PCR 的初始带宽。从新信源接入网络后的下一个测量期间起，用方程(4-22)计算得到分配给该新信源的带宽。

因此，本章提出的方法具有更好的自适应能力，并且能确保 QoS 性能和网络利用率等性能。因此，为使得所提出的接入允许控制器实现起来更加简单和容易，

接入规则如下：

若（拥塞标志为真）和（可用容量 > PCR）和

（可用网络资源 > 10%），则接入信源"i"；否则拒绝。　　　　(4-29)

被拒绝后，信源返回等待状态，等待时间通常很小。在进入等待状态后，信源允许再次发送接入网络的请求。在每一个测量期间，拥塞控制器确定所有信源的传输速率以满足 QoS 要求。这里，拥塞控制器工作在分组层，而接入允许控制器工作在信源层。这两个控制器工作在两个时间标度上，因此它们之间的相互关系需要仔细研究以避免任何不稳定和性能下降。这里，我们提出一种混合系统理论方法以达到整体网络稳定。

由于分组在离散时间间隔达到，分组在网络中的传输被建模为持续液体流过程；终端系统之间的通信通过消息进行，其为离散事件系统；因此需要采用混合系统理论分析拥塞和接入允许控制方案的稳定性。在所提方案中，接入允许控制器的设计表示为基于矩阵的离散事件（Discrete-Event，DE）控制器，给出了 DE 系统一个严谨的分析框架，包括系统结构、协议和整体稳定性。它通过以下方程来描述，其中 k 代表第 k 个事件，$z(k)$ 为接入允许控制器的状态（$\bar{z}(k)$ 是 $z(k)$ 的负），表示如下：

$$\bar{z}(k+1) = J_s\,\bar{v}_s(k) + J_r\,\bar{v}_r(k) + J_c\,\bar{v}_c(k) + J_u\,\bar{u}_s(k) \tag{4-30}$$

其中

$$v_s = S_s z(k)$$
$$v_r = S_r z(k) \tag{4-31}$$
$$v_c = S_c z(k)$$

任务完成方程为

$$y(k) = S_y z(k) \tag{4-32}$$

方程(4-30)~方程(4-32)为逻辑方程。输入 $\bar{u}_s(k)$ 表示等待接入的信源，y 表示结束传输的信源。控制器状态方程(4-30)为一规则集，因此其通常为一规则库。系数矩阵 J_s、J_r、J_c 和 J_u 是指可用带宽，可用资源，拥塞预测和接入请求矩阵。这些矩阵为稀疏矩阵，对于大型互联的 DE 系统其容易实时计算。规则可以应用高效的 Rete 算法来启动。方程(4-30)中的横杠表示逻辑负（例如完成传输的信源用'0'来表示）。矩阵 S_s，S_r，S_c 是带宽、资源释放和拥塞预测矩阵，而 S_y 代表信源完成矩阵。最后，所有矩阵操作被定义为'max-min（取最大-最小值）'，'or（或）'和'and（与）'代数。这些矩阵基于网络的初始状态产生并更新，限于篇幅这里不做详细讨论。

一旦接入允许控制器用状态方程(4-30)来表示，其性能和整体稳定性可以连同拥塞控制器用混合系统理论来分析。这里，将用到非平滑李雅普诺夫函数，以及由方程(4-30)定义的系统轨迹。连续状态空间 $X \subseteq \mathcal{R}^n$ 被分为有限个连接的开区域

Ω_q，其中 $X = U_q \Omega_q$，$q \in Q = N$。注意到并不要求区域 Ω_q 是不相交的。每个区域中的控制器 u 可以采用任意技术来设计。假设对所有 $q \in Q$，控制器只能在区域 Ω_q 中得到满意的性能。当每一个闭环系统都稳定时，则对于所有的 $x \in \Omega_q$，$x(k+1) = f(x(k), u(k))$ 稳定，在 Ω_q 上存在一个标准的李雅普诺夫函数 $V_q(x, t)$：$X \times \mathcal{R} \to \mathcal{R}^-$。这些李雅普诺夫函数可以组合得到一个非平滑的李雅普诺夫函数，全局性表示混合系统的动态变化。这里，拥塞控制器连同方程(4-27)成为一个局部控制规则，且这些规则用于接入允许控制来切换控制器。

定义 4.5.1(ANTSAKLIS ET AL. 1995，RAMADGE AND WONHAM1989)

假设非平滑李雅普诺夫函数 $V(x(k), k)$ 在区间 $k \in [k_0, \infty)$ 上左连续，且当切换发生时在区间 (t_0, ∞) 中除了集合 $T_s = \{k_0, k_1, \cdots,\}$ 点之外可微，则限制条件 $\Delta V < 0$ 可以被更强的条件即非增条件代替。

$$V(x(k_i), k_i) < V(x(k_j), k_j) \quad 若 k_i > k_j \tag{4-33}$$

定理 4.5.1(接入允许控制方案的稳定性)

假设混合系统 H 的动态特性由方程(4-1)和方程(4-30)描述，若针对缓存变化采用方程 4-6(Jagannathan 2002)给出的控制器以及方程(4-31)给出的控制器进行拥塞控制，并且每一个区域的李雅普诺夫函数在边界 Ω_q 上具有相同值，则混合系统离散状态空间的原点是渐进稳定的。

下一节给出详细的仿真结果。

4.6　仿真结果

本节讨论测试所提算法性能的仿真中用到的网络模型，参数和常数。同时讨论仿真中使用的业务信源，并对结果进行解释说明。在我们的接入允许控制的例子中，信源选用了语音(ON/OFF)和视频(MPEG)数据，且两者相互独立。我们采用固定长度为 53 字节的分组，且称之为信元。

4.6.1　自适应估计器模型

作为近似和计算的折中，将当前时间以前的 6 个缓存占用的值作为 NN 的输入。用到以前缓存占用值的数目越多，近似的效果越好，但计算量越大，其结果不仅导致了网络交换机的时延，同时也浪费了网络资源。因为在交换机中 ARMAX 模型的输入数为 6 且输出为单个值，对交换机而言，参数矢量 $\hat{W}(k)$ 为 6×1 的矢量。回归矢量 $\phi(.)$ 则将包含当前和过去缓存占用的值。初始调整增益 α 取值为 0.1，并采用投影算法进行更新，即 $\alpha(k) = \dfrac{0.1}{(0.1 + \phi(x(k))^T \phi(x(k)))}$。两个交换机的缓存占用起始时设为零。每个交换机的起始参数估值选择为 $\hat{\theta}(1) =$ $[0\,0\,0\,0\,0\,0]^T$。然而，这些参数可以选择任意起始值。仿真中将用到这里推导的参数调整更新方法。下面讨论仿真中用的网络模型和业务信源。

4.6.2 网络模型

用于仿真的网络模型与图 4-1 和图 4-2 中的相似。在每一个仿真中，入口节点/交换机中的缓存长度 x_d 选择为 10 个信元，然后变化最大可到 350 个信元。当 $x(k) > x_d$ 时，定义信元丢失 $c(k)$ 为 $x(k) - x_d$。定义 CLR 为在信宿由于缓存溢出丢弃的信元总数除以传输的信元总数。目标信元传输时延为信源从开始到完成传输的整个时间。定义传输时延为 $T_a - T_i$，其中 T_i 为预计的传输时间，T_a 是整个实际需要的数据传输时间。若信源在其预计时间之前传输数据，则得到负值，表示信源在其目标时间之前完成了传输。另一方面，若遇到时延，则通常为正值，意味着信源花费了比预计更长的时间。

在仿真中，考虑两个交换机相连的情况。假设交换机 1 传输 4 个 MPEG 信源。交换机 1 的输出与交换机 2 相连。另外，交换机 2 也允许接入 4 个 MPEG 信源。假设起始时两个交换机的物理可用带宽等于所有信源的 PCR。4 个信源被接入到交换机 1，4 个接入到交换机 2。除此之外，在 3000 单位时间时，交换机 1 允许接入到交换机 2。

4 个信源的 PCR 在交换机 1 中合起来为 13200 信元/s，3 个接入的 MPEG 信源的 PCR 分别为 9150，9100 和 9040 信元/s，两个 ON/OFF 信源分别为 4800 和 4800。交换机 1 接入到交换机 2 的数据的 PCR 为 137000 信元/s。在这种情况下，两个交换矩阵被看作入口节点，如图 4-2b 所示，但交换机 2 被看作经过交换机 1 传输业务的信源的出口节点。每隔 500 帧时间检测一次接入允许条件，若条件满足则信源立刻被接入，否则被拒绝。

4.6.3 业务信源

多 ON/OFF 信源：仿真中每个信源发送 1800ms 的 ON/OFF 数据。若可用带宽等于 PCR，则目标传输时延定义为整个数据传输时间的 1%。这个时延值为 18ms（1800 的 1%），并将其作为目标信元传输时延的要求。ON/OFF 数据信源的 PCR 分别给定为 12000，11000，10000 和 9000 信元/s，所有信源合起来的 PCR 为 42000 信元/s，MCR 为 38000 信元/s。仿真过程中一个测量间隔为 1ms。

MPEG 信源：在高速网络如 ATM 和 Internet 中，实时视频应用将成为主要的业务信源。运动图像专家组(Moving Picture Expert Group，MPEG) 是这些应用最有前途的帧间压缩技术(Lakshman et al. 1999)。因此，关键的是有效地实现通过网络传输 MPEG 视频，而我们的方案利用了 MPEG 视频具有灵活性的优点。

仿真中用的 MPEG 数据集来源于 Bellcore ftp 网站（Jagannathan and Talluri 2002）。该数据集采自于电影星球大战。电影长约 2 小时，包含了从低复杂场景到高速运动场景等多种情况。数据集有 174138 种模式，每种模式代表了在一帧时间 F 中产生的 bit 数。在视频中每秒编码 24 帧，所以 F 等于 1/24s。视频的 PBR 为 185267 比特/帧，平均比特率为 15611bit/帧，且比特率的标准离差约为 18157。我们在仿真中使用了 4000 帧。

目标传输时延定义为若带宽等于 PCR 时整个数据传输时间的 0.1%。具体数值为 167ms（167s 的 0.1%），并作为目标信元传输时延。MPEG 数据信源的 PCR 分别给定为 9154，6106，6237 和 4384 信元/s。且所有信源合起来的 PCR 为 13248 信元/s，以及 MCR 为 3444 信元/s。仿真中对于 VBR 信源，一个测量期间为 1/24s，等于 1 帧的时间。

4.6.4　仿真举例

请注意我们的目的是说明，对于音频（ON/OFF）和高突发性视频（MPEG data）流应用，在满足 QoS 和输出链路 PCR 限制的前提下，带宽估计分配方案和接入允许控制方案的性能。输出链路上的物理可用带宽取值为所有信源合起来的 PCR，单个信源的 PCR 用来说明需要精确带宽估计的方案。

三种方法用来对比各自的带宽估计，可用容量和接入允许控制的性能。第一种方法采用信源的 PCR 分配带宽。第二种方法采用自适应两级 NN 算法来估计业务并计算可用容量。采用过度分配的 NN 方法时，过度分配因子 ρ 取值为 0.95 且带宽的分配为 $\dfrac{Bw(k)}{\rho}$，以取代第二种方法中的 $Bw(k)$。

在仿真例子中，为了方便和易读，对带宽误差应用了指数加权移动平均（Exponential Weight Moving Average，EWMA）滤波器。EWMA 滤波器在数学上可以表示为

$$EWMA(k+1) = \tau EWMA(k) + (1-\tau) * b(k) \tag{4-34}$$

式中，$EWMA(k)$ 是 k 时刻 $b(k)$ 的滤波输出值；τ 是滤波器常数，且 $0 < \tau < 1$；$b(k)$ 是带宽估计或带宽分配误差。这里，τ 取值为 0.99。请注意正误差值表示没有足够的带宽被分配（带宽没有被准确估计），而负误差值意味分配的带宽没有被完全利用。

图 4-5 所示为当物理可用带宽等于所有信源的 PCR 时接入到交换机 1 的信源数目。此时，所有接入的信源都没有服务时延和传输时延，以及分组丢失。图 4-6 所示为交换机 2 相应的曲线。带宽估计算法和基于 NN 的 AC 用于接入业务。图 4-7 和图 4-8 所示为交换机中的带宽预测误差。当物理可用带宽等于所有信源的 PCR 时，则不论采用哪种方法所有信源均被接入。然而，当采用基于 PCR 的方案时，

大量带宽被浪费了。虽然观测到两种方案的预测误差相差很小，过度分配因子的选择采用了尝试法，而 NN 方案的误差更小。

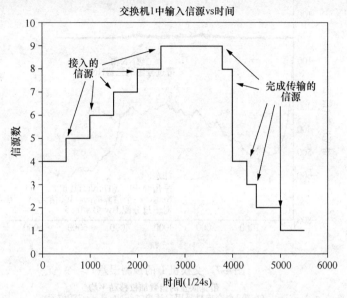

图 4-5　交换机 1 中接入的信源（物理可用带宽
等于所有信源的峰值码率）

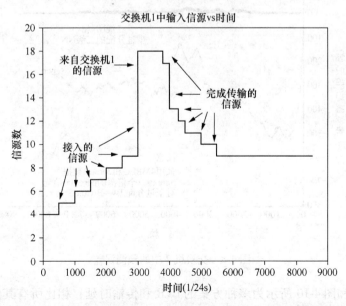

图 4-6　交换机 2 中接入的信源（物理可用带宽
等于所有信源的峰值码率）

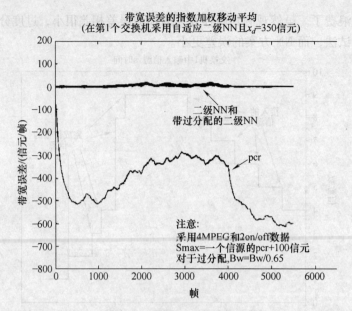

图 4-7　交换机 1 的预测误差

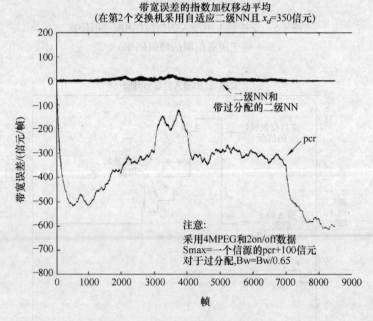

图 4-8　交换机 2 中的预测误差

图 4-9 和图 4-10 所示为多种方案的 CLR 和传输时延，相比所有其他方案，PCR 方法的 CLR 和时延很小。虽然两级 NN 方法得到的 CLR 和时延略高于 PCR，但它满足目标 QoS 要求。

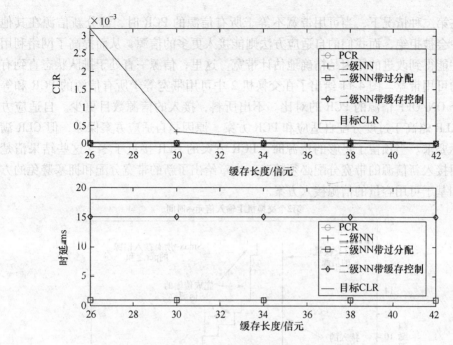

图 4-9　交换机 1 中预测误差的方案对比，其中当采用
峰值码率时分组丢失率和时延很小

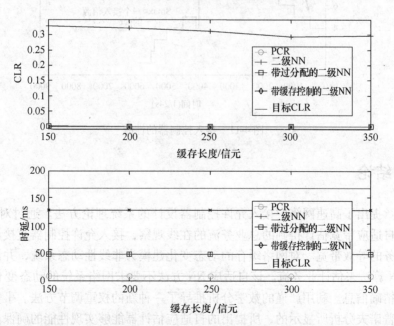

图 4-10　交换机 2 中预测误差的方案对比，其中当采用
峰值码率时分组丢失率和时延很小

在第二种情况下，当可用带宽不等于所有信源的 PCR 时，部分新信源在其他方法中会被拒绝，而我们的自适应方法则能接入更多的信源，从而提高了网络利用率。性能得到改进的原因是精确地估计带宽。这里，信源一直处于排队状态直到有足够的可用带宽。图 4-11 给出了在交换机 2 中可用带宽等于所有信源的 PCR 和等于一个 ON/OFF 信源的 PCR 的对比。不出所料，接入的信源数目更少。自适应方案的 CLR 略高于过度分配自适应和 PCR 方案，原因是自适应方案保守，但 CLR 满足目标要求。当预留了足够的资源时，PCR 方案的 CLR 接近于零。这些结果清楚地说明接入新信源的带宽分配必须精确。本章给出了新的带宽分配和拥塞避免的方案，和基于可用容量的信源接入方案。

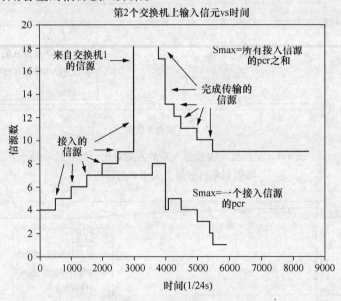

图 4-11　接入控制器的性能

4.7　结论

本章提出了高速网络中接入允许控制器设计的系统理论方法。通过对基于 NN 的在线自适应带宽估计得到的总业务流的在线观察，接入允许控制器直接计算支持每类业务的等效带宽。对网络缓存的动态变化建模为非线性动态系统，并设计了自适应 NN 算法来估计业务流。该自适应 NN 方法不要求网络系统的动态变化或业务速率的精确信息。利用严谨的数学分析推导了一种新的权重调节方法。事实上，如同李雅普诺夫分析所显示的，所提出的自适应估计器能够实现性能的确保。

随后，在给定实际的信元丢失、时延和业务流估值的情况下，估计了满足 QoS 要求的带宽，并推导了可用容量。这些信息连同被接入信源的 PCR、预测性拥塞指示以及所期望的 QoS 要求，一起用于构成自适应接入允许控制器。接入允许控制器通过"min（最小）"-"max（最大）"代数表示为离散事件状态方程，接入允许控制器以及缓存的动态变化被表示为一个混合系统。由于接入允许控制器进行缓存的切换操作，所以利用非平滑李雅普诺夫函数证明了该混合系统的稳定性。拥塞控制和接入允许控制器工作在两个不同的时标下。

我们给出了一系列评估所提接入允许控制器对于 ON/OFF 和突发 MPEG 数据性能的结果。由这些结果可以归纳得到，自适应方法可以得到所需带宽的精确估计和满足 QoS 要求所需分配给信源的带宽。精确的在线带宽估计以及接入允许控制将提高网络利用率。

参 考 文 献

Antsaklis, P. J. , Kohn, W. , Nerode, A. , and Sastry, S. , Lecture Notes in Computer Science: Hybrid Systems II, New York, Springer-Verlag, Vol. 99, 1995.

Bae, J. J. and Suda, T. , Survey of traffic control schemes and protocols in ATM networks, *Proceedings of the IEEE*, Vol. 79, No. 2, February 1991, pp. 170-189.

Chen, B. , Zhang, Y. , Yen, J. , and Zhao, W. , Fuzzy adaptive connection admission control for real-time applications in ATM-based heterogeneous networks, *Journal of Intelligent and Fuzzy Systems*, Vol. 7, No. 2, 1999.

Cheng, R. -G. , Chang, C. -J. , and Lin, L. -F. , A QoS-provisioning neural fuzzy connection admission controller for multimedia high-speed networks, *IEEE/ACM Transaction on Networking*, Vol. 7, No. 1, 111-121, 1999.

Dziong, Z. , Juda, M. , and Mason, L. G. , A framework for bandwidth management in ATM networks—aggregate equivalent bandwidth estimation approach, *IEEE/ACM Transactions on Networking*, Vol. 5, No. 1, 134-147, February 1997.

Fahmy, S. , Jain, R. , Kalyanaraman, S. , Goyal, R. , Vandalore, B. , On determining the fair bandwidth share for ABR connections in ATM networks, *Proceedings of the IEEE on Communications*, Vol. 3, 1998, pp. 1485-1491.

Gurin, R. , Ahmadi, H. , and Naghshineh, M. , Equivalent capacity and its application to bandwidth allocation in high-speed networks, *IEEE Journal on Selected Areas in Communications*, Vol. 9, No. 7, 968-981, September 1991.

Jagannathan, S. and Talluri, J. , Adaptive predictive congestion control of high speed networks, *IEEE Transactions on Broadcasting*, Vol. 48, No. 2, 129-139, June 2002.

Jagannathan, S. , Admission control design for high speed networks: a hybrid system approach, *Journal of High Speed Networks*, Vol. 14, 263-281, 2005.

Jagannathan, S. , *Neural Network Control of Nonlinear Discrete-Time Systems*, Taylor and Francis (CRC), Boca Raton, FL, 2006.

Jain, R. , Congestion control and traffic management in ATM networks: recent advances and a survey, *Computer Networks and ISDN Systems*, Vol. 28, 1723-1738, 1996.

Jamin, S., Danzig, P. B., Shenker, S. J., Zhang, L., A measurement-based admission control algorithm for integrated service packet networks, *IEEE/ACM Transactions on Networking*, Vol. 5, No. 1, February 1997.

Lakshman, T. V., Mishra, P. P., and Ramakrishan, K. K., Transporting compressed video over ATM networks with explicit-rate feedback control, *IEEE/ACM Transactions on Networking*, Vol. 7, No. 5, October 1999.

Liew, S. and Yin, D. C., A control-theoretic approach to adopting VBR compressed video for transport over a CBR communications channel, *IEEE/ACM Transactions on Networking*, Vol. 6, No. 1, 42-55, February 1998.

Peng, M., Jagannathan, S., and Subramanya, S., End to end congestion control of multimedia high speed Internet, *Journal of High Speed Networks*, to appear in 2006.

Ramadge, P. J. and Wonham, W. M., The control of discrete event systems, *Proceedings of the IEEE*, Vol. 77, No. 1, 1989, pp. 81-89.

习题

4.5 节

习题 4.5.1：收敛性分析。利用李雅普诺夫稳定性分析，证明所提出的接入允许控制方案的稳定性。

4.6 节

习题 4.6.1：性能评估。比较利用李雅普诺夫稳定性研究得到的接入允许控制器和传统的基于规则的控制器的性能。

习题 4.6.2：性能评估。利用 MPEG 业务评估利用李雅普诺夫稳定性研究得到的接入允许控制器对于第 3 章中给出的端到端网络的性能。

附录 4. A

证明　定义李雅普诺夫函数

$$J = e^T(k)e(k) + \frac{1}{\alpha_1}tr[\,\tilde{V}^T(k)\tilde{V}(k)\,] + \frac{1}{\alpha_2}tr[\,\tilde{W}^T(k)\tilde{W}(k)\,] \qquad (4\text{-}A\text{-}1)$$

则一阶差分为

$$\Delta J = \Delta J_1 + \Delta J_2 \qquad (4\text{-}A\text{-}2)$$

$$\Delta J_1 = e^T(k+1)e(k+1) - e^T(k)e(k) \qquad (4\text{-}A\text{-}3)$$

$$\Delta J_2 = \frac{1}{\alpha_2}tr[\,\tilde{W}^T(k+1)\tilde{W}(k+1) - \tilde{W}^T(k)\tilde{W}(k)\,]$$

$$+ \frac{1}{\alpha_1}tr[\,\tilde{V}^T(k+1)\tilde{V}(k+1) - \tilde{V}^T(k)\tilde{V}(k)\,] \qquad (4\text{-}A\text{-}4)$$

考虑输入和隐层权重更新方程(4-13)，且将其应用于方程(4-A-4)，结合方程(4-A-3)，得到：

$$\Delta J \leqslant -(1 - \alpha_2 \hat{\varphi}_2^T(k) \hat{\varphi}_2(k)) \times \left[e(k) - \frac{\alpha_2 \hat{\varphi}_2^T(k) \hat{\varphi}_2(k) \delta(k)}{1 - \alpha_2 \hat{\varphi}_2^T(k) \hat{\varphi}_2(k)} \right]^T$$

$$\times \left[e(k) - \frac{\alpha_2 \hat{\varphi}_2^T(k) \hat{\varphi}_2(k) \delta(k)}{1 - \alpha_2 \hat{\varphi}_2^T(k) \hat{\varphi}_2(k)} \right] - \| e(k) \|^2 - (2 - \alpha_1 \hat{\varphi}_1^T(k) \hat{\varphi}_1(k))$$

$$\times \left\| \hat{W}^T(k) \hat{W}(k) - \frac{(1 - \alpha_1 \hat{\varphi}_1^T(k) \hat{\varphi}_1(k))}{2 - \alpha_1 \hat{\varphi}_1^T(k) \hat{\varphi}_1(k)} (W^T \hat{\varphi}_1(k) + B_1 e(k)) \right\|^2$$

$$+ 2 \| e(k) \| \times \frac{k_1 \phi_{1max} W_{1max}}{(2 - \alpha_1 \phi_{1max}^2)} + \frac{\delta_{max}^2}{(1 - \alpha_2 \phi_{2max}^2)} + \frac{W_{1max}^2 \phi_{1max}^2}{(2 - \alpha_1 \phi_{1max}^2)} \qquad (4\text{-}A\text{-}5)$$

其中

$$\delta_{max} = W_{2max} \tilde{\varphi}_{2max} + \varepsilon_{N_{max}} + d_M \qquad (4\text{-}A\text{-}6)$$

$$\Delta J \leqslant -(1 - C_0) \times \left[\| e(k) \|^2 - 2 \frac{C_1}{(1 - C_0)} \| e(k) \| - \frac{C_2}{(1 - C_0)} \right]$$

$$- [1 - \alpha_2 \hat{\varphi}_2^T(k) \hat{\varphi}_2(k)] \left\| e(k) - \frac{\alpha_2 \hat{\varphi}_2^T(k) \hat{\varphi}_2(k) \delta(k)}{1 - \alpha_2 \hat{\varphi}_2^T(k) \hat{\varphi}_2(k)} \right\|^2$$

$$- (2 - \alpha_1 \hat{\varphi}_1^T(k) \hat{\varphi}_1(k)) \left\| \hat{W}^T(k) \hat{W}(k) \right.$$

$$\left. - \frac{1 - \alpha_1 \hat{\varphi}_1^T(k) \hat{\varphi}_1(k)}{2 - \alpha_1 \hat{\varphi}_1^T(k) \hat{\varphi}_1(k)} (W^T(k) \hat{\varphi}_1^T(k) + B_1 e(k)) \right\|^2 \qquad (4\text{-}A\text{-}7)$$

其中

$$C_1 = \frac{k_1 \phi_{1max} W_{1max}}{(2 - \alpha_1 \phi_{1max}^2)} \qquad (4\text{-}A\text{-}8)$$

和

$$C_2 = \left[\frac{\delta_{max}^2}{(1 - \alpha_2 \phi_{2max}^2)} + \frac{W_{1max}^2 \phi_{1max}^2}{(2 - \alpha_1 \phi_{1max}^2)} \right] \qquad (4\text{-}A\text{-}9)$$

因为 C_0、C_1 和 C_2 为正的常数，则 $\Delta J \leqslant 0$ 只要

$$\| e(k) \| > \frac{1}{(1 - C_0)} \left(C_1 + \sqrt{C_1^2 + C_2(1 - C_0)} \right) \qquad (4\text{-}A\text{-}10)$$

一般地，$\Delta J \leqslant 0$ 位于紧致集合，只要方程(4-14)~方程(4-16)得到满足，且方程(4-A-10)成立。根据标准李雅普诺夫扩展理论(Jagannathan 2006)，这说明信元丢失和权重估计误差为 UUB。为说明权重有界，考虑与权重估计误差相关的动态变化，表示如下：

$$\tilde{W}(k+1) = (1 - \alpha_2 \varphi_2(x(k)) \varphi_2(x(k))^T) \tilde{W}(k) + e^T(k) k_v^T B_1^T \quad (4\text{-}A\text{-}11)$$

$$\tilde{V}(k+1) = (1 - \alpha_1 \varphi_1(x(k)) \varphi_1(x(k))^T) \tilde{V}(k) + e^T(k) k_v^T B_1^T \quad (4\text{-}A\text{-}12)$$

其中缓存占用估计误差被认为是有界的。应用持续激励条件(Jagannathan 2006)并注意到网络模型误差和扰动有界，$\tilde{W}(k)$ 和 $\tilde{V}(k)$ 有界意味着权重估计 $\hat{W}(k)$ 和 $\hat{V}(k)$ 有界。

第 5 章　无线蜂窝和对等网络
分布式功率控制

在许多情况下，无线 Ad Hoc 和传感器网络的数据是以通过蜂窝基础设施或有线网络例如 Internet 作为路由经过的网络来传输的。为满足服务质量(Quality of Service，QoS)，无线网络和有线网络都必须提供性能的确保。前一章仅讨论了有线网络中的接入允许控制器的设计以满足所期望的 QoS 等级。在这一章，我们通过探讨发射功率、动态链路保护以及接入允许控制器设计问题，来处理无线蜂窝网络中的 QoS 性能。对于无线网络，除了吞吐量，分组丢失和端到端时延的确保外，能量的有效性是另一个 QoS 性能的测度。能量有效性在某种程度上可通过控制发射机的功率来获得，这便是本章的主题。

无线通信与流行的基于 IP 的多媒体应用融合取得的巨大的商业成功成为下一代无线通信(3G/4G)演进的主要推动力量，其中进入无线网络的数据、语音和视频要求不同的 QoS。在现代无线网络中，发射机的分布式功率控制(Distributed Power Control，DPC)使得相互干扰的通信能够共享同一个信道而获得所要求的 QoS 等级。而且不像有线网络，无线网络的信道条件将影响网络容量和 QoS。因此，任何无线网络的功率控制方案都必须结合信道的时变特性。

已有的功率控制方案(Bambos 1998，Bambos et al. 2000，Zander 1992，Grandhi 1994，Foschini and Miljanic 1993)在抑制路径损耗和小幅度的用户干扰方面具有成效，但是在排除信道的不确定性(对瑞利衰落信道附加高斯白噪声)，在处理由高误码率(Bit Error Rate，BER)引起的大干扰方面效果有限，即使是采用大功率发射信号。在信道状态大范围波动的情况下，确保 QoS 的新方案需要在优化发射功率以及处理能量与时延关系的同时，利用精确的信道状态信息，排除不确定性(瑞利衰落信道)和克服干扰(路径损耗，干扰)来路由数据和控制分组。本章首先采用线性系统理论解析地描述蜂窝网中用户之间的干扰问题。注意到如同在其他应用领域一样，优先考虑的方法是状态空间建模和控制器设计。状态空间和最佳方案(Jagannathan et al. 2002，Dontula and Jagannathan 2004)最初研究用于路径损耗不确定时控制发射功率。随后，在所提出的功率控制方案中(Jagannathan et al. 2006)采用信道状态估计器，使得接收机能够给出合适的发射机的功率，以适应缓慢变化的信道状态。

5.1　引言

控制发射功率使得在信道中建立通信链路能以最小的功率获得满足 QoS 等级所需的信干比（Signal-to-Interference Ratios，SIR）。通过信道复用适当降低干扰并迅速提高网络容量。过去对于功率控制的研究（Aein 1973，Alavi and Nettleton 1982）集中于采用集中式控制来平衡所有无线链路的 SIR。后来，研究了分布式 SIR 平衡方案（Zander 1992，Grandhi et al. 1994）来维护每条链路的 QoS。在动态环境中，维持和确保 QoS 是极其困难的，因为维持所有已建立的链路的 QoS 可能会要求去除某些活动链路，选择性接入新链路，以及/或者提供不同的 QoS 服务。早期在蜂窝网络中研究的功率控制协议被扩展应用到 Ad Hoc 网络。

Mitra（1993）提出了分布式异步在线功率控制方案，在几何收敛的同时，该方案能够结合用户所要求的 SIR 得到最小发射功率。但是，当新用户试图访问信道时，所有已接入用户的 SIR 可能降低到阈值以下，导致在线呼叫的无意丢弃（Hanly 1996）。在 Jantti and Kim（2000）的研究中提出的一种二阶功率控制方案，应用当前和以前功率的值来确定发射机发射下一个分组的功率。该方案应用连续过松弛方法，收敛很快，但由于测量误差和环路延时的原因，功率的控制性能会受到不利影响。在 Bambos et al.（2000）开创性的研究中，提出了一种带有接入允许控制的 DPC 方案。在 Wu（2000）中提出了一种类似于 Bambos et al.（2000）的具有不同 SIR 阈值的最佳发射功率方案。该 DPC 方案能够将非活动链路结合到活动链路的保护机制中。正如本章所说明的，在高动态无线环境下，功率更新方案的收敛性（Bambos et al. 2000，Wu 2000）和链路接入处理是一个问题。这里将说明状态空间和最佳方案（Jagannathan et al. 2002）能在保证链路功率最小的同时，显著地增加接入的链路数量（Dontula and Jagannathan 2004）。

本章讨论了一种设计 DPC 的网络方法（Dontula and Jagannathan 2004），其中接入允许控制问题最初是对等网络的中心问题。对于新链路访问信道，采用了状态空间和最佳功率控制方案，其维持活动链路的 SIR 高于某个阈值，这被称为活动链路保护（Active Link-Protection，ALP）。直观地说，就是新接入链路逐渐增大功率，与此同时通过一个保护裕量来保证活动链路的 QoS。该 DPC 方案可以有效地控制在通信信道中建立的链路所使用的功率。这些方案能够获得所要求的 SIR，SIR 反映了给定的 QoS 等级。降低通信信道的干扰程度可以有效地增加上行链路的容量和再用率。

可以证明该 DPC 方案收敛且可接入更多的链路，相比于已有的方案（Bambos et al. 2000，Jantti and Kim 2000，Wu 2000）。对所提出的方案，数学上可以证明在收敛速度和移动用户消耗的功率之间存在一个折中，其可以很容易地通过反馈增益观察到。该功率控制方案本质上是高度分布式的，在无线环境下不需要集中式方案所需要的内连通信、集中计算和相互作用等前提。因为不需要内连通信，使得网络容量的增加和较容易地从错误事件中进行控制恢复变得可能。该 DPC/ALP 方案可用于蜂窝数据网络。蜂窝通信中用户与服务于蜂窝的基站通信取代了对等网络中发射机-接收机对。为比较已有的 DPC 方案，假设仿真开始时用户在相同时间申请访问信道。由仿真结果可以得到，所提出的方案具有更低的中断概率，所需功率更小，且在合理的时间内收敛。

在存在信道衰落的情况下，必须对 DPC 方案进行修改。实际上，我们提出了一种可嵌入在 DPC 中新的信道估计器（Jagannathan et al. 2006），对衰落信道可以选择合适的功率。结果显示改进后带有信道估计器的 DPC 方案具有更高的性能。下面首先给出基于状态空间的控制器设计（State-Space-Based Controls Design，SSCD）和最佳 DPC 方案，随后讨论改进的 DPC 方案。

5.2　存在路径损耗时的分布式功率控制

无线网络可以看作无线链路的集合。网络中的每一条链路连接一对节点，对应于单跳无线传输。传输由发射机通过链路到达接收机。一个连续链路集合对应于一条多跳通信路径。网络中可能存在多条通信信道，但这些信道被认为是正交的。然而，工作在同一条信道的链路受到来自其他信道的干扰。因此，我们可以将无线网络建模为干扰每一条信道的链路的集合。"分布式"是指每一条单独的链路。链路的每一个接收机测量其受到的干扰，并将测量值发送给发射机。每一条链路基于所收集到的独有的信息，自动确定如何调整功率。因此，在链路级做出决定完全是分布式的。和集中式 DPC 方案相比，所提方案中由于反馈控制而产生的开销是最小的。

对等网络中的一条链路对应于单跳传输，然而在蜂窝通信网络中，一条链路对应于用户和基站之间的上行和下行传输。在扩频通信系统中，整个频带可以看作一个单一信道，干扰可以归因于码分多址（Code Division Multiple Access，CDMA）传输中码间相互作用的影响。

我们在对等网和蜂窝网络两者中的目标是，在调整发射功率使得所消耗的功率尽可能地小的情况下，保持每条网络链路所要求的 SIR。假设网络有 $N \in Z_+$ 条链路。令 G_{ij} 为从第 j 条链路的发射机到第 i 条链路的接收机的功率损失（或增益）。它包括自由空间损失，多径衰落，屏蔽和其他无线传播的影响，以及传播和 CDMA 处理的增益（Grandhi et al. 1994）。功率衰减符合逆第四幂律

$$G_{ij} = \frac{g}{r_{ij}^{\alpha}} \tag{5-1}$$

式中，g 是常数，且通常等于 1；r_{ij} 是发射机和接收机之间的距离；α 是取决于环境的常数，通常 $\alpha = 2 \sim 4$。

计算第 i 条链路发射机的 SIR R_i（Rappaport 1999），得到

$$R_i = \frac{G_{ii} * p_i}{\left(\sum_{j \neq i} G_{ij} p_j + \kappa_i \right)} \tag{5-2}$$

式中，i，$j \in \{1, 2, 3, \cdots, n\}$；$p_i$ 为链路的发射功率；$\kappa_i > 0$ 为接收机节点的热噪声。对于每条链路 i，存在一个较低的 SIR 阈值 γ_i。因此要求

$$R_i \geq \gamma_i \tag{5-3}$$

式中，$i = 1, 2, 3, \cdots, n$。为方便起见，所有链路的阈值取值为等于 γ，其反映了链路正常工作必须维持的某种 QoS。另外必须设置一个 SIR 的上限，使得链路的发射功率最小，从而降低由于发射信号到达其他接收机节点造成的干扰。因此，我们有

$$R_i(l) \leq \gamma_i^* \tag{5-4}$$

令 ξ 为所有链路的集合，称链路 $i \in \xi$ 在第 l 步期间为活动的或工作的，若

$$R_i(l) \geq \gamma_i$$

式中，$R_i(l)$ 为测量的 SIR，A_l 为第 l 步期间所有活动的链路。相应地，称链路 $i \in \xi$ 为第 l 步期间不活动或新链路，若

$$R_i(l) < \gamma_i$$

令 B_l 为第 l 步期间所有非活动链路的集合。

事实 5.2.1（可行功率矢量的存在）

存在一个最佳的功率矢量 $p^* > 0$，使得 $\gamma_i < SIR < \gamma_i^*$。这就是说维持 SIR $R_i \geq \gamma_i$，$i \in A_l$，A_l 是活动链路集合，以及 $R_i \leq \gamma_i$ 且 $i \in B_l$，B_l 是在第 l 步期间试图接入网络的非活动或新链路集合。这里，B_l 是在第 l 步期间非活动链路集合。我们需要一个参数 η_i 来提供边界保护，用于确保链路接入期间链路是活动的，即

$$R_i(l) \geq \gamma_i + \eta_i \tag{5-5}$$

任何功率控制方案都必须设置链路各自的功率至少等于 p^*，以满足方程(5-3)和方程(5-4)中 SIR 的要求。功率 p^* 的解为最佳的。一个好的功率控制方案需设置链路各自的功率等于 p^* 使得消耗的功率最小。

5.2.1　Bambos 功率控制方案

若方程(5-3)或方程(5-4)不成立，则更新发射功率。因此，当其当前的 SIR 低于目标值 γ_i 时，每条链路独立地增加其功率；否则降低功率。由 Bambos et al. 2000 提出的功率更新为

$$p_i(l+1) = \frac{\gamma_i p_i(l)}{R_i(l)} \tag{5-6}$$

式中，$l = (1, 2, 3, \cdots)$（参见 Bambos 1998，Bambos et al. 2000）。若 $p_i(l+1) > p_{max}$，则不接入新链路。若功率下降到低于最小阈值即 $p_i(l+1) < p_{min}$（形成链路所需最小能量），则分配功率 $p_i(l+1) = p_{min}$。DPC 的功率更新以步（即时隙）为单位，并用 $l = 1, 2, 3, \cdots$ 表示。

5.2.2　受限的二阶功率控制

在 Jantti and Kim(2000) 中，定义方程(5-2)中的 SIR 为一组线性方程

$$AP = \mu \tag{5-7}$$

式中，$A = I - H$；$P = (p_i)$。定义 $H = \lceil h_{ij} \rceil$ 为一 $Q \times Q$ 阶矩阵，且当 $i \neq j$ 时，$h_{ij} = \frac{r_i g_{ij}}{g_{ii}}$；当 $i = j$ 时，$h_{ij} = 0$。另外，$\mu = (\gamma_i v_i / g_{ii})$ 为长度为 Q 的矢量。因为节点的最大发射功率有限，所以功率矢量受到下面限制：

$$0 \leqslant P \leqslant \overline{P} \tag{5-8}$$

这里 $\overline{P} = p_{max}$ 表示每个发射机的最大发射功率。该方案假设存在唯一的功率矢量 P^*，其为方程(5-7)的解。因此，根据可行系统，矩阵 A 是非奇异的，且 $0 \leqslant P^* = A^{-1}\mu \leqslant P$。利用局部测量采用迭代法可求得功率矢量 P^*。通过若干次迭代，可得算法的二阶迭代形式为

$$p_i^{(l+1)} = \min\{\overline{p}_i, \max\{0, w^l r_i p_i^l / R_i^l + (1 - w^l)p_i^{l-1}\}\} \tag{5-9}$$

式中，$w^l = 1 + 1/1.5^n$。方程(5-9)中取最小和最大值运算可确保发射功率处于可接受范围。

在我们的仿真中，显示 Bambos et al. (2000) 和 Jantti and Kim(2000) 提出的 DPC 方案的收敛性和接入允许控制的性能不能令人满意。在 (Jagannathan et al. 2002，Dontula and Jagannathan 2004) 中提出的方案旨在解决这些问题。下面给出若干闭环 DPC 方案。详细介绍了用于更新发射功率的基于状态空间(State Space，SSCD)的方案和最优方案。另外给出了这些控制方案的收敛性证明，并通过仿真进行了验证。随后，对 DPC 方案进行了改进使得在衰落信道中可以选择适当的功率。

5.2.3　基于状态空间的控制设计

SIR 的计算可以表示为线性系统如下：

$$R_i(l+1) = R_i(l) + v_i(l) \tag{5-10}$$

式中，$R_i(l)$ 和 $R_i(l+1)$ 分别是 l 和 $l+1$ 时刻的 SIR 值，且 $v_i(l)$ 为功率值。方程(5-10)是这样得到的：每个用户到用户或用户到基站的连接可以被看作由下面方程描述的单独的子系统：

$$R_i(l+1) = \frac{p_i(l) + u_i(l)}{I_i(l)} \qquad (5\text{-}11)$$

其中定义 $R_i(l) = \dfrac{p_i(l)}{I_i(l)}$ ，及干扰 $I_i(l) = \left(\displaystyle\sum_{j \neq i}^{n} p_j(l) * \dfrac{G_{ij}}{G_{ii}} + \dfrac{\kappa_i}{G_{ii}} \right)$，$n$ 为活动连路数。

在每个系统中定义 $v_i(l) = \dfrac{u_i(l)}{I_i(l)}$，其中 $u_i(l)$ 是每个子系统的输入，只取决于其他用户产生的总干扰。为保持每条链路的 SIR 高于期望的目标并去除任何稳态误差，定义 SIR 差值为实际的 SIR 与其目标 γ_i 的差值，即 $e_i(l) = R_i(l) - \gamma_i$。因此，定义 $e_i(l) = x_i(l)$，得到

$$x_i(l+1) = J_i x_i(l) + H_i v_i(l) \qquad (5\text{-}12)$$

式中，$J_i - 1$ 和 $H_i = 1$。根据状态空间理论（Lowis 1999），方程（5-10）表示一阶线性状态空间系统。我们的目的是在调整发射功率使得消耗的功率尽可能地小的同时，维持每条网络链路的目标 SIR。

定理 5.2.1

假设 SIR 系统如方程（5-12）所述，若给第 i 个发射机的反馈为 $v_i(l) = -k_i x_i(l) + \eta_i$ 且 k_i 表示反馈增益，η_i 代表保护裕量，相应的功率更新 $P_i(l+1) = v_i(l) I_i(l) + p_i(l)$，表 5-1 列举了这些内容，则对每一条链路而言闭环系统稳定，且实际的 SIR 将收敛域它们相应的目标值。

表 5-1 基于状态空间的分布式控制器

SIR 系统状态方程	$R_i(l+1) = R_i(l) + v_i(l)$
SIR 误差	$x_i(l) = R_i(l) - \gamma_i$
反馈控制器	$v_i(l) = -k_i x_i(l) + \eta_i$
功率更新	$p_i(l+1) = (v_i(l) I_i(l) + p_i(l))$
其中 k_i，γ_i 和 η_i 是设计参数	

证明 将反馈应用到方程（5-12），可得 SIR 闭环误差系统为

$$x_i(l+1) = (J_i - H_i k_i) x_i(l) + H_i \eta_i \qquad (5\text{-}13)$$

这是一个稳定的线性系统，激励 η_i 有界且界为常数。应用众所周知的线性系统理论（Lewis 1999），容易得到 $x_i(\infty) = \dfrac{\eta_i}{k_i}$。在没有保护裕量的情况下，当 $t \to \infty$ 时，SIR 误差 x_i 趋于零。

注释 1：

发射功率受制于限制 $p_{\min} \leqslant p_i \leqslant p_{\max}$，其中 $p_{\min}$ 是发射所需的最小功率；$p_{\max}$ 是最大允许的发射功率；p_i 是用户 i 的发射功率。因此，由方程（5-11），$p_i(l+1)$ 可以

写为 $p_i(l+1) = \min(p_{\max}, (v_i(l)I_i(l) + p_i(l)))$。

定理 5.2.1 给出的功率更新没有使用任何优化功能。所以，它可能不能得到最佳发射功率，尽管它可以保证每条链路的实际 SIR 收敛到其目标值。因此，在表 5-2 中给出了最佳 DPC。

表 5-2　最佳分布式功率控制器

SIR 系统状态方程	$R_i(l+1) = R_i(l) + v_i(l)$
性能指标	$\sum_{i=1}^{\infty} x_i^T T_i x_i + v_i^T Q_i v_i$
SIR 误差	$x_i(l) = R_i(l) - \gamma_i$
假设	$T_i \geqslant 0,\ Q_i > 0,$ 且都是对称的
反馈控制器	$S_i = J_i^T[S_i - S_iH_i(H_i^TS_iH_i + T_i)^{-1}H_i^TS_i]J + Q_i$
	$k_i = (H_i^TS_\infty H_i + T_i)^{-1}H_i^TS_\infty J_i$
	$v_i(l) = -k_i x_i(l) + \eta_i$
功率更新	$p_i(l+1) = (v_i(l)I_i(l) + p_i(l))$

其中 k_i, γ_i 和 η_i 是设计参数

定理 5.2.2(最佳控制)

给定定理 5.2.1 给出的假设，对于反馈为 $v_i(l) = -k_i x_i(l) + \eta_i$ 的 DPC，反馈增益取值为

$$k_i = (H_i^TS_\infty H_i + T_i)^{-1}H_i^TS_\infty J_i \tag{5-14}$$

其中 S_i 是代数 Ricatti 方程(Algebraic Ricatti Equation，ARE)唯一的正定解

$$S_i = J_i^T[S_i - S_iH_i(H_i^TS_iH_i + T_i)^{-1}H_i^TS_i]J + Q_i \tag{5-15}$$

因此，所得时不变闭环系统表示为

$$x_i(l+1) = (J_i - H_iK_i)x_i(l) + H_i\eta_i \tag{5-16}$$

是渐进稳定的，若 $\eta_i = 0$。

证明　采用 Lewis(1999)中的过程。

注释 2：

所提方案使得性能测度 $\sum_{i=1}^{\infty} x_i^T T_i x_i + v_i^T Q_i v_i$ 最小，其中 T_i 和 Q_i 为权重矩阵。

图 5-1 所示的框图给出了采用 SSCD/最佳方案功率控制的控制过程。如框图所示，接收机在接收到来自发射机的信号后，测量 SIR 值并将其与目标 SIR 阈值进行比较。将期望的 SIR 与接收信号的 SIR 的差值传送到功率更新模块，该模块计算发射机发射下一个分组保持所需 SIR 的最佳功率。该功率值作为反馈发送给发射机，发射机采用该功率值在下一时隙发送分组。

现在的问题是所提出的 DPC 在接入不活动链路期间，是否能够提供活动链路

的链路保护。如前面所看到的，属于集合 A_l 的链路 i 被看作是活动或工作链路。另一方面，集合 B_l 中的链路 i 被称为是不活动的。某些属于不活动链路集合 B_l 的链路，根据定理 5.2.1 和定理 5.2.2 更新功率获得接入到网络的许可，成为活动链路 A_l 的一部分。最终被接入到信道的不活动链路集合称为完全可接入的不活动链路集。B_l 中的部分链路可能永远不能获得接入到网络的许可，其原因如下：（1）新链路集合在增加功率以接入网络时，对已接入的链路产生严重干扰；（2）不活动链路的 SIR 值 $R_i(l)$ 在没有获得接入后处于低于目标值 γ_i 的饱和状态。这些由于信道饱和而不能接入网络的链路的集合称为完全不可接入的不活动链路集。

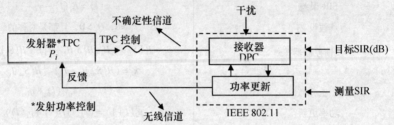

图 5-1　DPC 的表示框图

5.2.3.1　活动链路的 SIR 保护

对于任一活动链路 i，有

$$R_i(l) \geqslant \gamma_i \Rightarrow R_i(l+1) \geqslant \gamma_i \tag{5-17}$$

这意味着新链路被接入，当且仅当新的系统状态是稳定的，即已接入链路没有被中断。现在，利用前面的 SSCD/最佳 DPC 方案，我们证明网络中活动链路在传输期间继续保持活动状态。

定理 5.2.3

在 DPC/SSCD 或 DPC/最佳更新方案中，对于任意不变的 $\eta_i \in (1, \infty)$，对每个 $l \in \{0, 1, 2, \cdots\}$ 和每一个 $i \in A_l$，存在 $R_i(l) \geqslant \gamma_i \Rightarrow R_i(l+1) \geqslant \gamma_i$。因此，对每一个 $l \in \{0, 1, 2, \cdots\}$，$i \subset A_l \Rightarrow i \in A_{l+1}$ 或 $A_l \subseteq A_{l+1}$ 和 $B_l \subseteq B_{l+1}$。

证明　若 $v_i(l) = -k_i x_i(l) + \eta_i$ 其中 η_i 为保护裕量，应用方程（5-13），系统误差方程可以写成 $x_i(l+1) = x_i(l) - k_i x_i(l) + \eta_i$，或 $x_i(l+1) = (1-k_i) x_i(l) + \eta_i$ 其中 $0 < k_i < 1$。上述方程描述的系统为具有平稳转移矩阵的线性时不变系统，其激励为小而有界的常数 η_i，其为保护裕量。这进一步说明等于 $(R_i(l) - \gamma_i)$ 的 $x_i(l)$ 在稳态下趋于 $\dfrac{\eta_i}{k_i}$。这说明 $R_i(l) \geqslant \gamma_i + \dfrac{\eta_i}{k_i}$ 且在稳态下成立。

5.2.3.2　有界的功率过冲

下面的定理证明，在接纳那些试图通过增大增益接入网络的新链路时，活动链路发射功率有限，且只有一个很小的增加量。

定理 5.2.4

在 DPC/SSCD 或 DPC/最佳更新方案中，对于任意固定的 $\eta_i \in (1, \infty)$，对每一个 $l \in \{0, 1, 2, \cdots\}$ 和每一个 $i \in A_l$，有 $P_i(l+1) \leqslant \beta(l) P_i(l)$，其中 $\beta(l)$ 为正数。

证明　根据定义，$i \in A_l$ 意味着 $R_i(l) \geqslant \gamma_i$。利用 $P_i(l+1) = R_i(l+1) I_i(l)$，其中 $I_i(l) = \dfrac{P_i(l)}{R_i(l)}$，代入 $P_i(l+1) = \dfrac{R_i(l+1)}{R_i(l)} \cdot P_i(l)$，得到 $P_i(l+1) = \dfrac{[(1-k_i) R_i(l) + k_i \gamma_i + \eta_i]}{R_i(l)} \cdot P_i(l)$。这进一步意味着 $P_i(l+1) \leqslant \beta(l) P_i(l)$，其中

$\beta(l)$ 为正数，且 $\beta(l) = (1 - k_i) + k_i \dfrac{\gamma_i}{R_i(l)} + \dfrac{\eta_i}{R_i(l)}$，其中 $\gamma_{\min} > R_i(l) < (\gamma_i + \eta_i)$。这清楚地说明 DPC/ALP 方案的过冲受到界 β 的限制。β 的值介于 $\beta_{\min} < \beta < \beta_{\max}$，其中 $\beta_{\min}$ 略大于 1。因此，活动链路的功率只能平滑地增大以适应在信道中发射信号的新链路。

定理 5.2.5(非活动链路 SIR 增加)

在 DPC/SSCD 或 DPC/最佳更新方案中，对于任意固定的 $\eta_i \in (1, \infty)$，在完全可接入的不活动链路集上对于每一个 $l \in \{0, 1, 2, \cdots\}$ 和每一个 $i \in B_l$，有 $R_i(l) \leqslant R_i(l+1)$。

证明　将所提出的 DPC 的 $v_i(l) = -k_i x_i(l) + \eta_i$ 代入到 SIR 方程(5-10)，得到 $R_i(l+1) = R_i(l) - k_i x_i(l) + \eta_i = R_i(l) + k_i(\gamma_i - R_i(l)) + \eta_i$。对于属于完全可接入不活动链路集中的不活动链路而言，$(\gamma_i - R_i(l))$ 的值为正数。因此，这意味着 $R_i(l+1) \geqslant R_i(l)$。

定理 5.2.6(非活动链路干扰下降)

在 DPC/SSCD 或 DPC/最佳更新方案中，对于任意固定 $\eta_i \in (1, \infty)$，对于每一个 $l \in \{0, 1, 2, \cdots\}$ 和每一个 $i \in B_l$，存在 $I_i(l+1) \leqslant I_i(l)$，其中 B_l 为完全可接入的非活动链路集。

证明　根据定理 5.2.5，对于非活动链路，我们有 $R_i(l+1) \geqslant R_i(l)$。这可以等效地表示为 $\dfrac{P_i(l+1)}{I_i(l+1)} \geqslant \dfrac{P_i(l)}{I_i(l)}$。由定理 5.2.4，对于所有非活动链路，我们有 $P_i(l+1) \leqslant \beta(l) P_i(l)$。在前面定理中应用这个条件得到 $R_i(l+1) \geqslant R_i(l)$，因为 $\beta(l) P_i(l) I_i(l) \geqslant P_i(l) I_i(l+1) \Rightarrow I_i(l+1) \leqslant \beta(l) I_i(l)$。

定理 5.2.7(有限接入时间)

对于 $i \in B_l$，若所有链路在有限的时间里被接入，则每一条不活动链路将变为活动的。

证明　所有链路的 SIR 误差可以表示为 $x_i(l+1) = (1 - k_i) x_i(l) + \eta_i$。对于新

链路而言 $0 < k_i < 1$ ，SIR 误差系统是稳定的线性系统，其激励为有界输入 η_i。线性系统理论（Lewis 1999）说明链路的 SIR 在有限时间里达到其目标值。

5.2.4　分布式功率控制：蜂窝网络中的应用

DPC 可自然地应用于对等网络，在对等网络中通信存在于发射机和接收机之间，而在蜂窝网络中，基站作为所有移动用户的接收机需要维持目标 SIR。正常情况下，蜂窝网络中的所有用户必须获得目标 SIR 值 γ_i。SIR 值是接收信号质量的测度，可被用于确定对上行链路过程控制的控制操作。SIR 值 γ_i 可以表示为（Rappaport 1999）

$$\gamma_i = ((E_b/N_0) / (W/R)) \tag{5-18}$$

式中，E_b 是所接收信号每比特的能量，其单位是 W；N_0 是干扰功率，单位是 W/Hz；R 是比特率，单位是 bit/s；W 是无线信道带宽，单位是 Hz。在我们讨论的情况中，将中断概率和用户使用的总功率用作衡量功率控制方案性能的指标。中断概率是指由于同信道干扰而不能获得足够的接收信号的概率，其定义为断开或切换的用户数与系统中用户总数的比值。

例 5.2.1：蜂窝网络上行链路发射功率控制

考虑一个包含 7 个六边形小蜂窝的蜂窝网络，每个 6 边形蜂窝的面积为 10km × 10km 且随机分布 100 个用户。服务于蜂窝的基站位于六边形蜂窝中心。假设开始时网络中不存在移动用户，则 DPC 的性能可以通过路径损耗来估计。采用 IS-95 系统（Rappaport 1999）的参数作为仿真的系统参数。系统 κ_i 中接收机噪声为 10^{12}。SIR 的阈值 γ 为 0.04。每个比特的能量与每赫兹干扰功率的比值 E_b/N_0 为 5.12dB。比特率 R_b 为 9600bit/s。无线信道带宽 B_c 取值为 1.2288MHz。

对 Bambos et al. (2000)，最佳 DPC，SSCD（Jagannathan et al. 2002）及受限二阶功率控制（Constrained Second Order Power Control，CSOPC）（Jantti and Kim 2000）方法进行系统仿真。将中断概率和总功耗用作评估方案性能的测度。我们给出了对于给定网络用户数时中断概率和总消耗功率的曲线，还给出了中断概率和用户数关系曲线以说明蜂窝网络中用户数目变化时方案的性能。

图 5-2 给出了包含 7 个六边形小蜂窝的蜂窝网络中用户随机分布的情况。图 5-3 画出了中断概率与时间的关系曲线。从仿真中可以清楚看到，系统采用 SSCD 或最佳 DPC 方案的中断概率低于 CSOPC 和 Bambos 方案，也就是说，我们的方案可以容纳更多的用户，具有更大的系统容量。图 5-4 给出了网络中所有用户所消耗的总功率与时间的关系。结果显示，和其他方案比较，SSCD 和最佳 DPC 使得用户在获得其目标 SIR 值时发射功率更小，且具有更低的中断概率。仿真进行了通过改变节点数目来估计 DPC 方案的性能的实验。图 5-5 中的中断概率曲线和图 5-6 中的总功率曲线显示，SSCD 和最佳 DPC 方案的中断概率和总消耗功率分别持续低于

Bambos 和 CSOPC 方案。当用户数目发生变化时，图 5-3 中观察到的更低的中断概率的原因是我们的方案比其他方案的功耗更低，但到达目标值的时间长于其他方案，如图 5-4 所示。这便是折中。

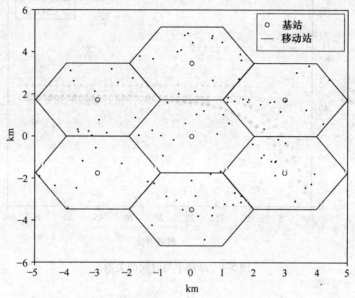

图 5-2　具有 7 个蜂窝的蜂窝网络

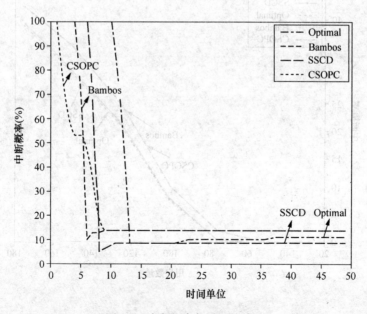

图 5-3　中断概率与时间的关系

Bambos 和 CSOPC 的另一个

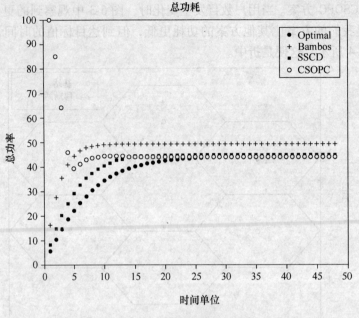

图 5-4　总功率与时间的关系

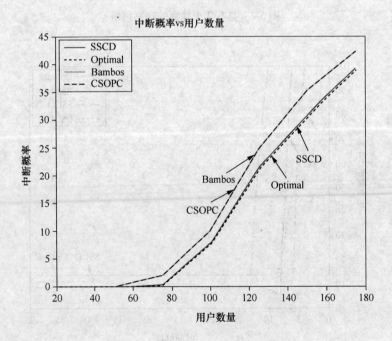

图 5-5　中断概率与用户数量的关系

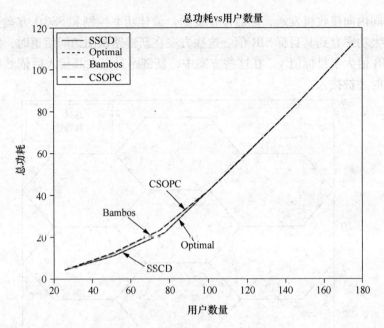

图 5-6　总消耗功率与用户数关系

例 5.2.2：存在移动用户的蜂窝网络发射功率控制

为说明存在移动用户的蜂窝网络中 DPC 的性能，考虑例 5.2.1 中的情况。目标 SIR 的要求和设计参数与例 5.2.1 相同。蜂窝网络中移动仿真如下：仿真开始时，用户随机地选择预先确定的 8 个方向之一，单位时间里最大的移动距离为 0.01km。假设功率更新间隔很小，0.01km 是相当大的距离。用户在蜂窝网络最初和最终的位置如图 5-7 和图 5-8 所示。当用户从一个蜂窝移动到另一个蜂窝时采用软切换。由图 5-9 和图 5-10，我们看到最佳 DPC 方案的中断概率和总消耗功率明显地低于 Bambos 和 CSOPC 方案。

例 5.2.3：对等网络的 DPC

为说明我们的 DPC 方案的性能，进一步讨论对等网络。无线网络设计为覆盖范围为 500 个单位，见图 5-2。链路发射机随机地放置在 500×500 单位的方形区域。选取所有接收机的归一化噪声强度 k_i/g 为 10^9。链路接收机放置在距离发射机 50 个单位的位置。只考虑路径损耗，且功率的衰减符合倒 4 次方律。链路 i 的发射机处的 SIR 采用式(5-2)计算。

假设所有链所要路达到的 SIR 的目标值相同，且定义为 $\gamma = 5$。每一条新链路在随机时刻试图达到目标 SIR，其起始功率值为 $p_i = 10^{-5}$ 个单位。每条链路发射机发射功率的上限设为 $p_{max} = 5$ 个单位。假设预先确定的每条新链路达到目标 SIR 的接入时间为 T_i。若能在时间 T_i 内达到目标 SIR，则被声明为活动链路，允许在预先确定的时间内向接收机发送，然后停止发送。最佳功率控制和 SSCD 方案允许新链路逐渐加大功率直到其目标 SIR 值。这些方案在新链路试图访问信道时，维持活动链路的 SIR 值大于目标值 γ。在这些方案中，新链路只有在其接入后依然能保持系统的稳定时才被接入。

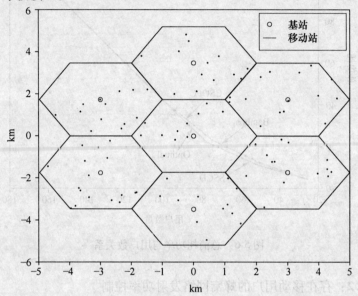

图 5-7　蜂窝网中用户的初始位置

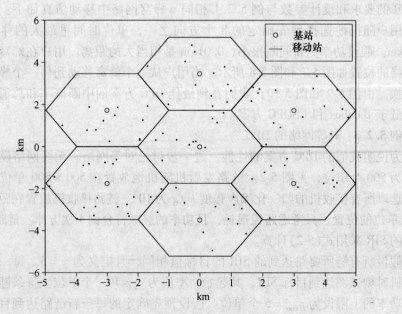

图 5-8　蜂窝网中用户的最后位置

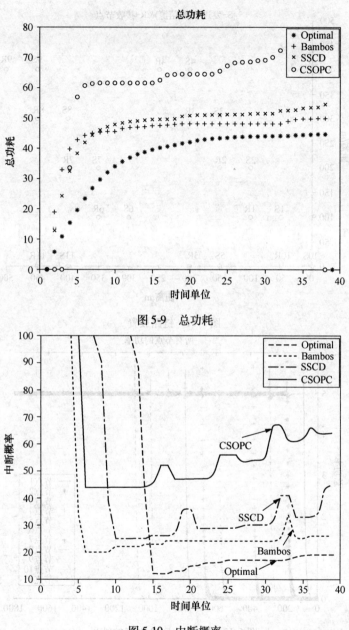

图 5-9 总功耗

图 5-10 中断概率

下面考虑评估所提出的 DPC/ALP 方案的情况。在 SSCD 和最佳控制方案中，除方程(5-12)中的 SIR 误差外，在仿真中还考虑了误差的累积(Elosery and Abdullah 2000)(Bambos DPC 方案结果如图 5-12 所示)。因此，反馈增益选择为 $k_i = [k_1 \ k_2]$。为比较我们的方案和 Bambos et al. (2000)方案的性能，仿真环境选择如图 5-

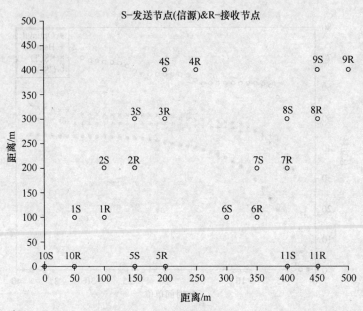

图 5-11　链路放置

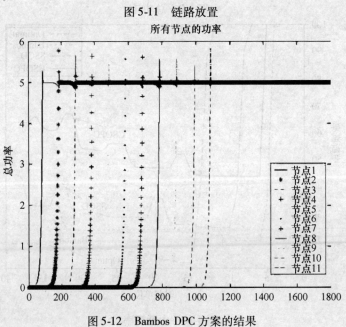

图 5-12　Bambos DPC 方案的结果

11 所示。考虑 11 个带有发射机/接收机的节点申请接入网络，在预先确定的时间内一次一个地申请。进行网络仿真，应用本章讨论的各种方案计算 SIR 值，并画出结果如图 5-13，图 5-14 和图 5-15 所示。由这些图我们可以看到，相比 Bambos 方案，SSCD 和最佳控制方案可以经过很少次数的迭代达到目标 SIR。但在每一个时间点画出的这些方案的总功率显示，Bambos 方案消耗的功率略低于我们的方案（见图 5-15）。通过改变增益 k_1 和 k_2，我们可以使得网络中的新链路达到目标 SIR 时 SSCD 和最佳方案消耗的功率低于 Bambos 方案，但到达收敛所需的迭代次数更多。因此，本文对等网络中所讨论方案存在一个收敛时间和总消耗功率的折中。换句话说，增益 k_i、权重矩阵 Q_i 和 T_i 的选择影响到消耗功率和收敛时间，这在 Bambos 方案中是不存在的。

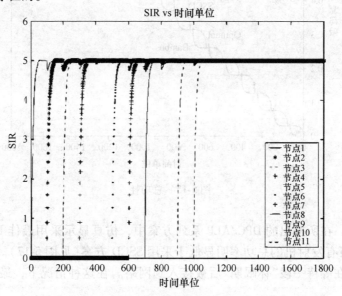

图 5-13　SSCD 方案的结果

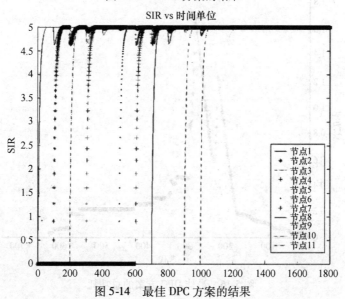

图 5-14　最佳 DPC 方案的结果

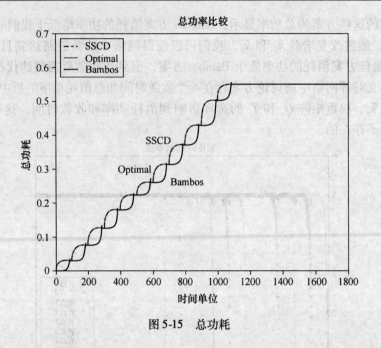

图 5-15　总功耗

进一步，在所提出的 DPC/ALP 系列方案中，仿真显示采用最佳 DPC 方案（见图 5-16）时所有发射机的总功率明显低于采用 SSCD 方案（见图 5-17）。这里一个被丢弃的节点在等待一段"休眠期"后被接入到网络。在这种情况下，最佳 DPC 得到

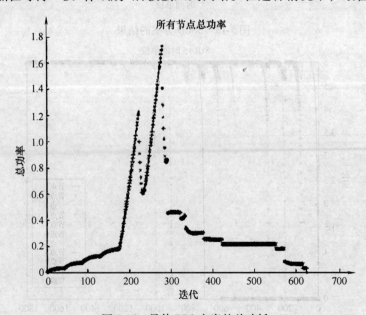

图 5-16　最佳 DPC 方案的总功耗

每条链路增益的最佳选择为 $k_1 = 0.1654$ 和 $k_2 = 0.1330$，而对于 SSCD 方案经过仔细分析后增益选择为 $k_1 = 0.3$ 和 $k_2 = 0.5$。在这两种情况下，新链路增益更新为 $k_1 = 0.1$ 和 $k_2 = 0.1$。正如图 5-16 和图 5-17 中看到的，最佳 DPC 方案所有发射机的总消耗功率小于 SSCD 方案。

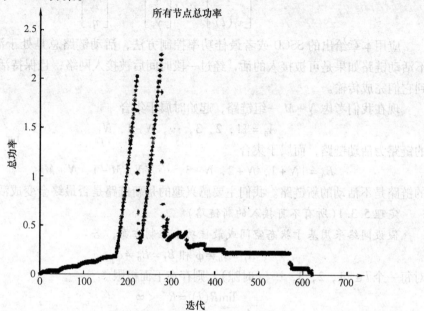

图 5-17　SSCD 方案的总消耗功率

5.3　无线网络用户接入允许控制

前一节详细讨论了蜂窝网络和对等网络中的发射功率控制问题。在本节中，结合 DPC 讨论新用户的接入允许控制问题。DPC/ALP 连同接入允许控制器的算法以统一的形式给出。

对每一条链路定义 $x_i(l) = e_i(l)$，对于整个网络来说，SIR 的更新方程可以用矢量的形式来表示为 $R(l+1) = R(l) + v(l)$，其中 $v(l) = -Kx(l) + \eta$，且 $R(l)$，$v(l)$，K，$x(l)$ 和 γ 表示如下：

$$R(l) = \begin{bmatrix} R_1(l) \\ R_2(l) \\ \cdot \\ \cdot \\ R_i(l) \end{bmatrix}, \quad v(l) = \begin{bmatrix} v_1(l) \\ v_2(l) \\ \cdot \\ \cdot \\ v_i(l) \end{bmatrix}, \quad K = \begin{bmatrix} k_1 & 0 & 0 & 0 & \cdot & \cdot & 0 \\ 0 & k_2 & 0 & 0 & \cdot & \cdot & 0 \\ \cdot & \cdot & \cdot & \cdot & \cdot & \cdot & \cdot \\ \cdot & \cdot & \cdot & \cdot & \cdot & \cdot & \cdot \\ 0 & 0 & 0 & 0 & \cdot & \cdot & k_i \end{bmatrix}$$

$$x(l) = \begin{bmatrix} x_1(l) \\ x_2(l) \\ \cdot \\ \cdot \\ x_i(l) \end{bmatrix}, \quad \gamma = \begin{bmatrix} \gamma_1 \\ \gamma_2 \\ \cdot \\ \cdot \\ \gamma_i \end{bmatrix}, \quad \eta = \begin{bmatrix} \eta_1 \\ \eta_2 \\ \cdot \\ \cdot \\ \eta_i \end{bmatrix} \tag{5-19}$$

　　应用本章给出的 SSCD 或者最佳功率控制方法，活动链路总是处于活动状态。不活动链路如果是可被接入的话，经过一段时间后被接入网络，且保持活动状态直到它们完成传输。

　　现在我们考虑 $N+M$ 一组链路，起始时属于集合

$$A_0 = \{1, 2, 3, \cdots, N-1, N\} \tag{5-20}$$

的链路为活动链路，而属于集合

$$B_0 = \{N+1, N+2, N+3, \cdots, N+M-1, N+M\} \tag{5-21}$$

的链路是不活动的新链路。我们主要感兴趣的是新链路是否最终会变成活动链路。

　　定理 5.3.1(所有不可接入的新链路)

　　假设网络采用基于状态空间或最佳功率控制方案，若

$$A_l = A_0 \neq \phi \text{ 和 } B_l = B_0 \neq \phi \tag{5-22}$$

对每一个 $l \in \{1, 2, 3, \cdots\}$(时隙)，则存在下面极限

$$\lim_{l \to \infty} R(l) = R^* < \infty \tag{5-23}$$

和

$$\lim_{l \to \infty} P(l) = D^* < \infty \tag{5-24}$$

对于某些正数常数 D_i^* R^* 和对于每一个 $i \in A_0 \cup B_0$。此外，对每一条初始活动链路 $i \in A_0$，$R_i^* = \gamma_i$。而

$$R_i^* \leqslant \gamma_i \quad 对每一条初始不活动链路 i \in B_0。 \tag{5-25}$$

　　因此，若始终没有链路被接入，则：(1) 最初活动链路的 SIR 被压在其最低可接受的值 γ_i 之下；(2) 所有新链路的 SIR 在所要求的阈值 γ_i 之下处于饱和状态；(3) 所有链路的发射功率以几何律增长趋于无限大。

　　证明　我们有 $N+M$ 条链路，其中 $A_0 = \{1, 2, 3, \cdots, N-1, N\}$ 为活动链路，并且 $B_0 = \{N+1, N+2, N+3, \cdots, N+M-1, N+M\}$ 为不活动链路。因为 B_0 中的链路一直处于不活动状态，由定理 5.3.1 我们得到，对于每一个 $i \in B_0$

$$P_n(l) = P_{min} = D_i^* < \infty \tag{5-26}$$

以及对于功率更新方案的每次迭代，对于每一个 $i \in B_0$，我们有

$$R_n(l) \leqslant R_i^* \leqslant \gamma_i \tag{5-27}$$

　　当不活动链路的 SIR 增加，而且因为它们一直处于不活动状态，我们需要研究活动链路的行为。我们将所有链路功率的集合分为活动链路和不活动链路功率的集

合，即

$$P = [P_a P_n]^T \tag{5-28}$$

且定义

$$P_a(l) = (P_1(l),\ P_2(l),\ \cdots,\ P_i(l),\ P_{i+1}(l),\ \cdots,\ P_N(l))^T \tag{5-29}$$

为活动链路的功率矢量，以及

$$P_n(l) = (P_{N+1}(l),\ P_{N+2}(l),\ \cdots,\ P_{N+i}(l),\ P_{N+i+1}(l),\ \cdots,\ P_{N+M}(l))^T$$

$$\tag{5-30}$$

为不活动链路的功率矢量。

而且，我们有

$$P_a(l+1) = [R(l) + v(l)]I(l+1) \tag{5-31}$$

将 $v(l) = -K\lambda(l) + \eta$ 代入方程(5-31)，得到

$$P_a(l+1) = [(I-K)R(l) + (K\gamma + \eta I)]I(l+1) \tag{5-32}$$

式中，K，P，R，η 和 γ 的定义已由方程(5-19)给出。此外，根据定理 5.2.6，$R(l) = \dfrac{P(l)}{I(l)}$，以及 $\varphi(l) = \dfrac{I(l+1)}{I(l)} < \beta(l)$。

因此，由方程(5-31)得到

$$P_a(1) = (I-K)\varphi(0)P(0) + (K\gamma + \eta I)\varphi(0)I(0) \tag{5-33}$$

$$P_a(2) = (I-K)\varphi(1)P(1) + (K\gamma + \eta I)\varphi(1)I(1) \tag{5-34}$$

将 $P_a(1)$ 代入 $P_a(2)$，得到

$$P_a(2) = (I-K)^2\varphi(1)\varphi(0)P(0) + (K\gamma + \eta I)[(I-K)\varphi(1)\varphi(0)I(0) + \varphi(1)I(1)]$$

$$\tag{5-35}$$

所以，我们可以将 $P_a(l)$ 写成

$$P_a(l) = (I-K)^l\varphi(l-1)\varphi(l-2)\cdots\varphi(0)P(0) + (K\gamma + \eta I)[(I-K)^{l-1}$$
$$\varphi(l-1)\varphi(l-2)\cdots\varphi(0)I(0) + (I-K)^{l-1}\varphi(l-1)\varphi(l-2)\cdots$$
$$\varphi(1)I(1) + \cdots + \varphi(l-1)I(l-1)] \tag{5-36}$$

由方程(5-36)，我们可以清楚地看到 $P_a(l)$ 收敛到常数 D^*：

$$\frac{\mathrm{Lim}}{l\to\infty}P_a(l) \to D^* \tag{5-37}$$

返回过来，第 i 条链路的 SIR 在第 l 次功率更新时为

$$R(l+1) = R(l)[I-K] + K\gamma + \eta \tag{5-38}$$

现在，每次功率控制方案迭代时，我们有

$$R(1) = R(0)[I-K] + K\gamma + \eta \tag{5-39}$$

$$R(2) = R(1)[I-K] + K\gamma + \eta \tag{5-40}$$

将 $R(1)$ 的值代入 $R(2)$，得到

$$R(2) = R(0)(I-K)^2 + (I-K)(K\gamma + \eta I) + (K\gamma + \eta I) \tag{5-41}$$

相似地，在第 l 时刻 SIR 的值为

$$R(l) = R(0)(I - K)^l + [(I - K)^{l-1} + (I - K)^{l-2} + \cdots + 1](K\gamma + \eta I)$$

(5-42)

两边取极限，得到

$$\frac{\text{Lim}}{l \to \infty} R(l) = \gamma I + \frac{\eta}{K} = R^*$$

(5-43)

因为 $\|I - K\| < 1$，所以当 $l \to \infty$ 时 $\|(I - K)^l\| \to 0$，并且 $R(l)$ 中的第二项在一个无限的几何级数中。因此定理得证。

5.3.1 带有活动链路保护和接入允许控制的 DPC

不活动链路试图接入到网络中。这些新链路中部分链路得到允许从而接入网络，而其他剩下的链路永远不能接入。当其 SIR 饱和时，新链路有两种方式退出网络：

1) 超时自动退出。

2) 自适应超时自动退出。

由信道中退出的链路在保持一段回退时间的休眠后，可以立即尝试访问信道。该链路和其他新链路一样开始增大功率。本节下面描述这两种自动退出方式。

情况 I：超时自动退出 新链路获得接入允许的预定时间固定为 T_i。如果新链路因为 SIR 饱和而超过了预定时间 T_i，则它们将不被接入。网络链路的这种退出方式实际上减小了其他新链路或以前已退出的试图接入网络的链路所受到的干扰，从而增加了它们接入网络的机会。

情形 II：自适应超时自动退出 当新链路在预定时间 T_i 几乎到达（但没有被接入网络）所要求的目标 SIR 而退出，这对新链路不公平。因此，对最佳功率控制（Optimal Power Control，OPC）方案进行改进以解决该接入控制问题。下面算法给出了带有接入控制的 OPC 方案。

1) 链路进入第 2 步或第 3 步取决于其是活动的 $R_i \geqslant \gamma_i$ $i \in A_l$ 还是不活动的 $R_i < \gamma_i$ $i \in B_l$。

2)

a. 若 $l \in \{l_i^a, l_i^a + 1, l_i^a + 2, \cdots, l_i^a + S_i\}$，活动链路 i 依据 OPC 活动链路更新方法更新其功率，令 $l \leftarrow l + 1$ 且进入第 1 步。这里，l_i^a 是链路 i 第一次变为活动链路的时间，S_i 是其最大允许的传输时间。

b. 若 l 已经达到 $l_i^a + S_i + 1$ 次迭代，链路 i 自动退出。该链路的功率置零，将其从活动链路表中移去。

3)

a. $l \in \{l_i^b, l_i^b + 1, l_i^b + 2, \cdots, l_i^b + T_i + D_i - 1\}$，不活动链路 i 依据 OPC 不活动

链路更新方法更新其功率，令 $l\leftarrow l+1$ 且进入第 1 步。这里，l_i^b 是链路 i 第一次接入网络的时间。参数 T_i 为最大允许接入的时间。D_i 是在退出前额外允许的时间。D_i 的计算如下：$D_i = \max\left[f_i(\gamma_i - R_i(T_i)),\ f_i(p_{\max} - P_i(T_i))\right]$ 可表示为矩阵 $\left(\left[A_i e^{-\alpha_i(\gamma_i - R_i(T_i))}\right],\ \left[B_i e^{-\beta_i(p_{\max} - P_i(T_i))}\right]\right)$，其中 A_i，B_i，$\alpha_i \geqslant 0$，$\beta_i \geqslant 0$ 为设计参数。函数 f_i 在这里为递减函数。链路 i 越接近目标，在退出前链路允许接入网络的时间越长。

　　b. l 达到 $K_i^b + T_i + D_i$ 次迭代，链路 i 自动退出，并置其功率为零。进入第 4 步。

　　4）

　　a. $l \in \{l_i^c,\ l_i^c+1,\ l_i^c+2,\ \cdots,\ l_i^c+B_i\}$，链路 i 在退避期间保持不活动状态，并令 $l\leftarrow l+1$ 直到退避结束。

　　b. l 达到 $l_i^c + B_i + 1$，链路从最小功率开始并和其他新链路一样试图接入网络，和第 1 步相同。

　　新链路不被接入系统，若存在以下情况：1）当活动链路的发射功率处于超过 $p_{\max}$ 的危险状态；2）当链路花费的时间超过"接入时间" T_i；3）当链路功率的增长率超过了某个预定值。对功率增长率的限制是必要的，因为 1）新链路功率的显著增长将对邻近活动链路产生较大干扰，使得有必要提高它们的功率以保持预定的 SIR 水平，以及 2）活动链路功率的增大加速其电池能量的消耗。若一条链路要结束，其发射功率置零，使得它对其他活动链路不产生任何干扰。若由于这些原因链路不能接入网络，其在预定的退避时间 B_i 后尝试接入网络。下面小节给出带有接入控制的 DPC/ALP 方案。

5.3.2　DPC/ALP 和接入允许控制器的算法

　　所提出的带有功率控制的分布式算法逐项说明如下：

　　1）新链路以最低功率 $p_{\min}$ 开始试图访问信道。

　　2）网络中所有链路受到的干扰为 $I_i(l) = \left(\sum\limits_{j\neq i}^{n} P_j * \dfrac{G_{ij}}{G_{ii}} + \dfrac{K_i}{G_{ii}}\right)$。

　　3）网络中所有链路根据公式(5-2)计算其 SIR 并和阈值 γ_i 比较。

　　4）若链路的 SIR 大于阈值 γ_i，该链路称为活动的。链路被接入网络并开始与接收机通信。

　　5）试图接入网络的新链路被退出的原因有：

　　a. 其发射功率超过 $p_{\max}$。

　　b. 功率的增大速率超过某个阈值。（丢弃对已存在节点产生大干扰的新链路）

　　c. SIR 的增长速率低于给定的阈值(防止 SIR 饱和)。

d. 链路接入网络的时间超过了最大接入时间（防止 SIR 饱和）。

6）退出链路若已经等待了一段休眠或退避时间 B_i，则被加入到已存在的新链路集合中。

7）若活动链路传输的时间达到了最大允许传输时间 T_i，则从网络退出。

8）若链路的 SIR 低于阈值 γ_i（不活动）且未被退出，应用定理 5.2.1 计算新的发射功率来更新功率。

9）重复上述步骤直到所有链路接入网络，并且传输了最大允许的传输时间。

例 5.3.1：对等网络中链路的接入允许控制

功率控制方案的有效性依赖于新链路接入后系统的稳定状态的保持。方案需保持所有活动节点的 SIR 值大于阈值，以及每个节点的传输功率应该保持低于最大功率。由这个例子可以看到，Bambos（2000）的 DPC 方案在接入控制期间没有满足这个条件。因为新节点产生干扰，活动链路增大功率以维持其实际的 SIR。为评估带有活动链路保护的 DPC，图 5-18 中在靠近链路 1 的接收机的附近加入链路 5。Bambos DPC 方案允许链路 5 接入网络从而引起了对链路 1 的严重干扰。实际上，图 5-19 和图 5-20 所示为当链路 5 接入网络时所有活动链路显著地加大了各自的功率，使得所有活动链路的功率消耗显著增大。

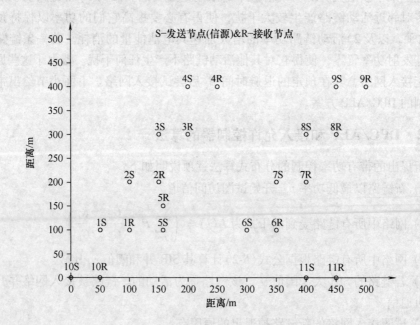

图 5-18　节点布设

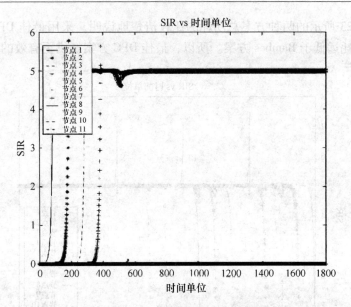

图 5-19　新链路接入期间 Bambos 的更新结果

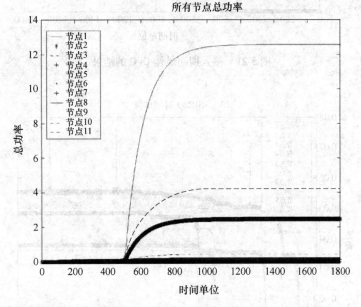

图 5-20　接入期间各链路功率

　　图 5-21 和图 5-22 所示为仿真中 SSCD 和最佳 DPC 方案不允许链路 5 加入系统。实际上，SSCD 和最佳 DPC 方案要求接入—寻找链路的过程必须满足额外的要求。接入链路逐渐加大功率，但一旦链路更新的功率大于预定值（这意味着当链路为活动链路时将产生很大的干扰），链路被退出网络。为提高网络效率需要仔细地选择

阈值。图 5-23 所示的两种方案总功耗的比较清楚地说明，采用最佳 DPC 更新功率方案的总功耗远低于 Bambos 方案。所以，最佳 DPC 方案提供更有效的接入控制。

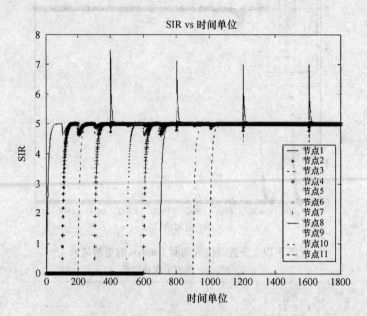

图 5-21　接入期间最佳 DPC 的结果

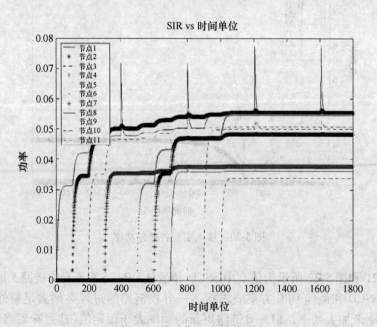

图 5-22　接入期间各链路功率

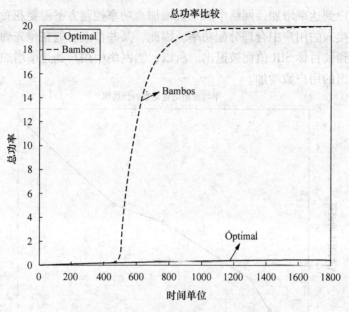

图 5-23　总消耗功率与时间的关系

例 5.3.2：接入时延和退出链路与用户数的关系

为了解接入用户数和时延的效果，考虑例 5.3.1 的情况，但不增加寻求接入的链路数量。图 5-24 和图 5-25 所示为平均接入时延和退出的链路对用户到达率的依

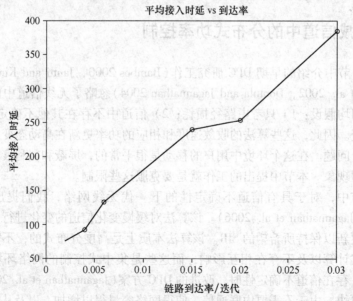

图 5-24　平均接入时延与用户到达的关系

赖关系。用户到达率增加，网络中的干扰增加。功率控制方案需要花费更多的时间在大量寻求接入的用户中合理分配功率。因此，某些节点可能在预先确定的接入时间里无法达到其目标 SIR 值而被退出。所以，当网络中用户到达率增加时，接入时延和平均退出的用户数增加。

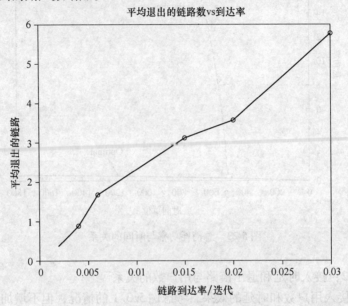

图 5-25　平均退出链路与用户到达率的关系

5.4　衰减信道中的分布式功率控制

在 5.2 节中介绍的早期 DPC 研究工作（Bambos 2000，Jantti and Kim 2000，Jagannathan et al. 2002，Dontula and Jagannathan 2004）忽略了无线信道中的变化。实际上，它们均假设：1）只考虑路径损耗；2）信道中不存在其他不确定性；3）干扰保持不变。因此，这些算法的收敛速度和相应的功率更新在高动态变化的无线环境中是一个问题。在这个环境中用户的移动是很平常的，屏蔽和瑞利衰落效应是信道中的典型现象。本节中提出的工作就是要克服这些限制。

在本节中，对于具有信道不确定性的下一代无线网络，我们提出一种新的DPC 方案（Jagannathan et al. 2006）。该算法对缓慢变化信道的变化进行估计，随后用于功率更新以保持所希望的 SIR。该算法本质上是高度分布式的，不需要内联通信、集中式计算以及不存在相互影响，而这些是集中式控制的网络环境中所需要的。另外，存在信道不确定性时，改进的 DPC 方案（Jagannathan et al. 2006）比其他方案收敛更快。由于不需要内联通信，使得网络容量得以增加，以及从错误事件中更容易地进行控制恢复变得可能。

5.4.1　无线信道的不确定性

无线通信系统的基本限制来自无线信道。发射机和接收机之间的路径可能是简单可视的，也可能受到建筑物、山以及植物叶子的严重阻碍。不像有线信道稳定和可预测，无线信道涉及许多不确定因素，所以它们极度随机和不易分析。无线网络中信道的不确定性例如路径损耗、屏蔽以及瑞利衰落可降低接收机的信号功率，从而导致接收 SIR 的波动，降低了 DPC 方案的性能。在研究 DPC 方案之前了解这些不确定性是重要的。

5.4.1.1　路径损耗

正如前面给出的，若考虑路径损耗，功率的衰减符合倒 4 次方律(Aein 1973)：

$$g_{ij} = \frac{\bar{g}}{d_{ij}^n} \tag{5-44}$$

式中，$\bar{g}$ 是常数且通常等于 1；d_{ij} 是第 j 条链路发射机与第 i 条链路接收机之间的距离；n 是路径损耗指数。为适应不同的传播环境，研究得到了不同的 n 的取值，具体取决通于信介质的特性。在我们的仿真中取 $n=4$，其通常用于表示城市环境中的路径损耗。另外，在不存在用户应移动的情况下，g_{ij} 是常数。

5.4.1.2　屏蔽

高层建筑，山以及其他物体会阻挡无线信号。通常在高层建筑的后面或两个高层建筑中间会形成一个通信盲区。这在大城市中特别常见。因子 $10^{0.1\zeta}$ 通常用来描述屏蔽对接收功率的衰减(Canchi and Akaiwa 1999，Hashem and Sousa 1998)，其中 ζ 假设为高斯随机变量。

5.4.1.3　瑞利衰落

在移动无线信道中，瑞利分布通常用来描述所接收到的平坦衰落信号包络或单个多径分量的包络随时间变化的统计特性。瑞利分布的概率密度函数(Probability Density Function，PDF)为(Rappaport 1999)

$$p(x) = \begin{cases} \dfrac{x}{\sigma^2}\exp\left(-\dfrac{x^2}{2\sigma^2}\right) & (0 \leqslant x \leqslant \infty) \\ 0 & x < 0 \end{cases} \tag{5-45}$$

式中，x 是随机变量；σ^2 是瑞利分布的衰落包络。

因为信道的不确定性导致传输信号失真，因此这些不确定性的影响用信道损耗(增益)因子来表示，通常为发射功率的倍数。信道增益或损耗 g 可以表示为(Canchi and Akaiwa 1999)

$$g = f(d, n, X, \zeta) = d^{-n}10^{0.1\zeta}X^2 \tag{5-46}$$

式中，d^{-n} 是路径损耗的效应；$10^{0.1\zeta}$ 对应屏蔽效果。对于瑞利衰落，功率损耗的典型表示为 X^2，这里 X 是符合瑞利分布的随机变量。通常信道增益 g 为时间函数。

5.4.2　分布式功率控制方案研究

对于每条网络链路而言，发射功率控制的目的是保持所需的 SIR 阈值，并在信道不确定情况下调整发射功率使得消耗的功率尽可能少。假设网络中的链路数为 $N \in Z_+$。令 g_{ij} 为第 j 条链路发射机到第 i 条链路接收机的功率损耗（增益），其涉及自由空间损耗、多径损耗，其他无线电波的传播效应，以及 CDMA 传输的扩频/处理增益。功率损耗被认为符合方程(5-46)给出的关系。在上述不确定性情况下，我们的目标是提出一种新的 DPC 方案，并和其他方案进行性能对比。

信道不确定性表现在所有发射—接收对的功率损耗（增益）系数中。第 i 条链路接收机 t 时刻 SIR 值 $R_i(t)$ 计算（Jagannathan et al. 2006）如下：

$$R_i(t) = \frac{g_{ii}(t)P_i(t)}{I_i(t)} = \frac{g_{ii}(t)P_i(t)}{\sum_{j \neq i} g_{ij}(t)P_j(t) + \eta_i(t)} \tag{5-47}$$

式中，$i, j \in \{1, 2, 3, \cdots, n\}$；$I_i(t)$ 是干扰；$P_i(t)$ 是链路上的发射功率；$P_j(t)$ 是所有其他节点的发射功率，$\eta_i(t) > 0$ 表示接收节点的热噪声。对于每条链路 i，存在更低的 SIR 阈值 γ_i。因此，我们要求

$$\gamma_i \leqslant R_i(t) \leqslant \gamma_i^* \tag{5-48}$$

对于所有的 $i = 1, 2, 3, \cdots, n$。为方便起见，所有链路较低的阈值可以取值等于 γ，其反映了为正常工作链路须维持的某种 QoS。另外，设置一个 SIR 的上界，以降低其发射功率对其他接收节点造成的干扰。在研究文献中已提出了多种 DPC 方案。最近的 DPC 研究包括 Bambos 等人(2000)的工作，Jantti and Kim(2000)提出的 CSOPC，Jagannathan 等人(2002)提出的 SSCD 和最佳 DPC 方案，以及 Dontula 和 Jagannathan(2004)的研究，这些已在前面章节讨论过。下面给出算法。

5.4.2.1　SIR 的误差变化

在前面 5.2 节和 5.3 节中给出的 DPC 方案，只考虑了路径损耗的不确定性。因此，可以观察到衰落情况下中断概率较高，这在仿真中也得到了验证。本节给出的研究旨在显示存在多种信道不确定性时的性能。

然而，当考虑信道的不确定性时，在时域中信道随时间变化，所以 $g_{ij}(t)$ 不是常数。在 Lee Park(2002)中，提出了一种新的 DPC 算法，其假设干扰 $I_i(t)$ 为常数，而将 $g_{ii}(t)$ 看作由于瑞利衰落而随时间变化的函数。由于这是一个强假设，本文给出一种新的 DPC 方案(Jagannathan et al. 2006)，其中 $g_{ii}(t)$ 和干扰 $I_i(t)$ 均随时间变化，并考虑所有移动用户的信道不确定性。这放松了其他研究对 $g_{ij}(t)$ 和 $P_j(t)$ 为常数的要求。

考虑方程(5-47)中的 SIR，其中功率损耗 $g_{ij}(t)$ 被认为符合信道时变的特性，对方程(5-47)微分得到

$$R_i(t)' = \frac{(g_{ii}(t)P_i(t))'I(t) - (g_{ii}(t)P_i(t))I(t)'}{I_i^2(t)} \tag{5-49}$$

式中，$R_i(t)'$ 是 $R_i(t)$ 的微分；$I_i(t)'$ 是 $I_i(t)$ 的微分。

将微分方程转换到离散时间域，利用欧拉公式将 $x'(t)$ 表示为 $\dfrac{x(l+1) - x(l)}{T}$，其中 T 为抽样间隔。方程(5-49)离散时间的表示为

$$
\begin{aligned}
R_i(t)' &= \frac{(g_{ii}(t)P_i(t))'I(l) - (g_{ii}(t)P_i(t))I(l)'}{I_i^2(t)} \\
&= \frac{1}{I_i^2(l)}\Big[g_{ii}'(l)P_i(l)I(l) + g_{ii}(l)P_i'(l)I_i(l) - g_{ii}(l)P_i(l)\Big(\sum_{j\neq i} g_{ij}(l)P_j(l) \\
&\quad + \eta_i(t) \Big)' \Big]
\end{aligned} \tag{5-50}
$$

也就是说

$$
\begin{aligned}
\frac{R_i(l+1) - R_i(l)}{T} &= \frac{1}{I_i(l)}\frac{g_{ii}(l+1) - g_{ii}(l)}{T}P_i(l) + \frac{1}{I_i(l)}g_{ii}(l)\frac{P_i(l+1) - P_i(l)}{T} \\
&\quad - \frac{g_{ii}(l)P_i(l)}{I_i^2(l)}\sum_{j\neq i}\Big(\frac{g_{ij}(l+1) - g_{ij}(l)}{T}P_j(l) \\
&\quad + \frac{P_j(l+1) - P_j(l)}{T}g_{ij}(l) \Big)
\end{aligned} \tag{5-51}
$$

去除两边的 T，组合得到

$$
\begin{aligned}
R_i(l+1) &= \Bigg[\frac{g_{ii}(l+1) - g_{ii}(l)}{g_{ii}(l)} \\
&\quad - \frac{\sum_{j\neq i}\{[g_{ij}(l+1) - g_{ij}(l)]P_j(l) + [P_j(l+1) - P_j(l)]g_{ij}(l)\}}{I_i(l)} \Bigg] \\
&\quad \times R_i(l) + g_{ii}(l)\frac{P_i(l+1)}{I_i(l)}
\end{aligned} \tag{5-52}
$$

现在定义

$$
\begin{aligned}
\alpha_i(l) &= \frac{g_{ii}(l+1) - g_{ii}(l)}{g_{ii}(l)} \\
&\quad - \frac{\sum_{j\neq i}\{[g_{ij}(l+1) - g_{ij}(l)]P_j(l) + [P_j(l+1) - P_j(l)]g_{ij}(l)\}}{I_i(l)} \\
&= \frac{\Delta g_{ii}(l)}{g_{ii}(l)} - \frac{\sum_{j\neq i}\Delta g_{ij}(l)P_j(l) + \Delta P_j(l)g_{ij}(l)}{I_i(l)}
\end{aligned} \tag{5-53}
$$

其中

$$\beta_i(l) = g_{ii}(l) \tag{5-54}$$

且

$$v_i(l) = \frac{P_i(l+1)}{I_i(l)} \tag{5-55}$$

方程(5-52)可以表示为

$$R_i(l+1) = \alpha_i(l)R_i(l) + \beta_i(l)v_i(l) \tag{5-56}$$

包含噪声时，方程(5-52)可以写成

$$R_i(l+1) = \alpha_i(l)R_i(l) + \beta_i(l)v_i(l) + r_i(l)\omega_i(l) \tag{5-57}$$

式中，$\omega(l)$ 为均值为零的静态统计信道噪声，且系数为 $r_i(l)$。

每条链路 l 时刻的 SIR 可以由方程(5-57)得到。仔细观察方程(5-57)可以清楚地看到，$l+1$ 时刻的 SIR 是信道从 l 到 $l+1$ 时刻变化的函数。信道变化预先并不知道，这就使得 DPC 方案的研究变得困难和具有挑战性。由于 α 未知，所以 DPC 方案必须进行估计。如前面所指出的，到目前为止，所有已有方案的 DPC 都忽略了信道变化，因此，这些方案的性能差强人意。

现在，定义 $y_i(l) = R_i(l)$，则方程(5-57)可以表示为

$$y_i(l+1) = \alpha_i(l)y_i(l) + \beta_i(l)v_i(l) + r_i(l)\omega_i(l) \tag{5-58}$$

下面给出两种情况下 DPC 的研究。

情况 1 已知 α_i，β_i 和 r_i。在这种情况下，可以选择反馈为

$$v_i(l) = \beta_i^{-1}(l)\left[-\alpha_i(l)y_i(l) - r_i(l)\omega_i(l) + \gamma + k_v e_i(l)\right] \tag{5-59}$$

其中定义 SIR 的误差为 $e_i(l) = R_i(l) - \gamma$。这意味着

$$e_i(l+1) = k_v e_i(l) \tag{5-60}$$

通过将特征值置于单位圆内来适当地选择 k_v，可以容易地说明闭环 SIR 系统平均渐进稳定或渐进稳定，即 $\lim_{l \to \infty} E\{e_i(l)\} = 0$。这说明 $y_i(l) \to \gamma$。

情况 2 未知 α_i，β_i 和 r_i。在这种情况下，方程(5-58)可以表示为

$$y_i(l+1) = \begin{bmatrix} \alpha_i(l) & r_i(l) \end{bmatrix}\begin{bmatrix} y_i(l) \\ \omega_i(l) \end{bmatrix} + \beta_i(l)v_i(l)$$

$$= \boldsymbol{\theta}_i^{\mathrm{T}}\boldsymbol{\psi}_i(l) + \boldsymbol{\beta}_i(l)v_i(l) \tag{5-61}$$

式中，$\boldsymbol{\theta}_i(l) = \begin{bmatrix} \alpha_i(l) & r_i(l) \end{bmatrix}$ 为未知参数矢量，$\boldsymbol{\psi}_i(l) = \begin{bmatrix} y_i(l) \\ \omega_i(l) \end{bmatrix}$ 是回归矢量。选择 DPC 反馈为

$$v_i(l) = \boldsymbol{\beta}_i^{-1}(l)\left[-\hat{\boldsymbol{\theta}}_i(l)\boldsymbol{\psi}_i(l) + \gamma + k_v e_i(l)\right] \tag{5-62}$$

式中，$\hat{\boldsymbol{\theta}}_i(l)$ 是 $\theta_i(l)$ 的估值，则 SIR 误差系统表示为

$$e_i(l+1) = k_v e_i(l) + \boldsymbol{\theta}_i^T(l)\boldsymbol{\psi}_i(l) - \hat{\boldsymbol{\theta}}_i^T(l)\boldsymbol{\psi}_i(l)$$

$$= k_v e_i(l) + \tilde{\boldsymbol{\theta}}_i^T(l)\boldsymbol{\psi}_i(l) \tag{5-63}$$

式中，$\tilde{\theta}_i(l) = \theta_i(l) - \hat{\theta}_i(l)$ 为估计误差。由方程(5-63)可以清楚看到，闭环 SIR 误差系统由信道估计误差驱动。若能恰当地估计信道不确定性，则估计误差趋于零。在这种情况下，方程(5-63)变成方程(5-60)。在出现估计误差时，只能显示 SIR 误差的有界性。如果信道不确定性被恰当地估计，我们可以显示实际的 SIR 趋于目标值。图 5-26 所示为所提出的 DPC 方案的框图，其中接收机包含信道估计和功率选择。为进一步处理，需要假设 5.4.1 并预先声明。

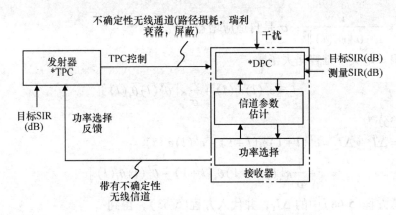

* TPC：发射功率控制，* DPC：分布式功率控制

图 5-26　存在信道不确定性的分布式功率控制框图

表 5-3　估值误差为零时衰落信道的分布式功率控制

SIR 系统状态方程	$y_i(l+1) = \begin{bmatrix} \alpha_i(l) & r_i(l) \end{bmatrix} \begin{bmatrix} y_i(l) \\ \omega_i(l) \end{bmatrix} + \beta_i(l)v_i(l)$
	$= \theta_i^T(l)\psi_i(l) + \beta_i(l)v_i(l)$
其中	$y_i(l) = R_i(l)$
SIR 误差	$e_i(l) = R_i(l) - \gamma_i$
反馈控制	$v_i(l) = \beta_i^{-1}(l)\left[-\hat{\theta}_i(l)\psi_i(l) + \gamma_i + k_v e_i(l) \right]$
信道参数更新	$\hat{\theta}_i(l+1) = \hat{\theta}_i(l) + \sigma\psi_i(l)e_i^T(l+1)$
功率更新	$P_i(l+1) = (v_i(l)I_i(l) + P_i(l))$
其中 k_v，γ_i，σ 和 η_i 为设计参数	

5.4.2.2　自适应方案研究

假设 5.4.1

信道变化比参数更新缓慢。

定理 5.4.1

给定前面提出的 DPC(针对信道不确定性),若 DPC 方案的反馈如方程(5-62),则平均信道估计误差和平均 SIR 误差渐进地收敛于零,若参数更新方式如下:

$$\hat{\theta}_i(l+1) = \hat{\theta}_i(l) + \sigma\psi_i(l)e_i^T(l+1) \tag{5-64}$$

假若

$$\sigma\|\psi_i(l)\|^2 < 1 \tag{5-65}$$

$$k_{vmax} < \frac{1}{\sqrt{\delta}} \tag{5-66}$$

式中,$\delta = \dfrac{1}{1-\upsilon\|\psi_i(l)\|^2}$;$\sigma$ 是自适应增益。

证明　定义李雅普诺夫函数

$$J_i = e_i^T(l)e_i(l) + \frac{1}{\sigma}\kappa[\tilde{\theta}_i^T(l)\tilde{\theta}_i(l)] \tag{5-67}$$

其一阶差分为

$$\Delta J = \Delta J_1 + \Delta J_2 = e_i^T(l+1)e_i(l+1) - e_i^T(l)e_i(l)$$
$$+ \frac{1}{\sigma}\kappa[\tilde{\theta}_i^T(l+1)\tilde{\theta}_i(l+1) - \tilde{\theta}_i^T(l)\tilde{\theta}_i(l)] \tag{5-68}$$

考虑方程(5-68)中的 ΔJ_1,并代入方程(5-63),得到

$$\Delta J_1 = e_i^T(l+1)e_i(l+1) - e_i^T(l)e_i(l)$$
$$= (k_ve_i(l) + \tilde{\theta}_i^T(l)\psi_i(l))^T(k_ve_i(l) + \tilde{\theta}_i^T(l)\psi_i(l)) - e_i^T(l)e_i(l) \tag{5-69}$$

取出方程(5-68)中的第二项并代入方程(5-64),得到

$$\Delta J_2 = \frac{1}{\sigma}\kappa[\tilde{\theta}_i^T(l+1)\tilde{\theta}_i(l+1) - \tilde{\theta}_i^T(l)\tilde{\theta}_i(l)]$$
$$= -2[k_ve_i(l)]^T\tilde{\theta}_i^T(l)\psi_i(l) - 2[\tilde{\theta}_i^T(l)\psi_i(l)]^T[\tilde{\theta}_i^T(l)\psi_i(l)]$$
$$+ \sigma\psi_i^T(l)\psi_i(l)[k_ve_i(l) + \tilde{\theta}_i^T(l)\psi_i(l)]^T[k_ve_i(l) + \tilde{\theta}_i^T(l)\psi_i(l)] \tag{5-70}$$

结合方程(5-69)和方程(5-70),得到

$$\Delta J = -e_i^T(l)[I - (1 + \sigma\psi_i^T(l)\psi_i(l)k_v^Tk_v)]e_i(l)$$
$$+ 2\sigma\psi_i^T(l)\psi_i(l)[k_ve_i(l)]^T[\tilde{\theta}_i^T(l)\psi_i(l)]$$
$$- (1 - \sigma\psi_i^T(l)\psi_i(l))[\tilde{\theta}_i^T(l)\psi_i(l)]^T[[\tilde{\theta}_i^T(l)\psi_i(l)]]$$
$$\leqslant -(1 - \delta k_{vmax}^2)\|e_i(l)\|^2 - (1 - \sigma\|\psi_i(l)\|^2)\left\|\tilde{\theta}_i^T(l)\psi_i(l)\right.$$
$$\left. - \frac{\sigma\|\psi_i(l)\|^2}{1 - \sigma\|\psi_i(l)\|^2}k_ve_i(l)\right\|^2 \tag{5-71}$$

式中，δ 如方程(5-66)后的说明。对方程两边取期望值，得到
$$E(\Delta J) \leqslant -E \times$$

$$\left((1-\delta k_{v\max}^2)\|e_i(l)\|^2 - (1-\sigma\|\psi_i(l)\|^2)\left\| \tilde{\theta}_i^T(l)\psi_i(l) - \frac{\sigma\|\psi_i(l)\|^2}{1-\sigma\|\psi_i(l)\|^2}k_v e_i(l) \right\|^2 \right) \tag{5-72}$$

由于 $E(J)>0$ 和 $E(\Delta J)\leqslant 0$，从李雅普诺夫角度来看，这意味着平均稳定性，在给定条件(方程(5-65))和(方程(5-66))成立的情况下，$E[e_i(l)]$ 和 $E[\tilde{\theta}_i(l)]$（从而 $E[\hat{\theta}_i(l)]$）平均有界如果 $E[e_i(l_0)]$ 和 $E[\tilde{\theta}_i(l_0)]$ 平均有界。对方程(5-72)两边求和并取极限 $\lim_{l\to\infty}E(\Delta J)$，则 SIR 误差收敛即 $E[\|e_i(l)\|]\to 0$。

现在，考虑采用所提 DPC 方案闭环 SIR 误差系统且信道估计误差 $\varepsilon(l)$ 为
$$e_i(l+1) - k_v e_i(l) + \tilde{\theta}_i^T(l)\psi_i(l) + \varepsilon(l) \tag{5-73}$$
该 DPC 方案由表5-4 给出，该方案应用在信道误差估计不为零的时候。实际上，下面定理显示，当信道估计误差不为零时，SIR 和信道参数估计误差有界。

表5-4　衰落信道分布式功率控制：非理性情况（估计误差不为零）

SIR 系统状态方程	$y_i(l+1) = \begin{bmatrix} \alpha_i(l) & r_i(l) \end{bmatrix}\begin{bmatrix} y_i(l) \\ \omega_i(l) \end{bmatrix} + \beta_i(l)v_i(l)$ $= \theta_i^T(l)\psi_i(l) + \beta_i(l)v_i(l)$
其中	$y_i(l) = R_i(l)$
SIR 误差	$e_i(l) = R_i(l) - \gamma_i$
反馈控制	$v_i(l) = \beta_i^{-1}(l)\left[-\hat{\theta}_i(l)\psi_i(l) + \gamma_i + k_v e_i(l) \right]$
信道参数更新	$\hat{\theta}_i(l+1) = \hat{\theta}_i(l) + \sigma\psi_i(l)e_i^T(l+1) - \|I-\psi_i^T(l)\psi_i(l)\|\hat{\theta}_i(l)$
功率更新	$p_i(l+1) = (v_i(l)I_i(l) + p_i(l))$
其中 k_v，γ_i，σ 和 η_i 为设计参数	

定理 5.4.2

给定定理 5.4.1 中的假设，信道不确定性（路径损耗，屏蔽和瑞利衰落）可以估计为

$$\hat{\theta}_i(l+1) = \hat{\theta}_i(l) + \sigma\psi_i(l)e_i^T(l+1) - \|I-\psi_i^T(l+1)\psi_i(l)\|\hat{\theta}_i(l) \tag{5-74}$$

式中，$\varepsilon(l)$ 是估计误差且有上界即 $\|\varepsilon(l)\|\leqslant\varepsilon_N$，$\varepsilon_N$ 为已知常数。当方程(5-65) 和方程(5-66)成立时，SIR 和估计参数的平均误差有界。

证明　见 Jagannathan et al(2006)。

5.4.2.3　仿真举例

例 5.4.1：衰落信道的 DPC 评估

在仿真中，网络中所有移动用户在信道不确定的情况下必须获得所期望的目标

SIR 值 γ_i。SIR 值用于衡量接收信号的质量，确定需要采取的控制行为。SIR 值 γ_i
可以表示为

$$\gamma_i = ((E_b/N_0)/(W/R)) \tag{5-75}$$

式中，E_b 是接收信号每比特的能量，单位为 W；N_0 是干扰功率，单位为 W/Hz，R
是比特率单位是 bit/s；W 是无线信道的带宽，单位为 Hz。

　　考虑一个蜂窝网络，其包含 7 个大小为 10km × 10km 大小的六边形蜂窝。每个
6 边形蜂窝通过一个位于中心位置的基站提供服务。每个蜂窝中移动用户处于随机
的位置。假设每个移动用户异步地更新功率，故而当第 i 条链路更新功率时其他移
动用户的功率不变。系统 η_i 中接收机的噪声取值为 10^{-12}。每个蜂窝试图达到的

SIR 的阈值 γ 为 0.04(13.9794dB)。每个比特的能量与每赫兹干扰功率的比值 $\dfrac{E_b}{N_0}$ 为

5.12dB。比特率 R_b 为 9600bit/s。无线信道带宽 B_c 为 1.2288MHz。每个移动用户
的最大功率 P_{max} 取值为 1mW。考虑信道在某一时刻剧烈变化和平缓变化两种情况。
不同 DPC 方案的系统仿真考虑的用户数为 100。在开始的少量仿真中，用户在蜂窝
中的位置是随机的。然后用户移动。

5.4.2.3.1　静止用户

　　情况 I：固定但突变的信道　在这种情况下，我们选择参数 $k_v = 0.01$ 和 $\sigma = 0.01$。图 5-27 所示为信道波动的结果 g_{ii} 随时间变化的情况，其遵从瑞利衰落和屏

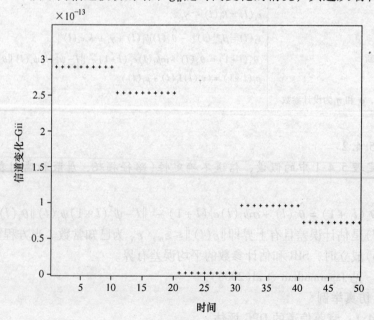

图 5-27　信道随时间的变化

蔽规律。尽管信道只在每隔 10 个单位时间点上剧烈变化，信道增益 g_{ii} 每隔 10 个时间单位变化一次，而在其他时间里为常数。图 5-28 给出了一个随机选择的移动用户的 SIR 曲线。由图中可以清楚看到，我们所提出的 DPC 方案是唯一能在信道变化时保持目标 SIR 的方案。图 5-29 所示为网络中所有移动用户的总功耗曲线。结

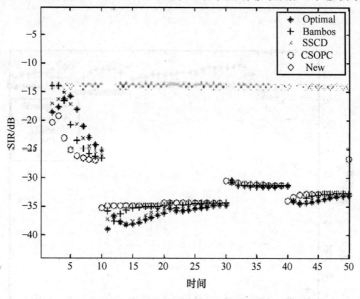

图 5-28　一个随机选择的用户的 SIR

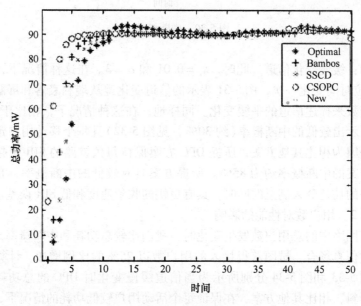

图 5-29　总功耗

果显示对整个网络而言，所有方案功耗相似(约 90mW)。图 5-30 所示为中断概率随时间变化的曲线，其中采用所提出的 DPC 方案的中断概率(接近于零)显著地小于其他方案(约 85%)，即我们的方法能够在信道变化时可容纳更多的移动用户，具有高信道利用率或容量。相应地，这意味着每个活动用户的功耗小于其他方案。

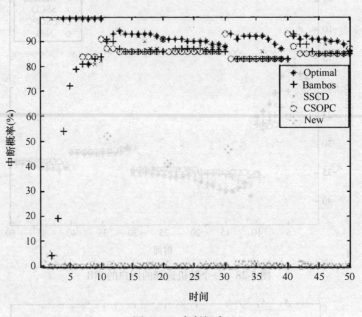

图 5-30　中断概率

情况 II：缓慢变化信道　此时，$k_v = 0.01$ 和 $\sigma = 3$。在这种情况下，尽管信道每 10 个单位时间变化一次，图 5-31 表示的信道变化遵从瑞利衰落和屏蔽规律。可采用线性函数来描述信道的平缓变化。同样地，在这种情况下，相比于其他方案，所提方案显示出较低的中断概率(约 30%，见图 5-32)且每个移动用户消耗的功率更少。这是因为相比其他方案，所提 DPC 方案保持每条链路的 SIR 更接近其目标值。其他方案的中断概率约为 85%。所提方案具有较低的中断概率，是因为在每个活动用户的功耗令人满意的同时，具有更快的收敛速度和低 SIR 误差。

例 5.4.2：用户数对性能的影响

当蜂窝网络中的总用户数发生变化时，我们比较总功耗和中断概率是如何变化的。在这种仿真场合，试图获得接入的用户数以 25% 的比例增加，计算相应的中断概率。图 5-33 和图 5-34 分别所示为当信道缓慢变化时 DPC 的总功耗和中断概率。不出所料，相比其他方案，在保证每个活动用户较低功耗的情况下，所提方案的中断概率明显要小。

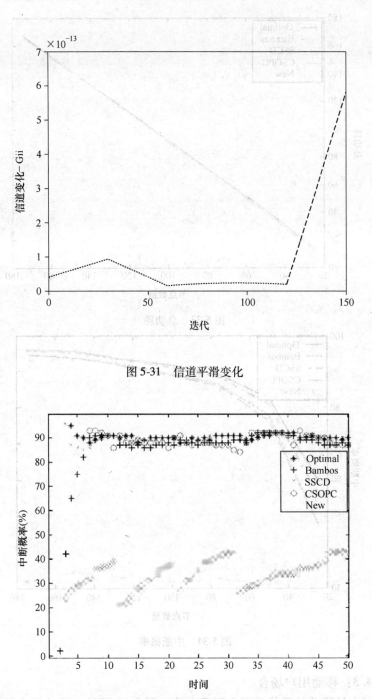

图 5-31　信道平滑变化

图 5-32　中断概率

因为用户是移动的且信道在不断变化，图 5-35 阶示了移动用户的中断估计算。
图 5-36 表示了移动位置的距离长度，在这种情况下，蜂窝网中的用户可有随无线

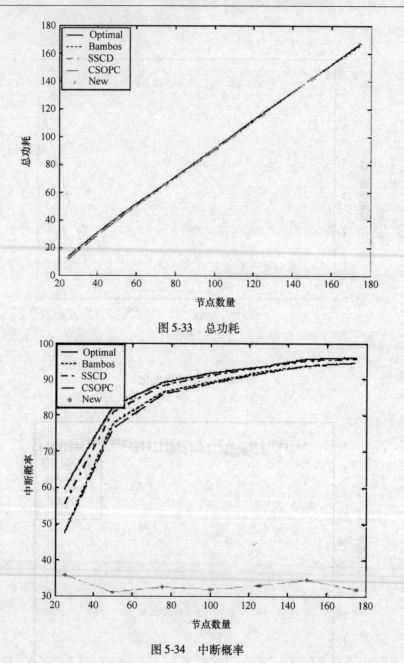

图 5-33 总功耗

图 5-34 中断概率

例 5.4.3：移动用户场合

因为用户是移动的且信道存在不确定性，图 5-35 所示为移动用户的起始位置，图 5-36 所示为移动位置的最后状态。在仿真开始时，蜂窝网中的用户可在预先确定的 8 个方向随机选择一个方向移动。用户在单位时间里最大的移动距离为 0.01km。由于单位时间很小，0.01km 对移动用户而言是相当大的距离。图 5-37 和图 5-38 所示为总功耗和相应的中断概率。显然，所提出的 DPC 相比其他方案(约 90%)，在保持每个活动用户低功耗的同时，具有更低的中断概率(平均约 30%)。

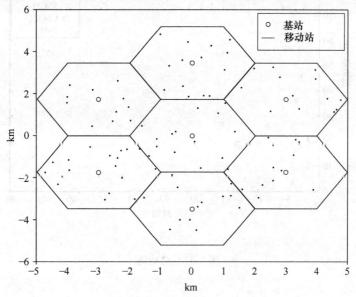

图 5-35　移动位置的初始状态

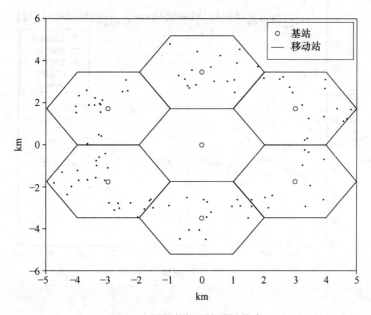

图 5-36　移动位置的最后状态

定的 8 个直期摆放连接一个十字路标志。由内容带单位时间时重大的减振动间面以
0.01km，由一里间内面脑下一 0.01km 对该动间为而看黑照置其里期间。图 5-37 和
图 5-38 给汇以入对调运期中面需要，其需要时对解决几效对几只其其前几只（约
90%），此面随其摆用户成功得的减到间，开启对间间的间那边后为到约 30% ?

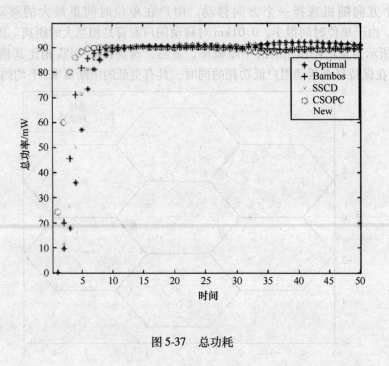

图 5-37　总功耗

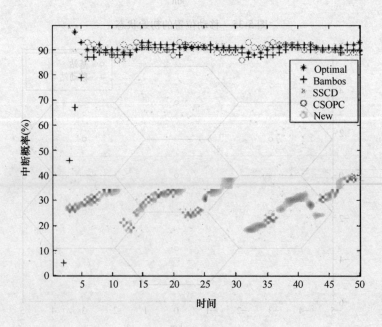

图 5-38　中断概率

5.5　结论

在本章中，提出的多个 DPC/ALP 方案抓住功率控制的本质性变化过程。可以观察到，所提出的 DPC/ALP 方案允许完全的分布式功率和接入允许控制，支持 ALP。这里的关键思路是在 SIR 的动态变化中，采用保护裕量(匹配逐渐增大的功率)。采用新的功率更新方案，分析显示，整个系统对每条链路保持一个期望的目标 SIR 值。通过多种情况下的仿真验证了分析结果，仿真中链路的达到为均匀分布。仿真结果显示，无论是在对等网络还是蜂窝网络中，我们的 DPC/ALP 方案相比已有文献中的方法，在收敛速度和最大网络容量等方面具有更好的性能。

随后，对所提方案进行改进以适应无线信道的不确定性，所得方案表现出令人满意的性能。仿真结果显示改进的 DPC 方案比其他方案收敛更快，且保持每条链路所期望的目标 SIR 值，以及能够更好地适应无线信道中的信道变化。存在信道不确定性时，相比其他方案，该 DPC 方案表现出更低的中断概率，且每个活动用户的功耗显著下降。因此，相比文献中已有的方案，本章中提出的 DPC 方案具有了更好的收敛性和最大网络容量。下一章将探讨这些方案在无线 Ad Hoc 网络中的应用。

参 考 文 献

Aein, J. M. , Power Balancing in Systems Employing Frequency Reuse, *COMSAT Technical Review*, 1973, pp. 277-299.

Alavi, H. and Nettleton, R. W. , Downstream power control for a spread spectrum cellular mobile radio system, in *Proceedings of IEEE GLOBECOMM*, 1982, pp. 84-88.

Bambos, N. , Chen, S. C. , and Pottie, G. J. , Channel access algorithms with active link protection for wireless communication networks with power control, *IEEE/ACM Transactions on Networking*, Vol. 8, 583-597, October 2000.

Bambos, N. , Toward power-sensitive network architectures in wireless communi-cations: concepts, issues and design aspects, *IEEE Personal Communications*, Vol. 5, June 1998, pp. 50-59.

Canchi, R. and Akaiwa, Y. , Performance of adaptive transmit power control in p/4 DQPSK mobile radio systems in flat Rayleigh fading channels, *Proceedings of the IEEE Vehicular Technology Conference*, Vol. 2, 1999, pp. 1261-1265. Dontula, S. and Jagannathan, S. , Active link protection for wireless peer-to-peer and cellular networks with power control, *Proceedings of the World Wireless Congress*, May 2004, pp. 612-617.

El-Osery, A. and Abdullah, C. , Distributed Power Control in CDMA Cellular Systems, *IEEE Antennas and Propagation Magazine*, Vol. 42, No. 4, August 2000, pp. 152-159.

Foschini, G. J. and Miljanic, Z. , A simple distributed autonomous power control algorithm and its convergence, *IEEE Transactions on Vehicular Technology*, Vol. 42, November 1993, pp. 641-646.

Grandhi, S., Vijayan, R., Goodman, D. J., A distributed algorithm for power control in cellular radio systems, *IEEE Transactions on Communications*, Vol. 42, No. 2, 226-228, April 1994.

Hanly, S., Capacity and power control in a spread spectrum macro diversity radio networks, *IEEE Transactions on Communications*, Vol. 44, 247-256, February 1996.

Hashem, B. and Sousa, E., Performance of cellular DS/CDMA systems employing power control under slow Rician/Rayleigh fading channels, *Proceedings of the International Symposium on Spread Spectrum Techniques and Applications*, Vol. 2, September 1998, pp. 425-429.

Jagannathan, S., Chronopoulos, A. T., and Ponipireddy, S., Distributed power con-trol in wireless communication systems, *IEEE International Conference on Computer Communications and Networks*, November 2002, pp. 493-496.

Jagannathan, S., Zawdniok, M., and Shang, Q., Distributed power control of trans-mitters in wireless cellular networks in the presence of fading channels, *IEEE Transactions on Wireless Communications*, Vol. 5, No. 3, 540-549, March 2006.

Jantti, R. and Kim, S. L., Second-order power control with asymptotically fast conver-gence, *IEEE Journal on selected areas in communications*, Vol. 18, No. 3, March 2000.

Lee, G. and Park, S. -C., Distributed power control in fading channel, *Electronics Letters*, Vol. 38, No. 13, 653-654, June 2002.

Lewis, F. L., *Optimal Control*, John Wiley and Sons, 1999.

Mitra, D., An asynchronous distributed algorithm for power control in cellular radio systems, *Proceedings of the 4th WINLAB workshop*, Rutgers University, New Brunswick, NJ, 1993.

Rappaport, T. S., *Wireless Communications*: *Principles and Practice*, Prentice Hall, 1999. Wu, Q., Optimum transmitter power control in cellular systems with heteroge-neous SIR thresholds, *IEEE Transactions on Vehicular Technology*, Vol. 49, No. 4, July 2000, pp. 1424-1429.

Zander, J., Distributed cochannel interference control in cellular radio systems, *IEEE Transactions on Vehicular Technology*, Vol. 41, August 1992, pp. 305-311.

习题

5.2 节

习题 5.2.1：采用包含 10 个蜂窝的网络，用户随机布设，评估 SSCD 方案的性能。画出每个用户的中断概率和总功耗曲线。采用例 5.2.1 中的参数。

习题 5.2.2：采用包含 10 个蜂窝的网络，用户随机布设，评估最佳 DPC 方案的性能。画出每个用户的中断概率和总功耗曲线。和 SSCD 方案的结果进行比较。采用例 5.2.1 中的参数。

5.3 节

习题 5.3.1：采用包含 10 个蜂窝的网络，用户随机布设，评估带有接入允许控制的 SSCD 方案的性能。画出每个用户的中断概率和总功耗曲线。采用例 5.2.1

中的参数。

习题 5.3.2：在对等网中评估带有接入控制的最佳 DPC 方案的性能。画出每个用户的中断概率和平均接入时延，以及平均退出链路数。和 SSCD 方案的结果进行比较。采用例 5.3.1 中的参数。

5.4 节

习题 5.4.1：采用含有 10 个蜂窝的网络，用户随机布设，评估带有嵌入式信道估计器的 DPC 方案的性能。考虑屏蔽以及缓慢和突变衰落情况，画出每个用户的中断概率和功耗曲线。采用例 5.4.1 中的参数。

习题 5.4.2：采用含有 10 个蜂窝分网络，用户随机布设但随后移动，评估 DPC 方案的性能。画出每个用户的中断概率和功耗曲线，采用例 5.4.3 中的参数，但节点移动性增大到每单位时间 0.02km。

第6章 无线 Ad Hoc 网络分布式功率控制和速率调整

第5章从理论分析和仿真两方面讨论了蜂窝网络中的分布式功率控制（Distributed Power Control，DPC）。近年来无线 Ad Hoc 网络变得非常重要。随着 IEEE 802.11 标准的诞生，无线通信技术得到了广泛的应用。Ad Hoc 是由一群无线移动节点动态地构成的暂时性网络，没有任何固定的基础设施或集中式管理。随着无线传感器网络应用的增加，Ad Hoc 网络取得了巨大的增长。对于无线网络而言，除了吞吐量、丢失率和端到端时延外，能量的有效性被证明是重要的 QoS 指标。因此，即使对于 Ad Hoc 无线和传感器网络来说，DPC 也是必需的。蜂窝网络中研究的 DPC 可以扩展到无线 Ad Hoc 网络。

在本章中，将重新审视前面章节中提出的 DPC 方案，并基于 DPC 提出存在信道不确定性如路径损耗、屏蔽和瑞利衰落的无线 Ad Hoc 网络（Zawodniok and Jagannathan 2004）的介质访问控制（Medium Access Control，MAC）协议。DPC 快速估计信道的时变特性，并由此选择适当的发射功率，即使对于无线和传感器网络，以保持接收机的信干比（Signal-to-Interference Ratio，SIR）。为适应信道状态的突变，在功率选择时引入安全因子。这里并不要求其他研究中链路功率更新时干扰为常数的标准假设。

无线 Ad Hoc 网络的 DPC 性能可以通过分析的方法得到，因为其和蜂窝网络的性能分析是完全相同的。而且，采用所提出的 DPC 方案选择所有传输 RTS-CTS-DATA-ACK 帧的功率，可以实现节能和适当提高空间复用率。通常在 Ad Hoc 网络中遇到的隐藏终端问题，可以通过周期性地加大功率来克服。应用 NS-2 仿真来比较所提出方案与 802.11 的性能。在信道变化时，所提 MAC 协议的吞吐量显著高于802.11，而且单个比特的传输功耗更低。

6.1 DPC 简介

发射功率控制的目的在于增加网络容量的同时最小化功耗，以及通过对公共接口的管理延长移动单元的电池寿命，使得移动单元满足其 SIR 和其他服务质量（Quality of Service，QoS）要求。蜂窝网络执行严格的 DPC（Bambos 1998，Dontula and Jagannathan 2004，Jagannathan et al. 2002，Jagannathan et al. 2004，Hashem and Sousa 1998）。无线 Ad Hoc 网络的 DPC 方案研究很少（Park and Sivakumar 2002，

Jung and Vaidya 2002，Gomez et al. 2001，Karn 1990，Pursley et al. 2000）。Ad Hoc 网络由于节点的移动和通信链路的失效使得网络拓扑常常发生变化。相似内容参见 Maniezzo et al.（2002），Woo and Culler（2001），Ye et al.（2002），Singh and Raghavendra（1998）。

不像有线网络，无线网络信道的不确定性，例如路径损耗、屏蔽以及瑞利衰落，会衰减发射信号的功率而引起接收 SIR 的波动，进而导致 DPC 性能的下降。SIR 低意味误码率（Bit Error Rate，BER）高，这不能令人满意。报道的 Ad Hoc 网络 DPC 方案（Park and Sivakumar 2002，Jung and Vaidya 2002，Gomez et al. 2001，Karn 1990，Pursley et al. 2000）假设：1）只有路径损耗；2）不存在其他信道不确定性；3）在用户功率更新时，用户公共接口保持不变。另外，没有充分考虑提高空间复用因子。我们以前的工作（Jagannathan et al. 2004）是研究适应蜂窝网络信道的不确定性的新协议。目前尚未见到针对 Ad Hoc 网络信道不确定性的研究报道。

另外，如第一章提到的在 Ad Hoc 网络中，发送请求（Request To Send，RTS）和发送清除（Clear To Send，CTS）消息用于建立发射机和接收机之间数据传输的连接。在文献（Jung and Vaidya 2002，Gomez et al. 2001）中，作者提出只对 RTS-CTS 采用最大发射功率，而 DATA 和 ACK 的发射采用很低的功率。该较低功率值根据 RTS 和 CTS 的接收条件来计算。然而，在 RTS 和 DATA 发送之间信道状态可能发生变化，导致功率选择不准确。另一方面，Jung and Vaidya（2002）指出，在 802.11 中采用用于 DATA 和 ACK 帧的 DPC 方案计算发射功率会导致 QoS 的下降。同时会出现更多的碰撞，从而大量增加重传的次数。因此，这导致节点功耗增大，吞吐量减小，和网络利用率下降。另外，以前的无线 Ad Hoc 网络 DPC 方案（Park and Sivakumar 2002，Jung and Vaidya 2002，Gomez et al. 2001，Karn 1990，Pursley et al. 2000）没有采用数学分析来讨论性能的确保。Zawodniok and Jagannathan（2004）的研究克服了这些问题。

本章将上一章介绍的带有嵌入式信道预测的 DPC 方案，扩展到无线 Ad Hoc 网络，应用存在路径损耗、屏蔽和瑞利衰落等无线信道不确定性时的 DPC，设计了无线 Ad Hoc 网络信道访问控制（Medium Access Control，MAC）协议。该嵌入式方案预测下次传输时信道的时变衰落状态，这与文献（Jung and Vaidya 2002，Gomez et al. 2001）不同，其根据前面传输的延时信道参数，选择后续传输的功率。Zawodniok and Jagannathan（2004）中的 MAC 采用 DPC 方案更新功率，以保持接收机的目标 SIR。为使得信道状态的突变对功率选择影响最小，引入一个安全因子。理论分析显示，在存在信道不确定性时，该 DPC 方案可收敛于任意目标 SIR 值。另外，所提出的 MAC 协议在克服隐藏终端的同时，对所有 MAC 帧（RTS，CTS，DATA 和 ACK）自适应地分配功率。结果是可以看到，空间复用因子得到适当的改善。最后，给出了和标准 802.11 协议的比较结果。

6.2　信道不确定性

不同于有线网络信道的稳定和可预测，无线信道涉及许多不确定因素，使得其难以分析。我们集中于主要的信道不确定性如路径损耗、屏蔽和瑞利衰落。

6.2.1　信干比

链路上的每个节点测量信道中的干扰，并将干扰信息通知发射端。另外，每条链路自主地决定如何调整发射功率。所以，决定做出在链路层上是完全分布式的。因此，和集中式操作的开销相比，DPC 中的反馈控制开销是最小的。由于每一个接收端向发送端发送反馈，前面章节中的 DPC 可被扩展到无线 Ad Hoc 网络和传感器网络中。

发射功率控制的目的主要是维持每一条网络链路的目标 SIR 阈值，虽然在信道不确定性时对发射功率进行调整能够使得功耗尽可能小。假设网络存在 $N \in Z_+$ 条链路。令 g_{ij} 为第 j 条链路发射端到第 i 条链路接收端的功率损耗（增益）。功率损耗被认为符合下面段落描述的关系。

计算第 i 条链路接收端 t 时刻的 SIR 值 $R_i(t)$ 如下：

$$R_i(t) = \frac{g_{ii}(t)P_i(t)}{I_i(t)} = g_{ii}(t)P_i(t) \Big/ \sum_{j \neq i} g_{ij}(t)P_j(t) + \eta_i(t) \tag{6-1}$$

其中 $i, j \in \{1, 2, 3, \cdots, n\}$，$I_i(t)$ 表示干扰，$P_i(t)$ 为链路发射功率，$P_j(t)$ 为所有其他节点的发射功率，且 $\eta_i(t) > 0$ 为接收节点处的噪声变化。对每条链路 i，有 SIR 阈值的下界 γ_i 和上界 γ_i^*。因此，我们要求

$$\gamma_i \leq R_i(t) \leq \gamma_i^* \tag{6-2}$$

对于每一个 $i = 1, 2, 3, \cdots, n$，为方便起见，认为所有链路阈值的下界是相等的，其反映了链路正常工作所必须维持某个 QoS。同时设置 SIR 的一个上限以控制干扰。

6.2.2　存在不确定性的无线信道模型

无线信道是无线通信系统的基本限制。收发端之间路径可以从视线清晰的状态变化到被建筑物、山和树叶严重阻碍。在无线 Ad Hoc 网络中，信道的不确定性如路径损耗、屏蔽和瑞利衰落减弱了发射信号的功率，导致接收 SIR 波动从而降低了 DPC 方案的性能。这些不确定性（见第 5 章）的效应可以通过信道损耗（增益）因子来表示，通常为发射功率的倍数。因此，信道损耗或增益 g 可以表示为（Rappaport 1999，Canchi and Akaiwa 1999）

$$g = f(d, n, X, \zeta) = d^{-n} \cdot 10^{0.1\zeta} X^2 \tag{6-3}$$

式中，d^{-n}是路径损耗效应；$10^{0.1\xi}$是屏蔽效应。

对于瑞利衰落，功率损耗的典型模型为X^2，其中 X 是符合瑞利分布的随机变量。通常，信道增益 g 是时间函数。

6.3　分布式自适应功率控制

已有 DPC 方案（Bambos 1998，Janti and Kim 2000，Dontula and Jagannathan 2004，Jagannathan et al. 2002）只考虑了路径损耗的不确定性。文献（Bambos 1998）中提出的 DPC 算法似乎在收敛速度上低于文献（Dontula and Jagannathan 2004）中的蜂窝网络中的算法，且中断概率略高。然而，出现其他信道不确定性时，这些 DPC 方案不能获得像在蜂窝网络中（Jagannathan et al. 2004）那样令人满意的性能。本章工作旨在说明无线 Ad Hoc 网络存在多种信道不确定时 DPC 的性能，因为蜂窝网络和 Ad Hoc 网络之间有显著差别。

由于考虑到不确定信道随时间变化，因此 $g_{ij}(t)$ 不是常数。在 Lee and Park（2002）的工作中，提出了一种新的 DPC 算法，其中 $g_{ij}(t)$ 被看作因瑞利衰落而随时间变化的函数，假设干扰 $I_i(t)$ 始终为常数。因为假设不符合实际，本文给出了一种新的 DPC 方案，$g_{ij}(t)$ 和 $I_i(t)$ 均随时间变化，并且考虑了所有移动用户的信道不确定性。换句话说，在所有已有的工作（Bambos et al. 2000，Janti and Kim 2000，Dontula and Jagannathan 2004）中，$g_{ij}(t)$ 和 $I_i(t)$ 都被认为是不变的，但在我们的研究中，去除了这个假设。另外，我们的研究也去除了文献（Jagannathan et al. 2004）中输入信号持续激励的要求。

采用第 5 章的分析方法和相似的符号，给出两种情况下 Ad Hoc 网络 DPC 的计算。

情况 1　α_i，β_i 和 r_i 已知。在这种情况下，选择反馈控制为

$$v_i(l) = \beta_i^{-1}(l)[\gamma - \alpha_i(l)y_i(l) - r_i(l)\omega_i(l) + k_v e_i(l)] \tag{6-4}$$

其中 SIR 误差定义为 $e_i(l) = R_i(l)$。由此得到

$$e_i(l+1) = k_v e_i(l) \tag{6-5}$$

通过将特征值置于单位圆内适当地选择 k_v，可以容易地得到闭环 SIR 系统平均渐进稳定或渐进稳定，即 $\lim\limits_{l\to\infty}E\{e_i(l)\} = 0$。这说明 $y_i(l)\to\gamma$。

情况 2　α_i，β_i 和 r_i 未知。在这种情况下，SIR 误差方程（见第 5 章）可以表示为

$$y_i(l+1) = [\alpha_i(l)\quad \gamma_i(l)]\begin{bmatrix} y_i(l) \\ \omega_i(l) \end{bmatrix} + \beta_i(l)v_i(l) = \theta_i^T(l)\psi_i(l) + \beta_i(l)v_i(l)$$

$$\tag{6-6}$$

式中，$\theta_i^T(l) = [\alpha_i(l) \quad \gamma_i(l)]$ 是未知参数矢量；$\psi_i(l) = \begin{bmatrix} y_i(l) \\ \omega_i(l) \end{bmatrix}$ 是回归矢量。现在选择 DPC 的反馈控制为

$$v_i(l) = \beta_i^{-1}(l)[-\hat{\theta}_i(l)\psi_i(l) + \gamma + k_v e_i(l)] \tag{6-7}$$

式中，$\hat{\theta}_i(l)$ 是 $\theta_i(l)$ 的估值，则 SIR 误差系统表示为

$$e_i(l+1) = k_v e_i(l) + \theta_i^T(l)\psi_i(l) - \hat{\theta}_i^T(l)\psi_i(l) = k_v e_i(l) + \tilde{\theta}_i^T(l)\psi_i(l) \tag{6-8}$$

式中，$\tilde{\theta}_i(l) = \theta_i(l) - \hat{\theta}_i(l)$ 为估计误差。

由方程(6-8)，可以清楚看到无线 Ad Hoc 网络中，介于发射端–接收端之间的闭环 SIR 误差系统可由信道估计误差推导得到。若能够恰当地估计信道不确定性，则估计误差趋于零。在这种情况下，方程(6-8)变成了方程(6-5)。在存在估计误差时，只能显示 SIR 误差的界。若恰当地估计信道不确定性，我们可以说明实际 SIR 趋于目标值。为进一步讨论，文献 Jagannathan et al. (2004)使用了假设 6.3.1。

假设 6.3.1

和参数更新相比，信道变化缓慢。

注释1：

在信道状态相比于参数更新缓慢变化时，信道估计方案可以工作良好。然而，为适应信道条件的突变，研究中必须引入另外的安全因子。

现在考虑带有信道估计误差的闭环 SIR 误差系统 $e_i(l)$，得

$$e_i(l+1) = k_v e_i(l) + \tilde{\theta}_i^T(l)\psi_i(l) + \varepsilon(l) \tag{6-9}$$

式中，$\varepsilon(l)$ 是估计误差且有界，即 $\|\varepsilon(l)\| \leq \varepsilon_N$，$\varepsilon_N$ 为已知常数。

定理 6.3.1(收敛分析)

给定上面存在信道不确定性时的 Ad Hoc 网络 DPC 方案，假设输入信号持续激励，若选择方程(6-4)作为 DPC 方案的反馈，并用方程(5-64)更新参数，则平均信道估计误差和平均 SIR 误差渐进趋于零。

证明参见 Zawodniok and Jagannathan(2004)。

6.4　DPC 实现

本文所提出的 DPC 算法的最初版本是为蜂窝网络(Jagannathan et al. 2004)研究的，其相对简单。全双工链路和同步通信简化了信道增益的估计。另外，分组按预定的间隔发送。这使得能精确计算分组之间的信道条件，估值误差很小。而且，假设来自其他用户的干扰在同一时间只干扰一个特别的连接，所有连接同步更新功率。因此，分组传输时干扰不发生变化。

另一方面，根据 802.11 标准提出的 MAC 协议，采用了 CSMA/CA 随机访问方

法。这带来了额外的不确定性和挑战。因此，必须修改所提出的 DPC 算法，并且需要仔细地考虑 MAC 协议的实现问题。

6.4.1　DPC 反馈

用户分组的基本通信采用四次握手方式，包括 4 个帧：发送请求（RTS）——由源到宿；发送清除（CTS）——由宿到源；数据帧（DATA）——由源到宿；确认（ACK）——由宿到源。所有这些帧在无线 Ad Hoc 网络中通过单个无线信道传输。因此，任意两个节点间通信在共享的半双工信道进行。另外，握手可以在任意时刻启动。因此，链路受到的干扰在任何时间甚至在特殊帧传输期间都可能发生变化。所以，估计的功率反馈必须克服这类干扰的不确定性。

另外，同一方向的任意两次传输之间的时间间隔的变化是帧到帧的，这是因为下列原因。第一，四次握手帧的长度不同——从少量字节的 ACK 到超过 2500Byte 的 DATA。第二，因为分组传输间隔和信道竞争的原因，前后两次握手之间的时延差异很大。所以，如果 DPC 方案中接收端的反馈用于确定发射功率，则信道估计误差随这些时间差距而变化。因此，必须选择适当的目标，以克服这些不确定性导致的最差情况。在我们的实现中，采用了一个合适的安全因子来获得目标 SIR。

6.4.2　802.11 类型的 Ad Hoc 网络的 DPC 算法

在图 6-1 所示的所提出的实现中，为了成功实现 DPC，发射端和接收端之间采用了一个反馈环。所提出的 DPC 算法实现的详细说明将在 6.4.4 给出。

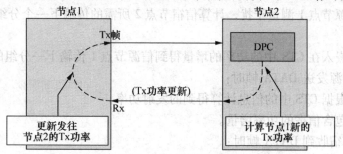

图 6-1　DPC 反馈环

6.4.3　重传和功率重置

在实际场合下，可能某个时刻信道条件的变化快得以致 DPC 算法不能正确估计信道，这和假设 6.3.1 是矛盾的。这将出现帧的丢失。这里提出两种机制来克服和缓解这类问题：重传时加大发射功率，和重置长时间空闲的连接的功率。

重传意味着发射信号的强度不足以解码。一种简单的方法是采用第一次传输的功率重传帧，这寄希望于信道状态的改善。然而，也许信道衰减和/或干扰可能变得更严重。另一方面，积极的重传方法是以某个因子增大发射功率。遗憾的是，这将同时增大干扰和功耗。但是，两种方法的实验表明，和被动式方式相比，主动调整功率会提高吞吐量和减少重传次数。因此，主动重传方法具有更好的吞吐量和能效性能，被应用于 DPC 方案（Zawodniok and Jagannathan 2004）。

另外，当对信宿功率的估计越来越不准确时，在任意两次接收或连续帧传输之间的反馈或者时延会增大。经过一段空闲时间，信道估计不能精确反映信道未来的状态。为解决这个问题，经过一段空闲时间后，所提算法将重置发射功率到预先确定的最大值。然后，重新开始前面小节叙述的 DPC 过程。

6.4.4　DPC 算法

在如图 6-1 所示的所提出的实现中，发射端和接收端之间采用了一个反馈环以成功实现 DPC。这里对信源节点 1 和信宿节点 2 加以说明。

1）信源节点 1 以网络预先确定的最大功率发送 RTS 帧给信宿节点 2。

2）当信宿节点收到 RTS 时：

● 在 RTS 接收期间测量干扰，计算信源成功传输下一个分组的发射功率的增量。

3）来自信宿节点 2 的第一个 CTS 帧采用最大功率传输如下：

● 在 CTS 帧中嵌入第 2 步计算得到的信源节点 1 的功率值。

4）当信源节点 1 收到 CTS 时：

● 在信源节点 1 测量干扰，计算信宿节点 2 所需的传输下一个分组的发射功率的增量。

● 利用嵌入在 CTS 中的功率的增量得到信源节点 1 传输下一分组的发射功率。

5）当信源发送 DATA 帧时：

● 使用根据 CTS 中的信息计算得到的发射功率。

● 帧中包含信宿的功率增量。

6）当信宿收到 DATA 帧时：

● 测量干扰，计算信源节点 1 传输下一个分组的发射功率的增量。

● 根据 DATA 帧中携带的功率值更新信宿节点 2 的发射功率。

7）当信宿发送 ACK 帧时：

● 利用 DATA 帧中携带的功率增量的信息，得到传输 ACK 帧需要的发射功率。

● 帧中包含信源节点 1 的功率的增量。

8）当信源接收 ACK 帧时：

● 测量干扰，计算信宿节点 2 发射功率的增量。

● 利用 ACK 中携带的功率信息，更新信源节点 1 的发射功率。

9）然后节点等待由信源发送到信宿的下一个用户分组。

10）信源在新的用户分组准备好被发送后，发送 RTS 帧给信宿节点：

- 利用最后的 ACK 帧携带的功率增量值得到发射功率。
- 帧中嵌入信宿节点的功率增量值。

11）上述步骤对所有的帧重复进行：DPC 计算每一个帧的发射功率，并在信源和信宿的下一帧中作为反馈进行传输。

6.5　功率控制 MAC 协议

为了实施该 DPC，对原来的 802.11 MAC 进行了修改。这些改变在多个不同的层上进行。另外，为克服隐藏终端问题，将对（Jung and Vaidya 2002）中的脉冲序列改进得到的新脉冲序列应用到所提出的功率控制方案中。

所提出的 MAC 协议采用该新的 DPC 算法计算每一个 MAC 帧的发射功率，而其他协议（Jung and Vaidya 2002，Gomez et al. 2001）只改变 DATA 和 ACK 帧的功率。另外，算法预测下一次传输的信道状态，而其他协议是利用已有的测量结果选择功率。最后，当出现反馈延时的，采用安全因子调整发射功率。所以，所提出的功率控制 MAC 协议针对衰落信道能选择更合适的发射功率，而其他 MAC 协议则不能。而且，脉冲序列被用于包括 RTS 和 CTS 的每一个 MAC 帧，而 Jung and Vaidya（2002）中的协议只将其应用于 DATA 帧。因此，将在下一小节说明的所提出的方法具有更高的信道利用率和能效。

6.5.1　隐藏终端问题

在无线网络中当第三个节点对任意两个节点正在进行的通信产生冲突时，出现隐藏终端问题。该问题如图 6-2 所示，其中节点 A 传输数据到节点 B。节点 F 处于发射节点 A 的检测范围之外，不能检测节点 A DATA 帧的发送。因此，节点 F 开始发送，这将与节点 B 正在接收的 DATA 帧发生碰撞。在图 6-2 中，位于称为"'隐藏终端'区"阴影区中的节点是该问题潜在的问题源。DPC 方案一般使用很低的功率发送帧，从而导致碰撞的增加，如图 6-3 所示。我们提出一种与在其他方案（Jung and Vaidya 2002）中可找到的相似的解决办法。

一般来说，当使用较低的发射功率时，节点的传输和检测范围将减小，如图 6-2 所示。节点 G 不能检测到节点 A 的发射，认为信道空闲而开始传输。若节点 G 使用最大功率，则在节点 B 上将发生碰撞。因此，采用低功率发射时网络中隐藏终端问题发生的概率增大。

为解决这个问题，我们提出的方法在发射期间使用增大的发射功率周期性地发射一段短脉冲序列。RTS，CTS，DATA 和 ACK 帧的发射功率由提出的 DPC 确定。

脉冲序列使用网络预先确定的大功率发射。这保证在发射机检测范围内的所有节点都能检测到脉冲信号，并相应地更新各自的 NAV 矢量。这样，发射机检测范围内的节点不会发生碰撞。图 6-3 和图 6-4 所示为现有 DPC 方案采用和不采用脉冲序列时的 NAV 矢量处理的差异。

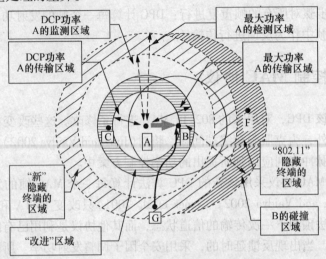

图 6-2　Ad Hoc 网络中隐藏终端问题

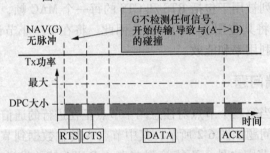

图 6-3　采用 DPC 的传输

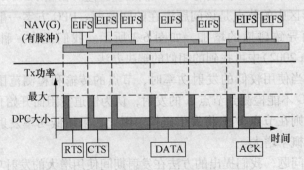

图 6-4　在传输期间周期性增大发射功率

脉冲序列的产生采用硬件来实现。具体来说，RF 放大电路对每一次传输周期性地加大发射功率。另外，这种方法比 Jung and Vaidya（2002）中提出的实现方法更加简单，因为在这个方案中放大模块无需知道传输的帧的类型。

6.5.2　协议设计

在所提出的协议中，只是新链路传输最初的 RTS-CTS 帧时必须采用网络预先确定的最大发射功率。随后，包括 RTS-CTS-DATA-ACK 的所有的帧采用根据提出的 DPC 方案计算得到的功率。另外，需要对 MAC 的头部进行修改以使得在通信节点间传输功率信息。

换句话说，在 MAC 帧以及随后任意的响应帧中，必须嵌入用于当前分组的功率信息，以及相应的响应。这个过程在任意两个节点 A 和 R 之间的传输中重复进行，这增加了传输开销和减小了吞吐量。但是，可以观察到，由于提高了信道利用率，从而克服了额外开销引起的性能下降，进而提高了吞吐量。另外，这个开销可以通过采用离散的功率值来进一步减少。这样，分组头部用于表示功率值的比特数目将减少，从而降低开销。另外，表示功率值的比特域可以通过 1 个比特的标志位使得比特域成为帧头的可选项。

一旦功率发生变化，设置该标志位指示接收节点计算其后续传输的发射功率。否则，清零该标志位，节点继续使用以前的功率。

由于采用较低功率传输 MAC 帧，在信道衰落严重时某些帧将因接收不良无法成功解码而被丢弃。需要高度注意的是，在信道衰落时对信道进行预测是相当困难甚至是不可能的。为缓解这个问题的影响，所提出的协议在每次重传前根据预先定义的安全因子提高发射功率，减少分组的丢弃。

6.5.3　信道利用率

虽然随着降低发射功率隐藏终端问题的出现增多，但可以发现采用所提出的 MAC 协议，可以改进信道利用率和吞吐量性能。实际上，图 6-2 描述当任意两个节点 A 和 B 之间的 RTS-CTS 握手失败后，以较低功率传输后续 RTS-CTS 帧时信道利用率会提高。在这种情况下，节点 B 将不应答节点 A 的请求。例如若节点 A 正试图发送 RTS 帧时节点 F 也在进行发射，则将出现这种情况。所以，节点 B 由于碰撞而不能接收到 RTS 帧。在达到预先确定的重传次数后，节点 A 将不再发送该分组。在这种情况下，节点 C 将比采用最大功率发送 RTS-CTS 时更早地开始传输。因此，某些节点例如 C 的竞争时间将减少。

考虑以最大功率发送所有 RTS-CTS 帧的情况。节点 C 将对 RTS 帧进行解码，因为该帧是以网络预先确定的最大功率发射的。因此，节点 C 将利用 RTS 帧来更新其 NAV 矢量。没有传输发生，所以信道空闲。另一方面，若 RTS 帧的发送采用根据 DPC 计算得到的功率，节点 C 将只检测 RTS 帧并设置其 NAV 矢量等于 EIFS 时间。因此，在 EIFS 后很短的时间里，节点 C 可以自由地开始通信过程。因为 C 可以访问传输信道，则将增加吞吐量。

这个改善适用于图 6-2 描绘的改善区域内的所有节点。对于高节点密度的无线 Ad Hoc 网络，节点访问信道的概率相当高。因此，采用所提出的协议，可以观察到总吞吐量的增加。

由于提高了信道利用率，所提出的 DPC 方案的空间复用因子将提高，这是空间复用因子是指特定区域特定时间段成功传输的次数。对于 802.11 而言，NAV 矢量是针对业务流整个期望的传输期间来设置的，因此，则将出现没有传输发生的时间期间。结果是特定时间段传输量小于无线信道的理论容量。在我们的方案中，可以检测到这些空闲期间，节点允许立刻进行传输，因此特定时间段总的成功传输的次数增加。所以，和 802.11 相比，所提出的 DPC 方案的空间复用因子更大。

6.5.4　竞争时间

影响所提 DPC 方案竞争时间变化的两个主要因素是：1) 信道衰落期间更多的重传；2) 改进的信道利用率。在信道衰落期间，所提 DPC 方案的重传次数将增加，这是因为接收分组的功率不够。所以，平均竞争时间增加。另外，所提 DPC 方案提高了信道利用率，但在提高通过量的同时引发了拥塞。在这些条件下，所提 DPC 协议将使得某些帧的延时大于 802.11 标准。因此，采用 Zawodniok and Jagan-nathan(2004)中的 DPC 将增大竞争时间。

6.5.5　开销分析

所提出的 MAC 协议需要在传输的 802.11 帧中加入新的数据。这个作为应答的新加信息包含当前和后续传输的功率值。所有 RTS，CTS，DATA 和 ACK 帧中都嵌入该信息。下面的分析用于评估所提协议的有效性，并与 802.11 进行比较。特别地，我们分析了 RTS/CTS 消息紧随单个 DATA/ACK 交换之后的情况。

6.5.5.1　RTS/CTS 后紧随单个 DATA/ACK 帧的情况

这种情况下共传输 4 个帧：RTS，CTS，DATA 和 ACK。这是一种典型的以太网/IP 分组(长度可达 2500 字节)的传输顺序。每个帧包括两个功率值，则每个分组的开销总共包括 8 个功率值。令功率值所占字节长度用 S_{power} 表示；每个分组开销(OverHead，OH)的字节数等于：

$$OH = 4frames(S_{power} * 2) = 8 * S_{power} \tag{6-10}$$

6.5.5.2　最小化开销影响

在仿真中，功率值作为实数存储并在 MAC 帧中发送。然而，在实际实现中，可以采用离散的功率值减少表示功率的 OH 的比特数，使得开销最小。其次，仅仅只在发射功率发生变化时在传输帧中嵌入功率值。这可以通过采用 1 个比特的标志来表示在分组头部是否加入功率值的方式来实现。所有帧中均包含该 1 比特标志域。若相对前一个值功率不发生变化，该比特置 0，无附加数据发送。否则，该比特置 1，新的功率值附加在头部。

假设两帧之间功率发生变化的概率为 p。则每个数据分组的 OH——在 RTS/CTS 后紧随单个 DATA/ACK 情况下——表示为

$$OH_{save} = 4\,frames \times (2 \times 1bit\_ flag + p \times 2 \times S_{power}) = 8 * (1bit\_ flag + p * S_{power})$$

$$(6-11)$$

式中，p 是对一帧而言功率发生变化的概率；1bit_ flag 是表示头部是否包含功率值。

6.5.5.3　RTS/CTS/DATA/ACK 序列的协议效率

协议 OH 大小的效率可以用用户数据和总传输数据（数据 + 帧头部 + 退避）（Wei et al. 2002）的比值来评估。效率可以表示为

$$\eta = \frac{S_{packet}}{S_{packet} + S_{RTS} + S_{CTS} + S_{DATA} + S_{ACK} + S_{BACKOFF}} \qquad (6-12)$$

式中，S_{packet} 是以字节为单位的数据分组大小；S_{RTS}，S_{CTS} 和 S_{ACK} 分别是 RTS，CTS 和 ACK 帧的大小；S_{DATA} 是 DATA 帧头部（不包括数据分组）的大小；$S_{BACKOFF}$ 是用传输字节的时间计算的退避时间。

因为 DPC 是在 MAC 协议中实现的，根据方程(6-11)和方程(6-12)，这将分别增加 RTS/CTS/DATA/ACK 帧的大小，且增加量等于 OH。为进一步了解 OH，比较所提实现方式的效率和标准的 802.11 协议的效率。对表示功率的域的不同大小进行比较：4bit 可表示 32 个不同功率大小，8 比特（一字节）可表示 255 个功率大小，等等。而且，选择用于描述帧之间功率变化的概率：$p = 0.5$ 表示每隔一帧发生一次变化，而 $p = 0.1$ 表示每隔 10 帧发生一次变化。

在最差情况下，所有帧都包含功率域。由于所提 DPC 包括功率大小而产生附加开销，用方程(6-12)可计算得到相比 802.11 效率下降 2.5%。因此，所提 MAC 带来是 OH 的效应可以忽略不计。

6.5.6　NS-2 实现

采用 NS-2 仿真器来评估所提出的 DPC 方案。为加入所提出的 DPC 算法和协议，进行的修改主要集中在 802.11 的两层：物理层——修改以实现收集必要的数据例如干扰；和介质访问控制（MAC）—— 修改以实现 DPC 算法和协议。另外，功率值的计算采用了浮点数变量。

标准的 802.11 和所提出的 MAC 协议的评估是在相似的信道条件下进行的，相同的节点布设，节点运动和数据流（类型，速率，开始时间，信源，信宿等），SIR

阈值，以及确定的传播模式。应用 NS-2 仿真器中的传播/屏蔽模块来计算路径损耗的影响。另外，实现屏蔽和瑞利衰减的功能。采用方程(6-3)给出的模型进行计算，且在样本文件中存储影响结果。这保证了对所有协议仿真中的信道不确定性相同。图 6-5 给出了这种衰减的一个例子。仿真对一系列不同随机产生的情形重复进行，并对结果进行平均。

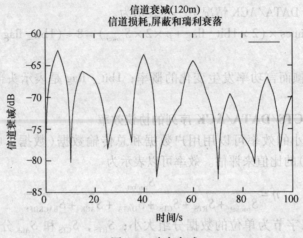

图 6-5 功率衰减

6.6 仿真参数

仿真采用了 AODV(Ad hoc On-Demand Distance Vector)路由协议，无线信道的速率为 2Mbit/s。采用随机拓扑对方案进行评估。802.11 和所提出的 DPC 方案的最大功率为 0.2818W。所提出的 DPC 需保持的目标 SIR 等于 10，是无差错接收时最小 SIR 的 2.5 倍，无差错接收时为 4(~6dB)，与 Singh and Raghavendra(1998)中相同。为应对在功率计算和使用这两个时间点之间信道状态可能发生的变化，需要提高目标 SIR。对于所提出的 DPC 方案，设计参数为 $K_v = 0.01$ 和 $\sigma = 0.01$。在重传分组时，所提出的 DPC 方案选择的功率安全因子为 1.5。

在 1000m × 1000m 的方形区域中有 100 个随机布设的节点。节点随机移动，且最大速度为 3m/s，两次移动之间保持 2s 的停顿时间。仿真时间为 50s。CBR 业务包括 50 个业务流，且在前 2s 的时间里随机开始。每个业务流产生固定长度为 512B 的分组。对不同衰减影响、节点布设和移动情况下的仿真结果进行平均。通过改变每个业务流的码率进行仿真。无线信道带宽为 2Mbit/s。

在随机拓扑场合，每个业务流在信源和信宿之间的跳数（最小流）不同。这样得到不同的端到端的吞吐量，这取决于由节点位置确定的具体情况下的跳数。所以，采用最小流传输来取代端到端传输。

　　所有最小流总的传输的数据见图 6-6。和 802. 11 相比，所提出的 DPC 方案传输的数据量更大，且与业务流速率无关，因为所提出的 DPC 方案能获得更高的信道利用率，这在 6. 3 节已说明。相似地，所提出的协议比 802. 11 具有更高的能量效率，如图 6-7 所示，这说明比 802. 11 的能耗更低。与业务载荷无关，相比 802. 11 所提出的协议消耗每焦耳能量传输的数据更多。所提协议具有更高能量效率是得益于传输功率控制方案，其为正确解码帧选择更合适的所需功率。另外，所提协议在拥塞时的功耗更加有效，因为比 802. 11 有更高的吞吐量。

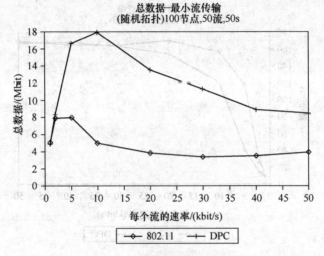

图 6-6　总传输数据（最小流）

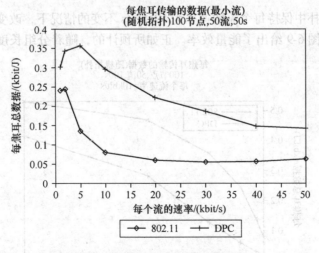

图 6-7　消耗每焦耳传输的数据量

　　对于 802. 11 而言，业务流速为 5kbit/s 时吞吐量最大，但业务流速率为 2. 5kbit/s 时能量的效率最高。这表明吞吐量越高则丢弃的分组越多，且同时增加了能耗。相比而言，对于所提协议，最大吞吐量和能效均在业务流速率更高(分别为10kbit/s 和5kbit/s)时获得，这是因为所提协议比802.11 协议具有更高的信道利用率。

图 6-8 给出了平均竞争时间。所提协议在每个流的速率(直到 30kbit/s)下的竞争时间比 802.11 协议更小，这是因为信道利用率更高以及分组传输时间间隔更短。当每个流的速率进一步增大时，所提协议的竞争时间增大。这削弱了所提协议高信道利用率的优势。因此，当每个流的速率大于 30kbit/s 时，两种协议的竞争时间相似。

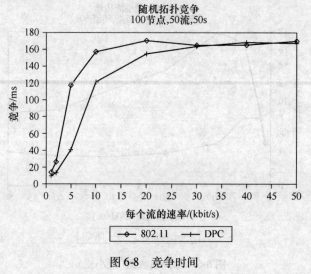

图 6-8　竞争时间

在随机拓扑中保持每个流的速率为 10kbit/s 不变的情况下，改变分组的大小重复进行仿真。图 6-9 给出了能量效率。正如所预计的，随着分组长度增大能量效率

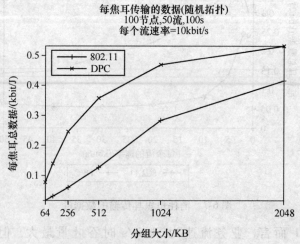

图 6-9　每焦耳传输的数据与分组大小的关系

增大。MAC 协议在每个传输的帧中加入了固定比特的 OH；因此，对于相同速率，OH 随着分组长度增大而减少。结果是传输的用户数据分组越大信道利用率越高。另外，对于所有的分组长度，DPC 协议的性能优于 802.11，这和图 6-10 中显示的前面的结果是一致的。

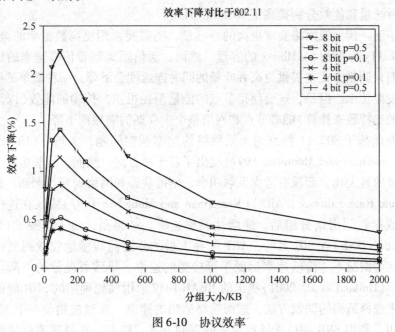

图 6-10　协议效率

6.7　速率调整的相关基础

正如第 1 章中指出的，由于资源有限，要求无线 Ad Hoc 网络和传感器网络在传输和速率调整期间能量有效。本章我们给出 Zawodniok and Jagannathan(2005) 中两种新的高能效速率调整方案，在保持节能性能的同时，基于信道状态在线选择调制方式使得吞吐量最大。协议使用前面章节中的 DPC 算法预测信道状态，确定必要的发射功率以优化能耗。第一种提出的速率调整方案将能效作为限制，启发式地改变传输速率以满足要求的吞吐量，该吞吐量通过缓存占用率来估计。另外，为缓解拥塞和减少因缓存溢出造成的分组丢失，采用了退避方案，这样使得相应的能耗最小。退避方案采用递归的方式实施从而形成背压信号。所以，节点在业务强度较低时节省能量，在需要时提供更高的吞吐量，在拥塞期间通过限制传输速率而节省能量。

第二种速率调整方案采用 802.11 标准中描述的突发模型来提供流量控制机制。采用动态规划(Dynamic Programming，DP)原理得到对无线信道传输调制速率和突发长度进行选择的数学分析方法。为使得能耗最小，提出了二次方代价函数。另外，基于拥塞控制的目的，代价函数中包含有缓存占用。所提出的 DP 方案最终表现为提供最佳速率选择的黎卡提（Riccati）方程。本章后面给出的仿真结果显示，和基于接收端的自动速率（Receiver-Based Auto Rate，RBAR）协议（Holland et al. 2001）相比，吞吐量和能效分别提高了 96% 和 131%。

由于下一代无线网络要求更高的吞吐量，则需要采用更高数据率的调制方式；例如 802.11g 标准的 54 Mbit/s 的容量。然而，通信距离随着传输速率的提高而缩小。然而，调制方式在提供更高吞吐量的同时连通性会下降。一种简单的解决方法是加大发射功率。但是，这会使得节点的能量消耗很快，传输的能效（以消耗每焦耳传输的比特数来计算）随着节点和网络整个生存期的缩短而下降。

为处理基于 802.11 标准的无线网络的速率调整问题，文献中（Holland et al. 2001，Kamerman and Monteban 1997）提出了若干种方案。然而，这些协议主要集中于吞吐量的最大化，而没有考虑发射功率、信道状态和网络拥塞。例如，自动速率回退（Auto Rate Fallback，ARF）（Kamerman and Monteban 1997）协议在进行了连续性纠错或接收到出错分组后，递增性调整速率。结果是，由于信噪比（Signal-to-Noise Ratio，SNR）或 SIR 太低，ARF 丢弃大量的分组而缓慢地收敛到更合适的速率。在某些情况下，传输速率远低于可接受的速率，导致吞吐量的下降。相比之下，文献（Holland et al. 2001）提出的 RBAR 协议采用预先确定的 SNR 阈值的下界和上界来选择适当的调制方法，进而选择适当的速率。通过应用前一个 MAC 帧测量的 SNR，利用 SNR 阈值选择更合适的调制方式。然而，选择速率所使用的信道的测量结果来自上一次传输，测量结果对于后续传输而言不能准确地反应信道状态。在 ARF 和 RBAR 以及其他已有协议中存在的一个共同问题是，以最大功率传输数据降低了能效。另外，文献（Holland et al. 2001，Kamerman and Monteban 1997）中的协议没有考虑拥塞对吞吐量和能效的影响。

更加合适的高能效速率调整应当采用多调制方案，并根据信道状态和网络业务在线动态选择其中合适的一种。文献 Schurgers et al.（2001）对此分析了基本概念并证明了有效性。用于选择调制方式的相关参数包括误码率（Bit-Error-Rate，BER）和 SNR。前者说明在给定 SNR 情况下传输期间错误出现的概率。后者定义了接收信号的质量。所以，对于给定的调制方式，可以根据希望的 BER 等级计算出阈值 SNR。一般来说，更小的目标 BER（误码等级低）通常需要更高的 SNR。

文献（Zawodniok and Jagannathan 2005）中的启发式速率调整协议，采用了文献（Zawodniok and Jagannathan 2004）中的 DPC 方案来预测信道状态以满足目标 SNR。所以，相比已有的协议（Holland et al. 2001，Kamerman and Monteban 1997），该方案能够选择更合适的速率。另外，通过选择有效传输所需的最小能量，速率调整中的 DPC 可以减少能量消耗。而且，通过考虑所要求的吞吐量和能效，该方案可以在很大的范围内选择速率以应对网络拥塞，并通过退避时间的选择来减少能耗。

Zawodniok and Jagannathan(2005)提出的协议采用退避机制来减小拥塞的影响，但结果是当下一跳节点不能缓存分组或信道状态不好时，分组的传输受阻。在这种情况下，选择拥塞严重时的速率作为最大速率以快速清通信道。简而言之，所提出的协议在拥塞时，通过改变发射功率和选择合适的速率，在最小化分组丢失的同时，最大化吞吐量并节省能量。因此，对于选择合适的速率和发射功率而言，速率调整中包含 DPC 以估计信道状态是极为重要的。

Zawodniok and Jagannathan(2006)中的第二种方案基于动态规划(DP)原理(Bertsekas 1987，Angel and Bellman 1972，White 1969，Bambos and Kandukuri 2000)，其利用突发模式传输，通过改变可接入突发长度来控制入流速率。这种流量控制方法比启发式协议中采用的退避机制更精确，因为它能精确地确定传输到接收端的数据量。因此，可以保持队列长度接近其目标值。另外，采用突发模式传输可提高总的网络效率，进而对终端用户提供更高的数据率。IEEE 802.11 突发模式在单个 RTS/CTS/DATA/ACK 交换期间传输一定数量的数据分组，减少了传输的 RTS/CTS 帧数并使得相关开销的比特数最少。在 IEEE802.11 中，因为单个 RTS/CTS/DATA/ACK 来回时间的选择，突发长度受限于调制速率。

第二种速率调整方案是对功率控制多址接入(Power Controlled Multiple Access，PCMA)协议(Bambos and Kandukuri 2000)的改进。所提算法在提供所要求的 QoS 的同时最小化能耗。和启发式方案相比，该方案能够通过选择适当的目标队列长度来提供所希望的服务等级。最大化吞吐量通常会降低节点和整个网络的生存期，而且拥塞程度的提高反而会降低吞吐量。因此，必须确定一个合适的输出速率，使得在增大调制速率使得吞吐量最大化和降低调制速率使得能效最大化之间找到一个最佳平衡点。为获得通过量和能效的折中，采用一个二次方代价函数。不像简单的启发式方法不能保证速率调整方案的性能，采用动态规划(Bertsekas 1987)方法推导出的理论结果证明了能够保证性能。基于 DP 的方案消除了缓存溢出造成分组丢失的现象，提高了能效，因为减少了重传。

6.7.1 速率调整

具体的应用总是要求 BER 保持低于某种程度。对于无线网络，将 BER 转换为分组被正确解码所需最小的 SNR。对于具体的调制方式，可以很好地确定 BER 和 SNR 阈值的关系(Holland et al. 2001)。一般地，SNR 阈值随速率增长而增长如图 6-11 所示，其中给出了仿真中用到的一组调制速率(1，2，4，6 和 8Mbit/s)。因此，所需的最小发射功率必须随速率增长而增大。另一方面，功率受到硬件条件的限制。所以，对于给定的功率限制，存在一个最大的 SNR 值和相应的调制方式。给定最大功率限制，下面解释速率决定最大的吞吐量和最高的能量效率。若最大功率得到 SNR = 800，则能够得到的最大可能的速率等于 6Mbit/s，如图 6-11 所示。

需要指出的是信道状态影响传输速率，因为功率会随干扰和信号衰减而变化。因此，速率调整方案中准确估计信道状态而确定合适的速率是很重要的，这关系到相应信道条件下的最大吞吐量。

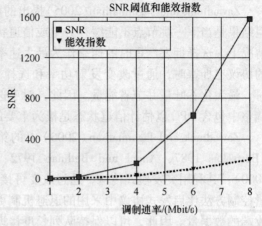

图 6-11 描述了能量效率指数，其决定了最低调制速率。图 6-11 显示了固定能效值时不同速率的 SNR 的水平。比较能效指数和实际的 SNR 水平，可以注意到能效随着调制速率的增加而降低。

图 6-11　SNR 阈值和能效率指数的关系

6.7.2　协议比较

在已有研究中（Holland et al. 2001，Kamerman and Monteban 1997），速率调整问题被看成前面传输的历史如 ARP 协议，或假设前后传输期间信道状态不发生显著变化如 RBAR。因此，所选择的速率通常不是最佳的。另外，这些协议在速率调整中既没有考虑能效也没有改变发射功率以减少能耗。

图 6-12 所示为 ARF 协议（Kamerman and Monteban 1997）的工作过程。考虑 4 个速率（R1，R2，R3 和 R4）以及相应的 SNR 阈值。在这个例子中，第一个分组采用信道状态所允许的最大速率发射。随后的分组采用相同的速率发射，虽然对于当前信道而言，SNR 可能已经增大而降低了吞吐量。连续 3 个分组被成功接收后提高速率，即使在这期间信道状态已经发生了显著变化。用于第 4 个分组的新速率（R2）可能依然低于最大的可能速率。另一方面，当 SNR 降低时，所选择的速率将总是可能高于可接受的吞吐量，从而导致接收端分组的解码问题。

简而言之，ARF 协议中看到的问题是缺乏无线信道状态信息的结果，因为没有考虑对接收信号进行测量。所以，ARF 得到的吞吐量低于给定信道可能的吞吐量。另外，能耗不够有效。

相比而言，RBAR 协议（Holland et al. 2001）在接收端对于 RTS MAC 帧通过测量 SNR，进行适当的速率调整，提高了吞吐量。该信息捎带在 CTS 帧中，传输给发送节点。随后选择合适的功率发送 DATA 帧，如图 6-13 所示。由于 RTS 和 DATA 帧是交替传输的，速率的选取比在 ARF 中更准确。除此之外，RBAR 中速率的选取更加有效，而在 ARF 中速率每次改变一个步长。所以，RBAR 比 ARF 协议正确接收到的分组更多，实际吞吐量更大。然而，速率调整采用的是 DATA 传输前一次来回时侯的过时信息，所以分组传输的速率不准确，或低或高。而且分组用最大功率发射，结果是吞吐量和能量消耗的性能都不是最佳的。

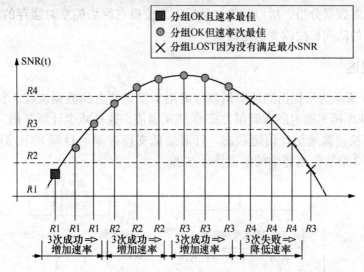

图 6-12　ARF 的速率选取

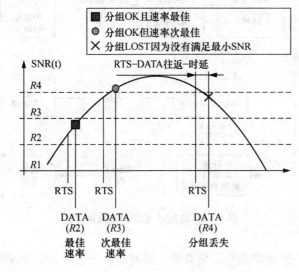

图 6-13　RBAR 速率选取

6.8　启发式速率调整

　　本节所提出的启发式协议使用了前面的 DPC 算法（Zawodniok and Jagannathan 2004）预测下一步的信道状态，其随后被用于选择速率和发射功率。速率根据所获得的能效等级和节点队列长度来进行调整。其结果是，在传输 DATA 帧时选择比 ARF 或 RBAR 更加准确的速率。由于采用了 DPC，可以使用当前信道状态下最小的功率来发射数据分组，所以节能。最后，为使得在网络拥塞时缓存的溢出最小，基于接收端的队列长度改变退避间隔。

6.8.1 概述

图 6-14 所示为所提出的速率调整方案用于发送节点的数据流程。首先，根据所期望的 BER 预先确定所有调制方式的 SNR 阈值，这样减少计算开销。在通信期间，DPC 算法持续地估计信道状态，针对最低支持速率的目标 SNR_0 计算发射功率。在 6.8.2 节将给出详细的信道估计方法。

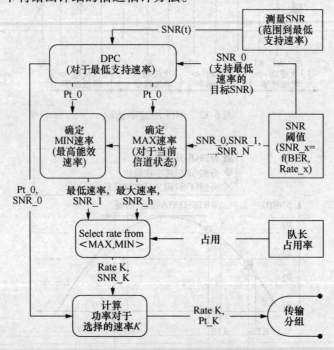

图 6-14　高能效速率调整数据流

随后，计算一组速率集合。集合的上限对应由于硬件发射功率限制所能得到的最大速率。在 6.8.2 节中我们给出方案如何应用 DPC 算法信道状态估计器的细节。然后，集合的下限被确认为能效最高的速率。因为传输 MAC 帧时使用的脉冲序列带来了能量开销，所以考虑基础的 DPC 实现。

后面的内容安排是，6.8.5 节给出了如何在速率集合中选择最合适的调制速率。发射端队列长度规定了在 6.8.6 节计算得到的速率集合中选择具体的调制方式。紧接着，针对选择的速率调整发射功率，以获得相应的目标 SNR。这里，接收端节点的队列长度决定了退避间隔。最后，在 6.8.8 节中讨论了所提出的协议的实现，即 MAC 层所需进行的改变。

注释 2:

在本方案中，我们假设所有节点都能实现相同的 N 种调制方式。在异质网络中，节点必须通过控制分组来交换速率信息，而这些分组是以最低速率传输的。为简化问题的描述，用速率的排序来表示具体调制方式。

6.8.2　信道状态的估计

所提协议采用类似 Holland et al.（2001）的阈值法，针对给定的 SNR 确定最大可能速率，以及对应于最大发射功率的最大 SNR 的值。在所提方案中，DPC 预测传输下一帧时最大的 SNR。

定理 6.8.1（最大 SNR 的预测）

给定针对网络所确定的最大发射功率，和通过 DPC 支持的最低速率信息（Zawodniok and Jagannathan 2005），预测随后传输的最大可能的 SNR 为

$$\mathrm{SNR}_{\mathrm{MAX}}(t) = \mathrm{SNR}_0 * Pt_{\mathrm{MAX}}/Pt_0(t) \tag{6-13}$$

式中，SNR_0 是对应最低支持速率的目标 SNR；$Pt_0(t)$ 是对应最低支持速率的功率的估值，Pt_{MAX} 是网络的最大发射功率。

证明　首先，让我们考虑接收信号的 SNR

$$\mathrm{SNR}(t) = Pr(t)/I(t) = Pt(t) G_i(t)/I(t) \tag{6-14}$$

式中，$Pr(t)$ 是接收信号强度；$Pt(t)$ 是发射功率；$G_i(t)$ 是信号的增益（损耗）；$I(t)$ 是加入了噪声的干扰。

需要指出的是 SNR 取决于发射功率。另外，我们可以利用相应的发射功率来计算两个 SNR 的比值。该比值等于

$$\frac{\mathrm{SNR}_l(t)}{\mathrm{SNR}_k(t)} = \frac{Pt_l(t) * G_i(t)/I(t)}{Pt_k(t) * G_i(t)/I(t)} = \frac{Pt_l(t)}{Pt_k(t)} \tag{6-15}$$

式中，$\mathrm{SNR}_l(t)$ 和 $\mathrm{SNR}_k(t)$ 是 SNR 的测量值；$Pt_l(t)$ 和 $Pt_k(t)$ 分别是相应情况下使用的发射功率。

令 $Pt_0(t)$ 的值需满足目标 SNR_0，且已知最大功率 Pt_{MAX}。当采用最大功率时，最大 SNR 可由方程（6-15）计算为

$$\mathrm{SNR}_0/\mathrm{SNR}_{\mathrm{MAX}}(t) = Pt_0(t)/Pt_{\mathrm{MAX}} \tag{6-16}$$

方程（6-16）可以重写为方程（6-13）。

6.8.3　最大可用速率

下面，采用和 RBAR 协议（Holland et al. 2001）类似的阈值法选择最大可用速率。但是，在所提出的方案中，当前 SNR 值是下一次传输时 SNR 的估值，而在

RBAR 中，SNR 是前一帧接收时测量的过时值（即 DATA 帧之前半个往返时间时的值）。因此，所提出的协议能够结合信道状态准确选择速率。最大速率 m 由下式选择

$$SNR_m/SNR_{MAX}(t) < SNR_{m+1} \tag{6-17}$$

式中，$SNR_{MAX}(t)$ 是采用最大功率传输时 SNR 的估值；SNR_m 是对第 m 个速率的下限阈值。

所有不大于第 m 个速率的调制方式都被认为是可用的，因为这些速率的发射功率低于最大网络阈值。

6.8.4　最小可用速率

最大能效速率是最佳可用速率。在理想条件下，能效随着速率的提高而降低。因此，最低速率应该是能效最高的。然而，在所提出的协议中，DPC（Zawodniok and Jagannathan 2004）中用于克服隐藏终端问题的脉冲序列带来了额外的能量 OH，是速率调整中需要考虑的重要因素。所以，最低速率并不总是最高能效的。因此，最高能效速率是通过比较当前信道状态下每种传输速率的能耗来寻找的。考虑了信道状态和隐藏终端问题带来的能量开销的能耗最低的速率将被选作最小可用速率，具体在下面讨论。

通常，传输的能量消耗等于

$$E = DPt \tag{6-18}$$

式中，E 是消耗的能量；D 是发射时间；Pt 是当前发射功率。

对于图 6-14 所示带有脉冲序列的 DPC，发射期间的能量消耗为

$$E_{TOTAL} = E_{DPC} + E_{PULSES} \tag{6-19}$$

式中，E_{TOTAL} 是发射分组和脉冲的总能耗，E_{DPC} 是使用 DPC 算法选择的功率发送分组的能耗，E_{PULSES} 是产生脉冲额外消耗的能量。所以，E_{DPC} 和 E_{PULSES} 可以用方程（6-18）表示为

$$E_{DPC} = Pt_{DPC} * Pkt_{size}/R \tag{6-20}$$

和

$$E_{PULSES} = (Pkt_{size}/R) * (D_{PULSE}/D_I) * (Pt_{MAX} - Pt_{DPC}) \tag{6-21}$$

将方程（6-20）和方程（6-21）代入方程（6-19），得到

$$E_{TOTAL} = (Pkt_{size}/R) * Pt_{DPC} + (Pkt_{size}/R) * (D_{PULSE}/D_I) * (Pt_{MAX} - Pt_{DPC}) \tag{6-22}$$

值得指出的是，给定分组大小和速率，总的能量消耗随发射功率的变化是线性的。而且，如同方程（6-15），对于给定速率，DPC 方案增大发射功率与目标 SNR 呈正比关系。因此，对于速率 k，方程（6-22）表示为

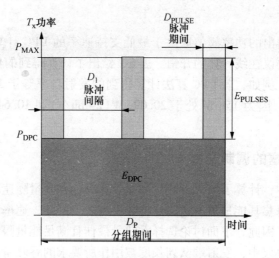

图 6-15 分组传输期间的能量消耗

$$E_{\text{TOTAL,k}} = (Pkt_{\text{size}}/R_k) \left[(D_{\text{PULSE}}/D_{\text{I}}) * Pt_{\text{MAX}} + (Pkt_{\text{size}}/R_k) \right.$$
$$\left. \times (\text{SNR}_k/\text{SNR}_0) * (1 - (D_{\text{PULSE}}/D_{\text{I}})) Pt_0(t) \right] \qquad (6-23)$$

现在需要寻找 DPC 功率的上限和下限阈值（为了计算最低支持速率），以选择能效最高的速率。通过相等前后两个速率的方程（6-23），速率调整的阈值可以确定为

$$E_{\text{TOTAL},k} = E_{\text{TOTAL},k+1} \times$$
$$(Pkt_{\text{size}}/R_k) \left[(D_{\text{PULSE}}/D_{\text{I}}) * Pt_{\text{MAX}} + (\text{SNR}_k/\text{SNR}_0) * (1 - (D_{\text{PULSE}}/D_{\text{I}})) Pt_0(t) \right]$$
$$= (Pkt_{\text{size}}/R_{k+1}) \left[(D_{\text{PULSE}}/D_{\text{I}}) * Pt_{\text{MAX}} + (\text{SNR}_{k+1}/\text{SNR}_0) \right.$$
$$\left. * (1 - (D_{\text{PULSE}}/D_{\text{I}})) Pt_0(t) \right] \qquad (6-24)$$

应用方程（6-23），将功率作为常数，速率的上限阈值为

$$Pt_{O,k} = \frac{\varphi}{1-\varphi} * \frac{1-\alpha_k}{\gamma_k - \alpha_k * \gamma_{k+1}} * Pt_{\text{MAX}} \qquad (6-25)$$

式中，$\alpha_k = R_k/R_{k+1}$，$\gamma_k = \text{SNR}_k/\text{SNR}_0$ 以及 $\varphi = D_{\text{PULSES}}/D_{\text{I}}$。

表 6-1 用于选择最高能效速率的功率阈值

SNR/dB	SNR	速率/Mbit/s	发射功率上限阈值/mW
10	10.00	1	>20.09
14	25.12	2	20.09
22	158.49	4	10.64
28	630.96	6	1.49
32	1584.89	8	0.30

注释 3：

方程(6-25)给出的功率阈值取决于最低支持速率的 DPC 计算。功率阈值可以预先计算以减少协议在线计算的开销。表 6-1 给出了计算得到的仿真中用到的 5 个速率的功率阈值。例如，若 DPC 算法计算得到的发射功率等于 15mW，则 2Mbit/s 为最高能效速率，因为 15mW 处于 20.09mW（2Mbit/s）和 10.64 mW（4Mbit/s）之间。

6.8.5　克服拥塞的调制速率

在前面小节中，计算了最大吞吐量和能效速率，吞吐量随速率增加。然而，采用的速率越低，每焦耳能量可发送的比特数量越多。因此，速率调整必须确保吞吐量和能效的折中。因此，下面讨论选择吞吐量最佳且满足能量限制的调制方式。另外，在所提出的协议中，发射端队列长度被用作所要求的吞吐量的标志，其将影响到速率选择方法。

因为发射速率高意味着接收端缓存占用率高，假设信道状态良好，在速率调整期间需考虑每个节点的缓存占用，图 6-16 给出了基本思路。这里，当发射端节点缓存的利用低时选择最低支持的速率。节点缓存占用的增加表示更高的业务要求。所以，选择可以得到更大吞吐量的调制速率。基于缓存占用的速率调整可以解释如下。若拥塞很低则选用最低支持的速率。当网络中拥塞增大时，缓存占用将增大。所以，选择更高的传输速率以消除拥塞，从而提高吞吐量，这和通过降低发射速率来控制拥塞增大的看法是相反的。当拥塞减小时，选用更低的速率以提高能效。

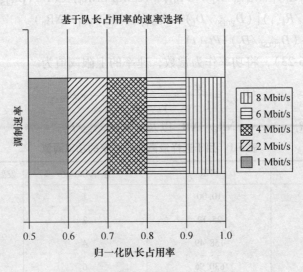

图 6-16　基于队列长度的速率选择

6.8.6　基于速率的功率选择

DPC 算法只对最低支持的速率计算发射功率。在所提出的速率调整方案中，必须选择必要的功率来反映使用的速率。因此，对于具体速率计算合适发射功率的方法如下。

定理 6.8.2（速率调整的功率控制）

给定特定速率的 SNR 阈值的上限和下限，和 DPC 支持的最低速率的信息，所提出的高能效速率调整方案的发射功率为

$$Pt_k(t) = Pt_0(t) * SNR_k / SNR_0 \tag{6-26}$$

式中，SNR_0 是最低支持速率的目标 SNR；SNR_k 是第 k 种调制方式的目标 SNR；$Pt_0(t)$ 是最低支持速率的功率的估值；$Pt_k(t)$ 是第 k 种调制方式的功率的估值。另外，功率估值的误差有限。

证明　由方程（6-14），SNR 的比值取决于所选择的发射功率，且表示为

$$SNR_l(t)/SNR_k(t) = Pt_l(t)/Pt_k(t) \tag{6-27}$$

式中，$SNR_l(t)$ 和 $SNR_k(t)$ 是 SNR 的测量值；$Pt_l(t)$ 和 $Pt_k(t)$ 分别是相应情况下使用的发射功率。假设已知 $Pt_0(t)$，其需要满足目标 SNR_0。令不同速率的目标 SNR_k 已经预先给出。需满足目标 SNR_k 的发射功率由方程（6-27）得到为

$$SNR_0/SNR_k = Pt_0(t)/Pt_k(t) \tag{6-28}$$

方程（6-28）重写后变成方程（6-26）。假设 DPC 计算得到的功率有限，则第 k 个速率的估计误差有限。因为最低支持速率的功率是采用 DPC 算法估计得到的，第 k 个速率的功率也是一个估计值。假设 ε_0 是 DPC 算法功率估计的最大误差。将此应用到方程（6-26），第 k 个速率估计的最大误差 ε_k 给定为

$$SNR_0/SNR_k = Pt_0(t)/Pt_k(t) \tag{6-29}$$

需要指出的是，对第 k 个速率的估计误差与基本速率的估计误差和两个 SNR 的比值成正比关系。因此，所提出的 DPC 协议可用于计算发射功率，尽管注意到估计误差有限。

6.8.7　退避机制

所要求的退避机制应规定退避间隔。下一跳节点的队列长度越高大说明冲突域内节点需要更长的退避间隔，使得下一跳节点能更多地访问信道。本算法的退避采用平方关系，目的是对高缓存占用有更长的退避间隔以防止缓存溢出，而对于低缓存占用退避带来的时延更小，这样不会降低吞吐量。退避间隔的计算为

$$BI = \rho \cdot SF \cdot (1 + \alpha \cdot Q_{\text{NEXT-HOP}}(t)^2) \tag{6-30}$$

式中，BI 是退避间隔；ρ 是随机数；SF 和 α 是缩放因子；$Q_{\text{NEXT-HOP}}(t)$ 是下一跳节点的队列长度。

6.8.8　MAC 协议设计

我们修改（Zawodniok and Jagannathan 2004）的发射和接收节点间的 DPC 协议，以进行速率调整。类似于在无线 Ad Hoc 网络中，DPC 信息加到 MAC 帧中。为实现速率调整，必须将 MAC 协议与方程(6-26)和方程(6-31)中功率和 SNR 所需的必要信息相结合。另外，必须修改 MAC 帧以包含所提退避机制所需队列长度信息。

RTS，CTS 和 ACK 帧的发射采用最低支持速率，而 DATA 帧的发射采用算法选择的速率。802.11 的帧头包含一个标准区域，其表示传输分组的速率。我们应用这个区域指明传输到接收端的速率，使接收端可以正确解码分组。

DPC 要求将对应于 DPC 算法计算得到的发射功率的 SNR 值作为控制的输入信号。但是在提出的方案中，功率根据方程(6-26)发生改变。因此，接收到的 SNR 对于 DPC 算法而言是无效的。在这种情况下，测量的 $SNR_k(t)$ 需要相对最低支持速率进行缩放。方程(6-28)的两边乘以 $G_i(t)/I(t)$，得到

$$SIR_0(t) = SIR_k(t) * SNR_0/SNR_k \tag{6-31}$$

式中，SNR_0 和 SNR_k 分别是最低支持速率和第 k 个速率的目标 SNR；$SNR_k(t)$ 是 SNR 的测量值；$SNR_0(t)$ 是若采用最低支持速率（和相应的功率）时需要测量的 SNR。

到此，DPC 算法可用 $SNR_0(t)$ 来计算最低支持速率的发射功率。

6.9　基于动态规划的速率调整

第二种速率调整方案是基于动态规划的，在提供所要求的服务等级的同时，能量消耗最少。这种方案与启发式方案相比，能够选择合适的队列长度的目标值，从而提供所期望的服务等级。所提出的 DP 方案通过改变可接入突发的大小，采用突发模式传输来控制输入流的速率。虽然 IEEE 802.11 突发模式在单个 RTS/CTS/DATA/ACK 交换期间发送一定数量的数据分组，但它限制了单个 RTS/CTS/DATA/ACK 交换可以持续的时间。因此，突发的最大大小受限于选择的调制速率。

所提方案将被递归地应用于每条连接发射和接收节点间的链路。速率选择在接收节点执行，然后传给接收机进行调整速率并选择和使用合适的突发长度。所提出的基于 DP 的方案利用 DPC 算法（Zawodniok and Jagannathan 2004）计算最低支持速率所需的发射功率。类似 DPC，接收节点进行必要的计算以确定发送节点采用的调制速率和突发长度。

速率调整算法采用状态方程来描述接收节点缓存的变化。为得到最佳策略而构造了代价函数，其包括分组排队代价和传输突发数据的代价。后者等于采用所选择的调制速率传输突发分组所需的能量。DP 策略指定的解决方案受制于随后的调整，

例如所选择的调制速率由于节点支持的最大发射功率的限制而被降低。

本节组织如下。首先给出状态方程。其次定义并讨论代价函数。随后给出应用黎卡提(Riccati)方程的动态规划解决方案。然后讨论速率的后续改变和突发长度。最后给出实现的要领。

6.9.1　缓存占用状态方程

考虑队列长度方程

$$q_i(k+1) = q_i(k) + u_i(k) + w_i(k) \tag{6-32}$$

式中，$k = 0, 1, 2, \cdots, N-1$，N 是时间点，且 N 为 DP 算法的最后一步；$q_i(k)$ 是节点 i 在 k 时刻的队列长度；$w_i(k)$ 是 k 时刻的输出业务量；$u_i(k)$ 是 k 时刻的输入业务量。输出业务量 $w_i(k)$ 由下一跳节点 $(i+1)$ 决定，是分布和期望值已知的随机变量。所提方案控制输入业务使得下节给出的代价函数最小。

6.9.2　代价函数

代价函数包括队列占用代价和传输突发数据代价。后者近似为 2 次方形式以获得最佳控制规则，该规则可以通过标准的黎卡提(Riccatti)方程推导得到。另外，该解决方案证明是稳定和收敛的。

6.9.2.1　队列占用代价

考虑一已知的理想队列长度 q_{ideal}，其反映了所期望的系统吞吐量和时延性能。在这种情况下，可以选理想和实际队列长度的差值的平方作为缓存代价：

$$B(q_i(k)) = \gamma \cdot (q_i(k) - q_{\text{ideal}})^2 \tag{6-33}$$

式中，γ 是缩放因子；$q_i(k)$ 是当前队列长度。在这种情况下，队列长度代价最低即 $q_i(k) = q_{\text{ideal}}$，且长度低于或高于希望值时代价增大。

为获得黎卡提方程中的平方代价函数，状态变量用队列长度减去常数 q_{ideal} 来代替

$$x_i(k) = q_i(k) - q_{\text{ideal}} \tag{6-34}$$

现在状态方程可以重写为

$$x_i(k+1) = x_i(k) + u_i(k) + w_i(k) \tag{6-35}$$

且代价函数表示为

$$B(x_i(k)) = \gamma \cdot (x_i(k))^2 \tag{6-36}$$

参数 γ 的选择将影响到队列长度收敛到目标值的动态过程。参数 γ 越大，则在收敛到目标队列长度和相应的性能等级上需要花费更多的努力(代价)。但是，这将付出更高的传输代价，从而消耗比 γ 较小时更多的能量。

6.9.2.2　传输代价

无线节点消耗能量来发射分组。这个能量取决于成功传输和传输时间所需的发

射功率。调制速率的选择增加了这个过程的复杂性，因为传输时间随调制速率而改变，且所需功率随调制速率非线性变化。准确的代价表示为

$$C_{TX}(u_i(k), r_i(k)) = P_0(k) \frac{SNR(r_i(k))}{SNR(0)} \cdot \frac{u_i(k)}{R(r_i(k))} \tag{6-37}$$

式中，$u_i(k)$ 是突发长度；$r_i(k)$ 是调制方式；$R(r)$ 是调制方式 r 的传输速率；$SNR(r)$ 和 $SNR(0)$ 分别为调制方式 r 和 0（最低可用速率调制方式）的 SNR；$P_0(k)$ 是计算得到的调制方式 0 的功率；k 是时间。

注释4：

无线接入标准对于给定节点使用信道多长时间是有限制的。因此，突发长度受限于采用的调制速率，即 $u_i(k)/R(r_i(k)) \leqslant$ 最大传输时间。

注释5：

DP 是参数 u_i 和 r_i 的最小代价函数。这样，对于给定 u_i，最佳的 r_i 值可以推断为是先验的，作为支持给定突发长度的最低速率。因此，传输代价可以表示仅为 u_i 的函数

$$C_{TX}^*(u_i(k)) = u_i(k) \cdot P_0(k) \cdot CM(u_i(k)) \tag{6-38}$$

式中，$CM(u_i(k)) = SNR(r_i^*(k))/[SNR(0) \cdot R(r_i^*(k))]$，是对突发长度采用最佳调制 $r_i^*(k)$ 传输突发 $u_i(k)$ 的代价函数。

6.9.2.3　代价函数的近似

整体来说，动态规划优化问题的代价函数可以表示为

$$J_k(x_i(k)) = B(x_i(k)) + C_{TX}^*(u_i(k)) + J_{k+1}(x_i(k+1)) \tag{6-39}$$

式中，$J_k(x_i(k))$ 是初始状态为 $x_i(k)$ 从时间 k 到 N（算法的最后一步）的代价函数，$B(x_i(k))$ 为排队代价函数，$C_{TX}^*(u_i(k))$ 是传输大小为 $u_i(k)$ 的突发的代价函数，$J_{k+1}(x_i(k+1))$ 为从时间 $k+1$ 开始的代价函数。

注释6：

用于 DP 的方程（6-30）的代价函数将得出最佳控制规则。但是，计算这样的规则计算量很大，并且对于 $u_i(k)$ 可能值的数目很敏感。

这里作为替代，提出一种近似的平方函数，形式为

$$CQ(u_i(k)) = \alpha \cdot P_0(k) \cdot [u_i(k)]^2 \tag{6-40}$$

其中参数 a 的选择是使得近似的最小均方误差最小。

注释7：

由于传输代价 $CQ(u_i(k))$ 不准确，计算得到的控制规则将是次最优的。

图 6-17 给出了对于表 6-1 中多种调制方式的例子。在这种情况下，α 的计算结果等于 2.4。

到此，最后的代价函数表示为

$$J_k(x_i(k)) = Q_k(x_i(k))^2 + R_k(u_i(k))^2 + J_{k+1}(x_i(k+1)) \qquad (6\text{-}41)$$

式中，$Q_k = \gamma$ 和 $R_k = \alpha P_0(k)$ 是方程（6-33）和方程（6-37）中的参数。方程（6-41）中的代价函数为平方形式。因为缓存动态变化是线性的，所以我们可以应用标准的黎卡提方程（Bertsekas 1987）计算出最佳控制规则。下面给出所提出的解决方案。

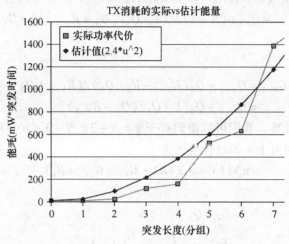

图 6-17　作为队列长度函数的速率选择

6.9.3　黎卡提方程

首先，我们注意到速率调整问题应将系统状态 x_i 而不是队长与输出业务流 w_i 密切匹配，因为保持适当的数据流比保持队长在某个长度更重要。因此，我们考虑新的状态变量，其等于状态 x_i 和输出业务流 w_i（非负数）之和。

$$z_i(k) = x_i(k) + w_i(k) \qquad (6\text{-}42)$$

将方程（6-33）的新状态代入到方程（6-41），且包括最后第 N 的迭代，相应的输出业务分量 w_n，得到

$$J_k(z_i(k)) = Q_k(z_i(k))^2 + R_k(u_i(k))^2 + J_{k+1}(z_i(k+1)) \qquad (6\text{-}43)$$

将 DP 方法应用于方程（6-34），我们有

$$J_N(z(N)) = Q_N(z_i(N))^2$$
$$J_k(z(k)) = \min_{u_k} E\{Q_k(z_i(k))^2 + R_k(u_i(k))^2 + J_{k+1}(z_i(k) + u_i(k))\} \qquad (6\text{-}44)$$

首先，我们展开最后迭代的前一次迭代

$$\begin{aligned}
J_{N-1}(z(N-1)) &= \min_{u_{N-1}} E\{Q_{N-1}(z_i(N-1))^2 + R_{N-1}(u_i(N-1))^2 \\
&\quad + Q_N(z_i(N-1) + u_i(N-1))^2\} \\
&= Q_{N-1}(z_i(N-1))^2 + \min_{u_{N-1}} E\{R_{N-1}(u_i(N-1))^2 + Q_N(z_i(N-1))^2 \\
&\quad + Q_N z_i(N-1) u_i(N-1) + Q_N(u_i(N-1))^2\}
\end{aligned} \qquad (6\text{-}45)$$

为使方程(6-36)对 $u_i(N-1)$ 最小，对其进行微分并令等于零，得到

$$u_i^*(N-1) = -z_i(N-1) \cdot Q_N/(Q_N + R_{N-1}) \tag{6-46}$$

将 $u_i(N-1)$ 和方程(6-37)代入方程(6-36)，得到

$$J_{N-1}(z(N-1)) = Q_{N-1}(z_i(N-1))^2 + R_{N-1}(z_i(N-1))^2(-Q_N/[Q_N+R_{N-1}])^2$$
$$+ Q_N(z_i(N-1))^2(1-Q_N/[Q_N+R_{N-1}])^2 = G_{N-1}(z_i(N-1))^2 \tag{6-47}$$

其中

$$G_{N-1} = Q_{N-1} + Q_N(R_{N-1}^2 - R_{N-1}Q_N)/(R_{N-1}+Q_N)^2$$
$$= Q_{N-1} + Q_N[1 - Q_N/(Q_N - R_{N-1})] \tag{6-48}$$

应用前面的计算，我们可以得到对于 $k = N-2$，$N-3$，…，0 时的最佳输入。在这种情况下，对每个 k 的最佳规则为

$$u_i^*(k) = -z_i(k) \cdot G_{N+1}(G_{k+1} + R_k) \tag{6-49}$$

其中

$$G_n = Q_n$$
$$G_k = G_{k+1}\left(1 - \frac{G_{k+1}}{G_{k+1} + G_k}\right) + Q_k \tag{6-50}$$

然而，由于未知传输时间，所以希望通过假设无限流来计算稳态解。稳态解在实现中更加有用，因为大多数计算可以在网络布设前离线完成及有限的计算必须在线实现。在这种情况下，方程(6-50)变成

$$u_i^*(k) = -z_i(k) \cdot G/(G + R_k) \tag{6-51}$$

式中，G 是方程(6-41)的稳态解($k \to \infty$)；$R_k = \alpha \cdot P_0(k)$ 是代价函数的参数，且 $P_0(k)$ 是由 DPC 计算得到的下一次传输的发射功率。

将方程(6-25)和方程(6-33)代入方程(6-51)，我们可以计算出直接依赖于队长的稳态规则为

$$u^*(k) = -G(q_i(k) - q_{ideal} + E\{w_i(k)\})/(G + R_k) \tag{6-52}$$

每次传输前应用控制规则计算所期望的突发长度 u^*。然后，选择如 6.9.2.2 小节所讨论的最佳调制速率作为可支持具体突发长度的最低速率。

6.9.4　选择调制的附加条件

发射功率在物理上受限于节点的硬件。所以，速率调整必须排除要求发射功率大于最大可能值的调制速率。根据方程(6-16)可以计算得到这个阈值。最大功率决定可应用于特定信道状态的最大调制速率。若降低调制速率，则同时降低突发长度。

在严重拥塞情况下，无线信道面临来自大量信源的接入要求。这样必须增大调

制速率以更快地完成传输。这将更快地清除信道而给予其他节点发送数据的机会，以减轻拥塞。显然，这种调制速率的随后增大不应增大突发长度，因为它将背离快速释放信道的目的。另外，由于缓存的限制，接收节点可接受的数据有限，因此增加突发长度将引起接收端排队长度不可控制的增大。

6.9.5 实现考虑

在基于 DP 的方案中，若节点采用标准的退避间隔，则它们将依次接入信道。速率调整在每个 RTS-CTS 交换过程中进行。随后，所选择的调制速率和突发长度，由接收节点使用带有附加数据域的 CTS 帧，传输到发送节点。然后，发送节点根据下面章节描述的条件，再次改变调制速率和，若必要的话，改变突发长度。

6.10 仿真结果

NS-2 仿真器用来评估所提出的速率调整协议的性能。评估所提出的方案采用了单跳、两跳以及随机拓扑。基于分析结果，所提技术可以应用于任何网络拓扑，并能得到相似的结果。单跳拓扑用来评估存在信道衰落时的协议性能。两跳拓扑在两对信源——信宿节点之间设置两个业务流，利用相同的中继节点转发两个业务流的数据。中继节点是通信中的瓶颈节点，并为速率调整提供了一个很好的标记。最后测试的拓扑为 50 个节点随机布设在一个 1000×1000 平米的区域，且设置 25 个流经网络的业务流。对所提出的启发性协议与 RBAR(Holland et al. 2001)进行了对比。

采用基于 DP 的方案时，使用突发模式传输提高了数据吞吐量，因为减少了退避和发送 RTS/CTS 的开销。所以，比较支持和不支持突发模式的协议是困难的。

例如，将不带有突发模式的 RBAR 与所提出的基于 DP 带有突发模式的协议进行比较，难以确定吞吐量或能效上的变化是来自算法本身还是突发模式。基于这种原因，我们直接对 RBRA 协议进行修改，使其支持突发模式。所以，在与所提出的基于 DP 的协议比较时，采用修改的 RBAR 协议。

为测试所提速率调整方案，采用了标准的 AODV 路由协议。所提方案可以采用任何路由协议，因为它不依赖于路由协议。除非特别声明，仿真中采用的参数如下：选用了 5 种调制方式且数据传输速率分别为 1Mbit/s、2Mbit/s、4Mbit/s、6Mbit/s、8Mbit/s，目标 SNR 分别为 10dB、14dB、22dB、28dB、34dB。选取的发射最大功率为 0.2818W。对于所提出的 DPC，选取的设计参数为 $K_v = 0.01$ 和 $\sigma = 0.01$。对所提出的 DPC 方案，重传时的安全因子为 1.5。仿真中采用了带有路径损耗、屏蔽和瑞利衰减的衰落信道 Zawodniok and Jagannathan(2004)。

6.10.1 单跳拓扑

表6-2给出了协议在业务流速率为0.5Mbit/s、2Mbit/s和4Mbit/s时的平均吞吐量。表6-3显示了两种协议不同速率时的能效。两种协议的吞吐量相似。但是，基于DP的协议的能效优于RBAR，即消耗相同的能量所提出的协议传输的数据量是RBAR的3.5倍，因为速率调整中加入了DPC。

表6-2 吞吐量

协议	0.5Mbit/s	1.2Mbit/s	4Mbit/s
RBAR/(kbit/s)	499	1083	1424
DP/(kbit/s)	499	1082	1434

表6-3 能效

协议	0.5Mbit/s	1.2Mbit/s	4Mbit/s
RBAR/(kB/J)	196.73	217.77	233.65
DP/(kB/J)	670.58	780.05	803.58

6.10.2 两跳拓扑

图6-18显示了网络总的吞吐量随每个业务流速率的变化情况。所提出的协议在所有速率下均高于RBAR，因为其根据信道状态和拥塞情况智能地选则速率。这里所观察到的所提协议更高的吞吐量是速率调整的结果，而不是因为DPC，这清楚地显示在选择速率时必须考虑信道状态。另外，观察图6-19中的能效，由于包含了DPC，在消耗相同能量的条件下所提协议可以传输三倍多的数据。

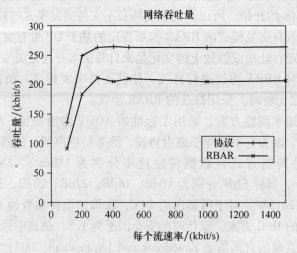

图6-18 不同流速时的吞吐量

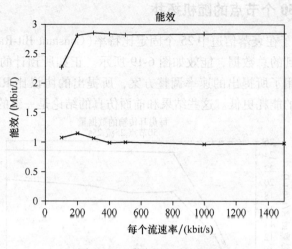

图 6-19　不同流速时的能效

图 6-20 显示了中间节点的分组丢失率。对于 RBAR 而言，丢失的分组数目随业务强度增大而增多；而对于所提协议，丢失率一直较低，这是因为在所提速率调整方案中接收节点缓存的占用被反馈到发射端。这个信息被用于发送节点延缓传输，这样避免了分组的丢失和重传，而 RBAR 在中继节点不断地传输丢失的分组。这项改进源于采用了退避机制，提供了高能效的传输，这如同在单跳拓扑中观察到的（尽管由于不同的拓扑结构我们不能对它们直接进行比较），提供了比 RBAR 更高的吞吐量。

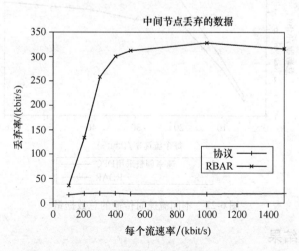

图 6-20　不同流速时的分组丢失率

6.10.3　包含50个节点的随机拓扑

图 6-21 显示了在衰落信道中 25 个固定比特率（Constant Bit-Rate，CBR）信源传输而被信宿接收到的总数据，能效如图 6-19 所示。正如所预计的，对所有业务速率而言，由于采用了所提出的速率调整方案，所提出的协议比 RBAR 可传输更多的数据且每比特的能耗更低。这些结果和前面仿真的结论是一致的。

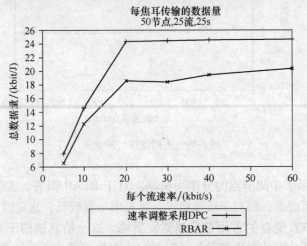

图 6-21　不同流速时每焦耳传输的数据量

不同流速时传输的总数据量如图 6-22 所示。

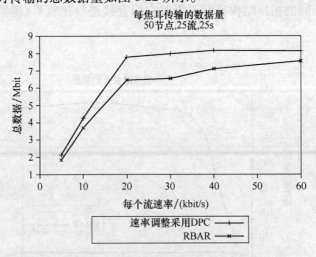

图 6-22　不同流速时传输的总数据量

6.10.4　两跳结果

两跳拓扑被用于仿真所提出的基于 DP 的方案（PDP）。作为比较，使用了支持

突发模式的修改的 RBAR 协议。仿真采用了前面仿真中相同的参数。另外，基于
DP 的算法的仿真需要的其他参数包括：$Q = 0.5$ 和 $\alpha = 2.4$（见图 6-17），且所期望
的功率为 100mW。计算得到 G 的稳定值为 0.667。目标队长为每个业务流 30 个分
组。突发长度、输出和输入业务用分组的数量来描述（或每秒的分组数量）。而且，
在使用最低速率时设突发时间为一个分组的时间。因此，最低速率为 1Mbit/s 时的
突发可以容纳一个分组，2Mbit/s 速率时可以接纳 2 个分组，等等。

　　如图 6-23 所示，在拥塞程度较低且每个流的流速为 300kbit/s 时，两种协议可
以毫无困难地发送所有产生的分组。但是，当拥塞程度增加时 PDP 方案能够比
RBAR 更有效地提高吞吐量，因为 PDP 利用反馈信号限制输入业务流以防止中间
节点丢失分组，如图 6-24 所示。当路由器中的缓存占用率增大时，信源减少传输
业务以防止缓存溢出。另一方面，修改后支持突发模式的 RBAR 不能控制输入业
务，其结果是分组在中间节点被丢弃，影响了端到端的吞吐量。可以看到，和修改
后的 RBAR 协议相比，所提出的方案吞吐量的改善高达 96% 。

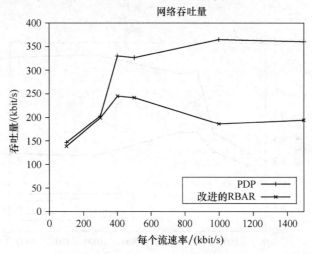

图 6-23　不同流速时传输的吞吐量

　　采用修改的 RBAR 协议时，以中间节点丢弃分组形式体现的缓存溢出见图 6-
24。无论生成的业务流如何，所提出的 PDP 方案消除了任何与排队相关的中间节
点的分组丢弃，因为它能通过规定最大可接入的分组数精确地控制输入业务流。

　　图 6-25 显示了这些协议的能效（消耗每焦耳传输的数据量）。所提出的方案在
所有流速条件下均优于修改的 RBAR，因为 PDP 尽可能地降低了发射功率，而
RBAR 总是以最大功率发射。另外，PDP 避免了缓存溢出从而防止了重传。反过
来，降低了能耗和提高了端到端的吞吐量。所提出的协议比改变的 RBAR 协议提
高能效 131% 。

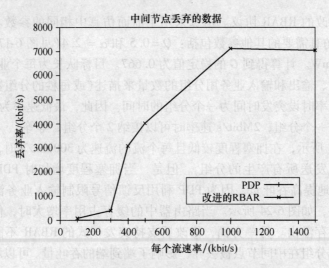

图 6-24　不同流速时中间节点丢弃的分组数

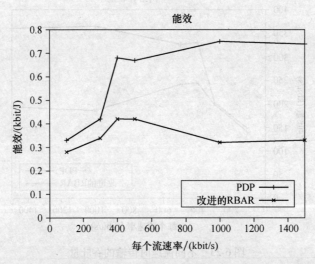

图 6-25　不同流速时每焦耳传输的数据量

6.11　DPC 的硬件实现

　　新的无线网络协议的实现传统上都是采用网络模拟器如 NS2，OPNET 或 MAT-LAB(Zawodniok and Jagannathan 2004，Holland et al. 2001，Kamerman and Monteban 1997)来进行的。虽然仿真提供了对网络大量性能的一个基本比较，但它们不能基于硬件限制来评估网络。另外，硬件实现的方法对满足协议要求的硬件设计提供了必要的反馈。实际上，很少有协议是在硬件上实现的，因为访问和改变物理层是非常困难的。因此，在本文的工作中，给出了分布式自适应功率控制（Distributed A-daptive Power Control，DAPC）协议或简称为 DPC 协议的一个硬件实现。尽管是应用于 Ad Hoc 类型网络，但该思路被证明可应用于蜂窝网络，无线传感器网络和 RFID 网络。

在无线系统和网络中，无线信道具有高度的不可预测性，而且在根本上限制了各类无线通信系统的性能。诸如路径损耗、屏蔽和瑞利衰减等信道不确定性会降低接收端信号的功率，从而引起接收 SNR 或 SIR 的变化。另外，其他在相同频段工作的无线设备的干扰会增大接收端的噪声。DPC 的目标是克服这些信道不确定性并在接收端保持希望的 SNR。

在蜂窝网络中，无线信道不确定性的动态变化使得连接时断时续，并且增加了能耗。DAPC 方案可用于发射塔和移动用户之间，减小信道波动的影响和降低中断概率（Jagannathan et al. 2006）。另一方面，对于无线 Ad Hoc 和传感器网络，DAPC 应用于连接对之间，可以提高节点的能效，延长网络的生存期以及提高 QoS（Zawodniok and Jagannathan 2004）。

相似地，在无线射频识别（Radio Frequency IDentification，RFID）系统中，检测范围和读取速率受到大功率读取设备之间干扰的影响。在密集 RFID 网络中，这个问题变得更加严重并降低了系统性能。DAPC 方案可以应用在 RFID 读取器上以降低读取器之间的干扰，在保证希望的读取速率的同时，确保系统的整体覆盖范围（Cha et al. 2006）。

本节给出的内容集中于密苏里——罗拉（UMR）大学的通用无线测试平台上的 DAPC 协议的实现（Cha et al. 2006）。硬件实验用于评估 DAPC 通过硬件实现在不同信道条件下的工作，因为我们没有发现这方面的硬件实现工作。正如所预期的，实验结果显示协议的性能令人满意。

为简单起见，这里只说明用于实现的数学方程。在离散时间域中，选择 DAPC 的反馈控制为（Zawodniok and Jagannathan2004）

$$p_i(l+1) = \frac{I_i(l)}{g_{ii}(l)}[-\hat{\theta}_i(l)R_i(l) + R_{required} + k_v(R_i(l) - R_{required})] \qquad (6\text{-}53)$$

式中，$\hat{\theta}_i(l)$ 是未知参数 $\theta_i(l)$ 的估计值；k_v 是控制参数。

平均信道估计误差和平均 SNR 误差渐进地收敛于零，若参数更新方法为

$$\hat{\theta}_i(l+1) = \hat{\theta}_i(l) + \sigma R_i(l)(R_i(l) - R_{required}) \qquad (6\text{-}54)$$

式中，σ 是调整增益。k_v 和 σ 的选取应满足

$$\sigma \|R_i(l)\|^2 < 1 \qquad (6\text{-}55)$$

$$k_{vmax} < \sqrt{1 - \sigma \|R_i(l)\|^2} \qquad (6\text{-}56)$$

对于不同网络类型，DAPC 的实现可以不同。然而，本节给出的硬件实现并不

局限任何已有类型的无线网络。它只是想说明在通用无线测试平台上 DAPC 的工作原理。目的是说明存在信道不确定性时能够获得所希望的 SNR。另外，源自 Cha et al.（2006）的本节内容详细讨论了设计规范和要求。

　　所提出的 DAPC 应该在 MAC 层实现，因为它针对连接并要求访问物理层的某些基带参数，例如 RSSI 的读取和输出功率。6.5.2 节详细讨论了 DAPC MAC。我们现在讨论实现的软件和硬件问题。

6.11.1　硬件结构

　　本节给出 Cha et al.（2006）中讨论的 DAPC 硬件实现的概况。首先给出测试无线网络协议的可配置的无线通信测试平台，给出该测试平台功能和限制的详细说明。

6.11.1.1　无线网络测试平台

　　为评测多种网络协议，UHF 无线测试平台采用了 UMR/SLU 第四代智能传感器节点（Generation-4 Smart Sensor Node，G4-SSN）（Fonda et al. 2006）。选用了 Silicon Laboratories® 8051 系列微处理器，因为其具有快速 8 位处理、低功耗以及与外围元件良好的接口的能力。底层物理无线通信采用了 ADF7020 ISM 基带收发器，因为其可以提供频率、调制、功率和数据发送速率的精确控制。兼容 Zigbee 的 Max-stream XBee™ 射频模块用作第二无线单元，以提供无线解决方案的备选。前者适合于 MAC 或基带层低级协议的开发，而后者适合较高层的路由和调度协议的实现。无论采用 ADF7020 还是 Zigbee 无线接口都可以构成无线网络，而且可以实现对不同网络协议的评估。图 6-26 给出了硬件框图。

图 6-26　硬件框图

6.11.1.2　G4 智能传感器节点

　　G4-SSN 最早是由 UMR 开发的，然后再由 St. Louis 大学进行了更新升级。G4-SSN 具有多种感应和处理能力。前者包括应变计，压力计，热电偶和一般 A／D 感应能力。后者包括模拟滤波，CF 存储器接口和最大处理速度为 100 MIPS 的 8 比特数据处理能力。这些特性提供了可靠的应用适应能力，并且在已有的研究中得到了应用（Fonda et al. 2006）。另外，方便的可堆叠式连接为新硬件的开发提供了便利。如在图 6-27 中看到的，Zigbee 射频和 ADF7020 射频堆栈可一起应用，因此允许多个无线接口。

图 6-27 带有 Zigbee 层的 Gen-4 SSN(左)，ADF7020 层(右)

如表 6-4 所示，G4-SSN 提供了强有力的 8 比特处理能力，合适的 RAM 容量和低功耗小型化的外形。

表 6-4 G4-SSN 功能

	I_c@3.3V/mA	Flash Memory/B	RAM/B	ADC 抽样频率/kHz	外形封装	MIPS
G4-SSN	35	128k	8448	100@10/12-bit	100-pin LQFP	100

6.11.1.3 ADF7020 ISM 基带收发器

ADF7020 ISM 频段收发器用作实现 DAPC 协议的物理层。ADF7020 的主要优点是可以灵活地控制物理层的各种特性，包括工作频率，输出功率，数据率和调制方式。这些特性是评估新的无线协议的基础，其要求访问物理层(见表 6-5)。在 DAPC 的实现中，将直接介入 RSSI 读取和输出功率。另外，该收发器的低功耗适合其应用于嵌入式传感器网络。

表 6-5 AD7020 功能

特性	功 能
频带	431~478MHz 和 862~956MHz
数据率	0.15~200kbit/s
输出功率	16~+13dBm 且变化步长为 0.3dBm
RSSI	6 比特数字回读
调制	FSK，ASK，GFSK
功耗	接收 19mA，发射 28mA(10dBm)

6.11.1.4 限制

算法的硬件实现受制于硬件限制。对于单片软件分层结构，微处理器必须同时操作射频收发器数据通信、内部处理以及应用。因此，8 比特处理能力限制了无线收发器发射的数据速率。目前，测试成功的最大的数据率为 48kbit/s。硬件面临的另一个不可避免的问题是量化等级。量化意味着硬件不能提供算法所要求的足够高的精度，例如计算精度、A-D 或 D-A 转换。在 DAPC 的实现中，信号强度的读取只能精确到 0.5dB，而功率控制的步长限制在 0.3mW。因此必须对待这些限制并减少其对算法的影响。

6.11.1.5 RF 设置

DAPC 实现中无线信道的选择与 RFID 系统中的选择相似。节点工作的中心频率为 915MHz 且信道带宽为 20kHz。因为只测试 DAPC 的性能，没有采用其他的 MAC。数据率为 12kbit/s，采用 FSK 调制方式，且无编码。发射器输出功率的变化范围为 16 到 +13dBm 且变化步长为 0.3dB。

6.11.2 软件结构

对于 Gen-4 SSN 无线测试平台考虑分层网络结构，这使得以后的协议实现和评估更加容易。分层软件结构框图如图 6-28 所示。本节给出基带控制器和 DAPC MAC 设计的详细说明。

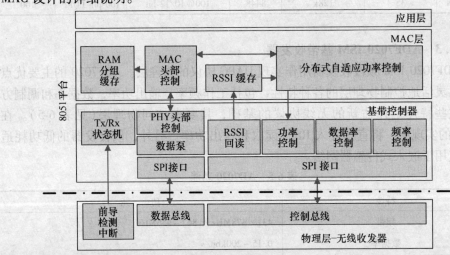

图 6-28 软件结构

6.11.2.1 帧格式

DAPC 实现的帧格式如图 6-29 所示。物理层的头部包括一组 SYNC 字节和前导序列。SYNC 字节用于发射器和接收器的时钟同步，是零直流形式，例如 10101010 …形式。前导序列的格式唯一，表示分组的开始且网络中的所有节点必须统一。ADF7020 提供硬件前导检测并且中断信源向微处理器发出请求。

前导序列后面紧接 MAC 的头部。MAC 头部的长度可用其第一字节编程标明，所以允许未来的多种扩展。对于 DAPC，只需要发射功率域。在 MAC 头部后面是传输的数据和 CRC。

6.11.2.2 基带控制器

基带控制器用来和物理层接口。它还向高层提供 API 以访问射频收发器提供的所有功能。在 DAPC MAC 的实现中，只使用 RSSI 读取和功率控制。还有其他选项并可容易地用于以后不同协议的实现。

图 6-29 协议的帧格式

6.11.2.3 操作模式

基带对射频的控制有三种操作模式，发射、接收和空闲，通过 Tx/Rx 状态机来处理。射频始终工作在空闲状态，除非有分组准备传输或检测到表示分组接收开始的前导码。

空闲模式：在空闲模式下，射频仍然监听信道但忽视信道中的任何数据。

接收模式：在空闲模式期间，当射频检测到前导码，则向微处理器发出中断请求。一旦收到中断请求，基带切换到接收模式，并开始缓存输入的字节；分组长度在发射器和接收器之间被加做前缀。

发送模式：当分组等待发送时，基带通过附加前导码切换到发送模式，并且不间断地发出整个分组。

6.11.2.4 RSSI 读取

DAPC 实现要求读取 RSSI 以计算每个分组的 SNR。为提供精确的 SNR，每接收一个字节读取一次 RSSI。当射频处于空闲模式时，任何输入数据都被丢弃；但依然每隔 8bit 存储一次 RSSI。为从噪声中分离出前导码，用一个小"RSSI_缓存"存储前 N 个 RSSI 值，其中 N 等于前导码的字节数。任何超出 N 的读取被平均为"噪声功率"。在射频进入接收模式后，存储 RSSI 并将其与 RSSI 缓存中的值平均，得到"信号功率"。图 6-30 给出了模式切换和 RSSI 读取的流程图。

6.11.2.5 DAPC MAC 控制器

图 6-31 显示了在发射器和接收器中所提出的 DAPC 控制环的框图。在接收端，接收时测量信号强度 P_i，噪声等级 I_i 以及 SNR R_i。根据前面的计算知道发射器的输出功率 P_t。给定 P_t 和 P_i，则可以计算前一次传输的信道衰减。现在采用表 5-3 更新 θ_i 和 P_t。然后将 P_t 嵌入到传输到相应发射端的下一个输出分组的 MAC 头部。在接收到下一个分组后，循环再次开始。

在发射端，DAPC 必须从 MAC 头部中提取功率信息，并通知基带发送到相应接收端的下一个输出分组的发射功率为 P_t。在硬件实现中，特别是在数字系统中，应当采用量化因子，因为硬件可能不能提供 DAPC 所希望的功率控制的精度。量化因子很简单，即实际发射功率 P'_t 和希望的发射功率 P_t 的比值。该比值除以下一次计算的功率以改善估值的准确度并保持系统稳定。

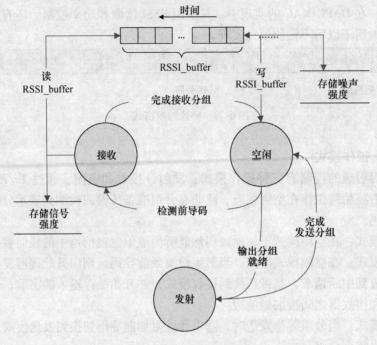

图 6-30　基带流程图

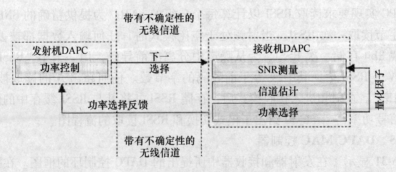

图 6-31　DAPC 控制环框图

6.11.3　实验结果

本节给出 DAPC 硬件实现的结果。进行了多种实验来产生信道干扰，以完全评估 DAPC 的性能。请注意这些实验是在正常工作环境下进行的，其他 ISM 频段设备和信道的不确定性同时存在。由于范围和功率的限制，测试平台的 SNR 最高可达

80dB。因此，系统控制参数 k_v 和 σ 非常小，分别选择为 1e15 和 0.01。

一般地，在发射器和接收器之间建立一对连接。发射器每 500ms 发送 100B 的分组到接收器。接收器在接收后便立即发出一个 100B 的应答分组。这说明每秒只更新功率 2 次。本质上，节点作为发射端和接收端，DAPC 在两端都运行。实验的工作范围一般不大于 5m。

例 6.11.1：路径损耗效果

试验中建立一对连接。接收器缓慢地移向发射器然后拿开。接收器所期望的 SNR 设为 40dB。图 6-32 给出了 DAPC 的性能。星状点显示了接收器的 SNR。圆圈点表示发射器的输出功率。接收器的 SNR 一直非常接近目标 SNR。我们可以清楚看到在第 65 个分组处，接收器开始移向发射器，结果是发射功率降低。在第 180 个分组处，接收器已经回到其起始位置，发射器的输出功率增大以提供需要的 SNR。本实验显示 DAPC 精确地估计了无干扰环境下信道衰落 g_{ii}。

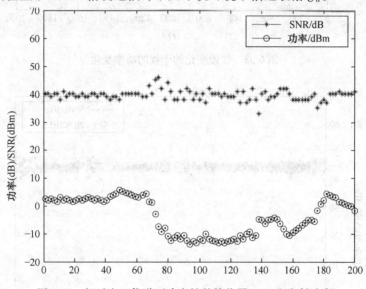

图 6-32　相对应于信道不确定性的接收器 SNR 和发射功率

6.11.4　慢变干扰

在这个实验中，在发射器和接收器之间建立一对连接。同时引入了一个恒定干扰源以非常小的步长改变信道状态。图 6-33 显示了干扰源随时间变化的发射功率。干扰源的发射功率缓慢地从 16dBm 变化到 13dB。注意到接收器的功率更新频率是干扰源输出功率变化率的 3 倍。

图 6-34 显示所期望的 SNR 等于 45dB，我们可以观察到，接收器的 SNR 非常接近该期望值。圆圈点表示的是发射器的输出功率，其显示发射功率随干扰功率的变化而变化。

50dB

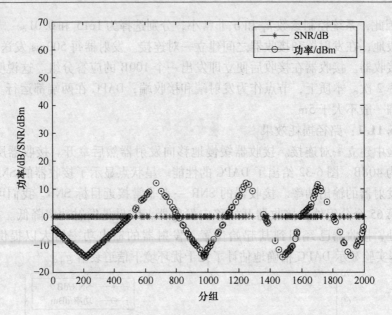

图 6-33   缓慢变化的干扰的功率变化

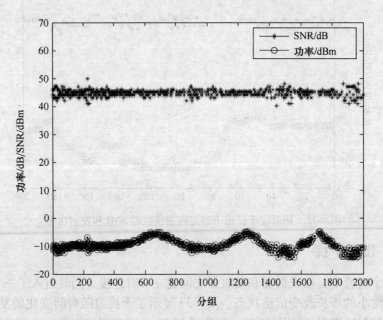

图 6-34   缓慢改变干扰时接收器的 SNR 和发射器的功率

6.11.5   缓慢更新的突变信道

这个实验和前面实验的环境相同，除了干扰源发射功率随机改变外。功率更新的频率是干扰变化的三倍。这看作是突变干扰。图 6-35 给出了干扰程度。

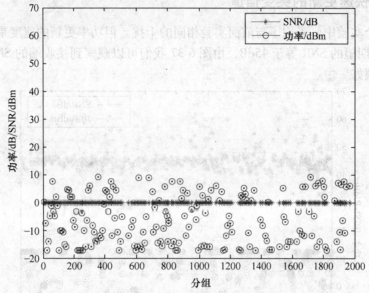

图 6-35 输出功率随机的干扰的功率变化

在图 6-36 中，我们可以观察到接收器的 SNR 没有很好地适应信道变化，和缓变信道相比，缓慢变化的信道因为突变干扰的原因。然而其依然保持在 45dB 附近一个可接受的范围。

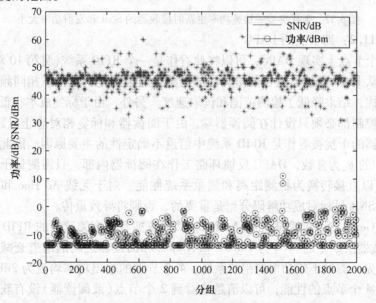

图 6-36 突变干扰——功率更新缓慢时接收器的 SNR 和发射功率大小

6.11.6　快速更新的突变信道

在这个实验中，采用了与前面实验相同的干扰。但功率更新的速度是干扰变化的 10 倍。期望的 SNR 等于 45dB，由图 6-37 我们可以观察到接收端的 SNR 快速更新工作得很好。

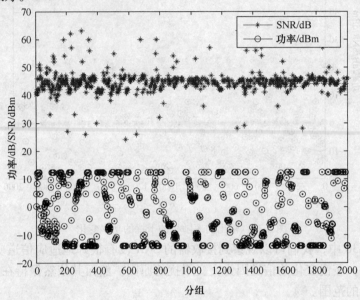

图 6-37　干扰突变—快速功率更新时接收器的 SNR 和发射功率大小

例 6.11.2：四节点的 DAPC

在 4 个节点上实现 DAPC，可以将此看作是一个 RFID 系统（见第 10 章），其中无源标签从 FRID 阅读器获得能量为内部电路及通信供电。工作在相同频率的阅读器相互干扰，结果降低了检测范围和读取速度。另外，由于标签成本很低，任何智能化功率控制都必须只设计在阅读器端。由于阅读器和标签相对静止且距离很短，其他阅读器的干扰被看作是 RFID 系统中信道不确定性的主要原因。因此，假设方程（6-1）中的 g_{ii} 为常数，DAPC 反馈环路工作在阅读器内部，只需测量干扰。接收的 SNR 可以直接转换为检测距离和测量系统性能。对于无线 Ad Hoc 和传感器网络，满足 SNR 目标对成功解码分组是重要的，否则将导致重传。

采用 Gen-4 SSN 来实现无线 Ad Hoc 网络（或拥有 4 个阅读器的 RFID 阅读器网络）。阅读器所期望的 SNR 为 10dB，假设标签和阅读器之间的信道衰减为 40dBm（g_{ii}）。首先，测试不带功率控制的系统，4 个节点的输出功率均设为 2dBm。图 6-38 给出了 4 个节点的性能，可以清楚地看到 2 个节点（或阅读器）没有获得其期望的 SNR，而其他的 SNR 很不稳定。现在在每个节点（或阅读器）上采用 DAPC。如图 6-39 所示，所有 4 个节点都获得了期望的 10dB 的 SNR。

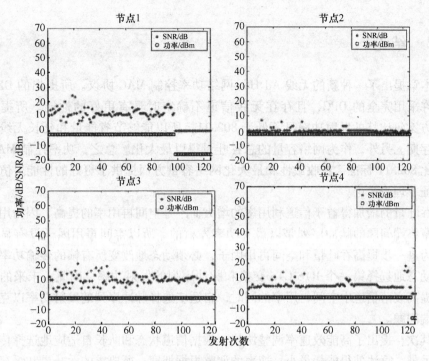

图 6-38 不带功率更新方案的 4 节点网络性能

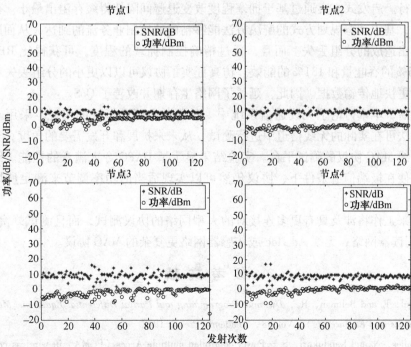

图 6-39 使用 DAPC 的 4 节点网络性能

6.12　结论

本章提出了一种新的无线 Ad Hoc 网络功率控制 MAC 协议。所提出的 DPC 方案允许采用完全的 DPC，且存在无线信道不确定时具有更好的性能。所提出的 DPC 方案每比特的发射功率显著低于 802.11，所以能够节省能量和延长无线节点的生存期。另外，作为网络容量的总吞吐量得以最大化。总之，功率控制 MAC 协议相比 802.11 标准，在收敛性和最大化网络容量方面提供了更好的性能。仿真结果验证了理论结论。

吞吐量的增加得益于信道利用率的增大而不是空间再用率的提高，因为用于克服隐藏终端问题的脉冲序列是以最大功率发射的，所以空间再用因子没有显著变化。为进一步提高吞吐量和空间再用因子，必须动态地改变所有帧的传输功率。这包括动态地选择第一个 RTS-CTS 交换和脉冲序列的发射功率。因此，未来的工作是在提高衰落信道中空间再用率的同时，自适应选择脉冲序列的发射功率以克服隐藏终端问题。

其次，提出了高能效速率调整协议，根据信道状态和队长自适应地选择传输速率。另外，算法使得能耗最小。速率的调整根据拥塞、所要求的吞吐量和缓存占用在线进行。启发式方案通过基于拥塞程度改变退避间隔使得缓存溢出最小。作为一种选择，基于动态规划方式的解决方法能够精确地控制业务流的到达，从而防止因缓存溢出造成的分组丢失。而且，通过精确控制拥塞的程度，可获得比 RBAR 协议高 96% 的吞吐量和 131% 的能效。仿真证实了协议可以以更小的分组丢失和更少的能量更快地传输数据。因此，延长了网络生存期并改善了 QoS。

最后，本章讨论了无线通信系统中一种新的 DAPC 算法的实现。采用硬件实现，算法可在实际的无线信道中进行测试。从未来扩展和开发需要的角度，开发了评估无线 MAC 协议的测试平台。实验结果显示了 DAPC 令人满意的性能。结果显示，即使在极端信道条件下，协议仍然可以实现适当的功率调节来满足所期望的SNR。

未来工作将涉及具有更多连接对的大型网络的协议测试，而且测试蜂窝网络，RFID 阅读器网络，无线 Ad Hoc 或传感器网络更复杂的 MAC 协议。

参 考 文 献

Angel, E. and Bellman, R., *Dynamic Programming and Partial Differential Equations(Mathematics in Science and Engineering)*, Vol. 88, Academic Press, 1972.

Bambos, N. and Kandukuri, S., Power controlled multiple Access(PCMA) in wireless communication networks, *Proceedings of the IEEE INFOCOM*, 2000, pp. 386-395.

Bambos, N., Chen, S., and Pottie, G. J., Channel access algorithms with active link protection for wireless communication networks with power control, *IEEE ACM Transactions on Networking*, 583-597, October 2000.

Bambos, N., Towards power-sensitive network architectures in wireless communications: concepts, issues and design aspects, *IEEE Personal Communications*, June 1998, pp. 50-59.

Bertsekas, D. P., *Dynamic Programming: Deterministic and Stochastic Models*, Prentice Hall, Englewood Cliffs, NJ, 1987.

Canchi, R. and Akaiwa, Y., Performance of adaptive transmit power control in $\pi/4$ DQPSK mobile radio systems in flat Rayleigh fading channels, *Proceedings of the IEEE Vehicular Technology Conference*, Vol. 2, 1999, pp. 1261-1265.

Cha, K., Ramachandran, A., and Jagannathan, S., Adaptive and probabilistic power control schemes and hardware implementation for dense RFID networks, *Proceedings of the IEEE International Conference of Decision and Control*, to appear in 2006.

Dontula, S. and Jagannathan, S., Active link protection for wireless peer-to-peer and cellular networks with power control, *Proceedings of the World Wireless Congress*, May 2004, pp. 612-617.

Fonda, J., Zawodniok, M., Jagannathan, S., and Watkins, S. E., Development and implementation of optimized energy-delay sub-network routing protocol for wireless sensor networks, *Proceedings of the IEEE International Symposium on Intelligent Control*, to appear in 2006.

Gomez, J., Campbell, A. T., Naghshineh, M., and Bisdikian, C., Conserving transmission power in wireless Ad Hoc networks, *Proceedings of the ICNP'01*, November 2001.

Hashem, B. and Sousa, E., Performance of cellular DS/CDMA systems employing power control under slow Rician/Rayleigh fading channels, *Proceedings of the International Symposium on Spread Spectrum Techniques and Applications*, Vol. 2, September 1998, pp. 425-429.

Holland, G., Vaidya, N., and Bahl, P., A rate-adaptive MAC protocol for multihop wireless networks, *Proceedings of the ACM/IEEE MOBICOM*, July 2001.

Jagannathan, S., Chronopoulos, A. T., and Ponipireddy, S., Distributed power control in wireless communication systems, *Proceedings of the IEEE International Conference on Computer Communications and Networks*, November 2002, pp. 493-496.

Jagannathan, S., Zawodniok, M., and Shang, Q., Distributed power control of cellular networks in the presence of channel uncertainties, *Proceedings of the IEEE INFOCOM*, Vol. 2, March 2004, pp. 1055-1066.

Jagannathan, S., Zawodniok, M., and Shang, Q., Distributed power control of cellular networks in the presence of channel uncertainties, *IEEE Transactions on Wireless Communications*, Vol. 5, No. 3, 540-549, February 2006. Jantti, R. and Kim, S. L., Second-order power control with asymptotically fast convergence, *IEEE Journal on Selected Areas in Communications*, Vol. 18, No. 3, March 2000.

Jung, E. -S. and Vaidya, N. H., A power control MAC protocol for Ad Hoc networks, *ACM MOBICOM*, 2002.

Kamerman, A. and Monteban, L., WaveLAN-II: A high-performance wireless LAN for the unlicensed band, *Bell Labs Technical Journal*, 118-113, Summer 1997.

Karn, P., MACA—a new channel access method for packet radio, *Proceedings of 9th ARRL Computer Networking Conference*, 1990.

Lee, G. and Park, S. -C., Distributed power control in fading channel, *Electronics Letters*, Vol. 38, No. 13, 653-654, June 2002.

Maniezzo, D., Cesana, M., and Gerla, M., IA-MAC: Interference Aware MAC for WLANs, UCLA-CSD Technical Report Number 020037, December 2002.

Park, S. J. and Sivakumar, R., Quantitative analysis of transmission power control in wireless Ad Hoc networks, *Proceedings of the ICPPW'02*, August 2002.

Pursley, M. B., Russell, H. B., and Wysocarski, J. S., Energy efficient transmission and routing protocols for wireless multiple-hop networks and spread- spectrum radios, *Proceedings of the EUROCOMM*, 2000, pp. 1-5.

Rappaport, T. S., *Wireless Communications, Principles and Practices*, Prentice Hall, Upper Saddle River, NJ, 1999.

Schurgers, C., Aberthorne, O., and Srivastava, M. B, Modulation scaling for energy aware communication system, *Proceedings of the International Symposium on Low Power Electronics and Design*, 2001, pp. 96-99.

Singh, S. and Raghavendra, C. S., PAMAS: Power Aware Multi-Access Protocol with Signaling for Ad Hoc Networks, *ACM Computer Communication Review*, Vol. 28, No. 3, July 1998, pp. 5-26.

White, D. J., *Dynamic Programming*, Oliver and Boyd, San Francisco, CA, 1969.

Woo, A. and Culler, D. E., A transmission control scheme for media access in sensor networks, *ACM Sigmobile*, 2001.

Ye, W., Heidermann, J., and Estrin, D., An efficient MAC protocol for wireless sensor networks, *Proceedings of the IEEE INFOCOM*, 2002.

Zawodniok, M. and Jagannathan, S., A distributed power control MAC protocol for wireless Ad Hoc networks, *Proceedings of the IEEE WCNC*, Vol. 3, March 2004, pp. 1915-1920.

Zawodniok, M. and Jagannathan, S., Energy efficient rate adaptation MAC Protocol for Ad Hoc wireless networks, *Proceedings of IEEE International Performance Computing and Communications Conference(IPCCC)*, March 2005, pp. 389-394.

习题

6. 5 节

习题 6. 5. 1: 利用 IEEE 802. 11 网络实现 DPC 协议。采用方程 6. 12 计算问题 (6-1) 中实现每种反馈时的开销比特。假设分组长度为 256B，标准的 802. 11 DATA 帧头为 18B，RTS 帧的大小为 24B，CTS 帧为 18B，ACK 帧为 20B，每个分组传输增加 5 个 B 的退避时间。

6. 6 节

习题6.6.1：重做6.6.1节的例子，随机布设150个节点，存在信道衰落和屏蔽，采用 CBR 数据。

6.8 节

习题6.8.1：表5.4中的功率从1mW ~ 1W 变化，仿真功率控制系统。假设信道衰减呈线性地从 50 ~ 100dB，然后从 100 ~ 80dB。噪声强度为 90dBm。

1）发射功率采用精确（实数）值。

2）发射功率使用圆整（整数）值（单位为 mW）。

3）发射功率使用圆整（整数）值（单位为 dBm）。

4）重复3，将方程(6-34)和方程(6-39)应用于功率调整并读取离散值（注意：假设 Pt_0 是由 DPC 算法计算得到的准确的功率值，Pt_k 是所使用的相应的离散值；利用方程(6-34)，计算匹配的 SNR k_0。）

6.9 节

习题6.9.1：利用方程(6-58)，计算参数 G 的稳态值。假设 $Q = 0.5$，$R = 2.4$，和 $E\{Po\} = 0.1W$。（注意：假设可得稳态值，若连续的 G_k 和 G_{k-1} 的差别小于 0.0001。）见表6-9-1。

表6-9-1　动态规划参数计算

K	G_k
N	0.500
N1	
N2	
N3…	

表6-9-2　选择突发长度 u^*

$Po(k)x(k)$	0.001	0.010	0.050	0.100
5				
4				
3				
2				
1				
0				
1				
2				
3				
4				

（续）

$Po(k)x(k)$	0.001	0.010	0.050	0.100
5				
6				
7				
8				
9				
10				

习题 6.9.2：对于变化的功率 $Po(k)$ 和队长误差 $x(k)$，利用方程（6-60），计算突发长度 u^*，填写在表 6 9 2 中。假设输出业务流 $w(h)$ 等于 2 分组/秒（注意：2 意味着将有 2 个分组离开队列）

6.10 节

习题 6.10.1：对包含 150 和 1000 个节点随机拓扑，评估基于动态规划的速率调整。采用 6.10.1 中的参数。画出随时间变化的吞吐量和能效。

第 7 章   无线 Ad Hoc 和传感器
网络分布式公平调度

前一章提出了无线 Ad Hoc 网络和传感器网络分布式自适应功率控制方案(Distributed Adaptive Power Control , DAPC)或简称 DPC,以及介质访问控制(Medium Access Control,MAC)协议。DAPC 用于满足能效,以及其他服务质量(Quality Of Service , QoS)例如吞吐量、端到端时延和分组丢失率的要求。在许多无线网络应用中,还需要满足另外的 QoS 参数指标如公平性。在这种情况下,仅有 DAPC 不足以满足目标 QoS。在无线 Ad Hoc 网络中带宽是主要的限制,在这类典型网络中确保 QoS 的关键是通过公平性的保证来实现有效的带宽管理。

7.1   公平调度和服务质量

公平性是无线信道接入的一个关键问题(Goyal et al. 1997)。在无线 Ad Hoc 网络和无线传感器网络(Wireless Sensor Networks,WSNs)中,必须采用公平调度方案来提供恰当的信息流。在已有文献中可以找到许多考虑了 QoS 指标的算法和协议,但是它们都没有讨论硬件限制。

在竞争的业务流中必须保证公平。另外,提出来的方案应当在本质上是分布式计算的。所以,任何 WSN 公平调度的分布式解决方案都必须协调局部的相互作用以获得全局性能。这些必须在硬件限制的范围内获得。因此,任何多跳无线 Ad Hoc 网络或 WSN 的公平调度算法必须考虑下面的设计准则:

集中式 vs 分布式方式:对于 WSN,分布式公平调度算法优先于集中式方案。

公平性指标:从设计角度来看,选择适当的公平性指标是重要的。应该致力于公平地使分配的服务与权重成正比关系,而权重是根据用户要求的 QoS 指标来确定的。

扩展性:调度方案应当能够很好地应用于存在动态拓扑和链路失效的 WSN 中。

协议的效率:因为存在吞吐量和公平性之间的折中,公平调度需要对所有业务流体现合理的吞吐量。

保持服务质量:在拓扑变化和信道动态变化期间,公平调度应当满足所有业务流的 QoS。

现有文献中有大量针对不同带宽管理的公平调度方案;其中部分是集中式的(Golestani 1994,Luo et al. 2001,Demers et al. 2000),其他是分布式的(Lee 1995,

Jain et al. 1996，Luo et al. 2001， Vaidya et al. 2000）。已有通过采用分布式 MAC 协议在无线网络中实现公平性的研究（Golestani 1994， Bennett and Zhang 1996， Jain et al. 1996）。最近的研究（Vaidya et al. 2000）提出了一种无线局域网（Local Area Networks， LAN）中分布式公平调度协议，分布式公平调度（Distributed Fair Scheduling， DFS）带宽的分配与业务流的权重成正比，该协议采用自时钟公平排队算法（Golestani 1994）来进行带宽的公平分配。但是，该协议不适合具有动态信道变化和拓扑变化的多跳网络。由于节点的移动，网络状态会发生变化，这就要求更新权重。另外，信宿在接收分组时，DFS 会导致大幅度的时延变化或时延抖动。最后，在 DFS 中没有讨论初始权重的选择问题。除非恰当地选择权重，否则即使是对于节点静止的无线网络，都无法保证公平性。

　　一般地，公平调度方案确定合适的权重来满足 QoS 要求。大部分方案在应用于动态网络时，权重一旦被赋值便不再更新，因此不具有自适应和分布式公平调度（Adaptive And Distributed Fair Scheduling， ADFS）所具有的优点（Regatte and Jagannathan 2004）。Regatte and Jagannathan（2004）相关章节给出了一种无线 Ad Hoc 网络（采用 CSMA/CA 工作方式）中的 ADFS 协议。所提出的算法本质上是完全分布式的，且满足 Goyal et al. （1997）和 Vaidya et al. （2000）中给出的公平性准则。所提方案的主要贡献是将权重作为函数，其变量包括分组经历的时延、队列中的分组数以及前一个分组的权重，且动态更新该函数。初始权重根据用户所要求的 QoS 来选择。另外，当分组到达队列的前端时，更新其权重。更新后的权重用于决定哪一个分组放在输出队列，以及若发生碰撞时用于计算退避间隔。

7.2　加权公平准则

　　在有线和无线 Ad Hoc 网路中，公平调度方案执行分布式算法以获得某些局部指标，其影响着网络的全局公平性。观察图 7-1 中一个典型的节点，其维护多个输入队列（属于多个业务流）以存储被发送到输出链路上的输入分组。公平排队算法用于确定下次服务哪个业务流。考虑多个这种节点试图以 CSMA/CA 方式访问共享无线（或有线）信道。这种情况下节点访问信道取决于节点的退避间隔。

　　因此，有线和无线 Ad Hoc 网络公平调度协议应当能实现公平调度算法和公平退避算法，以满足所要求的公平性准则并获得全局公平。

　　直观上，若每一个时间段内将等效带宽分配给所有的业务流，则输出链路带宽的分配是公平

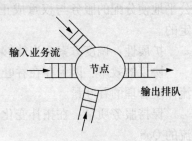

输入业务流

节点

输出排队

图 7-1　带有多个共享一个信道的竞争流的节点

的。这个概念产生出加强公平性，即带宽的分配必须与每个业务流的权重成正比。具体来说，若 φ_f 是业务流 f 的权重，且 $W_f(t_1, t_2)$ 是该业务流在 $[t_1, t_2]$ 期间获得的总服务（比特数），则分配是公平的，若业务流 f 和 m 处于排队等待状态且满足（Goyal et al. 1997）

$$\frac{W_f(t_1, t_2)}{\phi_f} - \frac{W_m(t_1, t_2)}{\phi_m} = 0 \tag{7-1}$$

显然，这是公平性的理想化定义，因为其假设业务流以无穷可分的方式得到服务。公平调度算法的目的是保证

$$\left| \frac{W_f(t_1, t_2)}{\phi_f} - \frac{W_m(t_1, t_2)}{\phi_m} \right| \leq \varepsilon \tag{7-2}$$

式中，ε 是任意小的正数。按照 Colestani(1994) 文献，若分组调度算法确保

$$\left| \frac{W_f(t_1, t_2)}{\phi_f} - \frac{W_m(t_1, t_2)}{\phi_m} \right| \leq H(f, m) \tag{7-3}$$

对于所有间隔 $[t_1, t_2]$，则

$$H(f, m) \geq \frac{1}{2}\left(\frac{l_f^{max}}{\phi_f} - \frac{l_m^{max}}{\phi_m} \right) \tag{7-4}$$

式中，$H(f, m)$ 是业务流 f 和 m 特性的函数，而 l_f^{max} 和 l_m^{max} 分别表示业务流 f 和 m 分组的最大长度。目前提出了多种集中式公平调度算法（Golestani 1994，Demers 2000，Bennett and Zhang 1996），所获得的 $H(f, m)$ 值接近下界。这些算法首先是用于有线网络的，其后用于无线网络。本章将讨论 Regatte and Jagannathan(2004) 中无线 Ad Hoc 网络的 ADFS 方案，并通过采用 UMR 传感器节点（Fonda et al. 2006）的硬件实现将其扩展到 WSN。除了考虑信道不确定性外，所提方案还可应用到有线网络。

7.3　自适应和分布式公平调度

请注意，流量受控的广播信道的服务率和无线链路状态可能随时间波动。文献 Lee(1995) 讨论了两种服务模式：波动受限（Fluctuation Constrained, FC）和指数界波动（Exponential Bounded Fluctuation, EBF）服务模式，它们适合用于表示多种变速率服务。

7.3.1　波动受限和指数界波动

无线 Ad Hoc 网络中变速率服务模式包含了基于信道和基于竞争的协议。无线网络 FC 服务模式在间隔 $[t_1, t_2]$ 中有两个参数，平均服务率 $\lambda(t_1, t_2)$ 和变化参数

$\psi(\lambda)$，且 $\psi(\lambda) = \chi(\lambda) + \delta(\lambda) + \overline{\omega}(\lambda)$，其中 $\chi(\lambda)$ 表示由于信道不确定性导致的无线信道容量的损失，$\overline{\omega}(\lambda)$ 是退避间隔引起的变化，$\delta(\lambda)$ 是单位为比特的突发度。

FC 服务模式（Goyal et al. 1997）：无线节点采用参数为 $(\lambda(t_1, t_2), \psi(\lambda))$ 的波动受限（FC）服务模式，如果在节点忙期的所有时间间隔 $[t_1, t_2]$，节点的服务 $W(t_1, t_2)$ 满足

$$W(t_1, t_2) \geqslant \lambda(t_1, t_2)(t_2 - t_1) - \psi(\lambda) \tag{7-5}$$

EBF 服务模式是 FC 服务模式的一种统计松弛。直观上，无线节点服务的概率符合 EBF 服务模式但偏离平均服务率超过 γ，以指数律 γ 下降。

EBF 服务模式（Goyal et al. 1997）：无线节点采用参数为 $(\lambda(t_1, t_2), \psi(\lambda))$ 的 EBF 服务模式，如果在节点忙期的所有时间间隔 $[t_1, t_2]$，节点的服务 $W(t_1, t_2)$ 满足

$$P(W(t_1, t_2) < \lambda(t_1, t_2)(t_2 - t_1) - \psi(\lambda) - \gamma) \leqslant Be^{-\omega\gamma} \tag{7-6}$$

注意 从现在开始，节点 l 上业务流 f 的分组表示为 $\phi_{f,l}$，且 $\phi_{f,l} = \sigma_f \phi_f$。

即使是对于服务率可变的无线节点，Regatte and Jagannathan（2004）中提出的方案也能很好地工作。从现在开始，我们把采用所提方案服务率可变的无线节点定义为自适应分布式公平调度（Adaptive and Distributed Fair Scheduling，ADFS）无线节点。ADFS 方案满足方程（7-3）表示的公平性准则。下面说明该方案和 MAC 协议。

ADFS 协议的主要目标是在无线 Ad Hoc 网络中实现公平性。为达到这点，协议须同时在排队算法层和 MAC 协议层执行，排队算法层是恰当地调度分组，而 MAC 层是为访问信道提供动态退避的控制。

7.3.2 公平性协议开发

为获得调度层上的公平性，所提出的 ADFS 协议采用开始时间公平排队（Start-Time Fair Queuing，SFQ）（Goyal et al. 1997）算法，具体如下：

1. 当业务流 f 的分组 p_f^j 达到时，被贴上开始标签 $S(p_f^j)$，其定义为

$$S(p_f^j) = \max\{v(A(p_f^j)), F(p_f^{j-1})\} \quad j \geqslant 1 \tag{7-7}$$

其中，定义分组 p_f^j 的完成标签 $F(p_f^j)$ 为

$$F(p_f^j) = S(p_f^j) + \frac{l_f^j}{\phi_f} \quad j \geqslant 1 \tag{7-8}$$

且 $F(p_f^0) = 0$，φ_f 是业务流 f 的权重。

2. 开始时，无线节点的虚拟时间设为零。在传输期间，定义 t 时刻节点的虚拟时间 $v(t)$ 等于在 t 时刻传输的分组的开始标签。在传输结束时，$v(t)$ 等于在 t 时刻之前完成传输的所有分组中最大的完成标签。

3. 分组依开始标签的增序传输，若有相同的开始标签，则任意选择一个传输。

7.3.2.1 动态权重调整

考虑到影响公平性和端到端时延的业务变化和信道条件，动态更新业务流的权重。第 i 个业务流的第 j 个分组的实际权重表示为 $\hat{\phi}_{ij}$，更新方法为

$$\hat{\phi}_{ij}(k+1) = \alpha\hat{\phi}_{ij}(k) - \beta E_{ij} \tag{7-9}$$

式中，$\hat{\phi}_{ij}(k)$ 是分组的前一个权重，α 和 β 为常数，且 $\{\alpha, \beta\} \in [-1, 1]$，定义 E_{ij} 为：

$$E_{ij} = e_{ij,\text{queue}} + \frac{1}{e_{ij,\text{delay}}} \tag{7-10}$$

式中，$e_{ij,\text{queue}}$ 是期望队长和实际队长的差值，$e_{ij,\text{delay}}$ 是到目前为止期望的分组时延和实际的分组时延的差值。注意到因为队长和时延有限，所以 E_{ij} 有限。当分组经历的时延大于期望的时延差值限制时，便被丢弃。

为计算退避间隔和执行调度方案，须在 MAC 协议的数据帧中传输每个节点更新后的权重。为此，对数据分组的头部进行改变以加入分组当前的权重。一旦接收到分组，方程(7-9)利用当前权重进行权重更新。然后分组头部的权重域填入更新后的权重。

7.3.2.2 MAC 协议—动态退避间隔

类似于 IEEE 802.11 协议，所提出的 ADFS 协议采用 CSMA/CD 工作方式。因为无线网络中多个节点试图同时发射，如图 7-2 所示为当节点竞争接入共享信道，退避间隔的选择在决定哪个节点接入信道中扮演了关键角色。为获得全局公平性，节点须以公平的方式接入信道。

所提出的 ADFS 完成 MAC 协议的功能，通过动态调整退避间隔来控制无线节点接入共享信道。ADFS 计算与分组权重相关的退避间隔。退避过程与 DFS(Vaidya et al. 2000)相似。但是，

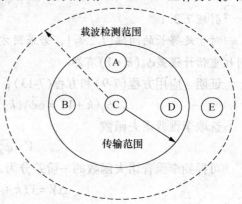

图 7-2 节点竞争共享的无线信道

权重采用方程(7-9)来更新。因此，每个节点也更新退避间隔。对于长度为 L_{ij} 权重为 ϕ_{ij} 的第 i 个业务流的第 j 个分组，退避间隔 BI_{ij} 定义为

$$\text{BI}_{ij} = \left\lfloor \rho * \text{SF} * \frac{L_{ij}}{\phi_{ij}} \right\rfloor \tag{7-11}$$

式中，SF 是缩放因子；ρ 是均值为 1 的随机变量。冲突裁决采用类似于文献 Vaidya et al. (2000)中的机制。结果是带宽的公平分配。

7.3.3 公平性保证

为证明 ADFS 是公平的，需证明在足够长间隔 $[t_1, t_2]$ 内，两个排队等待的业务流 f 和 m，$\left| \dfrac{W_f(t_1, t_2)}{\phi_f} - \dfrac{W_m(t_1, t_2)}{\phi_m} \right|$ 有界。

假设

为得到公平调度方案，假设在节点 l 上，对于第 j 个业务流的第 i 个分组存在权重 ϕ_{ij}

$$\phi_{ij} = \begin{bmatrix} \phi_{ijl} \\ \vdots \\ \phi_{ijm} \end{bmatrix} \tag{7-12}$$

注释1：

事实上，权重更新(方程(7-9))确保每个节点上分组的实际权重收敛于其目标值。

注释2：

对每节点上的每个业务流而言，ϕ_{ij} 是有限的。

令 $\tilde{\phi}_{ij}$ 为权重估计误差，且定义为

$$\tilde{\phi}_{ij} = \phi_{ij} - \hat{\phi}_{ij} \tag{7-13}$$

引理 7.3.1

对于足够长的间隔 $[t_1, t_2]$，若采用方程(7-9)进行权重更新，给定 $|\alpha| < 1$，则权重估计误差 $\tilde{\phi}_{ij}(k+1)$ 有界。

证明　应用方程(7-9)和方程(7-13)，权重估计误差表示为

$$\tilde{\phi}_{ij}(k+1) = \alpha \tilde{\phi}_{ij}(k) + (1-\alpha)\phi_{ij} + \beta E_{ij} \tag{7-14}$$

选取李雅普诺夫函数

$$V = \tilde{\phi}_{ij}^2(k) \tag{7-15}$$

可得到李雅普诺夫函数的一阶差分为

$$\Delta V = V(k+1) - V(k) \tag{7-16}$$

或

$$\Delta V = \tilde{\phi}_{ij}^2(k+1) - \tilde{\phi}_{ij}^2(k) \tag{7-17}$$

将方程(7-14)代入方程(7-17)，得到

$$\Delta V = \left[\alpha \tilde{\phi}_{ij}(k) + (1-\alpha)\phi_{ij} + \beta E_{ij} \right]^2 - \tilde{\phi}_{ij}^2(k) \tag{7-18}$$

方程(7-18)可重写为

$$\Delta V = \alpha^2 \tilde{\phi}_{ij}^2(k) + (1-\alpha)^2 \phi_{ij}^2 + \beta^2 E_{ij}^2 + 2\alpha \tilde{\phi}_{ij}(1-\alpha)\phi_{ij}$$
$$+ 2(1-\alpha)\phi_{ij}\beta E_{ij} + 2\alpha \tilde{\phi}_{ij}\beta E_{ij} - \tilde{\phi}_{ij}^2(k) \tag{7-19}$$

方程(7-19)可以简写为

$$\Delta V = -(1-\alpha)^2 \tilde{\phi}_{ij}^2 + (1-\alpha)^2 \phi_{ij}^2 + \beta^2 E_{ij}^2 + 2\alpha \tilde{\phi}_{ij}(1-\alpha)\phi_{ij}$$
$$+ 2(1-\alpha)\phi_{ij}\beta E_{ij} + 2\alpha \tilde{\phi}_{ij}\beta E_{ij} \tag{7-20}$$

这意味着

$$|\Delta V| \leqslant -(1-\alpha^2)|\tilde{\phi}_{ij}|^2 + 2\alpha|\tilde{\phi}_{ij}|a + b \tag{7-21}$$

其中

$$a = |[(1-\alpha)\phi_{ij} + \beta E_{ij}]| \tag{7-22}$$

和

$$b = |(1-\alpha)^2\phi_{ij}^2 + \beta^2 E_{ij}^2 + 2(1-\alpha)\phi_{ij}\beta E_{ij}| \tag{7-23}$$

$$|\Delta V| \leqslant -(1-\alpha^2)\left[|\tilde{\phi}_{ij}|^2 - \frac{2\alpha}{(1-\alpha^2)}|\tilde{\phi}_{ij}|\alpha - \frac{b}{(1-\alpha^2)}\right] \tag{7-24}$$

$|\Delta V| \leqslant 0$ 意味着

$$|\tilde{\phi}_{iy}| \geqslant \frac{\alpha + \sqrt{\alpha^2 a^2 + b(1-\alpha^2)}}{(1-\alpha^2)} \tag{7-25}$$

令 $B_{ij,\phi}$ 为权重估计误差的界，则

$$B_{ij,\phi} = \frac{\alpha + \sqrt{\alpha^2 + b(1-\alpha^2)}}{(1-\alpha^2)} \tag{7-26}$$

对于 $|\tilde{\phi}_{ij}| \geqslant B_{ij,\phi}$，$\Delta V < 0$。因为 $|\tilde{\phi}_{ij}| \geqslant B_{ij,\phi}$，由方程(7-13)得到，对于某些 σ，

$$\hat{\phi}_{ij} \leqslant \sigma\phi_{ij} \tag{7-27}$$

引理 7.3.2

根据方程(7-9)得到在每个节点上的实际权重 $\hat{\phi}_{ij}$，其在有限的时间里收敛于其目标值。

证明　因为 $|\alpha| < 1$，定义 $\tilde{\phi}_{ij}(k) = x(k)$，则方程(7-14)可以表示为

$$x(k+1) = cx(k) + du(k) \tag{7-28}$$

其中

$$c = \alpha, \quad d = [(1-\alpha) \quad \beta], \quad u(k) = \begin{bmatrix} \phi_{ij} \\ E_{ij} \end{bmatrix} \tag{7-29}$$

该方程是一个稳定的线性系统(Brogan 1991)，其激励为有界输入 $u(k)$(参见注释 2)。根据线性系统理论(Brogan 1991)，$x(k)$ 在有限的时间内收敛逼近其目标值。

引理 7.3.3

若业务流 f 在时间 $[t_1, t_2]$ 内一直处于排队等待状态，则在 ADFS 无线节点中

$$\phi_{f,1}(v_2 - v_1) - l_f^{max} \leqslant W_f(t_1, t_2) \tag{7-30}$$

其中 $v_1 = v(t_1)$ 和 $v_2 = v(t_2)$。

证明　证明步骤类似于 Goyal et al.(1997)中的方法。

因为 $W_f(t_1, t_2) \geq 0$，若 $\phi_{f,1}(v_2 - v_1) - l_f^{\max} \leq 0$，则方程(7-30)自然成立。因此，考虑 $\phi_{f,1}(v_2 - v_1) - l_f^{\max} > 0$ 的情况，即 $v_2 > v_1 + \dfrac{l_f^{\max}}{\phi_{f,1}}$。令分组 p_f^k 是在开区间(v_1, v_2)内业务流 f 中第一个得到服务的分组。为观察这种分组的存在，考虑下面两种情况：

情况 1　存在分组 p_f^n，其 $S(p_f^n) < v_1$ 和 $F(p_f^n) > v_1$。

因为业务流 f 在$[t_1, t_2]$期间处于排队等待状态，得到 $v(A(p_f^{n+1})) \leq v_1$。由方程(7-7)和方程(7-8)，我们得到：

$$S(p_f^{n+1}) = F(p_f^n) \tag{7-31}$$

由于 $F(p_f^n) \leq S(p_f^n) + \dfrac{l_f^{\max}}{\phi_{f,1}}$，且 $S(p_f^n) < v_1$，我们得到

$$S(p_f^{n+1}) < v_1 + \dfrac{l_f^{\max}}{\phi_{f,1}} \tag{7-32}$$

$$< v_2 \tag{7-33}$$

因为 $S(p_f^{n+1}) = F(p_f^n) > v_1$，应用方程(7-33)，我们得到 $S(p_f^{n+1}) \in (v_1, v_2)$。

情况 2　存在分组 p_f^n 其 $S(p_f^n) = v_1$，该分组在时间 $t < t_1$ 或 $t \geq t_1$ 完成服务。在这两种情况下，因为业务流 f 在$[t_1, t_2]$期间处于排队等待状态，$v(A(p_f^{n+1})) < v_1$。所以，$S(p_f^{n+1}) = F(p_f^n)$。

因为 $F(p_f^n) \leq S(p_f^n) + \dfrac{l_f^{\max}}{\phi_{f,1}}$，且 $S(p_f^n) < v_1$，我们得到

$$S(p_f^{n+1}) < v_1 + \dfrac{l_f^{\max}}{\phi_{f,1}} \tag{7-34}$$

$$< v_2 \tag{7-35}$$

因为 $S(p_f^{n+1}) = F(p_f^n) > v_1$，应用方程(7-35)，我们得到 $S(p_f^{n+1}) \in (v_1, v_2)$。

因为两种情况总有一种成立，我们得到满足 $S(p_f^k) \in (v_1, v_2)$ 的分组 p_f^k 存在。进一步由方程(7-32)和方程(7-34)，我们得到

$$S(p_f^k) \leq v_1 + \dfrac{l_f^{\max}}{\phi_{f,1}} \tag{7-36}$$

令 p_f^{k+m} 为在虚拟时间间隔(v_1, v_2)内最后得到服务的分组。所以，

$$F(p_f^{k+m}) \geq v_2 \tag{7-37}$$

由方程(7-36)和方程(7-37)，我们得到

$$F(p_f^{k+m}) - S(p_f^k) \geq (v_2 - v_1) - \dfrac{l_f^{\max}}{\phi_{f,1}} \tag{7-38}$$

但是由于业务流 f 在 (v_1, v_2) 期间处于排队等待状态，由方程(7-7)和方程(7-8)，我们知道

$$F(p_f^{k+m}) = S(p_f^k) + \sum_{n=0}^{m} \frac{l_f^{k+n}}{\phi_{f,1}} \tag{7-39}$$

$$F(p_f^{k+m}) - S(p_f^k) = \sum_{n=0}^{m} \frac{l_f^{k+n}}{\phi_{f,1}} \tag{7-40}$$

因此，由方程(7-38)和方程(7-40)，我们得到

$$\sum_{n=0}^{m} \frac{l_f^{k+n}}{\phi_{f,1}} \geqslant (v_2 - v_1) - \frac{l_f^{max}}{\phi_{f,1}} \tag{7-41}$$

$$\sum_{n=0}^{m} l_f^{k+n} \geqslant \phi_{f,1}(v_2 - v_1) - l_f^{max} \tag{7-42}$$

由于 $S(p_f^{n+1}) < v_2$，分组 p_f^{k+m} 确保在时间 t_2 之前被传输。所以，$W_f(t_1, t_2) \geqslant \sum_{n=0}^{m} l_f^{k+n}$，且引理成立。

引理 7.3.4

在 ADFS 无线节点上，任意间隔 $[t_1, t_2]$ 期间

$$W_f(t_1, t_2) \leqslant \phi_{f,1}(v_2 - v_1) + l_f^{max} \tag{7-43}$$

其中 $v_1 = v(t_1)$ 及 $v_2 = v(t_2)$。

证明 证明步骤和 Goyal et al.（1997）中的方法相似。

由 ADFS 的定义，业务流 f 在间隔 $[v_1, v_2]$ 期间得到服务的分组的集合具有的服务标签最小等于 v_1，最大等于 v_2。

因此，集合可分为如下两个集合：

● 集合 D 包含的分组服务标签最小等于 v_1，完成时间最大等于 v_2。即

$$D = \{k \mid v_1 \leqslant S(p_f^k) \leqslant v_2 \wedge F(p_f^k) \leqslant v_2\} \tag{7-44}$$

由方程(7-7)和方程(7-8)，我们推导出

$$\sum_{k \in d} l_f^k \leqslant \phi_{f,1}(v_2 - v_1) \tag{7-45}$$

● 集合 E 包含的分组服务标签最大等于 v_2，完成时间大于 v_2。即

$$E = \{k \mid v_1 \leqslant S(p_f^k) \leqslant v_2 \wedge F(p_f^k) > v_2\} \tag{7-46}$$

显然，最多只有一个分组属于该集合。所以

$$\sum_{k \in E} l_f^k \leqslant l_f^{max} \tag{7-47}$$

由方程(7-45)和方程(7-47)，得到方程(7-43)成立。

在任意时间间隔，当两个业务流中一个获得最多服务，而另一个获得最少服务，则这两个业务流之间的不公平性最大。由引理 7.3.3 和引理 7.3.4 可直接得到

定理 7.3.1。

定理 7.3.1

对于任意时间间隔 $[t_1, t_2]$，业务流 f 和 m 在整个期间处于排队等待状态，在无线 ADFS 节点上两个业务流获得的服务的差别为

$$\left| \frac{W_f(t_1, t_2)}{\phi_{f,1}} - \frac{W_m(t_1, t_2)}{\phi_{m,1}} \right| \leq \frac{l_f^{\max}}{\phi_{f,1}} + \frac{l_m^{\max}}{\phi_{m,1}} \tag{7-48}$$

注释 3：

若在每个节点上 $E_{ij} = 0$，则所提出的 ADFS 将变成 DFS 方案（Vaidya et al. 2000）.

注释 4：

在定理 7.3.1 中，对无线节点的服务速率没有任何假设。因此，该定理的成立与无线节点的服务速率无关。这说明 ADFS 能获得带宽的公平分配，这满足综合服务网络公平调度的基本要求。

7.3.4 吞吐量保证

当采用适当的接入控制过程时，定理 7.3.2 和定理 7.3.3 分别对 ADFS FC 和 EBF 模式服务的业务流提供了吞吐量确保。

定理 7.3.2

若 Q 是一 ADFS 节点采用 FC 服务模式服务的业务流的集合，且 FC 的参数为 $(\lambda(t_1, t_2), \psi(\lambda))$ 及 $\sum_{n \in Q} \phi_{n,l} \leq \lambda(t_1, t_2)$，在时间间隔 $[t_1, t_2]$ 业务流 f 一直处于排队等待状态，则 $W_f(t_1, t_2)$ 为

$$W_f(t_1, t_2) \geq \phi_{f,1}(t_2 - t_1) - \phi_{f,1} \frac{\sum_{n \in Q} l_n^{\max}}{\lambda(t_1, t_2)} - \phi_{f,1} \frac{\psi(\lambda)}{\lambda(t_1, t_2)} - l_f^{\max} \tag{7-49}$$

证明 证明的步骤类似于文献 Goyal et al. 1997 中的步骤。

令 $v_1 = v(t_1)$ 和 $\hat{L}(v_1, v_2)$ 表示无线节点在虚拟时间 $[v_1, v_2]$ 期间服务的总的分组的长度。则由引理 7.3.4，我们得到

$$\hat{L}(v_1, v_2) \leq \sum_{n \in Q} \phi_{n,l}(v_2, v_1) + \sum_{n \in Q} l_n^{\max} \tag{7-50}$$

因为 $\sum_{n \in Q} \phi_{n,l} \leq \lambda(t_1, t_2)$，所以

$$\hat{L}(v_1, v_2) \leq \lambda(t_1, t_2) + \sum_{n \in Q} l_n^{\max} \tag{7-51}$$

定义 v_2 为

$$v_2 = v_1 + t_2 - t - \frac{\sum_{n \in Q} l_n^{\max}}{\lambda(t_1, t_2)} - \frac{\psi(\lambda)}{\lambda(t_1, t_2)} \tag{7-52}$$

则由方程（7-51），我们推导出

$$\hat{L}(v_1, v_2) \leq \lambda(t_1, t_2)\left(v_1 + t_2 - t - \frac{\sum_{n \in Q} l_n^{\max}}{\lambda(t_1, t_2)} - \frac{\psi(\lambda)}{\lambda(t_1, t_2)} - v_1\right) + \sum_{n \in Q} l_n^{\max}$$

(7-53)

$$\leq \lambda(t_1, t_2)(t_2 - t) - \psi(\lambda)$$

(7-54)

令 $\hat{t}_2$ 为 $v(\hat{t}_2) = v_2$。而且令 $T(w)$ 为无线节点在其忙期对总长度为 w 的分组的服务时间。则

$$\hat{t}_2 \leq t_1 + T(\hat{L}(v_1, v_2))$$

(7-55)

$$\leq t_1 + T(\lambda(t_1, t_2)(t_2 - t_1) - \psi(\lambda))$$

(7-56)

由 FC 服务模式的定义,我们得到

$$T(w) \leq \frac{w}{\lambda(t_1, t_2)} + \frac{\psi(\lambda)}{\lambda(t_1, t_2)}$$

(7-57)

由方程 (7-56) 和方程 (7-57),我们得到

$$\hat{t}_2 \leq t_1 + \frac{\lambda(t_1, t_2)(t_2 - t_1) - \psi(\lambda)}{\lambda(t_1, t_2)} + \frac{\psi(\lambda)}{\lambda(t_1, t_2)}$$

(7-58)

$$\leq t_2$$

(7-59)

由引理 7.3.3,显然

$$W_f(t_1, \hat{t}_2) \geq \phi_{f,1}(v_2 - v_1) - l_f^{\max}$$

(7-60)

因为 $\hat{t}_2 \leq t_2$,应用方程 (7-52),得到

$$W_f(t_1, t_2) \geq \phi_{f,1}(t_2 - t_1) - \phi_{f,1} \frac{\sum_{n \in Q} l_n^{\max}}{\lambda(t_1, t_2)} - \phi_{f,1} \frac{\psi(\lambda)}{\lambda(t_1, t_2)} - l_f^{\max}$$

(7-61)

定理 7.3.3

若 Q 为一 ADFS 节点采用 EBF 服务模式服务的业务流的集合,且 EBF 的参数为 $(\lambda(t_1, t_2), B, \omega, \psi(\lambda))$,$\gamma \geq 0$,和 $\sum_{n \in Q} \phi_{n,l} \leq \lambda(t_1, t_2)$,在时间间隔 $[t_1, t_2]$ 内业务流 f 一直处于排队等待状态,则 $W_f(t_1, t_2)$ 为

$$P\left(W_f(t_1, t_2) < \phi_{f,1}(t_2 - t_1) - \phi_{f,1} \frac{\sum_{n \in Q} l_n^{\max}}{\lambda(t_1, t_2)}\right.$$

$$\left. - \phi_{f,1} \frac{\psi(\lambda)}{\lambda(t_1, t_2)} - \phi_{f,1} \frac{\gamma}{\lambda(t_1, t_2)} - l_f^{\max}\right) \leq B e^{-\omega \gamma}$$

(7-62)

7.3.5 时延保证

一般地,网络只有在容量不被超过时才能提供有界的时延。权重 $\phi_{f,1}$ 同时意味着在节点 l 上分配给业务流 f 的分组的速率。令在虚拟时间 v 业务流 f 的速率函数

$R_f(v)$ 定义为分配给开始标签小于 v 结束标签大于 v 的分组的速率，即

$$R_f(v) = \begin{cases} \phi_{f,1} & \text{若} \exists j \ni (S(p_f^j) \leqslant v < F(p_f^j)) \\ 0 & \text{其他} \end{cases} \tag{7-63}$$

令 Q 为被节点服务的业务流的集合。则对于平均服务率为 $\lambda(t_1, t_2)$ 的 FC 或 EBF 节点，若 $\sum_{n \in Q} R_n(v) > \lambda(t_1, t_2)$，则被认为在虚拟时间 v 超过了其容量。若不超过基于 SFQ 的节点的容量，则基于分组期望的到达时间，节点保证分组离开的截止期限。定义分组 p_f^j 的期望到达时间 $T_a(p_f^k, \phi_{f,j})$ 为

$$\max\left\{ A(p_f^j), \ T_a(p_f^{j-1}, \phi_{f,j-1}) + \frac{l_f^{j-1}}{\phi_{f,j-1}} \right\} \quad j \geqslant 1 \tag{7-64}$$

式中，$T_a(p_f^0, \phi_{f,0}) = \infty$。基于期望到达时间的截止期限保证称为时延保证。定理 7.3.4 和定理 7.3.5 分别建立了针对 FC 和 EBF 服务模式的时延保证，下面的证明步骤和文献 Goyal et al. 1997 中的相似。

定理 7.3.4

若 Q 是一 ADFS 节点采用 FC 服务模式服务的业务流的集合，且 FC 的参数为 $(\lambda(t_1, t_2), \psi(\lambda))$，并且对于所有的 v，$\sum_{n \in Q} R_n(v) \leqslant \lambda(t_1, t_2)$，则分组 p_f^j 离开节点的时间 $T_d(p_f^j)$ 为

$$T_d(p_f^j) \leqslant T_a(p_f^j, \phi_{f,j}) + \sum_{n \in Q \wedge n \neq f} \frac{l_n^{\max}}{\lambda(t_1, t_2)} + \frac{l_f^j}{\lambda(t_1, t_2)} + \frac{\psi(\lambda)}{\lambda(t_1, t_2)} \tag{7-65}$$

证明 定义 H 为

$$H = \{m \mid m > 0 \wedge S(p_f^m) = v(A(p_f^m))\} \tag{7-66}$$

令 $k \leqslant j$ 是 H 中的最大整数。而且令 $v_1 = v(A(p_f^k))$ 和 $v_2 = S(p_f^k)$。观察当节点的虚拟时间设为分配给忙期结束时任何一个分组的最大完成标签，分组 p_f^k 和 p_f^j 在无线节点的同一个忙期得到的服务。由 ADFS 的定义，业务流 f 在 $[v_1, v_2]$ 期间得到服务的分组的集合的起始标签最小为 v_1 最大为 v_2。所以，集合可以分为两个集合：

●集合包含开始标签不小于 v_1 和完成标签不大于 v_2 的分组。即业务流 n 的分组的集合以 D_n 表示，在该集合中

$$D_n = \{m \mid v_1 \leqslant S(p_n^m) \leqslant v_2 \wedge F(p_n^m) \leqslant v_2\} \tag{7-67}$$

则由 $R_n(v)$ 和 $F(P_n^m)$ 的定义，我们知道业务流 n 在虚拟时间间隔 $[v_1, v_2]$ 期间得到无线节点服务的总分组数目 $C_n(v_1, v_2)$ 为

$$C_n(v_1, v_2) \leqslant \int_{v_1}^{v_2} R_n(v) \, dv \tag{7-68}$$

所以该集合分组的总长度 $\sum_{n \in Q} C_n(v_1, v_2)$ 为

$$\sum_{n \in Q} C_n(v_1, v_2) \leqslant \sum_{n \in Q} \int_{v_1}^{v_2} R_n(v) \, dv \tag{7-69}$$

$$\leqslant \int_{v_1}^{v_2} \lambda(t_1, t_2) \, dv \tag{7-70}$$

$$\leqslant \lambda(t_1, t_2)(v_2 - v_1) \tag{7-71}$$

但是因为 $v_2 = S(p_f^k)$，由 k 的定义，$v_1 - v_2 = \sum_{n=0}^{j-k-1} \dfrac{l_f^{k+n}}{\phi_{f,k+n}}$。所以

$$\sum_{n \in Q} C_n(v_1, v_2) \leqslant \lambda(t_1, t_2) \sum_{n=0}^{j-k-1} \frac{l_f^{k+n}}{\phi_{f,k+n}} \tag{7-72}$$

● 集合包含开始标签最大为 v_2 和完成标签大于 v_2 的分组。即业务流 n 的分组集合用 E_n 表示，在该集合中

$$E_n = \{m \mid v_1 \leqslant S(p_n^m) \leqslant v_2 \wedge F(p_n^m) > v_2\} \tag{7-73}$$

显然，业务流 n 中最多只有一个分组属于该集合。进一步，$E_f = \{j\}$。因此，该集合中分组的最大长度为

$$\sum_{n \in Q \wedge n \neq f} l_n^{\max} + l_f^j \tag{7-74}$$

所以，无线节点在 $[v_1, v_2]$ 期间服务的分组长度 $\hat{L}(v_1, v_2)$ 为

$$\hat{L}(v_1, v_2) \leqslant \lambda(t_1, t_2) \sum_{n=0}^{j-k-1} \frac{l_f^{k+n}}{\phi_{f,k+n}} + \sum_{n \in Q \wedge n \neq f} l_n^{\max} + l_f^j \tag{7-75}$$

令 $T(w)$ 为无线节点在忙期对总长度为 w 的分组的服务时间。由 FC 服务模式的定义，我们得到

$$T(w) \leqslant \frac{w}{\lambda(t_1, t_2)} + \frac{\psi(\lambda)}{\lambda(t_1, t_2)} \tag{7-76}$$

因为分组 p_f^j 在系统虚拟时间 v_2 离开，且所有在间隔 $[v_1, v_2]$ 得到服务的分组在无线节点同一个忙期得到服务，我们得到

$$A(p_f^k) + T(\hat{L}(v_1, v_2)) \geqslant T_d(p_f^j) \tag{7-77}$$

$$A(p_f^k) + \sum_{n=0}^{j-k-1} \frac{l_f^{k+n}}{\phi_{f,k+n}} + \sum_{n \in Q \wedge n \neq f} \frac{l_n^{\max}}{\lambda(t_1, t_2)} + \frac{l_f^j}{\lambda(t_1, t_2)} + \frac{\psi(\lambda)}{\lambda(t_1, t_2)} \geqslant T_d(p_f^j) \tag{7-78}$$

由方程（7-64），我们得到

$$T_d(p_f^j, \phi_{f,j}) + \sum_{n \in Q \wedge n \neq f} \frac{l_n^{\max}}{\lambda(t_1, t_2)} + \frac{l_f^j}{\lambda(t_1, t_2)} + \frac{\psi(\lambda)}{\lambda(t_1, t_2)} \geqslant T_d(p_f^j) \tag{7-79}$$

定理 7.3.5

若 Q 为一 ADFS 节点采用 EBF 服务模式服务的业务流的集合，EBF 的参数为 $(\lambda\,(t_1,\,t_2),\,B,\,\omega,\,\psi\,(\lambda))$，$\gamma\geqslant 0$，对于所有 v 存在 $\sum_{n\in Q}R_n\,(v)\leqslant\lambda\,(t_1,\,t_2)$，则节点中分组 p_f^j 的离开时间 $T_d\,(p_f^j)$ 为

$$P\left(T_d(p_f^j)\leqslant T_d(p_f^j,\phi_{f,j})+\sum_{n\in Q\wedge n\neq f}\frac{l_n^{\max}}{\lambda(t_1,t_2)}+\frac{l_f^j}{\lambda(t_1,t_2)}+\frac{\psi(\lambda)}{\lambda(t_1,t_2)}+\frac{\gamma}{\lambda(t_1,t_2)}\right)$$

$$\geqslant 1-Be^{-\omega\gamma} \tag{7-80}$$

定理 7.3.4 和定理 7.3.5 可用于确定时延保证，即使节点上有不同优先级的业务流，并按优先级顺序服务它们。

定理 7.3.6

端到端时延 T_{EED} 为

$$T_{\text{EED}}(p_f^j)=\sum_{i=1}^m\left(T_{d,i}(p_f^j)-T_{a,i}(p_f^j,\phi_{f,j})\right)+T_{\text{prop}}(p_f^j) \tag{7-81}$$

式中，$T_{d,i}\,(p_f^j)$ 和 $T_{a,i}\,(p_f^j,\,\phi_{f,j})$ 是多跳网络中第 i 跳时分组 p_f^j 的离开时间和期望到达时间；T_{prop} 是分组从源到宿经过的总传播时延。

注释 5：

正如所预计的，端到端时延是分组长度、信道不确定性以及 CSMA/CA 协议退避间隔的函数。

7.3.6 开销分析

本节进行理论分析以估计所提 ADFS 协议数据传输的开销。ADFS 协议中的额外开销来自数据分组的头部包含了当前的权重值。注意到只是对数据分组要传输权重信息，对发送请求（RTS）、发送清除（CTS）和确认（ACK）分组不传输。对开销分析，和实际的数据分组分开，我们用 4 字节表示所需传输的权重。定义 T_x 为 x 类分组的大小。定义协议效率为每个传输分组中的数据部分（字节数）和包括控制信息开销的整个传输信息的比值，即

$$\eta=\frac{T_{\text{data}}}{T_{\text{data}}+T_{\text{weight}}+T_{\text{RTS}}+T_{\text{CTS}}+T_{\text{ACK}}} \tag{7-82}$$

分析采用 IEEE 802.11 MAC 协议中规定的分组大小。选择 RTS 的分组大小为 24B，CTS 为 18B，ACK 为 20B，退避时间为 6 个时隙（设每个时隙为 5B），数据为 512B，权重为 4B。则由方程（7-82）得到的所提 ADFS 协议的效率约 84.2%，由权重加入产生的附加开销小于 16%。对于满足性能而言该效率是可接受的。IEEE 802.11 MAC 协议对于相同大小分组大小的效率为 84.8%。可以观察到由于传输权重而带来的附加开销仅约为 0.6%。如下节所示，增加很小的传输和计算开

销，所提 ADFS 协议能够显著提高公平性和总吞吐量。

7.4　性能评估

将 NS-2 仿真器扩展到无线网络以评估所提 ADFS 协议的性能。ADFS 需要同时对 MAC 协议层和接口的排队层进行修改。除非特别声明，在所有仿真中采用的参数为：信道带宽为 2 Mbit/s，且 $\alpha = 0.9$，$\beta = -0.1$，SF = 0.02，所有业务流的初始权重之和等于 1，而且 ρ 是均匀分布在 [0.9, 1.1] 之间的随机变量。仿真中采用 AODV 路由协议。仿真业务采用固定比特率（CBR）业务且业务流总是处于排队等待状态，分组大小为 584B。

例 7.4.1：星状拓扑

为评估所提 ADFS 协议的公平性，考虑一具有 16 个无线节点且发送到一个信宿的星状拓扑，每个节点的业务流的权重为 1/16。

图 7-3 给出了 16 个无线节点星状拓扑吞吐量/权重（归一化权重）与业务流的关系。理想情况下，对于公平调度方案，吞吐量与权重的比值是一条平行于 x 轴的直线。可见相比 802.11 协议，ADFS 获得了公平的带宽分配。图 7-4 显示了星状拓扑的时延抖动。时延抖动是接收端连续接收到的分组的端到端时延的差别。可以看到，ADFS 的时延抖动较小，而 802.11 MAC 协议相对较大。巨大的时延抖动将降低 Ad Hoc 网络的 QoS。

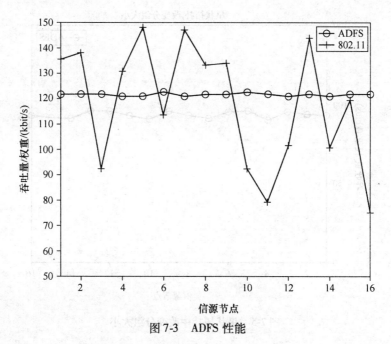

图 7-3　ADFS 性能

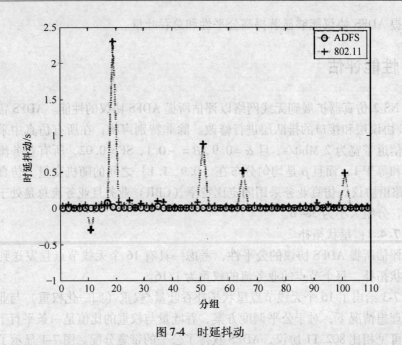

图 7-4　时延抖动

　　我们还可以通过改变网络分组大小和初始权重来评估 ADFS 协议的性能。图 7-5 显示的是具有 16 个业务流的星状拓扑网络的结果。不同业务流分组的大小为

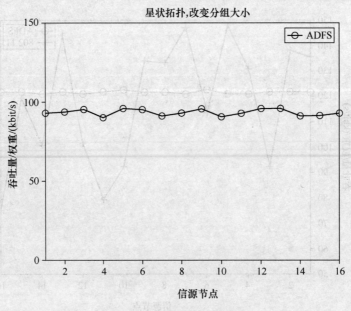

图 7-5　星状拓扑中改变分组大小

584B、328B、400B 和 256B。可以看到，即使是采用不同的分组大小，ADFS 依然得到了公平的带宽分配。图 7-6 显示了业务流具有不同初始权重时的吞吐量/权重的比值。4 个业务流的初始权重分别为 0.1、0.075、0.05 和 0.025。注意所有权重之和等于 1。图形显示即使在业务流被赋予了不同初始权重时，ADFS 仍然可以得到带宽的公平分配。

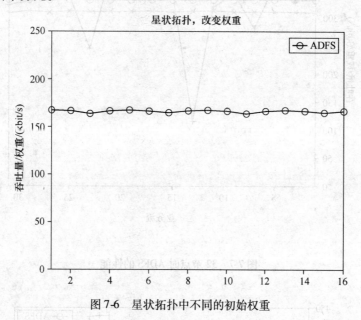

图 7-6 星状拓扑中不同的初始权重

例 7.4.2：随机拓扑

对 n 个节点和 $\frac{n}{2}$ 个业务流且每个流的权重为 $\frac{2}{n}$ 情况下的 ADFS 协议进行仿真。一般地，初始权重根据用户要求的 QoS 来赋值。图 7-7，图 7-8 和图 7-9 分别给出了吞吐量/权重（归一化权重）与网络中有 32，64 和 128 节点时的业务流之间的关系。图形显示相比 802.11 MAC 协议，ADFS 和 DFS 得到公平的带宽分配结果。另外，可以看到虽然 ADFS 和 DFS 给出的公平度几乎相同，但由于权重调整和动态退避，ADFS 的吞吐量比 DFS 高 10 到 20%。

图 7-10 显示了 32 个节点和 16 个业务流的网络的结果。不同业务流分组的大小为 584、328、400 和 256。可以看到，即使在分组大小不同时，ADFS 仍然获得了公平的带宽分配。图 7-11 显示了业务流具有不同初始权重时吞吐量/权重比值。4 个业务流的初始权重分别为 0.1、0.075、0.05 和 0.025，注意到所有权重之和等于 1。图形显示 ADFS 算法可得到公平的带宽分配，即使在业务流被赋予不同的初始权重时。

384 节，3.2B，400B 数据包，100 个业务流，其总吞吐量与 ADFS 相当，但 ADFS 仍表现了公平分配。这是因为节点有足够能力来避免能量枯竭问题。图 7-6 显示了 ADFS 优于其他调度方案。在节点相遇时，如果采用 0.01ps，则当 0.1ps 时的吞吐量将降低。因为这消耗了更多能量。随着能量充足，随着节点能够传输更多数据。

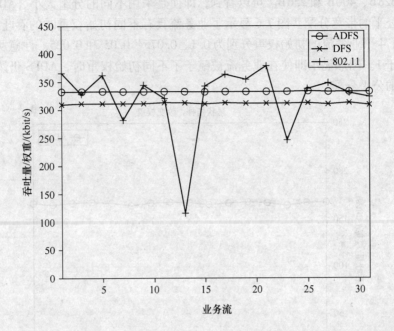

图 7-7　32 节点时 ADFS 的性能

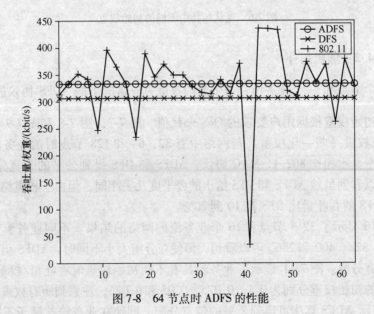

图 7-8　64 节点时 ADFS 的性能

图中显示，在使用节点数为 32 时，见图 7-7，可以看到几个业务流较低的下降点。在第一个业务流是达到了约为 32，0.0 和 125 业务流有较高的点。对于大多数业务流，802.11 的吞吐量和 ADFS 较接近。因为节点数量较少时，带来了扩展。所以，ADFS 的吞吐量和业务分布比较平均，但数值比较小。位于中间。ADFS 的吞吐量在约 DFS 和 10 倍以上。

图 7-8 中显示，当 64 个节点时 10 个业务流时的性能。可以看到，吞吐量平均为 384，384，400 和 386，非常稳定，相较于 DFS 分配方案，ADFS 的吞吐量更高，与 802.11 的分配方案比较，在大多数业务流吞吐量更平衡。总体而言，无论节点数为多少，ADFS 都能保证业务流之间公平地分配资源，这说明了 ADFS 在调度方面的优势，即采用业务流权重的方法进行权重分配。

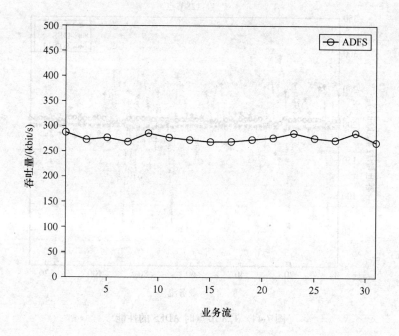

图 7-9　分组大小不同时 ADFS 的性能

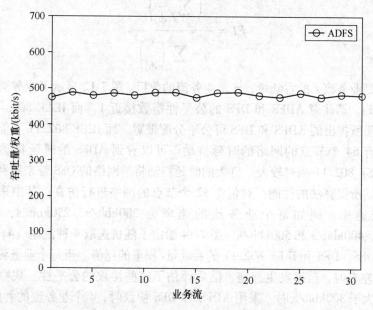

图 7-10　初始权重不同时 ADFS 的性能

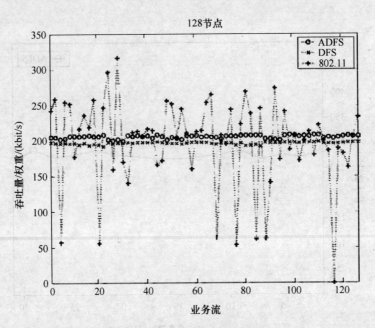

图 7-11　128 节点时 ADFS 的性能

定义公平性指数（fairness index, FI）（Bennett 1996）为

$$
FI = \frac{\left(\sum_f \dfrac{T_f}{\phi_f} \right)^2}{\eta * \sum_f \left(\dfrac{T_f}{\phi_f} \right)^2} \tag{7-83}
$$

式中，T_f 是业务流 f 的吞吐量；η 是业务流的数目。图 7-12 显示了业务流数量不同时网络的 FI。请注意 ADFS 和 DFS 的公平性指数接近 1，而 IEEE 802.11 小于 1。这再次说明所提出的 ADFS 和 DFS 可公平分配带宽，而 IEEE 802.11 不能。图 7-13 给出了具有 64 个节点的网络的时延抖动。可以看到 ADFS 的时延抖动最小，而 DFS 和 IEEE 802.11 相对较大。巨大的时延抖动将给网络的 QoS 带来不利影响。

为评估所提算法的性能，对包含 32 个节点的网络进行仿真，其中采用了不同的业务流速率，例如每个业务流的速率为 200kbit/s、250kbit/s、300kbit/s、350kbit/s、400kbit/s 和 500kbit/s。图 7-14 给出了随机选取 4 种流速（4，10，12 和 26）时 ADFS，DFS 和 IEEE 802.11 的吞吐量/权重的比值。当每个业务流的速率在 300kbit/s 左右时，信道发生拥塞，随后评估了这些协议的公平性。观察到在每个流的速率大于 300kbit/s 时，采用 ADFS 和 DFS 协议时，4 个业务流的吞吐量/权重的比值相等，而在采用 IEEE 802.11 时比值一直变化。虽然 ADFS 和 DFS 两者都能实现带宽的公平分配，但对每个业务流而言，ADFS 的吞吐量更高。应用方程（7-83）计算网络的 FI。图 7-15 给出了业务流速率不同时网络的公平性指数。ADFS 和 DFS 的公平性指数接近 1，显示带宽的公平分配，而 802.11 的公平性指数随每个业务流速率的增大而下降。

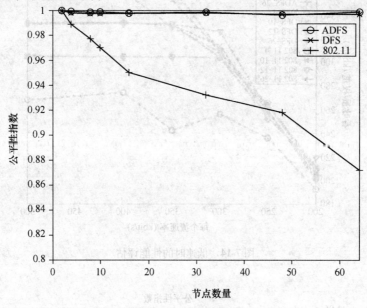

图 7-12 公平性指数比较

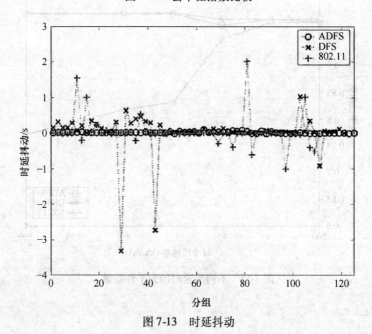

图 7-13 时延抖动

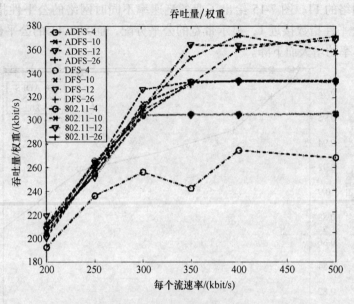

图 7-14　低速时的性能评估

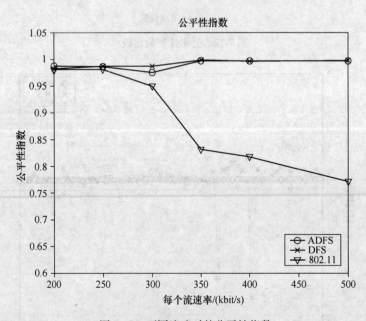

图 7-15　不同流速时的公平性指数

分组的竞争时间是从 MAC 层接收分组准备传输，到 MAC 接收到表示成功传输该分组的 CTS 消息的时间。图 7-16 显示了采用 ADFS，DFS 和 IEEE 802.11 MAC 协议且业务流流速不同时，4 个随机选择的业务流的平均竞争时间。观察到平均竞争时间一直增长直到信道拥塞（每个业务流的流速约 300kbit/s），然后在 300kbit/s 后几乎保持为常数。需要指出的是，和 802.11 协议相比，ADFS 和 DFS 协议两者的平均竞争时间略有增加，这是因为采用这些协议略微增加了计算复杂度。

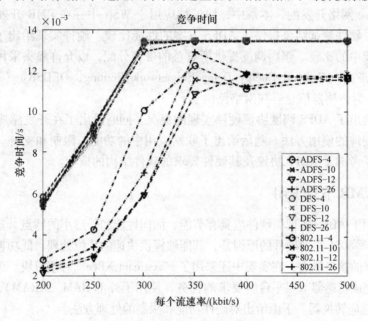

图 7-16　不同流速时的竞争次数

7.5　硬件实现

WSN 中 ADFS 协议的硬件实现是研究工作的一个部分。WSN 中 ADFS 协议硬件实现的挑战包括存储器限制、处理能力弱和选择传感器业务流的优先级。传感器业务流带宽的公平分配必须考虑用户的 QoS 要求。

802.15 标准的提出促进了 WSN 的工业化应用。小型、低功率和可无线通信的网络提供了低成本的应用平台。WSN 的研究显示其可在苛刻的环境中提供动态路由（Ratnaraj et al. 2006），数据智能处理和观测功能。由于带宽是 WSN 的主要限制，QoS 保证的一个关键因素是管理无线资源的有效性和公平性。本文工作的重点是解决在 WSN 测试床上硬件实现公平调度网络协议（Regatte and Jagannathan 2004）面临的挑战。

所提出的协议应用的基础是分布式感应的工业化需求。考虑加工过程中空气压缩系统中的气压和容器气流的分布式感应的情况。在这种情况下，感应的参数必须传输到基站，为观察每个参数，不进行数据聚合或融合。所以，需要对传感器数据流进行公平调度，同时观察所有测量值。而且，要求不进行数据聚合，以分析独立的传感器节点。

本节给出工作来自 Fonda et al. （2006），其集中于 ADFS 调度协议的硬件实现。ADFS 协议早期是在密苏里-罗拉大学（UMR，University of Missouri Rolla）为无线 Ad Hoc 网络开发的。本章中，协议被应用于 WSN 中并在 UMR 开发的硬件平台上实现。硬件测试结果提供了 ADFS 方案的性能比较。硬件实现给出了 ADFS 在单个硬件簇中的比较。簇内调度提供了有益的带宽分配，以允许簇头采用最佳能量时延子网路由（Optimal Energy Delay Subnetwork Routing，OEDSR）（Ratnaraj et al. 2006），为传感器信息寻找网络路由。

本节给出了 ADFS 调度协议硬件实现的概况。同时给出了在开发感应、处理和联网上的硬件的使用方法。随后给出了联网应用中的功能、限制和支持。另外，本节还给出了考虑了 ADFS 协议及其硬件要求的软件结构的概貌。

7.5.1　UMR 节点说明

选择用于 ADFS 实现的硬件应具有节能、面向性能和外形小的特点。选用 Silicon Laboratories® 8051 系列硬件的原因是，其能够提供快速的 8 位处理、低功耗以及与外围器件良好的接口能力。在实现中还采用了 Maxstream XBee™ 射频模块。为使得微处理器能够完成传感器节点平台所要求的任务，使用了外部 RAM（XRAM），UART 接口和 A-D 感应转换器。下面给出对硬件功能和限制的处理方法。

任何算法的硬件实现都受制于硬件本身的限制。采用具体的硬件需要权衡精度、速度和算法实现的关键。对于本协议而言，低功耗是最优先考虑的因素。相应地，低功耗的要求限制了可用微处理器结构的类型。选择 Silicon Laboratories 8051 系列正是基于这个准则。使用 8051 系列带来的实现限制是较小的存储空间和最大的处理速度。下节将给出硬件实现节点的规范说明。

本节概述 ADFS 实现中硬件和软件的组件，介绍硬件的功能，讨论了软件实现，给出了软件结构、控制流和硬件的影响。在本节中还讨论了节点的系统结构。

7.5.2　传感器节点硬件

第 4 代智能传感器节点（Generation-4 Smart Sensor Node，G4-SSN）如图 7-17 所

图 7-17　G4-SSN

示，最早是由 UMR 开发的，后来圣路易斯大学（St. Louis University, SLU）进行了更新。G4-SSN 具备多种感应和处理功能。早期的 G4-SSN 包括应变计，加速度计，热电偶和一般的 A-D 转换器。完善后的 G4-SSN 包括模拟滤波，CF（compact flash）缓存接口，和最大速度为 100 MIPS 的 8 位数据处理功能。

7.5.3　G4-SSN 功能

UMR 和 SLU 传感器节点的功能见表 7-1。如表中所见，G4-SSN 具有较强的 8 位处理能力，适量的 RAM 容量，和低功耗小外形。G4-SSN 另一个强项是 Silicon Laboratories C8051F12x 系列具有可用的代码空间。

表 7-1　G4-SSN 功能

	I_c@3.3V /mA	Flash Memory /B	RAM /B	ADC 抽样频率/kHz	外形封装	MIPS
G4-SSN	35	128k	8448	100 @ 10/12-bit	100-pin LQFP	100

ADFS 要求传感器节点同步。为此测试了 G4-SSN 的实时时钟（Real-Time Clock, RTC）功能。实验包括对 RTC 精度的统计分析。缺乏再同步的 RTC 的扩展应用会出现时钟漂移，必须对该漂移进行量化以给出 RTC 的可信测量。采用一个 32.768-kHz 的晶振作为 8051 的时钟以及 RTC 的时基。RTC 运行 10min，所得结果见表 7-2。

表 7-2　G4-SSN RTC 漂移测试结果

测试时间/min	t/s	抖动/μs	平均/s	标准差/s	误差/s
10	0.05	50.45	0.0504	0.007	0.515

如表 7-2 中所见，10min 后 RTC 的漂移误差约 0.05s，将其转换得到 3.5s/h。在该应用中这个漂移是可接受的，因为 RTC 每隔 30s 和 BS 同步一次。

7.5.4　硬件实现结果

在本节给出硬件实现的结果。采用 802.15.4 标准，射频数据带宽为 250kbit/s，测试调度算法。源节点产生 CBR 业务，采用 OEDSR（Ratnaraj et al. 2006）路由算法传输到 BS。节点内部提供 38.4kbit/s 的吞吐量给 802.15.4 模块。网络不进行数据聚合或数据融合，因为考虑到应用需要从独立的位置获取数据，而所给出的情况有利于测试排队方案的公平性。由于 802.15.4 模块的硬件限制，接口的退避间隔时隙限制在最小为 15ms。这限制了实现的总体性能，但是，该问题可以在未来的工作中采用 Chipcon CC2420 来解决。

现在讨论硬件实现的测试。所得结果是针对包含 5 个信源节点和 1 个 CH（簇头）的星状拓扑的。每个信源节点生成 CBR 业务，每个业务流的初始权重等于 1/5 和 $\alpha = 0.4$，$\beta = 0.6$。其他参数包括 SF = 0.032，以及分组的最大长度为 100 字节，其中包括 88 字节的载荷。测试期间，BS 记录网络行为供分析之用。采用指数律退避方案和丢尾排队方法来评估 ADFS 实现的性能。两种方法的比较显示采用 ADFS 方法提高了网络性能。

ADFS 调度方案考虑了分组的权重，并成比例地将带宽分配给业务流。相比而言，没有 ADFS 功能的网络缺乏以这种方式来区分 QoS 的能力，所以观察到的网络公平性较差。

在表 7-3 中，给出了吞吐量和 FI。在 ADFS 实现中，因为它能维持稳定和成比例的业务，每个业务流的吞吐量都较高，从而降低了缓存溢出。参考方案不能将可用带宽成比例地分配给所有业务流，通常缓存溢出多于采用了 ADFS 的情况。总体来说，ADFS 网络的吞吐量比先进先出（First-In-First-Out，FIFO）排队方案高 13.3%。

另外，可以看到，ADFS 实现中 FI 值大于参考方案。ADFS 方案分配的资源对应于权重的比例，所以适于变化的信道和网络状态。

表 7-3　吞吐量和公平性的结果比较结果

	流 1 [KB/s]	流 2 [KB/s]	流 3 [KB/s]	流 4 [KB/s]	流 5 [KB/s]	总体	FI
ADFS	88.8	85.1	84.7	81.7	81.0	84.3	0.9989
FIFO	83.8	67.7	76.7	68.7	75.3	74.4	0.9938

图 7-18 和图 7-19 分别给出了星状拓扑采用丢尾排队和所提 ADFS 方案时每个业务流的吞吐量。未采用 ADFS 协议的吞吐量变化较大，而 ADFS 系统通过建立调度的公平性提供了更加稳定的性能。另外，相比 FIFO 排队网络，ADFS 得到了更高的总吞吐量，因为随着时间的推移，它允许所有业务流以更加公平的方式共享信道。这清楚地说明了 ADFS 协议的公平性。

表 7-4 列出了端到端时延的平均值和标准差。两种协议的平均时延与 ADFS 相似，采用丢尾排队方式和指数律退避方案时，5 个业务流中的 4 个的时延在 ADFS 协议中低于 FIFO

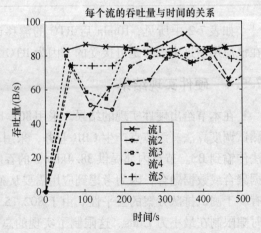

图 7-18　FIFO 排队网络吞吐量

协议。总而言之，所观察到的 ADFS 端到端的时延低于 FIFO 2%，虽然 ADFS 带有附加开销。ADFS 的优点来自于无线信道的公平分配，因为 ADFS 选择的退避间隔与分组的权重成比例。而且，FIFO 的标准差更大，这是因为相应的退避变化更大。

结果显示，所提出的协议能够获得公平的带宽分配并提高了 13.3% 的吞吐量，略微了降低端到端时延，但时延抖动下降了 55%（标准的），从而得到更好的 QoS。这说明 ADFS 调度器可以有效应用于 WSN 系统，以提高网络性能。

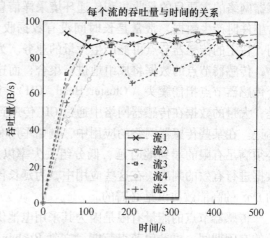

图 7-19　可用 ADFS 网络的吞吐量

表 7-4　时延比较　　　　　　　（单位：s）

		流 1	流 2	流 3	流 4	流 5	整体
ADFS	均值	11.24	11.41	11.69	11.56	11.30	11.44
	标准差	1.011	1.167	1.068	1.015	0.834	0.17
FIFO	均值	11.11	11.60	11.71	11.61	12.30	11.66
	标准差	1.434	1.12	1.459	1.212	1.512	0.38

7.5.5　传感器节点的未来方向

未来关于 UMR 和 SLU 传感器节点的工作包括提高 RF 通信能力，缓存密度和网络实现的有效性。特别地，这里说明 RF 模块的现状和方向。目前在实现 G4-SSN 的 RF 层时采用了 Maxstream XBee™ 模块。UMR 正在开发在 G4-SSN 中应用 Chipcon CC2420 收发芯片。应用该芯片将带来多个优点。第一，通过参数的访问和控制直接访问物理层。例如通过对信道接入（Channel Access，CA）状态的直接和实时的监测将减少退避间隔时隙。第二，采用 CC2420 有望减少功耗达 62%。而且，能够更加精细地调整 RF 的发射功率使得 DPC 可以在 WSN 中得到应用。同时，CC2420 提供了更小的物理接脚使得整合度和微型化程度更高。最后，避免了 XBee™ 上随后的帧处理步骤，直接把帧传送到收发器。

7.6　无线传感器网络能量敏感 MAC 协议

传感器网络是无线网络一个重要的技术融合领域，其源于 Ad Hoc 网络，但是其应用要求不同于 Ad Hoc 网络。从硬件和应用来考虑，传感器网络资源有限。传感器网络的主要目的是收集和传递环境采样信息。通常，传感器节点只在出现了异常事件时产生数据，常常是长时间没有数据收集。然而，在传输异常事件数据期间，特定的传感器节点可能产生大量的业务。为使得数据间的冗余度和网络拥塞最小，传感器节点的数据将成组地进行聚合，而这些传感器节点组称为簇，簇中由一个传感器节点担任簇头（Cluster Head，CH）。所以，通常采用簇拓扑。典型情况是，大量的数据在传感器网络中通过 CH 传递到 BS，在 BS 中为下一步的分析进行标记。在某些传感器网络的应用中，例如军用和行星探索，即使是在衰落信道中也必须满足有限的端到端时延、低分组丢失率以及较高吞吐量等 QoS 要求，以根据数据进行有效的判决。在这些应用中，为延长传感器节点的生存期，具有令人满意的 QoS 的高能效协议是必需的。

　　传感器节点的能量有限是因为其采用电池供电。所以，即使是在传输之间有较长的空闲期间，也希望节点节能。文献 Reghunathan et al. 2002 中显示，监听和接收的能耗是显著的（类似于处于发射状态）。因此，在这些空闲期间关闭 RF 电路能节省大量的能量。在这方面对于异步协议进行了严谨的研究（Woo and Culler 2001，Ye et al. 2002，Singh and Raghavendra 1998）。PAMAS（Singh and Raghavendra 1998）和 S-MAC（Ye et al. 2002）通过周期性地令节点进入休眠状态来节省能量。但是，这些协议仍要求大量时间监听无线信道，所以节能效果一般。另一方面，LEACH 协议（Heinzelman et al. 2002）采用时分复用（Time Division Multiple Access，TDMA）的方式减少无线通信的时间。节点被分配传输和接收数据的时隙。这些节点在 TDMA 周期的其他时间休眠。所以，相比异步协议，在节能方面的改善是可见的。然而，保持全网同步是困难的，另外 TDMA 协议不够灵活，而且不能动态地分配无线信道资源。

　　传感器节点上的带宽和缓存空间的资源非常有限。在资源极为有限情况下，当多个传感器节点以 CSMA/CA 方式访问共享无线信道时，公平性就成为一个关键问题。例如，在森林防火应用中，不仅希望簇内的节点收集大量数据，而且希望从每一个布设的簇中收集相同量的数据，使得可以推断出温度梯度（Woo and Culler 2001）。因此，在将数据传输到 BS 时要求在多跳传输中对每个节点公平地分配带宽。这样，在异常事件期间调度算法应当公平地从每个节点传递数据，而且必须结合时变信道状态，以满足某些吞吐量和端到端时延的要求。

　　本节中，我们提出一种 CSMA 异步网络空闲期间新的休眠模式，将整个无线通信的能耗减少到最小。讨论类似于 Heinzelman et al.（2002）中的分簇拓扑，且传感器和 CH 之间周期性地进行通信。所以，传感器多数时候处于休眠状态以节省能量。然而，在出现异常事件时，检测电路能够唤醒传感器处理和发送数据给 CH。在休眠模式期间，因为传感器不监听到达分组，将不能接收到 CH 发送给传感器的查询或维护分组，显然这是一个不足。但是，CH 缓存发送给传感器的分组并周期性地在传感器处于唤醒状态时传递给传感器。因为传感器通常发送数据而只是偶尔接收分组或查询，所以所提出的休眠模式将在最小化时延的同时显著地节省能量。

在活动期间，节点发送数据时同样消耗大量能量。在出现异常事件时，传感器产生的业务量可以是巨大的。能量的大部分用在发送上，因此，发射功率控制对节能而言是重要的。文献 Jagannathan et al.（2006）和文献 Zawodniok and Jagannathan（2004）中蜂窝网络和 Ad Hoc 网络的 DPC 算法考虑了无线网络中不同无线信道的不确定性：路径损耗、屏蔽和瑞利衰落。文献 Zawodniok and Jagannathan（2004）中的 DPC 的实现是为 Ad Hoc 网络设计的，属于非坚持型 CSMA/CA 无线网络。在本节中，该 MAC 协议在分簇的 CSMA 传感器网络中采用了休眠模式，从而在满足应用限制的同时，延长了传感器节点的生存期。另外，所提出的协议采用了上一章的 DPC 方案估计时变信道和更新发射功率。

最后，将前面小节中的 DFS 协议与所提出的能量敏感方案相结合，使得能够满足某些 QoS 要求。最终结果是得到 WSN 中高能效公平的 MAC 协议。仿真显示了该 MAC 协议的性能，结果说明对于不同节点密度和业务类型，能量敏感协议在信道不确定期间节省能量，并且公平。仿真还包括了该协议和 802.11 的比较。

7.6.1　休眠模式

WSN 中的 CH 始终处于供电状态，可接收来自传感器节点或其他节点（CH，BS 等等）的数据。因此，CH 是耗能的。与此同时，传感器节点通过关闭计算和 RF 电路来节能。为使得网络生存期最大，节点志愿担任 CH。

7.6.1.1　传感器数据传输

当有数据需传送给 BS 或其他节点时，传感器节点的感应电路唤醒处理和 RF 电路。传感器节点将数据传送给其 CH，在传输完成后切换进入休眠状态。与此同时，唤醒时钟设为预先确定的时间间隔。因此，在这个时间段（没有检测到异常事件）传感器节点不再唤醒，当时钟到达设置的时间后，唤醒传感器节点。随后，传感器与其 CH 通信，确定是否有到达分组等待传输。在这之后，传感器再次设置时钟并切换进入休眠模式。

7.6.1.2　传递数据给传感器节点

传感器与 CH 之间的通信总是在传感器处于唤醒状态由传感器发起的。CH 从不主动传输数据给传感器。取而代之的是，CH 缓存给传感器的分组并等待传感器向其发出传输分组的请求。当传感器发送 MAC 帧时，CH 检测缓存中是否有发送给该传感器节点的分组。若找到相应的分组，则 CH 通知传感器并将分组附加在 ACK 帧中使传感器接收到信息。所以，传感器节点不必监听任何到达的业务，能够进入休眠模式。

　　综上所述，传感器唤醒自己以两种方式与 CH 通信：

● 事件发生：感应电路将唤醒传感器以处理和发送数据给 CH。

● 周期唤醒：在长时间的空闲期间能够进行传入通信。

　　一旦发生事件，传感器节点的数据立刻发往 BS。但 CH 中的分组发送到传感器节点时可能会出现较大时延，因为必须在 CH 中缓存。例如，在较长的空闲期间，传感器节点无数据传输，则在整个空闲期间分组都缓存在 CH 中（直到下一次传感器发起通信）。为最小化分组时延，传感器周期地启动与 CH 的虚拟通信。该通信允许 CH 传输分组到传感器。所以，任何去往给定节点的非常规的查询和分组都能被接收到，而同时又保持时延低于某个阈值。

7.6.1.3　所提协议与 SMAC 的比较

　　下面给出能量敏感协议的休眠模式和 SMAC（Ye et al. 2002）采用的休眠模式的理论分析，比较了采用休眠模式带来的额外时延。然后，给出了能量敏感休眠模式相对节省的能量。为评估节能性能，假设两种情况下希望相同的休眠时延。图 7-20 给出了 SMAC 和能量敏感 MAC 协议中休眠模式的基本思路。

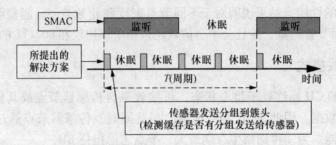

图 7-20　SMAC 及能量敏感协议的休眠模式

　　SMAC 的休眠循环包括休眠和监听间隔。这些时间间隔相等，而所提协议的循环包括休眠和通信间隔。在整个帧期间分组到达源节点的概率为常数。SMAC 的平均休眠时延为

$$T_{\text{sleep SMAC}} = \frac{T_{\text{SMAC}}}{8} = \frac{0 \times T_{\text{SMAC}} + 1/4 \times T_{\text{SMAC}}}{2} \tag{7-84}$$

式中，T_{SMAC} 是休眠循环持续的时间。期望的休眠时延等于两者的算术平均——在监听期间分组达到后等待的时延——0（分组可被立即发送）——，和分组在休眠期间到达时等待的平均时延，等于 $T_{\text{sleep}} = T_{\text{SMAC}}/2$（[T/2, 0>] 的平均）。

　　在能量敏感协议中，传感器的平均休眠时延为

$$D_{\text{sleep new}} = T_{\text{NEW}}/2 \tag{7-85}$$

式中，T_{NEW} 为两次通信之间的时间间隔。分组到达 CH 必须等待下一次通信事件。因此，平均来说时延等于通信时间间隔的一半。

当两种协议的其他参数相同时，可以对能耗进行比较。因此，两种情况下时延应该相等。由方程（7-84）和方程（7-85），这个条件意味着

$$T_{\text{NEW}} = T_{\text{SMAC}}/4 \tag{7-86}$$

SMAC 协议每个休眠循环中通信期间的能耗等于

$$E_{\text{SMAC}} = E_{\text{LISTEN}} * T_{\text{SMAC}}/2 \tag{7-87}$$

式中，E_{LISTEN} 表示节点监听信道资源的能耗，T_{SMAC} 表示休眠循环的时间。对于所提出的协议，能耗等于

$$E_{\text{NEW}} = 4 * E_{\text{TRANS}} * T_{\text{TRANS}} \tag{7-88}$$

式中，E_{TRANS} 是节点与 CH 通信时的能耗；T_{TRANS} 是通信的时间。则式（7-88）与式（7-87）相比，所提协议相对节省的能量等于

$$节省的能量 = \frac{8 * E_{\text{TRANS}} * T_{\text{TRANS}}}{E_{\text{LISTEN}} * T_{\text{SMAC}}} \tag{7-89}$$

采用典型值：$E_{\text{TRANS}} = 2 * E_{\text{LISTEN}}$；$T_{\text{SMAC}} = 600\text{ms}$ 及 $T_{\text{TRANS}} = 1\text{ms}$，能量节省比率等于 0.02666。换句话说，能量敏感协议消耗的能量少于 SMAC 的 $1/0.0266 = 37.5$ 倍。这是因为选择了新的休眠模式。相似地，可以计算能量敏感协议和其他协议相比节省的能量。

7.6.2 带休眠模式的 ADFC

算法主要包含 3 个部分：

1）7.3 节中的公平调度算法

2）第 5 章中的分布式功率控制（DPC）算法

3）新的休眠模式

图 7-21 给出了 3 个部分之间相互关系框图。

在 7.1 节到 7.4 节中提出的公平调度协议采用了开始时间公平排队（Start-Time Fair Queuing，SFQ）加动态权重调整，对分组传输进行排序。退避机制用于相邻节点之间公平地分配无线资源。为节省能量，分组传输采用第 6 章的 DPC 算法和空闲期间休眠模式。所有 3 个部分协同工作为 WSN 提供可靠的高能效的服务。

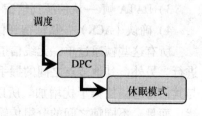

图 7-21 能量敏感方案框图

7.6.2.1 调度算法

ADFS 协议的主要目的是在 WSN 中获得公平性。为此，协议必须同时在排队算法层和 MAC 层上实现，前者为了公平调度，后者是控制用于信道访问的动态退

避算法。分组根据所属的业务流进行分类。网络中的节点存储分配给具体业务流的权重。这些权重是固定的。另外，每个用户数据分组包含其权重。起始时，每个分组的权重等于业务流的权重。然后，当分组通过网络传递时，每个 CH 更新分组的权重。分组一旦被发送，则 MAC 协议计算其相应的退避间隔。分组等待，直到退避时间结束。然后，完成下面小节介绍的四次握手通信。接着，当中间节点收到分组后，分组权重被更新并进行相应地排队。

7.6.2.2　协议的实现

为在调度层实现公平性，所提出的 ADFS 协议采用 SFQ 方案，具体如下：

1）当业务流 f 的分组 p_f^j 到达时，其被贴上开始标签 $S\left(p_f^j\right)$，具体为

$$S\left(p_f^j\right) = \max\left\{v\left(A\left(p_f^j\right)\right), F\left(p_f^{j-1}\right)\right\}, \; j\geqslant 1$$

式中，定义分组 p_f^j 的结束标签 $F\left(p_f^j\right) = S\left(p_f^j\right) + \dfrac{l_f^j}{\phi_f}, \; j\geqslant 1$，而 $S\left(p_f^0\right) = 0$，ϕ_f 为业务流 f 的权重。

2）起始时，传感器节点的虚拟时间设为 0。传输期间，t 时刻节点的虚拟时间 $v\left(t\right)$ 定义为等于 t 时刻被传输的分组的开始标签。传输结束时，$v\left(t\right)$ 设为在 t 时刻之前传输完的所有分组最大的结束标签。

3）分组以开始标签的增序发送，若出现相同的开始标签的分组，则随机选择其中的一个发送。

7.6.2.3　动态权重调整和退避间隔计算

为适应变化的业务和影响公平性以及端到端时延的信道条件，业务流的权重动态更新。ADFS（7.1 节到 7.4 节给予了详细说明）利用分组的权重计算退避间隔，并由于权重调整而在每个节点上进行更新。

7.6.2.4　分布式功率控制和重置

发送一个用户分组的基本通信过程要求四次握手通信，包括 4 个帧：

1）发送请求（RTS）— 从信源到信宿

2）清除发送（CTS）— 从信宿到信源

3）DATA 帧 — 从信源到信宿

4）确认（ACK）— 从信宿到信源

所有这些帧通过单一无线信道传输，因此节点间的通信在共享的半双工介质中进行。另外，其他节点之间的握手可以同时存在。结果是，由于多个节点接入信道与其信宿通信使得干扰增加。所以所估计的发射功率必须克服这种通常未知的干扰。而且，不同帧之间的分组传输和到达时间将发生变化，这是因为，首先，四次握手的帧的大小不一样，根据帧的类型不同，变化范围从几个字节（ACK）到超过 2500 字节（DATA）。第二，两次连续握手之间的时延随着信道竞争而变化。结果是估计误差也将根据这些时间差别而变化。因此，目标信干比（Signal-To-Interference Ratio, SIR) 的选择必须克服这些不确定性引起的最差情况。所以，在我们的实现中，目标 SIR 是通过安全因子乘以最小 SIR 来计算的。

在实际场合中，信道条件可能变化得很快，这将使得任何算法都难以准确地估计功率值，从而出现帧丢失现象。这里提出了两种机制来解决或减小这些问题：在重传时增大发射功率，以及连接长时间空闲时重置功率。

重传意味着接收信号衰减了。一种简单的方式是以与第一次传输相同的功率重传帧，这是希望信道条件变好了。但是，信道的损耗或干扰可能比以前更严重。为克服这个问题，可以采取主动方式。在这种方式中，每次重传的发射功率在一个安全的裕量内增加。遗憾的是，这将加大干扰和功耗。但是，实验显示和被动的没有使用安全裕量的方式相比，应用 DPC 主动更新功率能得到更高的吞吐量并且减少重传次数。所以在 DPC 方案中采用了安全裕量。

另外，当两个连续帧或反馈之间出现较大延时时，对信宿功率的估计可能变得不准确。为解决这个问题，在某个空闲间隔后，DPC 算法重置发射功率等丁网络预先确定的最大值。然后第 6 章中描述的 DPC 过程重新开始。

7.6.3　能量敏感 MAC 协议

为该 DPC 的实现，对 802.11 原来的 MAC 协议进行修改，这些改动出现在不同的层。另外，文献 Zawodniok and Jagannathan (2004) 中提出的用于 Ad Hoc 网络的思路被应用到能量敏感协议中。

7.6.3.1　调度

为存储分组权重，对每个用户数据分组进行扩展以包含 ADFS 的头部。信源节点根据分组所属的业务流分配初始权重。MAC 层在接收到分组后更新分组权重。然后，该权重用于排队算法存储或发送分组。当分组离开队列进入 MAC 层时，计算退避间隔并相应地设置退避时钟。在退避时间结束后，采用标准的 RTS-CTS-DATA-ACK 过程发送分组。

7.6.3.2　DPC 协议

DPC 方案用于计算除了广播之外所有无线信道中传输的信息的发射功率，信息通过无线接口发送。然而，正如 Jung and Vaidya (2002) 和 Zawodniok and Jagannathan (2004) 中指出的，简单地降低发射功率会导致服务质量下降，因为增大了隐藏终端的问题。结果是出现更多的碰撞，降低了吞吐量并使得能耗更大。应用第 6 章中提出的脉冲序列来增大功率幅度，将会减少隐藏终端问题，从而增加吞吐量。

在能量敏感协议中，只有在链路建立期间最初的 RTS-CTS 帧必须用链路定义的最大功率发射。随后，所有的帧包括 RTS-CTS-DATA-ACK 帧将使用根据 DPC 计算得到发射功率。为进行 DPC，改变 MAC 头部使得可以在通信节点间传输功率信息。结果是可以看到开销的增加，这会引起吞吐量的减少。但是，实际发现吞吐量增加了，这是因为提高了信道利用率，从而克服了额外开销带来的损失。

7.6.3.3 休眠模式的实现

发往传感器节点的分组缓存在本地 CH 中。MAC 层为此分配存储器容量。任何在 CH 中缓存的分组在传感器节点唤醒且发送 RTS 帧后被传递。首先，CH 用 CTS 帧应答。该帧包含了一个标志，指示缓存了特定传感器节点的分组。其次，传感器节点发送包含最近收集的数据的 DATA 帧。之后，CH 向传感器节点发送确认帧，其中附加了发往传感器节点的数据。最后，传感器节点通过发送 ACK 消息，确认分组的正确接收。

传感器节点关闭计算和 RF 电路，但与 CH 交换 MAC 帧。为能够周期性唤醒传感器节点，MAC 帧包含一个唤醒时钟。当时间达到后而又没有分组要传输，产生一个小的虚拟分组并用一个短 DTA-ACK 交换来发送。当传感器节点收集到需传递的数据，立即唤醒传感器节点并和 CH 开始 RTS-CTS-DATA-ACK 交换。在这通信期间，传感器节点将接受来自 CH 的 DATA 帧而不是 ACK 帧，并发送额外的 ACK 帧确认数据分组的接收。在这之后，传感器节点切换进入休眠模式并设置唤醒时钟。

7.6.4 仿真

本节采用 NS-2 仿真器评估所提出的 DPC 方案。两种传感器节点的拓扑用来评估所提出的方案。选择的拓扑反映了传感器网络的典型配置。传感器网络在设计区域里布设了 12 个簇。每个簇包含 1 个 CH 和 8 个围绕着 CH（与 CH 的直线距离小于 100 米）随机分布的传感器节点。在 12-簇拓扑中，这些簇分布在 550m × 1000m 的范围内，形成一个多跳分簇网络。BS 的位置如图 7-22 所示。

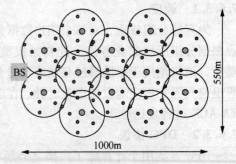

图 7-22　十二簇拓扑

在相同条件下，对两种 MAC 协议——带和不带休眠模式的 DPC 的性能进行了评估，这些相同的条件包括信道状况，节点分布，节点移动和数据流（类型、速率、开始时间、信源、信宿等），信噪比（SNR）或 SIR 阈值，以及确定性传播模式。在传播模式中考虑了路径损耗、屏蔽以及瑞利衰落效应。基于 NS-2 仿真器中的传播/屏蔽模块，计算路径损耗的影响。屏蔽和瑞利衰落的影响是预先计算并存储在样本文件中的。为产生信道的变化，选用的路径损耗指数为 2.0，屏蔽偏差为 5.0（dB），参考距离为 1 米，以及典型的瑞利随机变量。这确保仿真时信道的不确定性在各自仿真的时间点上相同。第 6 章已经给出了观察到的随机接收节点上的衰减样本。将结果重复地应用到不同随机产生的场合，并进行平均。

采用标准的 AODV 路由协议，而实际上可以采用任何路由协议，因为所提方案不依赖于路由协议。除非特别声明，所有仿真中使用的参数如下：信道带宽为 2Mbit/s，最大发射功率为 0.2818W，所提出的 DPC 的目标 SIR 等于 10，正确接收所需的最小 SIR 等于 4（~6dB）。目标 SIR 是最小 SIR 的 2.5 倍是为了克服不可预见的衰落。对于所提 DPC，选择设计参数 $K_v = 0.01$ 和 $\sigma = 0.01$。所提 DPC 方案重传时的安全裕量设为 1.5。对于休眠模式，每个传感器在经过 0.5 秒的空闲期后将启动与 CH 的周期性的虚拟通信。

例 7.6.1： 12 个分簇传感器网络的结果

网络含有 109 个节点；96 个传感器节点，12 个 CH 和 1 个 BS。每个传感器生成稳定的业务。业务流的速率在不同的仿真中不同。图 7-23 给出了不同业务流速率时的竞争时间。DPC 优于 802.11 10% 左右。对于所有的业务流流速，带有休眠模式的 DPC 的竞争时间最短，这是因为采用了休眠模式。

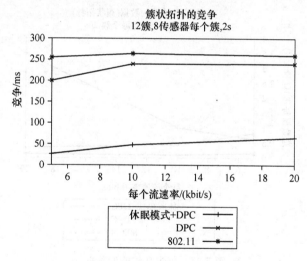

图 7-23　不同业务流速率时的竞争时间

就总传输的数据而言，不带和带休眠模式的 DPC 的结果比 802.11 更好，如图 7-24 所示。不带和带休眠模式的 DPC 两者总的传输数据量随每个流速的增大而减小。这说明网络发生了拥塞，所以利用率下降。在低流速时，休眠模式没有得到好处，故而吞吐量低。而对于中到高流速，相比其他方法，休眠模式得到合理的吞吐量。图 7-25 给出了每种协议的能效，带休眠模式的 DPC 优于不带休眠模式的 DPC 和 802.11 协议。这延长了传感器和网络的生存期。

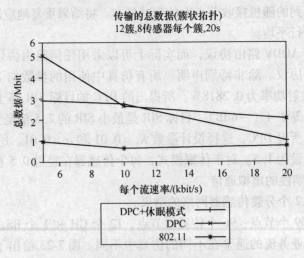

图 7-24   不同业务流速率时传输的总数据

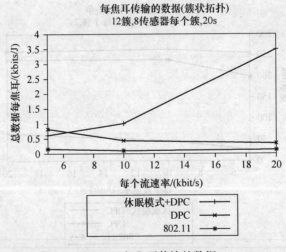

图 7-25   每焦耳传输的数据

例 7.6.2：20 个分簇传感器网络的结果

为仿真大业务量，采用了 20 个分簇的拓扑结构。和 12 个分簇的情况相似，带休眠模式的 DPC 的竞争时间较低。而且，由图 7-26 和图 7-27 可知，对于总传输的数据和每焦耳总传输的数据而言，带和不带休眠模式的 DPC 优于 802.11。另外，带休眠模式的 DPC 能够在业务增大时提高吞吐量和能效。然而，一般来说，20 个分簇的网络所能传输的数据小于较小规模的网络，原因是更严重的拥塞和出现了瓶颈链路，因为所有业务都去往一个节点——BS。

c_i，因此权值为 1.0，那个业务是高业务权值 2 和 3 和单元 1，p_q 是
均匀分布在 [0.9，1.1] 的随机选取……0.1 倍。公平测度误差也可在
适宜的情况下……

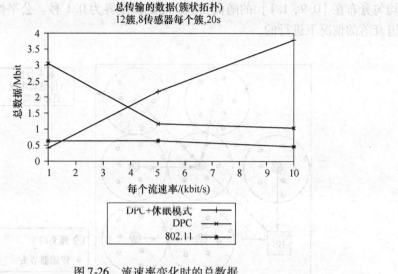

图 7-26　流速率变化时的总数据

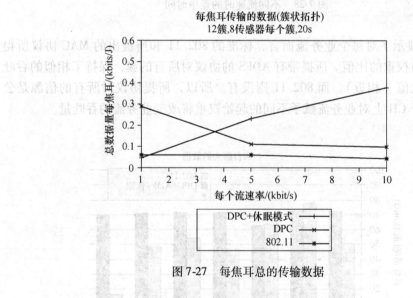

图 7-27　每焦耳总的传输数据

例 7.6.3：高业务强度时的公平性结果

在这个仿真中，采用如图 7-28 所示的拓扑，其主要目的是测试调度协议的公平性。标号为 0 到 5 号的簇生成去往 BS 的 150kbit/s 稳定的业务。标号为 6 的簇其中出现了异常事件，产生更大的 200kbit/s 的业务。每个流出 CH 的业务流被赋予相同的权重 0.1428。为方便起见，ADFS 算法中的参数：$\alpha = 0.9$，SF = 0.02，$\beta =$

0.1，期望延时为 1.0s，期望队长等于 10，所有业务流起始权重之和等于 1，ρ 是均匀分布在 [0.9, 1.1] 的随机变量，时延误差界为 0.1 秒。公平性测试是在有信道衰落的情况下进行的。

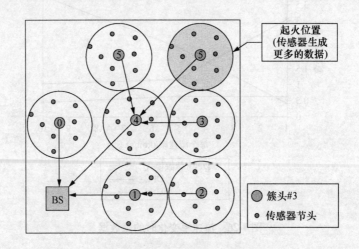

图 7-28　不同流速时的竞争时间

图 7-29 显示了对每个业务流而言，标准的 802.11 和所提出的 MAC 协议所得到的吞吐量与权重的比值。所提带有 ADFS 的协议对所有的簇，保持了相似的吞吐量和权重的比值（相近），而 802.11 则没有。所以，所提协议对所有的信源是公平的。在每个 CH 上对业务流赋予不同的起始权重将改变业务流的吞吐量。

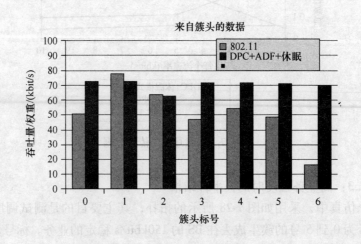

图 7-29　吞吐量比权重与流的关系

7.7　结论

本章提出了一种无线 Ad Hoc 网络新的自适应分布式公平调度（ADFS）协议。目的是开发一种完全分布式的公平调度算法以整体满足 QoS。所提 ADFS 协议采用动态权重更新，其取决于经过的时延、队列中的分组数和前面分组的权重。更新后的权重用于调度裁决，以及 CSMA/CA 中退避间隔的计算。

应用 NS 仿真器评估了所提 ADFS 协议的有效性。结果显示所提出的协议能够获得公平的带宽分配，且吞吐量提高 10% 到 20%，同时端到端时延和时延抖动最小，故而得到了更好的 QoS。随后，讨论了 ADFS 方案在 WSN 中的实现，目的是评估硬件能力和实现的可行性。结果显示必须减少硬件的限制，这为今后满足 ADFS 协议要求的硬件设计指出了方向。同时，采用了多种拓扑结构来评估协议。

在 ADFS 协议中，对权重进行更新，且更新后的权重用于调度裁决和 CSMA/CA 中的退避间隔的计算。业务流的初始权重是基于其所希望的网络服务来确定的。

对所提 ADFS 协议的效率采用了硬件实验来评估。结果显示所提协议能够获得公平的带宽分配且吞吐量增加 13.3%，端到端时延和时延抖动减少了 55%（标准的），得到了更好的 QoS。这说明 ADFS 调度器可以有效地应用于 WSN 系统以提高网络性能，今后的研究需要考虑目前的硬件限制和提高实现的总体性能。

基于应用的考虑，本章提出了 WSN 能量敏感和公平协议。在传感器网络中，和标准的 802.11 相比，该协议能够获得更高的吞吐量且能耗更低。显示该方案能够实现完全的 DPC，并且在存在无线信道不确定性时有更好的性能。采用休眠模式并没有降低网络的吞吐量，而且和 802.11 或原来的 DPC 方案相比，带有休眠模式的协议可以显著减少发射功率，从而节省传感器节点的能量和延长节点的生存期。其次，对于传感器网络，公平调度协议保证了发生特殊事件时网络的性能。本章给出了包含了调度、带有休眠模式的 DPC 的能量敏感方案的性能。仿真结果验证了理论分析的结果。

参 考 文 献

Bennett, J. C. R. and Zhang, H., WF2Q: worst-case fair weighted fair queueing, *Proceedings of the IEEE INFOCOM'96*, Vol. 1, March 1996, pp. 120-128.

Brogan, W. L., *Modern Control Theory*, 3rd ed., Prentice Hall, NJ, 1991.

Demers, A., Keshav, S., and Shenker, S., Analysis and simulation of a fair queuing algorithm, *Proceedings of the IEEE INFOCOM*, 2000.

Fall, K. and Varadhan, K., ns Notes and Documentation, Technical report UC Berkley LBNL

USC/IS Xerox PARC, 2002.

Fonda, J., Zawodniok, M., Jagannathan, S., and Watkins, S. E., Adaptive distributed fair scheduling and its implementation in wireless sensor networks, *Proceedings of the IEEE International Conference on Systems, Man and Cybernetics*, pp. 3382-3387 in 2006.

Golestani, S. J., A self-clocked fair queueing scheme for broadband applications, *Proceedings of the IEEE INFOCOM'94*, Vol. 2, June 1994, pp. 636-646.

Goyal, P., Vin, H. M., and Cheng, H., Start-time fair queueing: a scheduling algorithm for integrated services packet switching networks, *IEEE/ACM Transactions on Networking*, Vol. 5, pp. 690-704, October 1997.

Heinzelman, W. B., Chandrakasan, A. P., Balakrishnan, H., An application-specific protocol architecture for wireless microsensor networks, *IEEE Transactions on Wireless Communications*, 2002.

Jagannathan, S., Zawodniok, M., and Shang, Q., Distributed power control of cellular networks in the presence of channel uncertainties, *Proceedings of the IEEE INFOCOM*, 2004.

Jain, R., Babic, G., Nagendra, B., and Lam, C., Fairness, Call Establishment Latency and Other Performance Metrics, Technical Report ATM_Forum/96-1173, August 1996.

Jung, E. -S. and Vaidya, N. H., A power control MAC protocol for Ad Hoc networks, *ACM MOBICOM*, 2002.

Lee, K., Performance bounds in communication networks with variable-rate links, *Proceedings of the ACM SIGCOMM*, 1995, pp. 126-136.

Luo, H., Medvedev, P., Cheng, J., and Lu, S., A self-coordinating approach to distributed fair queueing in Ad Hoc wireless networks, *Proceedings of the IEEE INFOCOM*, 2001, pp. 1370-1379.

Raghunathan, V., Schurgers, C., Park, S., and Srivastava, M. B., Energy-Aware Wireless Microsensor Networks, *IEEE Signal Processing Magazine*, 2002.

Ratnaraj, S., Jagannathan, S., and Rao, V., OEDSR: optimal energy delay subnet routing protocol for wireless sensor networks, *Proceedings of the IEEE Conference on Sensing, Networking, and Control*, April 2006, pp. 787-792.

Regatte, N. and Jagannathan, S., Adaptive and distributed fair scheduling scheme for wireless Ad Hoc networks, *Proceedings of the World Wireless Congress*, May 2004, pp. 101-106.

Singh, S. and Raghavendra, C. S., PAMAS: Power Aware Multi-Access Protocol with Signaling for Ad Hoc Networks, *ACM Computer Communication Review*, Vol. 28, No. 3, July 1998, pp. 5-26.

Vaidya, N. H., Bahl, P., and Gupta, S., Distributed fair scheduling in a wireless LAN, *Proceedings of the 6th Annual International Conference on Mobile Computing and Networking*, August 2000.

Woo, A. and Culler, A., Transmission control scheme for media access in sensor networks, *ACM Sigmobile*, 2001.

Ye, W., Heidemann, J., and Estrin, D., An energy-efficient MAC protocol for wireless sensor networks, *Proceedings of the IEEE INFOCOM*, 2002.

Zawodniok, M. and Jagannathan, S., A distributed power control MAC protocol for wireless Ad Hoc networks, *Proceedings of the IEEE WCNC'04*, 2004.

习题

7.4 节

习题 7.4.1：（WSN 公平调度）：评估 WSN 中 ADFS 的性能，网络包括 20 个簇，每个簇包含 50 个节点，在 CH 层数据通过多跳路由传输。改变分组大小并采用例 7.4.1 中的参数。

习题 7.4.2：（WSN 公平调度）：采用相同的权重但考虑信道的不确定性，重做习题 7.4.1。

第 8 章　无线 Ad Hoc 和传感器网络最佳能量和延时路由

上一章给出了无线 Ad Hoc 和传感器网络中满足某种服务质量(QoS)性能要求的分布式公平调度算法的开发和实现，同时包括了实现的多个方面。在本章中，首先给出文献 Regatte and Jagannathan (2005)中的无线 Ad Hoc 网络中一种最佳能量—时延路由(Optimized Energy-Delay Routing，OEDR)协议，节点间的传输能量与端到端(End-to-End，E2E)时延乘积——链路代价被用来确定最小代价路径。OEDR 采用了类似最佳链路状态路由(Optimized Link State Routing，OLSR)协议 (Jacquet et al. 2001, Clausen and Jacquet 2003) 中多点中继(Multipoint Relays，MPRs) (Qayyum et al. 2002)的概念。但是，在 OEDR 中 HELLO 控制消息除了检测节点的相邻节点外，还用于确定该节点和其相邻节点之间的传输能量和时延。能量-时延积被考虑作为链路代价，该代价被 MPR 节点用拓扑控制 (Topology Control，TC)消息中继传输到网络的其他节点。

和 OLSR (Clausen and Jacquet 2003)相比较，OEDR 最小化能量-时延积，反过来使得路由上任意两节点之间的传输能量和时延最小，从而确保代价最小。节点可用剩余能量用来选择 MPR 节点，并且用最小生成树算法计算最佳路由。分析结果给出了所提 OEDR 协议在 MPR 选择和最佳路由计算方面的性能。网络仿真器(NS-2) (Fall and Varadhan 2002)的仿真结果表明，和 OLSR 和 AODV 协议相比，OEDR 协议的时延更小，吞吐量/时延比值更好和能量-时延积更小。

然后，基于 OEDR 协议，给出了文献 Ratnaraj et al. (2006)中的无线传感器网络(Wireless Sensor Networks，WSN)一种最佳能量-时延子网路由(Optimized Energy-Delay Subnetwork Routing，OEDSR)协议。该协议是在线协议，其使得不同链路的代价因子最小以有效地路由信息到基站 (Base Station，BS)。代价因子涉及可用能量，端到端(End to End，E2E)时延，节点到基站的距离以及分簇。初始时，节点处于空闲或休眠状态，但一旦检测到事件，临近事件的节点进入活动状态并组成子网。在非活动网络中组成子网可节省能量，因为只有部分网络处于活动状态以响应事件。然后，子网自组织形成簇并在子网中选择簇头(Cluster Heads，CH)，而在子网之外选择中继节点(Relay Nodes，RN)。

簇头 CH 的数据通过位于子网外的中继节点以多跳的方式发送给基站。该路由协议改善了网络生存期和扩展性。该协议采用 UMR 节点在介质访问控制(Medium Access Control，MAC)层实现。仿真和实验结果显示，相比 DSR, AODV 和 Bellman

Ford 路由协议，OEDSR 协议具有更低的平均 E2E 时延，更少的碰撞和更低的能耗。

8.1　无线 Ad Hoc 网络路由

由于无线通信技术的空前发展以及 IEEE 802.11 的出现，近年来无线 Ad Hoc 和传感器网络变得极为重要。Ad Hoc 网络是由一群移动节点动态地组成的暂时性的网络，没有任何固定的基础设施和集中管理。

路由协议用来确定数据在网络中传输所需的合适的路径，同时还指定了网络节点如何相互之间共享信息以及报告拓扑的变化。另外，路由协议的决定必须是动态的以响应网络拓扑的变化。这样，路由选择过程很大程度上影响着整个网络的性能，这些性能包括 E2E 时延、吞吐量和网络能效。通常数据是经过多跳路径来传输的，所以在无线 Ad Hoc 和传感器网络中路由是关键问题。

相比静态有线网络，移动 Ad Hoc 和传感器网络中路由的开发有很大的不同，而且复杂得多。路由协议应当能够快速适应链路的失效和由于节点移动造成的拓扑变化。因此，路由协议应该以分布式方式工作，并且具有自组织能力。路由协议的目标是计算任意信源—信宿对之间的最佳路径，并具有最小的控制业务开销，这还必须在 Ad Hoc 网络环境的限制下获得。所以，任何多跳无线 Ad Hoc 网络的路由协议都必须考虑以下的设计问题：

反应式 vs. 主动式路由方式：在反应式路由方式中（请求式），除非有需求，否则不指定路由。与之相比，主动式路由周期性地交换控制消息，并在需要时立刻建立所要求的路由。在选择反应式还是主动式技术中，在寻找到信宿路由的延时和控制消息的开销之间存在一个折中问题。

集中式 vs. 分布式方式：因为在无线 Ad Hoc 网络中不存在集中控制，分布式路由协议更为可取。

最佳路由：最佳路由的定义对于路由协议的设计非常重要。一般标准是采用路径的跳数或所有链路的代价作为确定最佳路由的测度。

可扩展性：路由协议应当对拓扑快速变化和链路失效的大型无线 Ad Hoc 网络具有良好的可扩展性。

控制消息的开销：路由协议必须使得用于寻找路由的控制消息的开销最小。

效率：路由协议选择的路由影响网络的时延、吞吐量和能效性能。因此，路由协议应当致力于提高整个网络的效率。

本章回顾已有的路由协议（Clausen and Jacquet 2003，Perkins et al. 2003，Johnson et al. 2003，Park and Corson 1997，Sivakumar et al. 1999，Perkins and Bhagwat 1994，Aceves and Spohn 1999），并提出一种最佳能量-时延路由方案。反应式路由

如 AODV (Perkins et al. 2003)，DSR (Johnson et al. 2003)，TORA (Park and Cor-son 1997)和 CEDAR (Sivakumar et al. 1999)按需计算路由，减少了控制开销，但付出了时延增大的代价。Ad Hoc 网络存在快速拓扑变化和链路失效，对路由的需求需要快速反应，这使得主动式协议更加适合这种网络。目前已有少量的主动式路由协议如 DSDV (Perkins and Bhagwat 1994)，STAR (Aceves and Spohn 1999)和 OL-SR (Jacquet et al. 2001, Clausen and Jacquet 2003)。然而，这些路由协议试图寻找信源到信宿最少跳数的路径，所得结果可能不是时延和能效最佳的。

为解决路由的服务质量(Quality of Service，QoS)问题，文献 Ying et al. (2003)提出了一种采用 OLSR 算法的新路由方案，其基于具有最大带宽瓶颈的路径为分组寻找路由。但是，在试图寻找到最大带宽路径中，协议可能导致信源到信宿之间更长的路径，使得 E2E 时延增大，特别是大型密集网络中。与之相比，在无线 Ad Hoc 网络中能量效率比跳数最少更重要，因为传输能耗最小意味着无线信道状态更好，而且进一步使得 E2E 时延最小从而吞吐量最大。值得注意的是两个距离很近的节点可能需要很大的传输能量，若两者之间的无线信道非常不理想的话。

本章前几节提出了无线 Ad Hoc 网络的一种 OEDR 主动式路由协议(Regatte and Jagannathan 2005)。所提算法本质上是完全分布式的。控制分组(HELLO 和 TC)的生成类似于 OLSR 协议(Jacquet et al. 2001, Clausen and Jacquet 2003)。但是，OE-DR 中的 HELLO 分组用于计算与邻居传输时的能耗和时延，邻居的能量大小，以及检测邻居。利用这些信息，以一跳邻居到达所有两跳节点的最小能量-时延测度作为链路的代价，在一跳邻居中选择多点中继 (MPR) 节点(Qayyum et al. 2002)。然后，MPR 节点依次将从选择其为 MPR 的节点获得的链路代价信息嵌入到 TC 消息中，发送到网络中的所有节点。一旦可能，最小代价生成树算法便使用网络中的链路代价信息，计算信源—信宿对之间的最佳路由。

分析结果说明，所提出的 OEDR 协议的 MPR 选择算法可得到两跳相邻节点，以及信源—信宿对之间的最佳路由。NS-2 仿真结果显示，所提方案比 OLSR 和 AODV 协议，具有最小时延、更高的吞吐量/时延比值和更小的能量—时延积。8.2 节给出了 OLSR 协议的说明。8.3 节描述了新的 OEDR 协议。8.4 节理论上说明了 OEDR 的最优性。8.5 节给出了评估 OEDR 算法性能的 NS-2 仿真结果。

8.2　最佳链路状态路由(OLSR)协议

在给出 OEDR 协议之前，要先理解最佳链路状态路由 (Optimized Link State Routing，OLSR)协议。OLSR 协议(Jacquet et al. 2001, Clausen and Jacquet 2003)继承了链路状态算法的稳定性，并且因其主动式属性而具有在寻找路由时时延较小的优点。OLSR 是对面向移动 Ad Hoc 网络进行了修改的经典的链路状态算法的一种优化。在协议中采用了重要的多点中继(Qayyum et al. 2002)的概念,其中只有选择作为 RN 或 MPR 的节点在泛洪过程中传递广播消息。MPR 节点的目的是最小化网络中泛洪信息的开销,方法是在传递广播分组时减少重复的转发。根据文献 Qayyum et al. (2003) 和文献 Clausen and Jacquet (2003)中给出的 MPR 选择的准则,网络中的每个节点从其一跳邻居中选择若干节点作为其 MPR。这些节点的选择方法是它们能到达最大数量的未被覆盖的两跳邻居直到它们都被覆盖。

OLSR 协议使用 HELLO 消息检测邻居,和 TC 消息声明 MPR 信息。通过广播 TC 消息,MPR 节点周期性地宣布关于那些选其作为 MPR 的邻居的信息。和经典的链路状态法相比,只有邻居(即选择 MPR 的节点)之间很少的一个链路集被告知,从而减少了控制消息带来的开销。一旦收到了 TC 消息,网络中的每个节点在拓扑表中存储该消息,但只有 MPR 节点向下一跳邻居传递 TC 消息,直到网络中的所有节点接收到该消息。一旦拓扑表发生变化,每个节点都计算路由表条目,利用最短路径算法(在 OLSR 中采用跳数作为测度)确定到达所有信宿的路由。

图 8-1 给出了 OLSR 协议使用 MPR 选择算法的一个例子。考虑图中节点 s 及可到达的一跳邻居: n_1, n_2, n_3, n_4, n_5 和两跳邻居: p_1, p_2, p_3, p_4, p_5, p_6, p_7, p_8。一跳邻居中被选为 MPR 节点的是 n_1, n_2 和 n_4,因为这些一跳邻居可以达到最多数量未覆盖的两跳邻居(Qayyum et al. 2002)。下一节详细讨论所提出的 OEDR (见图 8-2)协议。

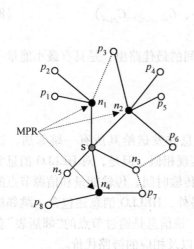

图 8-1 OLSR 中 MPR 的选择

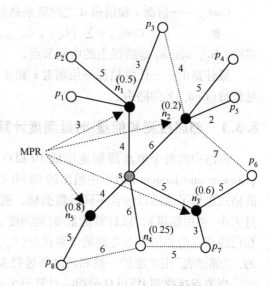

图 8-2 OEDR 中的 MPR 选择

8.3 最佳能量-时延路由（OEDR）协议

所提出的最佳能量-时延路由（Optimized Energy-Delay Routing，OEDR）协议的主要步骤是：检测邻居，计算能量时延测度，选择 MPR，声明能量—路由信息和计算路由表。为进一步讨论，本章后续部分采用下面符号。定义：

N——网络节点集合；

s——信源节点；

$N(s)$——节点 s 的一跳邻居；

$N^2(s)$——节点 s 的两跳邻居；

$MPR(s)$——节点 s 选择的 MPR 节点集；

$RT(s)$——节点 s 的路由表，包含路由条目；

$C_{x,y}$——（能量 $[x->y]$ * 时延$[x->y]$）；节点 x 和 y 之间直接链路的能量-时延（代价）；

E_x——节点 x 的能量大小或总的可用能量；

C_{s,n_1,n_2}^{MPR}——节点 s 选择 MPR 的代价，到达两跳邻居 n_2，以一跳邻居 n_1 为中间节点($s->n_1->n_2$)；具体为

$$C_{s,n_1,n_2}^{MPR} = C_{s,n_1} + C_{n_1,n_2} + (1/E_{n_1}) \tag{8-1}$$

式中，$n_1 \in N(s)$；$n_2 \in N^2(s)$。

$Cost_{s,d}$——信源 s 和信宿 d 之间整条路径的能量-时延（代价），具体为

$$Cost_{s,d} = \sum (C_{s,n_1}, C_{n_1,n_2}, \cdots, C_{n_{k-1},n_k}, C_{n_k,d}) \tag{8-2}$$

式中，$n_1, n_2 \cdots n_k$ 是路径上的中间节点。

最佳路由——任意信源—信宿对 s 和 d 之间的最佳路由，是具有最小能量—时延代价（$Cost_{s,d}$）的路由。

8.3.1 邻居检测和能量-时延测度计算

网络中的每个节点周期地生成 HELLO 消息并发送给其所有一跳邻居，这与（Clausen and Jacquet 2003）中给出的 OLSR 的实现相似。但是，对 HELLO 消息头部的格式进行了改动以包含不同的数据域，例如传输时间，传输能量和信源节点的能量大小(可用能量)，以计算能量-时延测度。另外，HELLO 消息还包含一跳邻居表和信源节点与邻居节点之间的链路代价($C_{x,y}$)。该信息是通过节点的"邻居表"获得的，"邻居表"用于维护一跳和两跳邻居列表，以及相应的链路代价。

当节点接收到 HELLO 分组，计算分组在信源节点上的时戳与信宿节点接收时间的差值，作为分组的传输时延。为精确计算时延，必须同步邻居节点的时钟。为此，类似文献 Mock et al.（2000）中提出的机制被用来在 Ad Hoc 网络中实现所有节

点的高精度同步。相似地，消耗的能量可以计算为标在分组上的发射能量与接收能量之差。应用能耗和时延，每个节点可以计算出链路的能量-时延积。该信息被作为链路代价，和邻居的能量大小一起记录在一跳邻居的邻居表中。另外，生成 HELLO 消息的节点的邻居（一跳邻居）以及它们之间链路的代价被记录为两跳邻居。

所以，在接收到所有邻居的 HELLO 消息后，每个节点在邻居表中将有下面一跳和两跳拓扑的信息：到所有一跳邻居节点的链路的代价，一跳邻居节点的能量大小，从一跳邻居可以到达的两跳邻居表及它们的链路代价。

8.3.2　多点中继（MPR）选择

在 OEDR 协议中 MPR 选择的准则是最小化到达两跳邻居的能量—时延代价，并考虑一跳节点的能量大小以延长节点的生存期。所提出的 OEDR 协议采用下面算法来选择 MPR 节点（图 8-3 所示为算法的流程图）。

MPR 选择算法具体如下：

1）起始时节点 s 的 MPR 集合 $MPR(s)$ 为空集。

2）首先确定两跳邻居节点集合 $N^2(s)$ 中的节点，这些节点只有一个邻居位于一跳邻居节点集合 $N(s)$ 中。将 $N(s)$ 中的节点加入到 MPR 集合 $MPR(s)$ 中，若原来这些节点不在 $MPR(s)$ 中。

3）若 $N^2(s)$ 中存在没有为其选则 MPR 节点的节点，操作如下：

●对于每个 $N^2(s)$ 中的节点，其多个邻居存在于 $N(s)$ 中，从 $N(s)$ 中选择一个邻居作为 MPR 节点，使得从 s 到位于 $N^2(s)$ 中的节点的代价 $C_{s,N(s),N_2(s)}^{MPR}$ 根据方程（8.1）是最小的。

●把 $N(s)$ 的节点加入到 $MPR(s)$ 中，若该节点不在 $MPR(s)$ 中。

上述 MPR 选择算法旨在提高一跳邻居节点的生存期和降低时延，除了提高能量效率之外。节点的生存期在某些应用中如传感器网络（Yee and Kumar 2003）是非常关键的指标，其对能量有严格的限制。下面的例子说明 MPR 选择算法。

例 8.3.1：MPR 选择

考虑图 8-2 中节点 s 和其邻居构成的拓扑，图中同时显示了链路代价和一跳邻居的能量大小。下面为 OEDR 算法中 MPR 的选择算法：

1）起始时节点 s 的 MPR 集合 $MPR(s)$ 为空集：$MPR(s) = \{\}$

2）节点 p_1，p_2，p_4 和 p_5 都只有一个邻居在节点 s 的一跳节点集合 $N(s)$ 中。把 n_1 和 n_2 加入到 $MPR(s)$：$MPR(s) = \{n_1, n_2\}$

3）对集合 $N_2(s)$ 中的每个没有为其选择 MPR 节点的节点（p_3，p_6，p_7 和 p_8），MPR 选择算法的流程图如图 8-3 所示。

●对于节点 p_3：有两条从 s 到 p_3 的路径。计算每条路径的 MPR 代价：$C_{s,n_1,p_3}^{MPR} = 4 + 3 + 1/0.5 = 9$；$C_{s,n_2,p_3}^{MPR} = 6 + 4 + 1/0.2 = 15$。因为 C_{s,n_1,p_3}^{MPR} 更小，所以选 n_1 为 MPR。

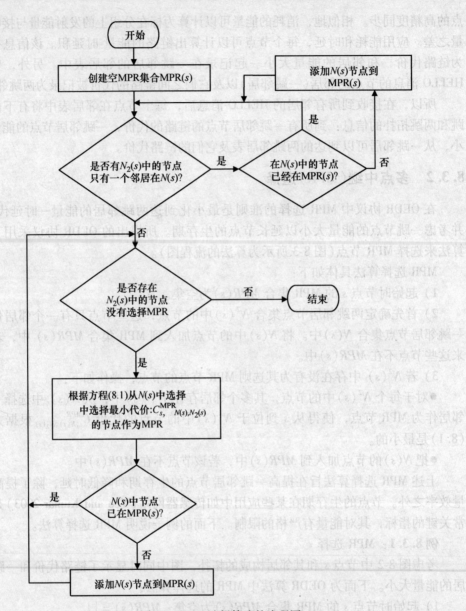

图 8-3 MPR 选择算法的流程图

但是，n_1 已经在 MPR 集合中：$MPR(s) = \{n_1, n_2\}$

●对于节点 p_6：$C_{s,n_2,p_6}^{MPR} = 6 + 7 + 1/0.2 = 18$；$C_{s,n_3,p_6}^{MPR} = 5 + 5 + 1/0.6 = 11.67$。因为 C_{s,n_3,p_6}^{MPR} 更小，所以选 n_3 为 MPR 并加入到 MPR 集合中：$MPR(s) = \{n_1, n_2, n_3\}$

●对于节点 p_7：$C_{s,n_3,p_7}^{MPR} = 5 + 3 + 1/0.6 = 9.67$；$C_{s,n_4,p_7}^{MPR} = 6 + 5 + 1/0.25 = 15$。因为

C_{s,n_3,p_7}^{MPR} 更小，所以选 n_3 为 MPR。但是 n_3 已经在 MPR 集合中：$MPR(s) = \{n_1, n_2, n_3\}$

●对于节 p_8：$C_{s,n_4,p_8}^{MPR} = 6 + 6 + 1/0.25 = 16$；$C_{s,n_5,p_8}^{MPR} = 4 + 5 + 1/0.8 = 10.25$。因为 C_{s,n_5,p_8}^{MPR} 更小，所以选 n_5 为 MPR 并加入到 MPR 集合中：$MPR(s) = \{n_1, n_2, n_3, n_5\}$。

采用 OEDR 的 MPR 选择算法，选为 MPR 的节点是 n_1，n_2，n_3 和 n_5。与之相比，从图 8-1 可以看到采用 OLSR 方法选择的 MPR 节点的是 n_1，n_2 和 n_4。下面表 8-1 给出了在采用 OLSR 和 OEDR 协议进行 MPR 选择时，根据方程(8-1)计算的从 s 到两跳邻居的链路代价。

表 8-1 OLSR 和 OEDR 协议 MPR 选择算法的比较

协议	根据方程(8-1)（经过 MPR 节点）到达两跳邻居的代价							
	p_1	p_2	p_3	p_4	p_5	p_6	p_7	p_8
OLSR	9 (n_1)	11 (n_1)	15 (n_2)	16 (n_2)	13 (n_2)	18 (n_2)	15 (n_4)	16 (n_4)
OEDR	9 (n_1)	11 (n_1)	9 (n_1)	16 (n_2)	13 (n_2)	11.67 (n_3)	9.67 (n_3)	10.25 (n_5)

从该表中可以看到，和 OLSR 相比，所提出的 OEDR 协议明显地减少了到两跳邻居的代价。这个结果的获得是采用了有效的 MPR 选择算法，其中考虑了能量—时延代价，选择 MPR 节点。

8.3.3 MPR 和能量-时延信息声明

网络中，每个被至少一个邻居选作 MPR 的节点周期性地发送 TC 消息。TC 消息包含 MPR 的选择节点集合的信息，该集合是 TC 消息发送节点的一跳邻居的子集，子集中的节点选择该发送节点为 MPR。另外，对 TC 消息的格式进行修改，包含了 MPR 和它的选择节点之间的链路代价(能量-时延)。TC 消息类似通常的广播消息在网络中传递到下一跳，下一跳节点不包括传递该消息的 MPR 节点。

和传统的链路-状态算法相比，所提出的 OEDR 协议显著地减少了传递代价消息的开销，链路-状态算法采用泛洪方式广播控制消息和代价信息。在 OEDR 协议中，只有 MPR 节点(其为一跳邻居一个小子集)而不是所有的邻居节点传递广播控制消息。另外，只有被选择为 MPR 的节点而不是网络中的所有节点生成包含了代价的 TC 消息。而且，TC 控制消息的大小更小，因为只包含信源节点和其 MPR 选择节点之间的链路代价。

网络中每个节点维护一张"拓扑表"，表中记录从 TC 消息中获得的网络拓扑的信息和链路代价。拓扑表中的条目包括信宿地址(TC 消息中 MPR 的选择节点)，到信宿最后一跳的节点的地址(TC 消息的生成节点)，以及信宿和其最后一跳节点之间链路的代价。这意味着信宿节点可以由最后一跳节点以给定的代价到达。

一旦收到 TC 消息，节点将信息作为条目记录到拓扑表中，将 MPR 选择节点集合中的地址作为信宿，TC 消息生成节点作为最后一跳节点，以及相应的链路代价。基于该信息便可计算得到路由表。

8.3.4　路由表的计算

每个节点维护一张"路由表"，使得节点能够路由分组到达网络中的其他信宿节点。路由表中的条目包括信宿地址，下一跳地址，到信宿距离的估值，以及信源到信宿路径的代价（$Cost_{s,d}$）。每个信宿在路由表中有一条目，由此知道给定节点到信宿的路由。所提出的 OEDR 协议以链路的能量-时延积作为边的代价，应用最小代价生成树确定达到信宿的路由。与之相比，OLSR 协议采用跳数作为指标，基于最短路径算法计算路由。对于 Ad Hoc 网络，就时延和能耗而言，OLSR 方法在多数场合不能得到最佳路由。基于包含在邻居和拓扑表中的信息，OEDR 协议采用下面算法计算路由表（图 8-4 给出了路由表计算算法的流程图），算法如下：

1）清除节点 s 路由表 $RT(s)$ 中的所有条目。

2）在 $RT(s)$ 中记录新的条目，以 $N(s)$ 中的一跳邻居作为信宿节点为开始。对于邻居表中的每个邻居条目，在路由表中记录新的路由条目，其中信宿和下一跳节点均设置为邻居；距离设置为 1，路由的代价依据邻居表设置等于链路的代价。

3）然后对在路由表中 $i+1$ 跳之外的信宿节点记录新的条目。对每个 i 执行下面的过程，开始时 $i=1$，然后每次增加 1。若在迭代中没有新的条目要记录，则过程停止。

- 对于拓扑表中的每一个拓扑条目，若最后一跳的地址对应于路由表中距离为 i 的信宿地址，则检查是否已经存在这个信宿地址的路由条目。

a. 若拓扑条目中的信宿地址不对应路由表中任何路由条目的信宿地址，则在路由表中添加新的路由条目，其中：

- 设置信宿等于拓扑表中的信宿地址。

- 下一跳设置为路由表中路由条目的下一跳，其信宿等于前面提到的最后一跳地址。

- 距离设为 $i+1$。

- 路由的代价设为 $Cost_{s,\,last-hop} + C_{last-hop,\,destination}$（将最后一跳作为其信宿地址时 $RT(s)$ 中路由条目的代价 + 信宿和根据拓扑表得到的最后一跳节点之间链路的代价）。

b. 否则，若 $RT(s)$ 中存在一个路由条目其信宿地址对应于拓扑条目中的信宿地址，则计算新路由的代价为 $Cost_{s,\,last-hop} + C_{last-hop,\,destination}$，并与路由表中对应于相同信宿地址的旧路由的代价相比较。

- 若新的代价小于旧的代价，则删除路由表 $RT(s)$ 中旧的条目，在 $RT(s)$ 中添加新的路由条目，条目中各项数据的计算与步骤 a 相似。

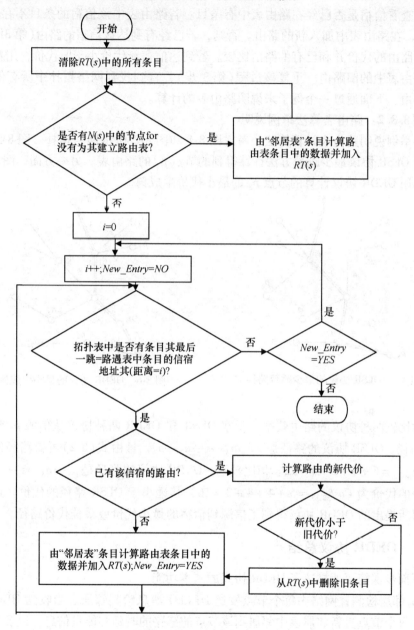

图 8-4　路由表计算算法流程图

根据上述算法，最初第 1 步以信源节点的路由表为空开始。第 2 步，将"邻居表"的所有一跳邻居添加入路由表条目。随后(第 3 步)在"拓扑表"中迭代寻找从前面迭代时路由已加入的节点一跳可到达的条目(信宿),这成为达到信宿的新路由。然后检查看信宿是否已经在路由表中有条目。若路由表中该信宿的条目不存在(第3a 步),在路由表中加入新的路由。否则,若已经有到达该信宿的路由(第3b 步),计算新路由的代价并和已有的路由比较。若到达信宿新代价小于旧代价,用新路由替换路由表中的旧路由。重复该过程(第 3 步),直到找到网络拓扑中所有信宿的最佳路由。下面通过一个例子来说明路由表的计算。

例 8.3.2:路由表算法举例说明

为举例说明路由表计算算法,考虑图 8-1 和图 8-2 所示网络拓扑。图 8-5 显示了采用 OLSR 协议最少跳数方法计算得到的节点 p_8 的路由表。另一方面,图 8-6 显示了采用 OEDR 协议计算的节点 p_8 的最小代价生成树。

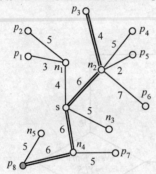

图 8-5　OLSR 协议的最少跳数路径

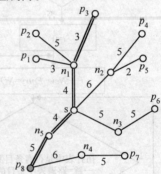

图 8-6　OEDR 协议的最小生成树

为比较两种协议的路由效率,观察 OLSR 和 OEDR 两种协议从信源 p_8 到信宿 p_3 的路径。OLSR 协议的路径是 $p_8 \rightarrow n_4 \rightarrow s \rightarrow n_2 \rightarrow p_3$,且由式(8-2)可得路径的代价为 $Cost_{p8,p3} = 6 + 6 + 6 + 4 = 22$。相比较地,OEDR 协议的路径是 $p_8 \rightarrow n_5 \rightarrow s \rightarrow n_1 \rightarrow p_3$,且路径的代价为 $Cost_{p8,p3} = 5 + 4 + 4 + 3 = 16$,其远小于 OLSR 路径的代价。这清楚地说明所提出的 OEDR 协议得到了信源到信宿的最小代价或最佳代价路径。

8.3.5　OEDR 协议总结

下面步骤简要地描述了 OEDR 协议的基本功能:

1) 邻居检测:网络中每个节点发送 HELLO 消息给其邻居。当收到 HELLO 分组时,每个节点更新邻居表中邻居到该节点的链路的时延和能量信息,以及邻居的能量大小(可用能量)信息。

2) 多点中继选择:对于网络中每个节点,其邻居表用于从一跳邻居中选择 MPR 节点以最小的代价到达所有两跳邻居节点,采用 8.3 节给出的 MPR 选择算法。

3）拓扑信息声明：网络中所有被选作为 MPR 的节点发送 TC 消息，包括到将其选作 MPR 节点的节点的链路的能量—时延信息，以广播的方式发送到网络中的所有节点。当接收到 TC 消息时，网络中的每个节点将该信息记录到拓扑表中。

4）路由表计算：网络中的每个节点应用节点中的邻居表和拓扑表，主动计算到网络中所有信宿节点的路由。如 8.3.4 节中描述的，OEDR 协议使用最小代价生成树算法计算到网络中所有节点的最佳路由，并在路由表中记录相应的条目。

接下来的内容，将给出数学分析结果，以说明路由方案的性能。

8.4　OEDR 的最优化分析

为证明所提出的 OEDR 协议在所有情况下是最佳的，需分析 MPR 选择算法和最佳路由计算算法的最佳性。

假设 8.4.1

若节点 s 的一跳邻居至少到一个 s 的两跳邻居没有直达链路，则其不在从 s 到其两跳邻居的最佳路径上。从 s 通过该点到其两跳邻居，则路径必须通过另一个到该两跳邻居有直接链路的一跳邻居。这通常会比通过到该两跳邻居有直接链路的一跳邻居的时延和能耗更大。

定理 8.4.1

基于能量—时延准则和 RN 可用能量来选择 MPR，将得到任意两跳邻居之间的最佳路由。

证明　考虑下面两种情况：

情况 Ⅰ　当 $N_2(s)$ 中的节点只有一个邻居在 $N(s)$ 中，则在 $N(s)$ 中的节点被选作 MPR 节点。在这种情况下，只有一条从节点 s 到 $N_2(s)$ 中节点的路径。所以，OEDR 的 MPR 选择算法将选择该路径为 s 到 $N_2(s)$ 中两跳邻居的最佳路由。

情况 Ⅱ　当 $N_2(s)$ 中的节点有多个邻居在 $N(s)$ 中，则基于 OEDR MPR 选择准则选择 MPR 节点。

考虑节点 s 其一跳邻居用 $N(s)$ 表示，特定节点 d 在 $N_2(s)$ 中，并且多个属于 $N(s)$ 的节点 n_1，n_2，$\cdots$，$n_k(k>1)$ 是其一跳邻居。令 s 到这些一跳邻居的代价为 C_{s,n_i}，从 n_i 到 d 的代价为 $C_{n_i,d}$。根据 OEDR 中 MPR 的选择准则，从 s 到 d 的 MPR 节点选择为节点 n_i，且代价为 $\mathrm{Min}\{(C_{s,n_1}+C_{n_1,d}),(C_{s,n_2}+C_{n_2,d}),\cdots,(C_{s,n_k}+C_{n_k,d})\}$。所以，OEDR 的 MPR 选择准则将得到从 s 到其位于 $N_2(s)$ 中的两跳邻居的最佳路由。

引理 8.4.1

最佳路径上的中间节点被路径上的前面节点选作 MPR。

证明　下面证明和 Ying et al.（2003）中的相似。路由上节点不被前面的节点选作 MPR，若该节点不和前面节点的两跳邻居连接或节点不符合 MPR 的选择准则。

情况 I　前面节点 s 的 $N(s)$ 中的节点，与 $N_2(s)$ 中的任何节点不存在连接。考虑图 8-7 中的图形。节点 n_2 只与节点 s 的一跳邻居 n_1 连接。从 s 到 d 有两条可能的路径分别为 $s \rightarrow n_1 \rightarrow d$ 和 $s \rightarrow n_2 \rightarrow n_1 \rightarrow d$。根据假设 1，$n_2$ 不在 s 到 d 的最佳路径上。

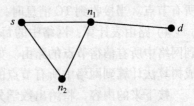

图 8-7　情况 I

情况 II　存在一条从信源到信宿的最佳路径，路径上的所有中间节点都被该路径上前面的节点选作 MPR。不失一般性，假设在最佳路径 $s \rightarrow n_1 \rightarrow n_2 \rightarrow \cdots \rightarrow n_k \rightarrow n_{k+1} \rightarrow \cdots \rightarrow d$ 上，存在节点没有被前面的节点选作 MPR。而且，基于情况 I 的结果，可以假设对于路径上的每个节点，其路径上的下一个节点是其一跳邻居，以及其两跳以外的节点是其两跳邻居（见图 8-8）。

例如，n_1 是 s 的一跳邻居，n_{k+2} 是 n_k 的两跳邻居。考虑下面两种状况：

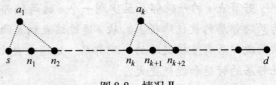

图 8-8　情况 II

1）假设在最佳路由上，第一个中间节点 n_1 没有被信源 s 选作 MPR。然而，n_2 是 s 的两跳邻居。基于 MPR 选择的基本思想，s 所有的两跳邻居必须被其 MPR 集合所覆盖，s 必须有另一个邻居 a_1 被选作其 MPR，并和 n_2 连接。根据 OEDR MPR 选择准则，s 选择 a_1 而不是 n_1 作为其 MPR，因为经过 a_1 到达 n_2 的代价小于或等于经过 n_1 到达 n_2 的代价。由于路由 $s \rightarrow n_1 \rightarrow n_2 \rightarrow \cdots \rightarrow d$ 是最佳路径，=> $s \rightarrow a_1 \rightarrow n_2 \rightarrow \cdots \rightarrow d$ 也是最佳路径。这意味着信源的 MPR 在最佳路径上。

2）假设在最佳路径 $s \rightarrow n_1 \rightarrow n_2 \rightarrow \cdots \rightarrow n_k \rightarrow n_{k+1} \rightarrow \cdots \rightarrow d$ 上，所有在 $n_1 \rightarrow \cdots \rightarrow n_k$ 路段的节点被它们的前面节点选作 MPR，现在证明节点 n_k 在最佳路径上的下一跳节点是 n_k 的 MPR。

假设 n_{k+1} 不是 n_k 的 MPR。和情况 I 相同，n_{k+2} 是 n_k 的两跳邻居，所以 n_k 必须有另一个邻居 a_k，其为 n_k 的 MPR 且与 n_{k+2} 连接。又，n_k 选择 a_k 而不是 n_{k+1} 作为其 MPR，因为经过 a_k 到达 n_{k+2} 的代价小于或等于经过 n_{k+1} 到达 n_{k+2} 的代价。

因为，路由 $s \rightarrow \cdots \rightarrow n_k \rightarrow n_{k+1} \rightarrow n_{k+2} \rightarrow \cdots \rightarrow d$ 是一条最佳路径，=> $s \rightarrow \cdots \rightarrow n_k \rightarrow a_k \rightarrow n_{k+2} \rightarrow \cdots \rightarrow d$ 也是一条最佳路径。

这意味着在一条最佳路由上，第 $(k+1)$ 个中间节点是第 (k) 个中间节点的 MPR。

基于 I 和 II，一条最佳路由上所有中间节点是前面节点的 MPR。

引理 8.4.2

对于整个网络拓扑，节点可以正确计算最佳路径。

证明 这个结论意味着，采用最小代价生成树，节点可以计算到达网络所有信宿的最佳路由。在 OEDR 中，每个节点由 TC 消息知道 MPR 节点及其选择者之间的链路，以及链路代价。根据引理 1，最佳路径上的中间节点被路径上前面的节点选择 MPR。其结果是，对于给定节点，到所有信宿的最佳路径包含在通过 MPR 节点所知道的网络拓扑中。所以，对于整个网络拓扑，节点可以正确地计算出最佳路径。由引理 8.4.1 和引理 8.4.2 可直接得到定理 8.4.2。

定理 8.4.2

OEDR 协议得到任意信源—信宿对之间的一条最佳路由（具有最小能量—时延开销的路径）。

定理 8.4.3

对于所有节点对如节点 s 和节点 d，s 生成和广播分组 P，d 接收 P 的一个拷贝。

证明 证明类似于（Jacquet et al. 2001）中的过程。令 k 为到节点 d 的跳数，其重传 P。我们将证明存在一个最小 $k=1$，即 d 的一跳邻居最后将转发该分组。

令 n_k 是到 d 的距离为 $k(k\geqslant2)$ 的第一个转发者，其重发 P。则存在节点 n_k 的 MPR n'_{k-1}，n'_{k-1} 到 d 的距离为 $k-1$。为明确起见，设想长度为 k 的从 n_k 到 d 的路径：$n_k \rightarrow n_{k-1} \rightarrow n_{k-2} \rightarrow \cdots \rightarrow n_1 \rightarrow d$，并考虑作为 n_k 的 MPR n'_{k-1}，其覆盖 n_{k-2}（位于用 OEDR 计算的最佳路由上 n_{k-1} 将是 MPR n'_{k-1}）。

因为 n'_{k-1} 首先从 n_k 接收到 P（前面发送者需在 n'_{k-1} 两跳之外），n'_{k-1} 将自动转发 P：分组 P 将在到 d 距离为 $k-1$ 处被重发并到达 n_{k-2}。相似地，分组 P 将在距离 $k-2$，$k-3$，$\cdots$，2，1 处重发，直到分组到达 d。所以，定理得证。

8.5 性能评估

所提出的 OEDR 算法作为一种新的路由协议在 NS-2 仿真器上实现。仿真通过改变节点的移动性和网络中的节点数目来进行。仿真采用了 OEDR，OLSR 和 AODV 路由协议，以及 IEEE 802.11 MAC 协议。

分组的平均时延（E2E）被作为评估协议性能的指标之一。另外，网络吞吐量受路由协议影响，在平均时延和网络吞吐量之间存在一个折中。所以，致力于使得平均时延最小化的 OEDR 协议的网络吞吐量可能较低。根据 Jain（1991），吞吐量与时延的比值（吞吐量/平均时延）被证明是更简明的指标，可用于比较不同的协议。

第三个指标是能量-时延积，其计算等于（总的使用的能量/信宿接收到的分组数量)乘以平均时延。因为 OEDR 协议的目的在于从链路的能量-时延代价的角度寻找最佳路径，而不是最少跳数路径(如 OLSR)，在某些情况下，可能得到与其他协议相比跳数更多的路由。这略微增加了分组转发的能耗，尽管总的时延最小。因此，能量-时延积将作为更加准确的指标用来比较不同路由协议的性能。Ad Hoc 网络中分组的平均竞争时间计算等于分组在 MAC 层准备传输到成功接收到传输该分组的 CTS 消息之间的时间间隔。下面给出仿真的情况。

例 8.5.1：改变节点的移动性

网络包含 100 个节点，随机分布在 2000m × 2000m 的区域，仿真中在 20 到 100 km/h 的速度范围改变节点的移动性。仿真参数为：仿真时间为 100s，最大业务流数量为 50，随机产生节点位置和业务流，信道带宽为 1Mbit/s，仿真采用"路径损耗指数"为 4.0 的"双径传播"模型，每个节点的初始能量为 10J，业务流速率为 41kbit/s，分组大小为 512B，排队长度限制为 50 个分组。

根据图 8-9，OEDR 协议的平均 E2E 时延远小于 OLSR 和 AODV 协议，因为所提出的 OEDR 协议在计算信源和信宿之间的路由时以代价函数形式考虑了链路的传输时延。而且，可以观察到平均分组时延随节点移动性的增大而增大。由于节点的移动，节点进入和离开其他节点的传输范围，使得链路中断(和建立)更加频繁。因此，必须动态地重新计算路由以反映网络拓扑的变化。

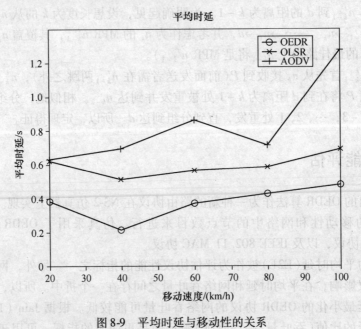

图 8-9　平均时延与移动性的关系

根据图 8-10，OEDR 协议的吞吐量/时延比值总是高于 OLSR 和 AODV 协议，因为相比最小化时延导致的吞吐量的减小，OEDR 协议显著地降低了平均时延。而且，可以观察到这些参量值随着移动性的增大而减小，这是因为拓扑的频繁变化导致了时延的增大和吞吐量的减小。

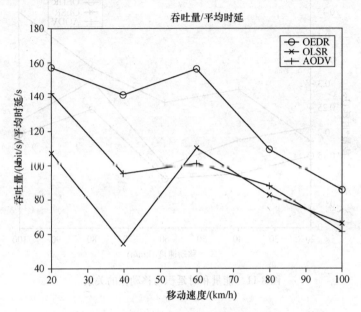

图 8-10　吞吐量/时延比值与移动性的关系

图 8-11 给出的 OEDR 协议的能量-时延积比 OLSR 和 AODV 协议小，说明所提出的 OEDR 协议得到能量-时延函数的最优化。相似地，图 8-12 中显示 OEDSR 和 OEDR 的竞争时间小于 AODV 协议。

例 8.5.2：改变节点数目

对网络具有不同数量节点和范围进行仿真，节点数目从 10～200 变化并且根据节点数目选择网络范围。当网络节点数目在 10～20 之间时，选择的网络范围为 500m×500m，对于 50 个节点范围为 1000m×1000m。但对于具有 100 到 200 个节点更大的网络，节点分布在 2000m×2000m 的范围内。选择的最大业务流的数量等于网络节点数的一半，其他仿真参数和例 8.5.1 相同。

图 8-13 给出了平均分组时延，显示 OEDR 协议的时延总是小于 OLSR 和 AODV 协议，这是因为 OEDR 计算路由时考虑了时延信息。另外，平均分组时延随着节点数目的增加趋于增大，因为节点密度和业务量增大导致更严重的干扰和信道竞争。

根据图 8-14，OEDR 协议吞吐量/时延的比值高于 OLSR 和 AODV 协议，因为 OEDR 协议显著地降低了平均时延。如图所示，因为重传导致了时延的增加，所以当节点密度和业务量增大时吞吐量/时延的比值下降。

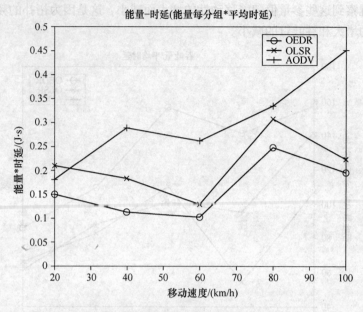

图 8-11　能量和时延积与移动性的关系

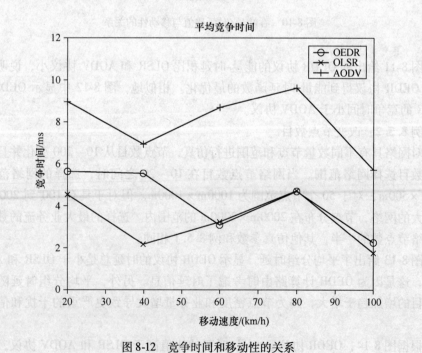

图 8-12　竞争时间和移动性的关系

图 8-13 和图 8-16 分别给出了二者关于节点数目的时延和吞吐量。OEDR 算法的平均时延显著低于 OLSR 和 AODV 的平均时延，这可以解释为 OEDR 对数据业务量的均衡分布。

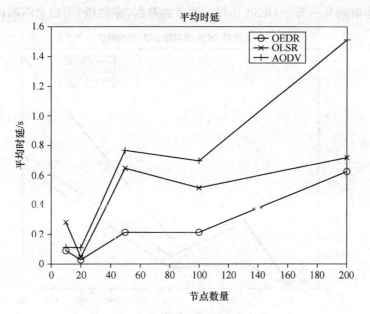

图 8-13 平均时延与节点数目的关系

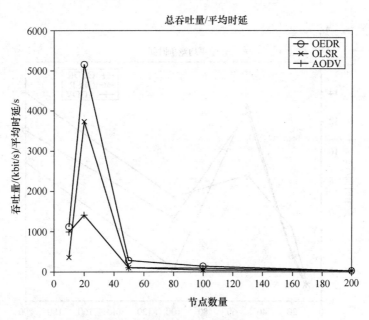

图 8-14 吞吐量/时延与节点数目的关系

图 8-15 和图 8-16 分别给出了作为代价函数的能量时延积和竞争时间。OEDR 协议的竞争时间几乎等于 OLSR 协议，两者的差别（毫秒级）可以忽略不计。这表明

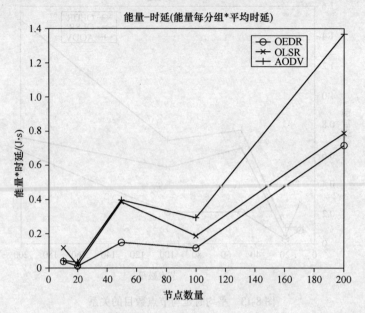

图 8-15　能量时延积与节点数目的关系

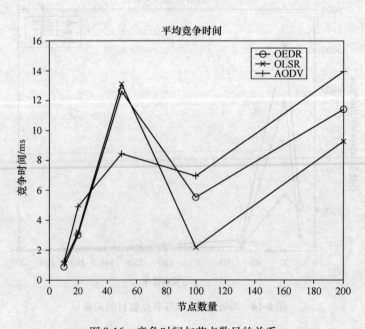

图 8-16　竞争时间与节点数目的关系

OEDR 协议并不会导致竞争时间的额外增加。由图 8-15，OEDR 协议的能量时延积比 OLSR 和 AODV 协议更小，因为所提出的 OEDR 协议采用了能量-时延优化方法。总体来说，NS-2 仿真结果表明，OEDR 协议寻找到源宿之间的最小时延路径，并优化了能量-时延积。OEDR 协议还可应用于无线传感器网络。随后，我们将给出 OEDR 的扩展，称之为最佳能量-时延子网路由协议（Optimal Energy-Delay Subnet Routing，OEDSR），将其应用于 WSN。

8.6 无线传感器网络路由

WSN 的最新发展使得小型、廉价、低功率的传感器节点分布在一个地理空间中成为可能。如图 8-17 所示，信息进行聚合并通过无线通信传送到终端用户或 BS。这些小型传感器节点具备足够的信号处理和数据广播的能力，但和其他无线网络相比，WSN 存在资源限制如有限的电池供电、带宽和内存。

另外，由于无线信道的衰落，WSN 容易出现连接失效或断断续续的现象。所以，WSN 必须周期性地自组织并寻找节点到 BS 的路由。传感器节点广播信息与网络中的其他节点通信，而 Ad Hoc 网络则采用对等通信的方式。

对于 WSN，通常考虑的性能指标包括功耗，连通性，扩展性和资源限制。传感器节点扮演着收集数据和寻找路由的双重角色，因此需要消耗能量。由于硬件和能量的限制，网络中部分节点出现故障将引起拓扑的显著变化，导致大量的能量消耗和重新路由分组。因此，WSN 必须设计高能效方案和通信协议。

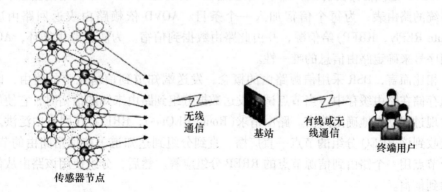

图 8-17 无线传感器网络

协议的要求之一是扩展性，也就是说在已有的网络中增加更多的节点不会影响网络和协议的功能。所以，WSN 的通信协议应该考虑到有限的资源如电池供电、缓存和带宽，能够面对由于节点移动导致的拓扑变化正常工作，以及保证扩展性。

已有的传感器网络路由协议可分为以数据为中心，基于位置，服务质量，和分层的协议。以数据为中心的协议（Esler et al. 1999）例如 SPIN（Heizelman et al. 1999），定向扩散（Intanagonwiwat et al. 2003）和 GRAB（Ye et al. 2003, 2005）在将数据由信源传输到信宿的过程中合并冗余数据。基于位置的路由协议如 GPSR（Hill et al. 2000），GEAR（Zhang et al. 2004）和 TTDD（Luo et al. 2002）需要 GPS 信号来确定最佳路径，不需要泛洪与路由相关的控制分组。由第 1 章中知道，传感器节点不支持配置 GPS 设施，因此这类协议的应用有限。另一方面，QoS 路由协议例如 SPEED（He et al. 2003）满足多种要求例如能效，可靠性以及实时要求。最后，分层协议例如 LEACH（Heinzelman et al. 2002），TEEN（Manjeshwar et al. 2001），AP TEEN（Manjeshwar et al. 2002）和 PEGASIS（Lindsey and Raghavendra 2002）通过建立簇和 CH 以使得处理和传输的能耗最小。

在 LEACH 中，节点轮流担任 CH 以减少能耗，因为只有 CH 才与 BS 通信，即使 CH 的位置不是均匀的。在 TEEN 和 APTEEN 中要求节点响应监测属性的突变，当属性超过用户设定的阈值时。另一方面，PEGASIS 是基于链的协议，不是由多个 CH 发送数据，而是只选择链中一个节点传输给 BS。LEACH，TEEN，APTEEN 和 PEGASIS 假设 BS 是固定的，并且传感器网络中的每个节点都可以直接与其通信。在大型网络中这个假设并不总是成立的，因为 BS 可能超出了某些 CH 的通信范围，这就需要多跳路由协议。

AOVD 是按需路由协议，基于"根据需要"发现无线 Ad Hoc 网络的路由。它采用传统的路由表，为每个信宿加入一个条目。AOVD 依赖路由表返回路由应答（Route REPly，RREP）给信源，并由此路由数据到信宿。为防止路由循环，AODV 使用序号来确定路由信息的唯一性。

相比而言，DSR 采用信源路由的概念，发送端知道到信宿完整的路由，因为路由存储在路由缓存中。当节点试图发送数据分组到路由未知的信宿时，它使用路由发现过程动态地确定路由。路由请求（Route REQuest，RREQ）在网络中泛洪。每个接收到该 RREQ 分组的节点一直广播，直到分组到达知道去往信宿路由的节点。这个节点用一个路由到信源节点的 RREP 分组应答。然后，分组使用该路由从信源传输到信宿。

另一方面，Bellman Ford 算法基于距离矢量（Distance Vector，DV）路由算法，计算信源到信宿的最短路径。DV 要求每个 RN 将路由表告知其邻居。最短距离被赋予最低代价，选择最好的节点加入到路由表中。这个过程一直持续到到达信宿。

OEDR 方案是基于路由指标来寻找路径的 Ad Hoc 网络路由协议，路由指标包括能效，时延，和无线信道状态。它采用了 MPR 的概念来最小化开销。基于能量和时延乘积作为链路代价因子，选择 MPR 节点。利用 MPR 节点和最小代价生成树算法，计算到达信宿的最佳路由。无线传感器网络通常采用类似 LEACH 的分层路由协议。

本章提出 WSN 中的 OEDSR 协议（Ratnaraj et al. 2006），通过使得路由测度最大，CH 信息以多跳方式路由到 BS，反过来保证网络的生存期。OEDSR 采用了链路代价因子，该因子涉及可用能量、E2E 时延、节点到 BS 的距离和分簇，以有效地路由信息到 BS。定义节点上的链路_代价_因子（link_cost_ factor）等于节点可用能量为分子，E2E 时延分和节点到 BS 的最短距离的乘积为分母，两者相除的结果。在理论上保证性能的同时，通过最大化链路_ 代价_ 因子确定最佳路由。

该路由协议采用了类似 OEDR 的路由指标，但和主动式 OEDR 协议相比，它是一个按需路由协议。另外，在 OEDSR 中只在子网中分簇，子网之外的网络部分作为一个无线 Ad Hoc 网络来处理。所提路由协议的性能通过仿真得到了验证，并和其他路由协议如 AODV，DSR，Bellman Ford（Ford and Fulkerson 1962）和 OEDR（Regatte and Jagannathan 2005）进行了比较。之所以选择这些路由协议进行比较，是因为它们都是多跳路由协议。

作为面对节点移动，重要的第一步是 WSN 必须能自组织。所以，8.7 节简要地说明采用子网（SOS）协议（Ratnaraj et al. 2006）的自组织，其将网络中的节点组织成子网；8.8 节详细讨论新的 OEDSR 协议，并且从理论上说明算法的最优性；8.9 节给出 GloMoSim 仿真结果，以评估路由算法的性能；8.10 节给出硬件实现的结果；8.11 节对本章进行总结。

8.7　应用子网协议自组织

OEDSR 路由协议的运行与传感器节点的自组织有关，所以起始时需要简单地处理自组织协议。起始时，网络中的所有节点均处于休眠模式以节省电池能量。当检测到网络中的事件时，事件周围的节点唤醒并测量检测到的属性。若检测到的属性值大于预先定义的阈值，则节点组成子网。否则，节点重回休眠模式。通过组成子网，网络活动部分的规模限制在有重要信息的节点。激活的节点发送 HELLO 消息给所有在其通信范围内的邻居。HELLO 消息包含多个值域如节点 ID，节点的可用能量，从事件中检测到的属性。

然后，子网中的所有节点成群组成簇，使得传感器的信息可以在发送给 BS 之前有效聚合。首先，子网中的所有节点相互之间发出 HELLO 消息，消息带有节点 ID，可用能量的大小和检测的属性。然后，具有最大可用能量的节点选择自己为暂时的子网头(Temporary subnetwork Head，TH)，子网中其他节点将变得空闲，如图 8-18 所示。TH 的功能是计算所要求的 CH 数并选择 CH 节点。

TH 选择子网中适当比例的节点担任 CH。这个比例根据网络密度而变化，密度越大的网络要求的 CH 更多。一旦计算出 CH 的数目，必须根据 CH_选择_因子(CH_selection_factor)确定适当的节点。该因子等于可用能量和事件检测属性的值的乘积。对于子网中的每个节点，TH 计算 CH_选择_因子如下

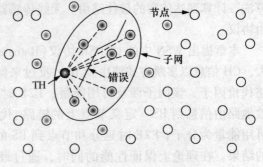

图 8-18　暂时子网头的选择

$$CH\_选择\_因子 = Er_n \times S(n) \tag{8-3}$$

式中，Er_n 是从电池检测器得到的每个节点的可用能量；$S(n)$ 是从事件中得到的监测属性值的大小。

理想的 CH 的应同时具有最大的可用能量和从事件中得到监测属性值。然而，故障事件附近的节点更容易失效，因为它们由于事件发生后对事件检测而很快耗尽它们的能量。而且，当节点远离事件，检测到的事件的属性下降，不能得到准确的信息。因此，CH 的选择应该是 CH_选择_因子接近信号强度即采集到的信号强度的中值，使得 CH 分布均匀。换句话说，TH 对所有 CH_选择_因子按升序排序并选择 CH_选择_因子接近采集信号强度中值的节点为 CH。考虑用中值而不是平均值的原因是在出现极端检测属性的情况下中值更好。它还保证选择的 CH 离事件的距离最佳并且有最大的可用能量。一旦选择了 CH，TH 通过簇头选择(Cluster Head SELECTion，CH_SELECT)分组向子网中的所有节点广播该信息。然后，TH 变回常规节点。

所有传感器利用接收到的信号强度指示(Received Signal Strength Indicator，RSSI)来确定网络中其他节点通信的射频(Radio Frequency，RF)信号强度。通常，RSSI 是一个在无线网络广泛应用的参数。重要的是注意到，RSSI 提供了对信道状态的间接的估计，自组织和路由期间必须考虑到信道状态。多数文献中的路由协议完全忽视了信道状态。一旦选择了 CH，这些 CH 对子网中的所有节点广播一个信标(beacon)。子网中的节点测量这些信标的 RSSI，根据每个信号的强度，节点加入具有最大信号强度的 CH。一旦某个节点选择了一个 CH，其发送一个 JOIN 分组给该 CH 用来指示其加入了该簇。每个簇中传感器节点中继信息到相应的 CH。以这种方式，节点避免在网络中进行数据泛洪，并允许 CH 进行数据聚合以压缩冗余数据。网络完成了本身的自组织后，采用下面的方法在网络中路由数据。

8.8　最佳能量-时延子网路由(OEDSR)协议

在子网中一旦确定了 CH 并对节点分簇后，CH 初始化去往 BS 的路由，检测 BS 是否在通信范围内以便可以直接发送数据。否则，子网中 CH 的数据必须通过多跳路由发往 BS。所提出的按需路由算法是完全分布式和自适应的，因为它需要本地信息来建立路由，并且适应拓扑变化。BS 周期性地向全网发出大功率信标使得网络中的所有节点知道到 BS 的距离。重要的是注意到 BS 具有足够的能量，因此不受能量限制。尽管 OEDSR 协议借用了来自 OEDR 的能量-时延型指标的概念，但 RN 的选择不是基于最大化两跳邻居数量和可用能量。取而代之的是，采用方程 8-4 中的完全不同的指标来计算链路代价因子。这里，中继节点的选择取决于最大化链路_代价_因子(Link_cost_factor)，其包括中继节点到 BS 的距离。另外，OEDR 和 OEDSR 的路由选择不同，因为 OEDR 是主动式路由协议，而 OEDSR 是按需路由协议。在子网中，CH 参加路由选择过程，而在子网外 RN 的选择是基于路由的目的。这些 RN 被看作 CH。下面讨论最佳 RN 的选择。

8.8.1　最佳中继节点选择

定义链路_代价_因子为可用能量为分子，除以平均 E2E 时延和节点到 BS 距离的乘积，即

$$\text{链路\_代价\_因子} = \frac{Er_n}{\text{Delay} \times \text{Dist}} \tag{8-4}$$

式中，Er_n 是由电池监视器得到的节点的可用能量；Delay 是两个 CH 之间的平均 E2E 时延；Dist 是节点到 BS 的距离。在方程(8-2)中，节点的可用能量必须较高而平均 E2E 时延和到 BS 的距离必须最小来选择最佳路由，以延长网络生存期。因此，最佳路由上的中继节点应当使得链路_代价_因子最大。保证时延和到 BS 的距离最小，这有助于减小跳数以及将信息从节点路由到 BS 总时延。当有多个 RN 可用于路由时，可以选择一个最佳 RN 使得链路_代价_因子最大。通常考虑将 CH 之间的节点作为 RN 的备选者。图 8-19 给出了所提出的 OEDSR 的中继节点的选择与 OEDR 的对比，在 OEDR 中 RN 必须满足某种限制性要求例如两跳邻居数目的最大化。OEDSR 中继节点选择的详细内容将在下面讨论。

在 OEDSR 协议中，路由的选择基于 CH 或中继节点范围内所有节点最好的链路_代价_因子。起始时，CH 向通信范围内的所有节点广播 HELLO 消息，并接收通信范围内所有备选中继节点的 RESPONSE 分组，如图 8-20 所示。RESPONSE 分组包含诸如节点 ID，可用能量，平均 E2E 时延以及到 BS 的距离等信息。在接收到 RESPONSE 分组后，CH 略去到 BS 距离大于 CH 到 BS 距离的节点。这保证到 BS 的

路由不会采用更长或出现循环路径。若接收到 BS 的 RESPONSE 分组，则 BS 被选作下一跳节点，并结束路由寻找过程。否则，CH 对子网络中的下一个 CH 广播带有备选 RN 列表的 HELLO 分组。

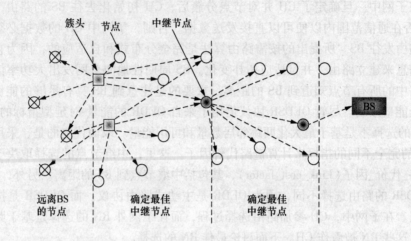

图 8-19　中继节点的选择

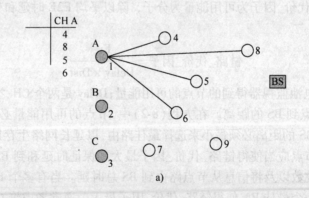

a)

图　8-20

a) 选择中继节点的步骤：A, B, C 为 CH, 及 1, 2, 3, …, 和 9 为节点 ID。第一步, CH A 发出 HELLO 分组给在通信范围内所有节点，并接收 RESPONSE 分组。CH A 首先检查其到 BS 的距离是否大于节点 4, 8, 5 和 6。若是，则生成一个列表包括所有在 CH A 范围内的节点信息。

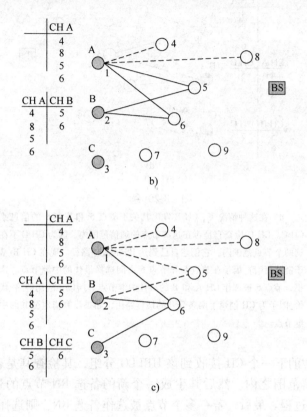

图　8-20(续一)

b) 第二步，CH A 发出其接收到的信息给 CH B。CH B 发出 HELLO 分组给所有在 CH A 范围内的节点，并检查其是否在任何一个节点的通信范围内。在这里的情况下，CH B 在节点 6 和节点 5 的范围内，它们是 CH B 和 CH A 的公共中继节点。现在，CH B 有一个新的包含这些信息的列表。

c) CH B 生成的列表发送到 CH C。执行相同的寻找公共中继节点的过程。这里，节点 6 被选作中继节点。通过种方式，最少数量的节点被选择为中继节点，以及得到更少的到达 BS 的路径。

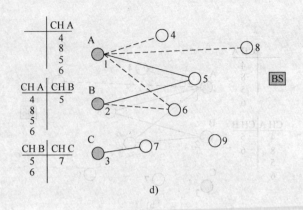

图　8-20(续二)

　　d) 在这种情况下，CH B 发出其关于节点 5 和节点 6 的信息给
CH C。CH C 检查它是否在这些节点的通信范围内。因为 CH C 不在
这两个节点范围内，它创建自己到达 BS 的最佳路径。现在 CH B 基
于链路_代价_因子在节点 5 和节点 6 之间选择最佳的中继节点。这
里，节点 6 被选作 CH A 和 B 的最佳中继节点。所以，应用链路_代
价_因子为 CH 创建了两条分开的最佳路由，如果没有指定公共的中
继节点。

　　一旦顺序中的下一个 CH 接收到该 HELLO 分组，其检查其是否在列表中任意
一个节点的通信范围之内。然后其生成一个新的备选 RN 节点的列表。对所有的
CH 执行相同的过程。最后，若有多个节点被选作备选 RN，则选择具有最高链路_
代价_因子的节点作为 RN。图 8-20b 和图 8-20c 图示说明了 RN 的选择。若 CH 没
有共同的 RN，则利用链路_代价_因子建立分开的从 CH 到 BS 的最佳路由。图 8-
20d 给出了剩下的 CH 的路由，其确定方法和前面说明的相同。

　　采用这种寻找路由的方法的好处是，减少了网络中转发数据的 RN 的数量，所
以方案减少了开销和跳数，并且避免节点之间的泛洪通信。另外，在子网外不建立
分簇。下节给出中继节点选择算法。

8.8.2　中继节点选择算法

　　1) CH 的备选 RN 通过发出 HELLO 分组和接收 RESPONSE 分组来确定，如图
8-21 所示。

　　2) 比较所有节点到 BS 的距离。若节点到 BS 的距离大于 CH 到 BS 的距离，则
该节点不被选作备选的中继节点。通过这一步，只有更靠近 BS 的节点被过滤出来
作为备选的 RN，所以避免了长路由。

　　3) 一个包含备选 RN 的列表被发往下一个 CH(或中继节点)。然后，CH 检查

它是否在列表中任一节点的通信范围内。CH 向列表中的每个节点发出一个 HELLO 分组，若其接收到某个节点的应答分组，便认为该节点在 CH 的通信范围内。

4）若它在任一备选 RN 的通信范围内，则它本身成为新的备选 RN 列表的一部分。对网络中所有的 CH 执行相同的过程。

5）最后，若列表中只有一个节点被确认为备选的中继节点，则该节点便被选作中继节点。

6）另一方面，若不只一个节点被认为是备选中继节点，则计算节点的链路_代价_因子，所得结果最大的节点被选作中继节点。

7）计算每个节点的链路_代价_因子，结果最大的节点被选作最佳中继节点。

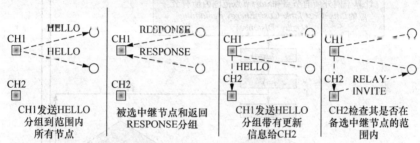

图 8-21　路由信息到 BS 的步骤

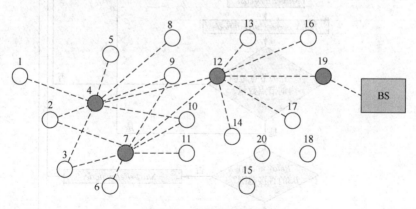

图 8-22　中继节点的选择

例 8.8.1：中继节点的选择

考虑图 8-22 中的拓扑。计算路由数据到 BS 的链路_代价_因子。应用 OED-SR 协议执行下面步骤来路由数据，流程图如图 8-23 所示。

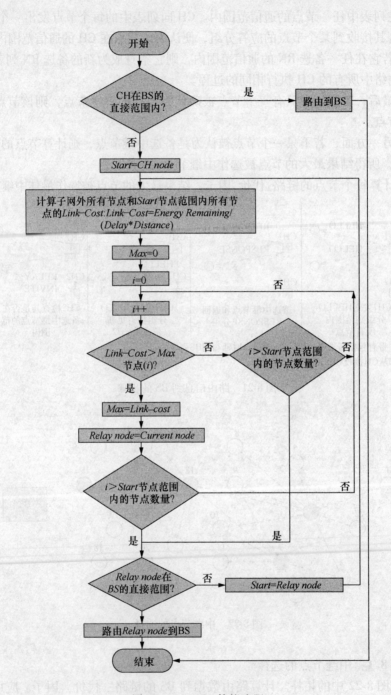

图 8-23　OEDSR 协议流程

1）开始时信源节点 n 的中继列表为空，即：$Relay(n) = \{\ \}$。这里节点 n_4 和 n_7 为 CH。

2）首先，CH n_4 检查哪个节点在它的范围内。在这里，CH n_4 通信范围内的节点有 n_1，n_2，n_3，n_5，n_8，n_9，n_{12} 和 n_{10}。

3）节点 n_1，n_2 和 n_3 不被考虑作为备选的 RN，因为它们到 BS 的距离大 CH n_4 到 BS 的距离。

4）现在，CH n_4 范围内的所有节点返回 RESPONSE 分组。然后，CH n_4 生成备选 RN 节点列表，包含节点 n_5，n_8，n_9，n_{12} 和 n_{10}。

5）CH n_4 发送该列表给 CH n_7。CH n_7 检查它是否在列表中某个节点的范围内。

6）节点 n_9，n_{10} 和 n_{12} 在 CH n_4 和 n_7 的范围内。它们被选作共同的 RN。

7）计算 n_9，n_{10} 和 n_{12} 的链路_代价_因子。

8）选择链路_代价_因子最大的节点为中继节点并表示为 $Relay(n)$。这里，$Relay(n) = \{n_{12}\}$。

9）现在节点 n_{12} 检查它是否能直接到达 BS。若能，则直接将信息路由到 BS。

10）否则，n_{12} 被当作中继节点，考虑所有在 n_{12} 范围内且到 BS 的距离小于 n_{12} 到 BS 的距离的节点。所以，这里考虑节点 n_{13}，n_{16}，n_{19} 和 n_{17}。

11）计算 n_{13}，n_{16}，n_{19}，n_{14} 和 n_{17} 的 *link_cost_factor*。*link_cost_factor* 最大的节点被选作下一跳节点。这里，$Relay(n) = \{n_{19}\}$。

12）接下来，中继节点 n_{19} 检查其是否在 BS 的范围内。若在，则直接将信息路由到 BS。这里，n_{19} 在直接范围内，所以信息直接发送给 BS。

8.8.3　OEDSR 优化分析

为证明由 OEDSR 协议得到的路由在所有情况下都是最佳的，需要给出性能的理论分析。

假设 8.8.1

所有节点不管是否是移动的都知道 BS 的位置。当 BS 移动时，它周期性向网络发出其位置信息。该信息用大功率信标由 BS 发送到网络中的所有节点。

定理 8.8.1

基于链路_代价_因子的路由方案对 BS 生成可行的 RN。

证明　考虑下面两种情况：

情况 I　当 CH 距 BS 一跳，CH 直接选择 BS。这时，只有一条从 CH 到 BS 的路径。所以，不需要使用 OEDSR 算法。

情况 II　当 CH 有多个节点中继信息，考虑 OEDSR 算法的选择准则。在图 8-24 中，有两个 CH：CH_1 和 CH_2。每个 CH 发送信号到网络中所有在其通信范围内的其他节点。这里，CH_1 首先发出信号给 n_1，n_3，n_4 和 n_5，并生成备选 RN 节点列表。该列表随后发送到 CH_2。CH_2 检查它是否在列表中某一节点的范围内。这里，n_4 和 n_5 被选为备选的公共 RN。基于最大链路_代价_因子，从 n_4 和 n_5 中选出一个节点。从 CH 到 n 的代价由方程（8-4）得到。所以，根据 OEDSR 链路_代价_因子，n_4 被选为第一跳的中继节点。接下来，n_4 向其范围内的所有节点发出信号，并利用链路_代价_因子选择一个节点为中继节点。进行相同的过程直到数据发送给 BS。

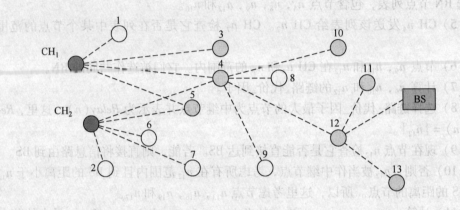

图 8-24　链路代价的计算

引理 8.8.1

最佳路径上的中间节点被路径上前面的节点选作 RN。

证明　一个节点被选作中继节点只有当其具有最大的链路_代价_因子，并且在前面节点的通信范围之内。因为 OEDSR 最大化链路_代价_因子，路径上满足指标的节点自动被选作 RN。

引理 8.8.2

节点能够正确计算整个网络的最佳路径（较低的 E2E 时延，最小到 BS 的距离以及最大可用能量）。

证明　在选择 CH 的备选 RN 时，要保证备选中继节点到 BS 的距离小于 CH 到 BS 的距离。在计算链路_代价_因子时，将可用能量除以距离和平均 E2E 时延，以保证选择的节点处于 CH 的通信范围内并接近 BS。这有助于使得网络中的 MPR 节点数目最少。

定理 8.8.2

OEDSR 协议得到 CH 与任何信源目的地之间的最佳路由（即路径具有最大能量，最小平均 E2E 时延，和最小到 BS 的距离）。

8.9　性能评估

作为一种新的路由协议，在 GloMoSim 仿真平台上实现 OEDSR 算法。仿真通过改变节点的移动性和网络节点数目来进行。注意到 OEDSR 不能直接比较于其他的分层路由协议例如 LEACH，TEEN，APTEEN 和 PEGASIS，因为这些协议假设每个节点均处于 BS 的直接通信范围内，否则节点以大功率发射信号到 BS 来实现一跳传输。所以，OEDR，AODV，DSR 和 Bellman Ford 路由协议被用来比较，因为当给定的网络节点不在 BS 的一跳范围内时，这些协议采用多个 RN 来中继信息。

OEDSR 使得 CH 到 BS 总能耗和 E2E 时延最小，所以这是分析中考虑的两个指标。另外，将可用能量乘以平均 E2E 时延的指标作为更准确的总体指标，用于比较不同路由协议的性能。在图 8-25 中，保持 CH 和 BS 不变，仿真了不同网络大小时的情况。可以看到，当网络中的节点数目增多时，OEDSR 协议通过选择合适的 RN 来保证选择最佳路径来路由信息，图中以星状点表示。下面首先讨论节点静止时的情况。

例 8.9.1：静止节点

假设网络节点静止且随机分布在一个结构的表面以监测早期故障和其他故障事件。仿真运行的网络包含 40、50、70、100 和 150 个节点，随机分布在一个大小为 2000m × 2000m 的区域。仿真中用到的参数包括：分组大小为 256B，仿真时间为 1h，仿真采用"路径损耗指数"为 4.0 的"双径传播"模型。另外，所有活动节点的发射功率为 25dBm，而休眠节点为 5dBm。

在图 8-26 中，可以观察到不同路由协议的能耗。由于 Bellman Ford 协议的能耗显著高于其他协议，放大曲线以对比 OEDSR 的性能与其他协议。放大后的曲线如图 8-27 所示，可以看到 OEDSR 协议的性能好于 AODV 和 DSR。这是因为 OEDSR 通过基于可用能量除以平均 E2E 时延和距离的乘积的指标而采用了到 BS 的最佳路由。另外，距离指标保证了 RN 的数量最小。相应地，所提方案传输分组的能耗最小，因为只有少量的节点被选来转发数据到 BS。

根据图 8-28 和图 8-29，所观察到的 OEDSR 协议的平均 E2E 时延明显小于 AODV，DSR 和 Bellman Ford 协议。这是因为在所提出的协议中，计算链路_代价_因子时明确考虑了 E2E 时延。OEDSR 保证了路由具有较小的 E2E 时延，而 Bellman Ford 和 AODV 寻找的路由具有较大的 E2E 时延。比较而言，DSR 的 E2E 时延低于 Bellman Ford 和 AODV 协议。这是因为 DSR 采用了信源路由来确定 RN。最初，在路由分组之前必须确定整个路径。然而，OEDSR 的效果比 DSR 要好，因为不像 DSR 那样采用相同的路径，OEDSR 动态地调整路径以降低 E2E 时延。所以，OEDSR 是按需路由协议。

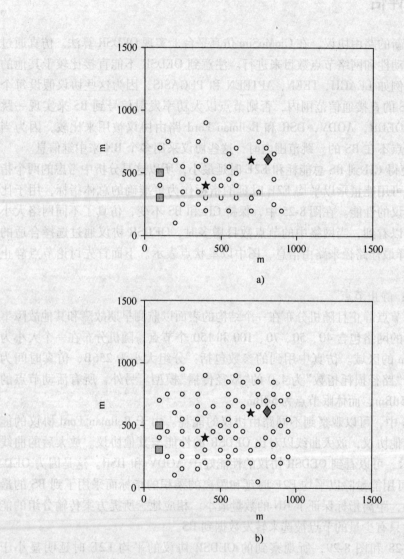

图 8-25 网络规模

a) 网络中随机分布 40 个节点 b) 网络中随机分布 70 个节点

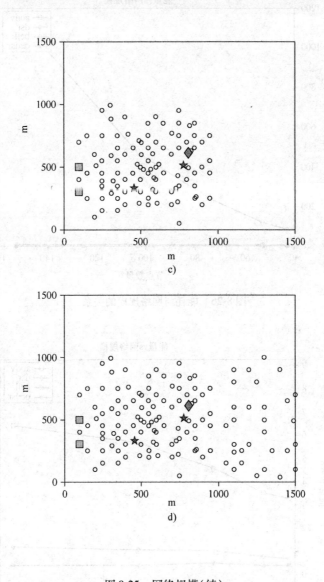

图 8-25　网络规模（续）

c）网络中随机分布 100 个节点　d）网络中随机分布 150 个节点

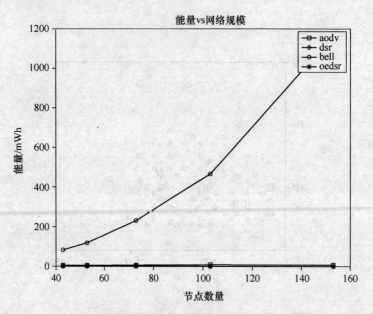

图 8-26 能耗与网络规模的关系

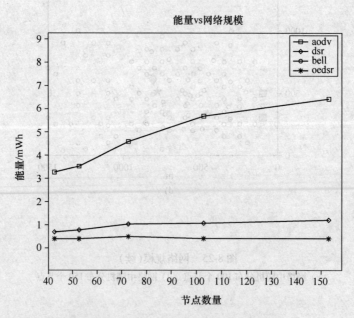

图 8-27 能耗与网络规模的关系(放大后)

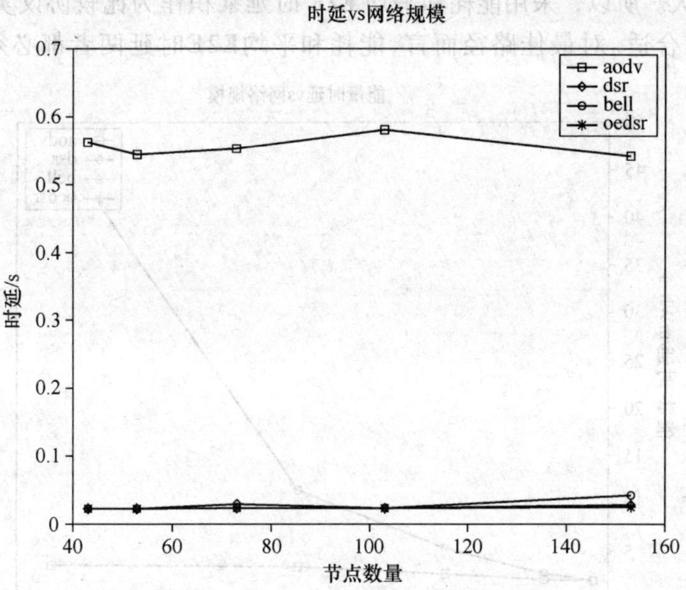

在如图 8-30 和图 8-31 中所观察到的，Bellman Ford 性能较大，而 AODV 的
RRE 更加突出。因此，采用我们的路由协议 OEDSR 对很多网络应用是非常有帮助的。
传感器节点长时间待机需要低功耗。由于长时间 DTR，延时可以变得很大。采用

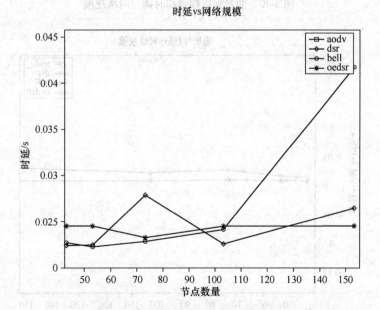

图 8-28　平均端到端时延与网络规模的关系

图 8-29　平均端到端时延与网络规模（放大后）

正如在图 8-30 和 图 8-31 中所观察到的，Bellman Ford 能耗较大，而 AODV 的 E2E 时延较大。所以，采用能耗和平均 E2E 时延乘积作为比较协议实际性能的总体指标更为合适。对最佳路径而言，能耗和平均E2E时延两者都必须最小。采用

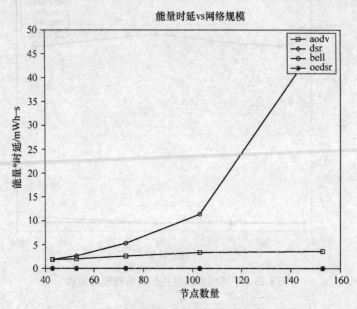

图 8-30　能量乘以端到端时延与网络规模

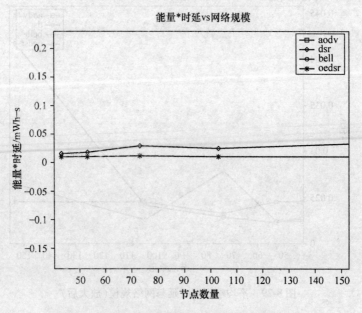

图 8-31　能量乘以端到端时延与网络规模（放大后）

两个指标的乘积有助于确定最佳路由，所以在 OEDSR 中将其作为整体指标。采用这个指标，可以看到 Bellman Ford 路由协议的积最大。这是因为 Bellman Ford 在将

信息由 CH 传输到 BS 时耗费了大量能量。与之相比，由图 8-31 可得，OEDSR 的积最小。OEDSR 比其他路由协议的性能更好，因为它在最小化 RN 数量有效路由数据从 CH 到 BS 的同时，考虑了具有最大可用能量和最小 E2E 时延的路由。

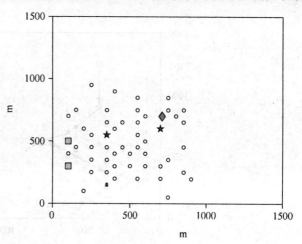

图 8-32　移动基站位于 700m, 700m 处

例 8.9.2：移动基站

对于例 8.9.1 中使用的网络，再次在 BS 移动的情况下进行仿真。仿真运行的网络包含 40、50、70、100 和 150 个节点，随机分布在一个 2000m×2000m 的区域。仿真中用到的参数包括：分组大小为 256B，仿真时间为 1h，仿真采用"路径损耗指数"为 4.0 的"双径传播"模型。另外，所有活动节点的发射功率为 25dBm，而休眠节点为 5dBm。

图 8-32 和图 8-33 描述了在 BS 移动时是如何选择 RN 的。可以观察到 OEDSR 能够适应 BS 位置的变化，方法是

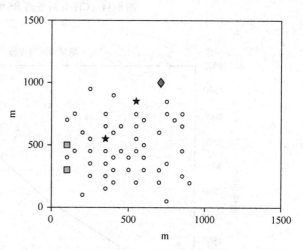

图 8-33　移动基站位于 700m, 1000m 处

不管 BS 的位置如何，确定有效到达 BS 的路由。

图 8-34 显示，采用 OEDSR 协议，当这两条路径是分开的且没有公共的中继节点来路由它们的信息时，CH 是如何寻找两条到达 BS 的路径的。

图 8-35 和图 8-36 给出了 BS 移动时不同路由协议的能耗对比。对于所有大小的网络，OEDSR 均优于其他路由协议。当网络规模增大时，其他路由协议的能耗增大。与此同时，网络中的节点采用 OEDSR 所消耗的能量几乎不变，因为只有有限的节点参与路由信息，而其他节点处于休眠状态。另外，子网的建立使得能耗更

小。比较而言，随着网络规模增大，Bellman Ford 使用了更多的 RN 来路由信息，这样就消耗了更多的能量。

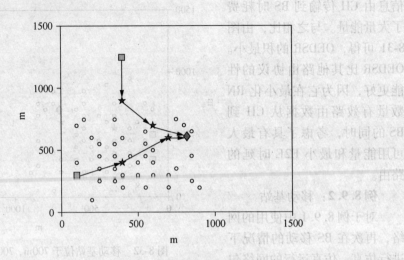

图 8-34　CH 有两条到 BS 的路

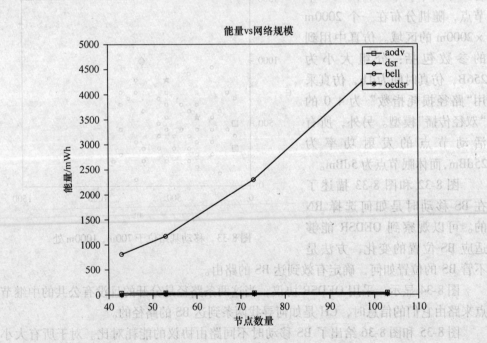

图 8-35　能耗与网络规模

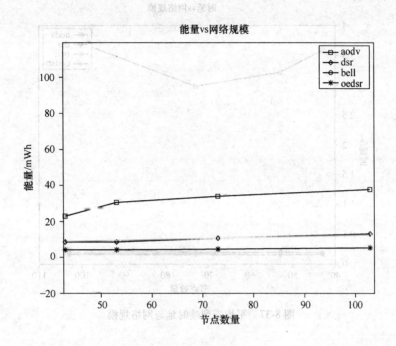

图 8-36　能耗与网络规模(放大后)

　　随后，计算 BS 移动时平均 E2E 时延。在这种情况下，AODV 时延比 OEDSR 大，如图 8-37 和图 8-38 所示。E2E 时延是完成数据从信源到信宿传输所花费的时间。这个时间包括传输时间(即数据从信源节点到达信宿节点的时间)和唤醒时间(即信宿节点唤醒和接收数据流的时间)。另外，当多个分组同时到达时，E2E 时延还包括排队时间。因为 OEDSR 中 RN 数量很少，所以活动节点数目很少，这减少了平均能耗。

　　图 8-39 和图 8-40 显示了采用不同路由协议时所观察到的碰撞次数。与静止节点时的情况相同，OEDSR 中所观察的碰撞次数较少，因为路由信息时所采用的 RN 数量较少。由于访问信道的节点少，所以减少了拥塞。对于更小的网络，OEDSR 和 DSR 碰撞次数几乎相同。这是因为采用了几乎相同的 RN 来路由信息。但是随着网络规模增大，DSR 使用了更多的 RN 来路由信息，而 OEDSR 使用的 RN 数量相同。这是因为 OEDSR 是按需路由协议，以及它采用了 E2E 时延和每个节点到 BS 的距离作为路由的指标，从而使得所用的 RN 数量最少。所以，网络中的业务量最小和碰撞次数最少。

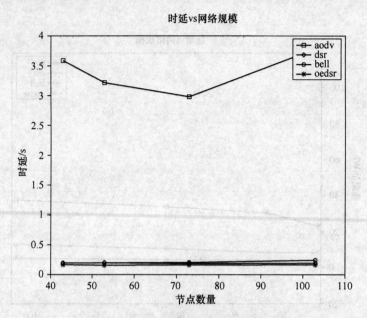

图 8-37　平均端到端时延与网络规模

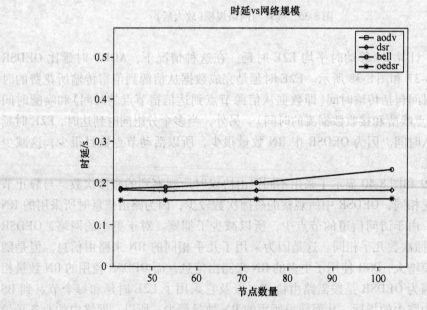

图 8-38　平均端到端时延与网络规模(放大后)

同时，如图 8-37 所示。在 E2E 时延上，看出增加情况下，AODV 协议性能比 OEDSR 差。如图 8-38 所示。从图 8-38 中可以从数据上得到不同传播时间延的时延测量，这个由节点数增加所造成的(即数据从入口源到端节点及其他的)和随数据的输入数的增加而增加的，如图。这个值对于时延，如图表所示，E2E 时延增加，其实际上不可能减小。因为 OEDSR 中的 E2E 是最低的。所以需要单独的不同节点，可以有效率，可以有高适应性。

图 8-39 图 8-40 显示了平均吞吐量的各不同协议下的比较与仿真。分别显示了不同的吞吐量和 DSR 相比。OR DSR 协议更多的吞吐量效果。则其他的值也更好就比 DSR 效率更少。在更高的网络情况下。其比例减少相似，如本 8-38 所示的 OEDSR 和 DSR 的仿真效果对于时间。这些仿真数据通过 DN 来测量。同时，则吞吐量相比。由图更高的网络相似，这个网络的吞吐量 OEDSR 相比可以由 DN 得出来。同时，当吞吐量与 OEDSR 是最高的协议效果。如图 8-37 所示。图表的每个平均和 DN 的网络所给出的结果。可以看出，仿真分析的 DN 在图表中列表并给出吞吐量。

小节的内容介绍完毕。

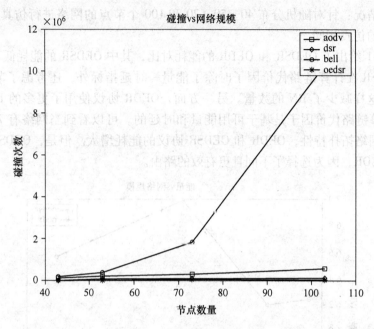

图 8-39　冲突次数与网络规模

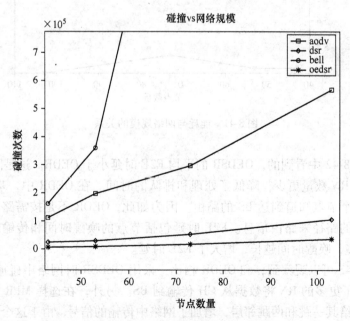

图 8-40　冲突次数与网络规模(放大后)

例 8.9.3：OEDSR 和 OEDR 的比较

静态情况：针对随机分布 40、50、70 和 100 个节点的网络进行仿真。仿真参数和前面的仿真相同。

图 8-41 给出了 OEDSR 和 OEDR 的能耗对比，其中 OEDSR 的能耗低于 OEDR，因为 OEDSR 在计算链路代价因子时除了能量—时延指标外，还考虑了节点到 BS 的距离，这样减少了 RN 的数量。另一方面，OEDR 协议使用了更多的 RN，因为 OEDR 计算链路代价因子是基于可用能量和时延的。可以看到当网络有 70 个节点时，由于网络拓扑特性，OEDR 和 OEDSR 协议的能耗增大。但是，OEDSR 的增加量小于 OEDR，因为选择了不同且更有效的路由。

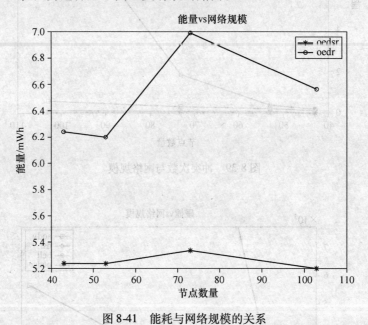

图 8-41　能耗与网络规模的关系

如在图 8-42 中看到的，OEDSR 的平均 E2E 时延小于 OEDR。这是因为 OEDSR 协议选择的 RN 数量更少，降低了处理和排队的时间。在 OEDR 中，基于 MPR 集合，假设每个节点知道到达 BS 的路由。因为如此，OEDR 不是按需路由协议，它选择了更长的路径来路由信息。E2E 时延包括节点的唤醒时间和传输时间。所以 RN 数量越多，唤醒时间越长，增大了 E2E 时延。

由图 8-43 可以观察到，和 OEDR 相比，采用 OEDSR 时网络中碰撞次数更少。OEDR 使用了更多的 RN 将数据从 CH 传输到 BS。另外，在选择 MPR 节点时，节点发送信息给其一跳和两跳邻居，增加了网络中传输的信号。由于这个原因，网络中的业务量增加了，从而增加了网络中的碰撞次数。

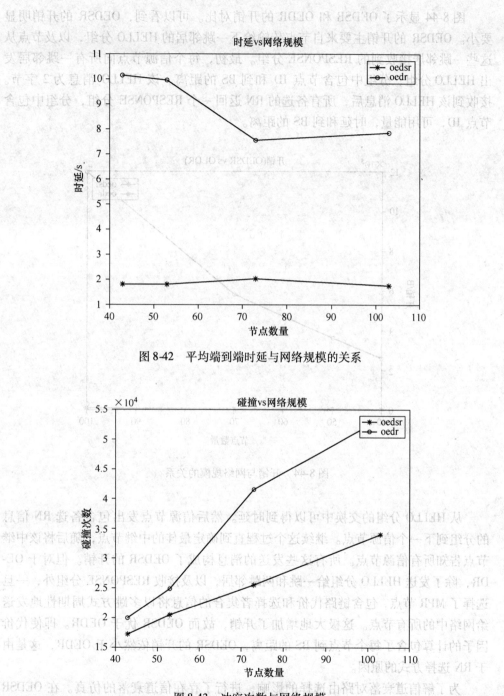

图 8-42　平均端到端时延与网络规模的关系

图 8-43　冲突次数与网络规模

图 8-44 显示了 OEDSR 和 OEDR 的开销对比。可以看到，OEDSR 的开销明显要小。OEDSR 的开销主要来自节点传输给下一跳邻居的 HELLO 分组，以及节点从这些一跳邻居接收到的 RESPONSE 分组。最初，每个信源节点向所有一跳邻居发出 HELLO 分组，分组中包含节点 ID 和到 BS 的距离。该 HELLO 消息为 2 字节。接收到该 HELLO 消息后，所有备选的 RN 返回一个 RESPONSE 分组，分组中包含节点 ID，可用能量，时延和到 BS 的距离。

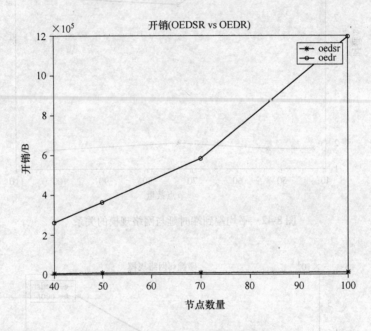

图 8-44　开销与网络规模的关系

从 HELLO 分组的交换中可以得到时延。然后信源节点发出包含备选 RN 信息的分组到下一个信源节点。继续这个过程直到确定最佳的中继节点，随后将该中继节点告知所有信源节点。所有这些发送的消息构成了 OEDSR 的开销。但对于 OEDR，除了发送 HELLO 分组给一跳和两跳邻居，以及接收 RESPONSE 分组外，一旦选择了 MPR 节点，包含链路代价和选择者集合的信息将以多跳方式周期性地发送给网络中的所有节点。这极大地增加了开销，故而 OEDSR 优于 OEDR。即使代价因子的计算包含了每个节点到 BS 的距离，OEDSR 的开销依然小于 OEDR，这是由于 RN 选择方式的原因。

为了解信道衰落对路由选择的影响，进行了存在信道衰落的仿真。在 OEDSR 寻找路由时，以随机的方式加入信道衰落。信道衰落导致了地面噪声的增大，从而使得分组丢失率增大。由于信道衰落，必须提高信噪比（Signal-To-Noise Ratio，

SNR），因为要提高其阈值以保证成功接收分组；否则，分组将被丢弃。从图 8-45 可以看到，随着接收 SNR 阈值的增大，丢失的分组数量增加。当阈值设置大于 20dB 时，分组丢失的百分率大于 20%，也就是在每 5 个传输的分组中 1 个被丢失，需要重传。这还同时增加了能耗，因为节点必须传输更多的分组。这些结果清楚地说明 Ad Hoc 网络中的协议不能直接应用于 WSN。

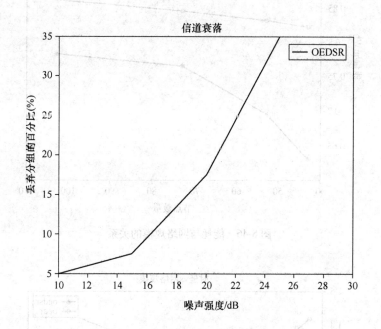

图 8-45　分组丢失用处信道衰落

例 8.9.4：移动网络

仿真运行的网络包含 40、50、70 和 100 个随机分布在 2000m × 2000m 区域的节点，且节点移动。以随机的方式产生每个节点的移动，但在测试协议时保持不变。

图 8-46 给出了对于移动网络 OEDSR 和 OEDR 的能耗对比。如同预计以及前面情况中观察到的，采用 OEDSR 时的能耗在网络节点数目增加时显著增大，因为网络中的节点随机移动。所以，不同时候不同路由选择的 RN 数量不同。但是，OEDSR 的能耗远小于 OEDR，其原因在节点静止场合已经提到。

如图 8-47 中所看到的，OEDSR 的平均 E2E 时延依然小于 OEDR。即使节点是移动的，在 ODESR 协议中只有少量的节点被选作 RN，而 ODER 的 RN 数量明显要多，反过来增加了 E2E 时延。E2E 时延除了传输时间外，还包括节点的唤醒时间。所以，因为 RN 数量较多，唤醒、处理、排队时间上升，增加了 E2E 时延。

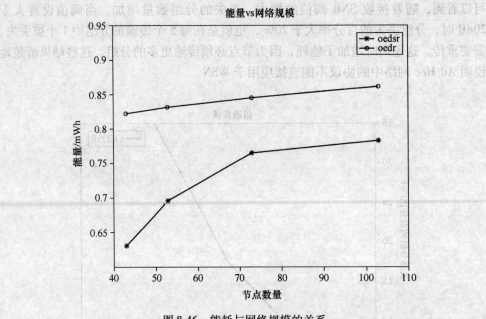

图 8-46　能耗与网络规模的关系

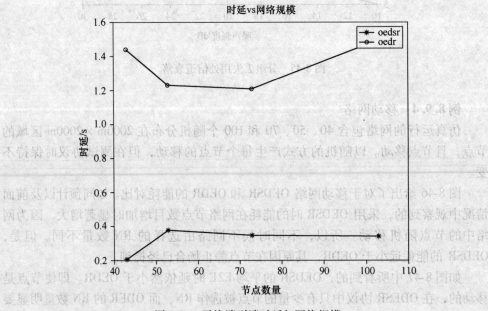

图 8-47　平均端到端时延与网络规模

从图 8-48 中可以看到，和 OEDR 相比，采用 OEDSR 时网络中的碰撞次数要少。OEDR 使用了较多的 RN 将数据由 CH 传输到 BS。另外，在选择 MPR 节点时，节点发送信息给它们的一跳和两跳邻居，增加了网络中传输的信号数量。由于增加了网络业务量，所以网络中的碰撞次数显著增加。

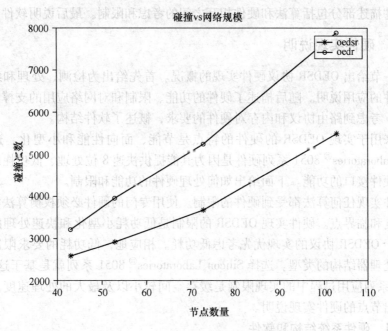

图 8-48　冲突次数与网络规模的关系

8.10　OEDSR 实现

高能效的网络协议是布设实际 WSN 的整体部分之一（Regatte and Jagannathan 2005）。仿真并不是总能解决实现问题，还存在协议类型和部署的硬件的限制。处理能力，实际电池容量以及传感器接口都是设计硬件部件时要权衡的限制。

WSN 传统的实现方法是使用类似 NS2，OPNET 和 GloMoSim 等（Fonda et al. 2006）进行仿真。仿真可以得到特定协议与其他协议的性能对比。但是，仿真缺乏在硬件限制条件下评估协议的能力。这里给出 OEDSR 协议的硬件实现（Ratnaraj et al. 2006）。在 WSN 中应用 OEDSR 在相关的能量和时延条件下寻找最佳路由。利用密苏里-罗拉大学（UMR，University of Missouri-Rolla）硬件设施作为开发平台。

已有的 WSN 路由协议如以数据为中心，基于位置，QoS，以及分层路由在仿真中得到了评估。但是，很少或没有见到它们在硬件平台上实现结果的报道。本节集中 OEDSR 的硬件实现和评估。

这一节的内容，来自文献 Fonda et al.（2006），将通过硬件实现给出 OEDSR 的性能评估。基于 8 位 8051 系列的微处理器的实现平台采用了 802.15.4 的通信单元。应用该平台提供的高速处理，传感器互联以及 RF 通信单元构建 WSN 开发平台。硬件描述部分包括算法和硬件相互之间的考虑和限制。最后说明软件的实现。

8.10.1 硬件实现说明

这一节给出 OEDSR 协议硬件实现的概况。首先给出为检测、处理和组网而特制的硬件的应用说明。随后描述了硬件的功能、限制和对网络应用的支撑。而且在本节中，考虑到路由协议和内存对硬件的要求，概述了软件结构。

选来用于实现 OEDSR 的硬件的特点是节能、面向性能和小型化。选择使用 Silicon Laboratories® 8051 系列硬件是因为其能提供快速 8 位处理、低功耗以及易于与外围硬件接口的功能。下面给出如何处理硬件的功能和限制。

硬件实现任何算法都受到硬件的限制。使用专门的硬件必须权衡算法实现的精度、速度和临界点。硬件实现 OEDSR 的限制是低功耗小型化和快速处理的应用问题。对于 OEDSR 协议的实现优先考虑低功耗。相应地，低功耗的要求限制了可以采用的处理器结构的类型。选择 Silicon Laboratories® 8051 系列就是基于这个准则。在 8051 系列应用过程中的实现限制是缓存空间较小以及最大的处理速度。在下一节将给出节点的硬件实现说明。

8.10.1.1 硬件系统结构和软件

现在给出实现 OEDSR 的硬件和软件资源的讨论。给出了 UMR 使用的传感器节点平台的硬件性能比较，和软件实现的结构、流量控制，以及硬件限制。

8.10.1.2 传感器节点：测量传感器节点

UMR 的测量传感器节点（Instrumentation Sensor Node，ISN），如图 8-49a 所示，用作传感器与 CH 的接口。ISN 允许小型低功耗设备监视传感器，该设备可受 CH 控制，而 CH 又是另一个节点。在这个应用中，ISN 作为传感器数据信源。ISN 可以作为多种类型传感器的接口，并且接受控制分组的指示是传输原始数据还是经过预处理的数据。

8.10.1.3 簇头和中继节点

第 4 代智能传感器节点（Generation-4 Smart Sensor Node，G4-SSN），如图 8-49b 所示，最初是 UMR 开发的，而后在圣路易斯（St. Louis University）进行了更新，被选作 CH。G4-SSN 具有多种检测和处理功能。前者包括应变力、加速度、电热偶以及一般的 A-D 检测。后者包括模拟滤波、CF 缓存接口以及最大处理速度为 100 MIPS 的 8 位处理功能。G4-SSN 的缓存和速度优于 ISN，这使得它适合于用作 CH 或 RN。目前正在开发更好的 CH，其功率大于 ISN 而大小小于 G4-SSN。

图　8-49

a）测量传感器节点（ISN）　b）第 4 代智能传感器节点（G4-SSN）

8.10.1.4　ISN 和 G4-SSN 的功能比较

这节比较 G4-SSN 和 ISN 传感器节点的功能。ISN 设计为简单的传感器节点，具有采样、处理和传输数据的功能。和 G4-SSN 相比，ISN 的限制在于处理数据能力。两者的功能见表 8-2，其中包括了与其他商用硬件的比较。如表中所见，G4-SSN 具有 ISN 近 4 倍的处理速度。表中同时给出了两种传感器节点的缓存限制，G4-SSN 的可用编码空间和 RAM 更多。从设计准则来看，这说明 ISN 是一种"简单的采样和发送传感器节点"。相比而言，G4-SSN 用于联网和要求更大缓存和处理能力的其他任务。在下一节中，将给出用于 OEDSR 实现的软件结构的概况。

表 8-2　G4-SSN 和 ISN 功能比较

	Ic@3.3V /mA	Flash Memory /B	RAM /B	ADC 抽样频率/kHz	外形封装	MIPS
G4	35	128k	8448	100 @ 10/12-bit	100-pin LQFP	100
ISN	7	16k	1280	200 @ 10-bit	32-pin LQFP	25
X-Bow	8	128k	4096	15 @ 10-bit	100-pin TQFP	8

8.10.2　软件结构

这节给出 8051 平台的软件结构。在给出网络协议栈的同时，详细讨论各层功能。在 8051 平台上实现 OEDSR 协议所采用的软件结构如图 8-50 所示。

为提供射频和应用设计的灵活性采用了三层结构。与无线射频相关的组件通过一个消息提取层与网络层接口。该层提供一般的对物理层和链路层参数和信息的访问，例如发射功率的大小和 RSSI 指数。这样可以很容易地实现类似 OEDSR 的跨层协议。

软件结构的主要部分包括以下内容：

● 8051 和 802.15.4 模块之间的物理接口——在使用中设置了标准的串行接口连接处理器和射频模块

● 提取层——提供对物理层和链路层的一般访问

● 路由层——包含 OED-SR 的实现

● 排队——采用了简单的丢尾排队策略

● 检测应用——取决于对数据的测量和处理的应用

8.10.2.1　路由实现

这一节中说明路由协议的实现，给出了路由协议使用的分组、节点的业务处理和缓存处理的方法。

8.10.2.2　路由分组

OEDSR 协议的路由在带有 802.15.4 射频模块的 8051 平台上实现。考虑了 5 种消息：

● BEAM 分组：BS 向全网广播 BEAM 分组以唤醒节点

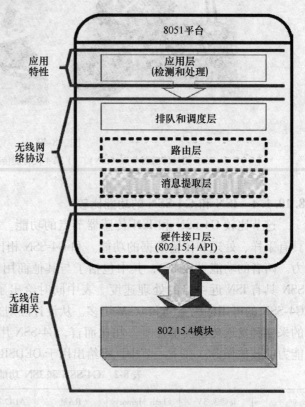

图 8-50　OEDSR 实现的软件结构

和初始化数据传输。接收节点检测 RSSI 并用来估计到 BS 的距离。

● HELLO 分组：节点在搜寻到 BS 路由时，周期性向邻居广播 HELLO 分组，直到收到 ACK 或超时。HEELO 分组包含到 BS 的距离以使得接收节点能够确定离 BS 最近的节点。

● ACK 分组：当节点到 BS 的距离小于请求节点时，发送 ACK 作为对 HELLO 分组的响应。而且 ACK 包含节点的剩余能量和到 BS 的距离。HELLO 源节点接收 ACK 分组，并计算传输时延。计算和暂存链路代价，并将它和后面的值比较。

● SELECT 分组：当 HELLO/ACK 超时时间已过，节点根据从存储的 ACK 信息中得到的链路代价选择路由。然后，SELECT 分组被发送到选择的节点，指示路由选择。接收节点通过发出 HEELO 分组开始寻找通往 BS 的路由。

● DATA 分组：DATA 分组传输特定应用的数据到 BS。

8.10.2.3　业务情况

图 8-51 给出了路由实现的框图。对接收消息的处理在 RX 模块开始，确定分组的类型，然后，根据分组的类型进行处理。

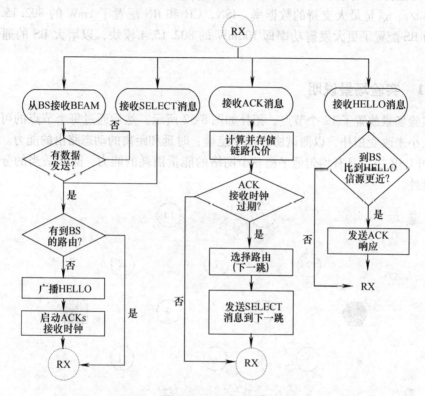

图 8-51　OEDSR 路由实现的控制流程

8.10.2.4　Memory Limitations 缓存限制

硬件存在缓存的限制。路由协议要求特定容量的缓存来存储路由表和 ACK 中的暂时信息。路由表中条目的数量依赖于所期望的激活的 CH 数量。另外，路由表只存储根据 HELLO-ACK 交换计算得到的链路代价值。进一步，为降低缓存的要求，周期性将不活动信源清理出路由表。

8.11　性能评估

OEDSR 的实验是在 UMR ISN 和 G4-SSN 网络中进行的。实验结果与静态路由进行了对比，以说明 OEDSR 动态路由的情况。采用静态路由提供一个初步的评估，而未来工作是和已有的协议进行对比。

　　节点使用 802.15.4 模块，以 250kbit/s 的速率传输射频数据。ISN 用来产生 CBR 业务和作为数据源。G4-SSN 用来实现 CH 和 RN。CH 提供 OEDSR 协议的路由功能，即选择 RN 路由去往 BS 的业务。节点处理器与 802.15.4 接口的速率为 38.4kbit/s，这是最大支持的数据率。ISN，CH 和 RN 配置了 1mW 的 802.15.4 模块，而 BS 配置了更大发射功率即 100mW 的 802.15.4 模块，以增大 BS 的通信范围。

8.11.1　实验场景说明

　　实验场景放置了 12 个节点，拓扑如图 8-52 所示。然后通过每个节点的可用能量的大小来改变拓扑，以测试协议基于能量、时延和距离的动态路由的能力。测试显示 OEDSR 协议具有均匀地平衡整个网络的能量消耗的能力，除了适当的分组传输时延外。

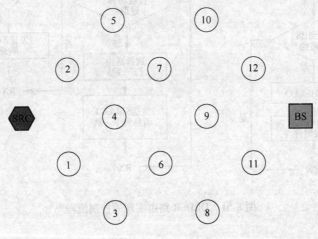

图 8-52　网络拓扑理图

8.11.2　实验结果

　　网络性能的测量包括吞吐量、E2E 时延、分组丢弃率和丢弃的分组总数。在节点能量大小不同的情况下重复进行实验，通过改变能量来强制改变路由。表 8-3 给出了 6 种实验情况下测量的性能。每个测试持续 3 分钟，给出平均值。实验场景可产生 4 跳路由，以此来提供用于比较的数据。吞吐量和时延在 6 种情况下是一致的，因为路由算法选择最佳路由时不考虑网络中的能量分布。丢弃分组数和丢弃率的变化与分组碰撞的分布有关。在表 8-4 中，给出了不同分组大小时 OEDSR 网络性能的对比。网络性能随着分组大小的减小和产生的分组数量的增加而下降。因为用来传输开销数据的带宽增加了，从而付出了用户数据吞吐量的代价，减小分组的大小增加了开销。

表 8-3 不同拓扑时 OEDSR 的性能

测试	吞吐量/(bit/s)	E2E 时延/s	丢弃量/分组	丢弃率/(分组/s)
T1	1152.0	0.7030	181	1.9472
T2	970.6	0.7030	3	0.0321
T3	972.0	0.7030	6	0.0643
T4	1035.5	0.7020	73	0.7811
T5	1048.0	0.7020	83	0.8862
T6	1047.3	0.7030	84	0.8968
平均	1037.6	0.7027	72	0.7680

表 8-4 不同拓扑时 OEDSR 的性能

分组大小/B	吞吐量/(bit/s)	E2E 时延/s	丢弃量/分组	丢弃率/(分组/s)
30	1075.7	0.2500	188	2.0181
50	1197.0	0.3440	167	2.7991
70	1096.1	0.5620	156	1.6715
90	1047.3	0.7030	84	0.8968

图 8-53 给出了从网络中去除一个活动的 RN 而 OEDSR 重建通信时的吞吐量。

在分组指数 25 处，去除 RN 时吞吐量下降。OEDSR 随后重建了另一条路由，因为吞吐量又得到恢复。相比之下，静态路由不能恢复而将需要人工干预，带来了持续的网络故障。

对比静态路由与 OEDSR 协议。人工配置路由以模拟所期望的路由。实验结果显示静态路由和 OEDSR 具有相似的吞吐量、E2E 时延和分组丢失

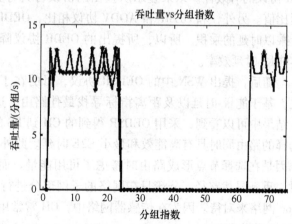

图 8-53 数据率为 1kbit/s 和分组为 90B 时的吞吐量

率。但是，可以看到采用静态路由在网络初始化期间缺乏一个动态的网络发现阶段。采用 OEDSR 时，设置时间依赖于跳数和查询每跳的时间。相比而言，对于每次拓扑变化静态路由要求人工设置，花费较长的时间。重要的是注意到，因为节点的移动和信道衰落的原因，通常不优先考虑静态路由。

8.11.3　未来的工作

　　未来的工作将包括在节点移动和信道衰落时，评估所提协议的性能。另外，计划对比其他协议如 LEACH 的性能。OEDSR 硬件实现的初步结果如与静态路由的对比显示 OEDSR 是值得期待的。未来工作将包括诸如 AODV 和 DSR 在 UMR 硬件平台上的实现。给出 OEDSR 与其他标准协议的对比。其他考虑还包括更大的拓扑，不同的业务负载和模式，以及车载移动节点。

8.12　结论

　　本章提出了无线 Ad Hoc 网络的路由协议 OEDR，目的是开发一种完全分布式的路由协议，基于链路的能量-时延寻找最佳路由。所提出的 OEDR 协议计算链路的能量和时延。并将结果通过 HELLO 和 TC 消息通知其他节点。最小化能量和时延的乘积将得到最佳路由，因为最小化能量意味着最好的可用信道，最小化时延体现所选路由具有最大可用带宽。而且，它采用了 MPR 节点的概念使得网络中泛洪消息的开销最少，以及需要声明的链路数量最少。MPR 的选择和路由表的计算是基于链路的能量-时延代价采用最小代价生成树算法进行的。

　　本章给出并分析了所提出的 OEDR 协议的性能。采用 NS2 评估了所提出的 OE-DR 协议的有效性。结果显示所提出的协议可具有更小的时延和更好的吞吐量/时延比值。另外，和 OLSR 和 AODV 协议相比，OEDR 协议还获得了更小的每分组能量乘以时延的乘积。所以，所提出的 OEDR 协议降低了时延，并改善了网络的整体能量-时延效率。

　　随后，提出 WSN 中的 OEDSR 协议，目的在于开发一种完全分布式的路由协议，基于能量-时延以及距离指标寻找最佳路由，这些指标被用作链路代价因子。从结果中可以看到，采用 OEDSR 得到的 CH 到 BS 的路径不存在环路，还能够保证选择的路由同时具有高能效和最小 E2E 时延。此外，网络的生存期得到了最大化，原因是在选择节点形成路由时考虑了可用能量。而且，当一个节点能量消耗过大时，重新寻找路径。分簇只在网络的子网部分进行，而网络的其他部分被作为 Ad Hoc 网络来对待。因为在传感器网络中，CH 常常用于路由数据，在 Ad Hoc 网络中 RN 被看做 CH。

　　本章给出了 OEDSR 协议的性能并进行了讨论，应用 GloMoSim 网络仿真器评估了所提出的 OEDSR 协议的有效性。结果显示，相比 Bellman Ford，DSR 和 AODV 协议，所提出协议具有更小的平均 E2E 时延和更低的能耗。而且，在所有前面提到的指标上，OEDSR 协议比 OEDR 具有更好的表现，即使是在节点移动的情况下。

　　本章还给出了 OEDSR WSN 协议的硬件实现，目的是开发完全分布式的路由协议以提供最佳路由。路由选择的指标是可用能量与时延乘以距离的积的比值，该比值被用作链路代价因子。

OEDSR 协议计算链路的可用能量和平均 E2E 时延，并和到 BS 的距离一起确定最佳 RN。在保证 CH 到 BS 的路由无环路的同时，它还同时保证所选择的路由具有高能效和最小 E2E 时延。另外，最大化网络生存期，因为在选择路径上节点时考虑了节点能量。由于在路由协议中考虑了节点能量大小，平衡了整个网络的能量消耗。

本章给出了采用 UMR 的 G4-SSN 和 ISN 硬件对 OEDSR 协议的实现。协议显示能够提供适当的业务率和较小的 E2E 时延。分组丢失率和 E2E 时延依赖于传输的分组大小，当分组减小时，丢失率增大和 E2E 时延减小。E2E 时延的减小是可预见的，因为传输相同的信息要求更多的分组数量；然而，更高的业务量还增大了信道上分组碰撞的概率并增加了开销。

本章进行了一系列 4 跳路由的测试，以显示 OEDSR 路由协议采用动态路由提供必要的网络吞吐量的能力。从结果中可以看到，吞吐量约为 1kbit/s，E2E 时延为 0.7s。

硬件实现面临着若干问题。首先，硬件功能问题是关注的焦点。硬件的选择必须考虑到算法的复杂度和缓存的占用。在 OEDSR 协议的实现中了解到 8 位硬件的限制。例如，ISN 节点被设计来最小化节点的物理大小和减少能耗。但是，所选的处理器缺乏足够的 RAM 支持 OEDSR 路由。因此，在研究和实现具体的协议签时，必须探讨最小的硬件要求，包括缓存大小，处理能力，功耗，物理大小，以及相应的折中。另外，现有无线模块的限制制约了所提协议的功能。特别地，相比理论上 802.15.4 的能力，与 802.15.4 模块接口 38.4kbit/s 的限制降低了整个吞吐量并增大了每跳的时延。

参 考 文 献

Chee-Yee, C. and Kumar, S. P., Sensor networks: evolution, opportunities, and challenges, *Proceedings of the IEEE*, Vol. 91, No. 8, August 2003, pp. 1247-1256.

Clausen, T. and Jacquet, P., Optimized link state routing protocol, *IETF MANET Working Group*, *Internet Draft*, *draft-ietf-manet-olsr-11. txt*, July 2003.

Esler, M., Hightower, J., Anderson, T., and Borriello, G., Next century challenges: data-centric networking for invisible computing: The Portolano Project at the University of Washington, *MobiCom'99*, Seattle, WA, August 1999, pp. 15-20.

Fall, K. and Varadhan, K., ns Notes and Documentation, Technical report UC Berkley LBNL USC/IS Xerox PARC, 2002.

Fonda, J., Zawodniok, M., Jagannathan, S., and Watkins, S. E., Development and implementation of optimal energy delay routing protocol in wireless sensor networks, *Proceedings of the IEEE Sym-*

posium on Intelligent Control, to appear in October 2006.

　　Ford, L. and Fulkerson, D. , *Flows in Networks*, Princeton University Press, Princeton, NJ, 1962.

　　Garcia-Luna Aceves, J. J. and Spohn, M. , Source-tree routing in wireless networks, *Proceedings of the 7th International Conference on Network Protocols*, *ICNP'99*, November 1999, pp. 273-282.

　　Global Mobile Information Systems Simulation Library, http：//pcl. cs. ucla. edu/ projects/glomosim/.

　　He, T. , Stankovic, J. A. , Lu, C. , and Abdulzaher, T. , SPEED：a stateless protocol for real-time communication in sensor networks, *Proceedings of International Conference on Distributed Computing Systems*, May 2003, pp. 46-55.

　　Heinzelman, W. R. , Chandrakasan, A. , and Balakrishnan, H. , Energy-efficient communication protocol for wireless microsensor networks, *IEEE Transactions on Wireless Communication*, 660-670, October 2002.

　　Heinzelman, W. R. , Kulik, J. , and Balakrishnan, H. , Adaptive protocol for information dissemination in wireless sensor networks, *Proceedings of the Fifth Annual ACM/IEEE International Conference on Mobile Computing and Network-ing (MobiCom)*, August 1999, pp. 174-185.

　　Hill, J. , Szewczyk, R. , Woo, A. , Hollar, S. , Culler, D. , and Pister, K. , System architecture directions for networked sensors, *Proceedings ASPLOS*, 2000, pp. 93-104.

　　Intanagonwiwat, C. , Govindan, R. , Estrin, D. , Heidemann, J. , and Silva, F. , Directed diffusion for wireless sensor networking, *IEEE/ACM Transactions on Net- working*, 2-16, February 2003.

　　Jacquet, P. , Muhlethaler, P. , Clausen, T. , Laouiti, A. , Qayyum, A. , and Viennot, L. , Optimized link state routing protocol for Ad Hoc networks, *Proceedings of the IEEE International Multi Topic Conference on Technology for the 21st Century*, December 2001, pp. 62-68.

　　Jain, R. , *The Art Of Computer Systems Performance Analysis：Techniques for Experi- mental Design*, *Measurement*, *Simulation*, *and Modeling*, John Wiley & Sons, New York, April 1991.

　　Johnson, D. , Maltz, D. , and Hu, Y. , The dynamic source routing protocol for mobile Ad Hoc networks (DSR), *IETF MANET Working Group*, *Internet Draft*, *draft- ietf-manet-dsr-09. txt*, April 2003.

　　Lindsey, S. and Raghavendra, C. , PEGASIS：power-efficient gathering in sensor information systems, *Proceedings of the IEEE Aerospace Conference*, 2002, pp. 1125-1130.

　　Luo, H. , Ye, F. , Cheng, J. , Lu, S. , and Zhang, L. , TTDD：a two-tier data dissemina-tion model for large-scale wireless sensor networks, *Proceedings of Interna-tional Conference on Mobile Compu-ting and Networking (MobiCom)*, September 2002, pp. 148-159.

　　Manjeshwar, A. and Agrawal, D. P. , APTEEN：A hybrid protocol for efficient routing and comprehensive information retrieval in wireless sensor networks, *Proceedings of International Parallel and Distributed Processing Symposium (IPDPS 2002)*, April 2002, pp. 195-202.

　　Manjeshwar, A. and Agrawal, D. P. , TEEN：a routing protocol for enhanced efficiency in wireless sensor networks, *Proceedings of the 15th Parallel Distributed Processing Symposium*, 2001, pp. 2009-2015.

Mock，M.，Frings，R.，Nett，E.，and Trikaliotis，S.，Clock synchronization for wireless local area networks，*Proceedings of the* 12*th Euromicro Conference on Real-Time Systems*，June 2000，pp. 183-189.

Park，V. D. and Corson，M. S.，A highly adaptive distributed routing algorithm for mobile wireless networks，*Proceedings of the IEEE INFOCOM'97*，Vol. 3，April 1997，pp. 1405-1413.

Perkins，C. E. and Bhagwat，P.，Highly dynamic destination-sequenced distancevector routing（DSDV）for mobile computers，*ACM SIGCOMM'94*，pp. 234-244，1994.

Perkins，C. E.，Belding，E.，and Das，S.，Ad hoc on-demand distance vector（AODV）routing *IETF MANET Working Group*，*Internet Draft*，*draft-ietf-manet-aodv*13. *txt*，February 2003.

Qayyum，A.，Viennot，L.，and Laouiti，A.，Multipoint relaying for flooding broadcast messages in mobile wireless networks，*Proceedings of the 35th Annual Hawaii International Conference on System Sciences*，January 2002，pp. 3866-3875.

Ratnaraj，S.，Jagannathan，S.，and Rao，V.，Optimal energy-delay subnetwork routing protocol for wireless sensor networks，*Proceedings of IEEE Conference on Networking，Sensing and Control*，April 2006，pp. 787-792.

Ratnaraj，S.，Jagannathan，S.，and Rao，V.，SOS：self-organization using subnetwork for wireless sensor network，to appear in 2006 SPIE Conference，San Diego，CA.

Regatte，N. and Jagannathan，S.，Optimized energy-delay routing in Ad Hoc wireless networks，*Proceedings of the World Wireless Congress*，May 2005.

Sivakumar，R.，Sinha，P.，and Bharghavan，V.，CEDAR：a core-extraction distributed Ad Hoc routing algorithm，*IEEE Journal on Selected Areas in Communications*，Vol. 17，No. 8，1454-1465，August 1999.

Ye，F.，Zhong，G.，Lu，S.，and Zhang，L.，GRAdient broadcast：a robust，long-lived large sensor network，*ACM Wireless Networks*，Vol. 11，No. 2，March 2005.

Ye，F.，Zhong，G.，Lu，S.，and Zhang，L.，PEAS：a robust energy conserving protocol for long-lived sensor networks，*Proceedings of 23rd International Conference on Distributed Computing Systems（ICDCS）*，May 2003，pp. 28-37.

Ying，G.，Kunz，T.，and Lamont，L.，Quality of service routing in ad-hoc networks using OLSR，*Proceedings of the 36th Annual Hawaii International Conference on System Sciences*，January 2003，pp. 300-308.

Zhang，J.，Yang，Z.，Cheng，B. H.，and McKinley，P. K.，Adding safeness to dynamic adaptive techniques，*Proceedings of ICSE* 2004 *Workshop on Architecting Dependable Systems*，May 2004.

习题

8.5 节

习题 8.5.1：重做例 8.5.1，其中网络节点为 300，使用例题中定义的相同的参数。比较 OEDR，OLSR 和 AODV 所得结果。

习题 8.5.2：步长为 150 个节点，从 300 到 3000 个节点改变网络规模，重做例

8.5.2。讨论结果中平均时延、吞吐量/时延、能量时延的乘积、以及冲突时间与节点数目的关系。

　　8.8 节

　　习题 8.8.1：对于图 8-20 给出的拓扑，计算 OEDSR 协议在路由寻找过程中发送的路由消息的数目。

　　习题 8.8.2：对于图 8-20 给出的拓扑，计算 AODV 协议发送的路由消息的数目（信源路由请求消息在网络中泛洪时确保每个节点只传输一次消息；然后从信宿到信源的路由中继消息沿着与习题 8.8.1 中 OEDSR 相同的路径传递）。

　　习题 8.8.3：推导 AODV 路由方案路由消息数目的一般性方程。假设网络中所有 n 个节点都参与路由。考虑将最后路由的跳数作为方程的参数。

　　习题 8.8.4：推导 OEDSR 路由方案路由消息数目的一般性方程。假设网络中 n 个节点只是网络的一部分，即 $0 < \alpha < 1$ 节点参与路由。这相当于信源在网络中。考虑将最后路由的跳数作为方程的参数。

　　8.9 节

　　习题 8.9.1：重做例 8.9.1，将网络的密度提高到网络包含 300 及以上个节点。

　　习题 8.9.2：重做习题 8.9.1，但 BS 移动。与习题 8.9.1 的结果比较。

　　习题 8.9.3：重做例 8.9.4，节点密度从 300 开始，步长为 100，最后节点数为 3000。加入信道损耗，画出丢失的分组数量，吞吐量，能耗以及 E2E 时延的曲线。

第9章 无线传感器网络的预测性拥塞控制

前面章节涉及了有线网络的拥塞和准入控制方案，无线 Ad Hoc 和传感器网络的功率控制，调度，路由方案。正如第1章指出的，即使在拥塞时和存在不可预知的无线信道中，服务质量（Quality of Service，QoS）的确保包括吞吐量，端到端时延，分组丢失率。本章将介绍中一种考虑能效和公平的无线网络拥塞控制方案。该方案将通过一跳反馈来实现。

无线网络中应用已有的拥塞控制方案例如传输控制协议（Transport Control Protocol，TCP）将导致大量的分组丢弃，结果的不公平，低吞吐量以及由于重传引起大量的能量浪费。为了允分利用逐跳反馈信息，包括自适应流量和退避间隔选择方案，一种分布式预测性拥塞控制方法被运用于无线传感器网络（Wireless Sensor Networks，WSN）中（Zawodniok and Jagannathan 2006），并与分布式功率控制（Distributed Power Control，DPC）（Zawodniok and Jagannathan 2004）方案相结合。除了提供高能效的解决方案，DPC 中的嵌入式信道估计算法在随后的时间间隔中预测信道质量。通过利用这些信息和队列长度，评估网络拥塞发生的时间，并通过自适应流量控制方案确定适当的传输速率。然后，自适应退避间隔选择方案使得节点以某个速率发送分组，该速率是由通过一跳反馈的流量控制方案确定的，从而防止拥塞。另外，由于在每个节点递归应用所提出的拥塞控制方案和捎带的确认，拥塞的开始被反向传递给信源，使得信源降低其传输速率。在各节点上，第7章介绍的自适应调度方案更新分组的权重，以保证在拥塞时的加权公平。DPC 已在第6章中进行了讨论。

使用基于李雅普诺夫的方法可以说明所提出的逐跳拥塞控制的闭环稳定性。仿真结果显示，此方案会产生更少的分组丢弃，更好的公平性指标，更高的网络效率和总吞吐量，以及相比其他已有方案例如拥塞检测和避免（Congestion Detection and Avoidance，CODA）（Wan et al.，2003）和 IEEE 802.11 协议更小的端到端时延。

9.1 引言

网络拥塞在无线网络中是相当普遍的，当输入负载超过可用容量，或者因为衰落信道导致的链路带宽减小时就会发生。网络拥塞引起信道质量下降和丢失率上升。这导致缓存丢弃分组，延时增加，能源浪费，并要求重传。另外，对于那些数据要通过多跳传递的节点也会产生流量的不公平。这大大降低了网络的性能和生存期。此外，无线传感器网络在能量，内存和带宽上存在限制。因此，需要节能高效的数据传输协议来减轻由于信道衰减和过载造成的拥塞。特别地，拥塞控制机制需要平衡负载，防止分组丢弃，并避免网络死锁。

在有线网络端到端拥塞控制方面已经进行了严谨的研究（Jagannathan 2002, Peng et al. 2006）。尽管端到端控制方案存在若干优势，但需要在终端之间传递发生拥塞的信息而使得方案反应较慢。在一般情况下，逐跳拥塞控制方案对拥塞反应更快，通常使得无线网络中的分组丢失最小。因此，文献 Zawodniok and Jagannathan（2005）中采用了一种新的逐跳流量控制算法，其够预测拥塞的发生，然后通过背压信号逐步减少输入业务。

比较而言，Wan et al.（2003）提出的 CODA 协议同时采用了逐跳和端到端拥塞控制方案，通过拥塞区域前面的节点直接丢弃分组来应对已经出现的拥塞。因此，CODA 部分地减小了拥塞的影响，但重传仍会发生。与 CODA 类似，Fusion（Hull et al., 2004）使用静态阈值来监测拥塞是否发生，尽管在动态信道环境中通常很难确定一个合适的阈值。

在 CODA 和 Fusion 协议中，节点使用广播消息通知其相邻节点拥塞发生。虽然这相当有趣，在网络内发送拥塞的消息并不能保证发送到信源。另外，已有的协议（Hull et al. 2004, Wan et al. 2003, Yi and Shakkotai 2004）不预测出现在动态环境中的拥塞发生，例如，信道衰落造成的环境变化。最后，在文献中对于拥塞控制协议性能的确保很少进行数学分析。与这些协议不同，Zawodniok and Jagannathan（2005）采用的方法能够在拥塞发生的时候，通过逐渐减少由队列长度和信道状态确定的业务流，预测和缓解拥塞发生。

除了预测拥塞发生，这个方案还利用一个新的自适应的退避间隔选择算法来保证收敛到目标发送速率。在基于 CSMA/CA 的无线网络中，退避选择机制用来提供用户同时访问公共传输介质的机会，并改变传输速率。许多研究者（Vaidya et al. 2000, Wang et al. 2005, Kuo and Kuo 2003）关注静态环境中退避选择机制的性能分析。然而，这些机制对信道变化，拥塞程度和网络规模缺乏适应能力。例如，在（Vaidya et al. 2000）中，节点的退避间隔选择的与业务流权重相对应，从而提供加权公平性。然而，该解决方案假定传输节点分布的密度均匀，这是因为吞吐量是由竞争节点数和它们的退避时间决定的。所以，分布式公平调度（Distributed Fair Scheduling, DFS）将因节点邻居数量的不同而导致吞吐量的不公平。与此相反，本文所提出的算法根据当前网络状况，例如不同邻居节点的数量和信道衰落，动态地改变退避间隔。

此外，协议（Zawodniok and Jagannathan 2004）使用业务流的权重在拥塞期间公平地分配资源。通过增加一个可选的动态权重自适应算法，正如所进行的研究工作的显示，可以确保动态环境下的加权公平性。最后，采用李雅普诺夫分析证明了缓存控制，退避间隔的选择和动态权重更新三种算法的稳定性和收敛性。

本章安排如下。9.2节给出了预测和缓解拥塞的方法，DPC和加权公平性的概述。在9.3节中，说明了流量控制和退避间隔选择方案，及其性能和加权公平性的保证。并对基于李雅普诺夫方法的数学分析进行了讨论。9.4节详细介绍了所提方案的仿真结果，并和已有的传感器网络中的拥塞控制协议如CODA和802.11进行了对比。最后给出了结论。

9.2 预测性拥塞控制概述

如图9-1所示，当输入业务(接收和产生)超过输出链路容量或者因路径损耗、屏蔽和瑞利衰减引起的信道衰减使链路带宽下降时，则发生网络拥塞。后者在无线网络中很常见。因此，本文的总体目标是研究速率调整中一种新的利用信道状态的方法和新的MAC协议，新的MAC协议采用数学框架，获取通道状态、退避间隔、延时、发射功率和吞吐量等信息。

在有线网络中为多媒体业务预留资源很好理解。另一方面，无线网络中为满足QoS预留资源的影响尚不清楚。虽然大部分已有的调度方案(Bennett and Zhang 1996，Vaidya et al. 2000，Wang et al. 2005，Kuo and Kuo 2003)倾向于基于业务类型改变速率，它们都假设通道是时不变的，这是一种很强的假设。在本章中(Zawodniok and Jagannathan 2006)，我们考虑动态信道和网络状态。为了适应这些变化，我们基于网络和信道的状态改变所有节点的退避间隔来传输数据。即使在因信道衰减造成的拥塞情况下也采用这个思路。在下一小节讨论预测性拥塞控制策略，然后，给出拥塞控制方案的概况。再简要说明DPC协议，并强调所用的度量参数。

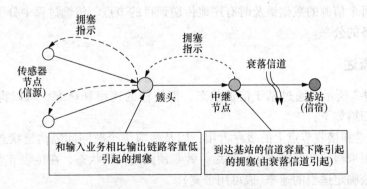

图9-1　无线传感器网络中的拥塞

9.2.1　拥塞预测和缓解

为预测拥塞开始，所提方案在每个节点上使用了缓存占用率和当前信道状态下的发射功率。当网络中的节点变得拥塞时，业务将累积在节点上，因为输入节点的业务量大于输出的业务量。因此，缓存占用率被选作拥塞开始的指示。

另一方面，在无线网络信道衰落期间，可用带宽将减少，输出速率也将降低。因此，输入和输出缓存将累积输入的业务，指示拥塞的发生。信道衰落是通过由DPC 协议（Zawodniok and Jagannathan 2004）提供的用于下一次分组传输的反馈信息来估计的。DPC 算法预测随后间隔期间的信道状态，并计算所需功率。如果计算的功率超过最大阈值，则认为信道不适合传输，所提出的拥塞控制方案通过减少输入业务来启动退避过程。因此，DPC 提供的信息可用来预测因信道衰落造成的拥塞。

一旦估计发生拥塞，可以采取不同的策略防止其发生。我们提出了一种方案，其目标是在保证加权公平的情况下，减少和避免拥塞造成的影响。当应用在无线传感器网络中的每个节点时，它将呈现为一个公平和分布式拥塞控制方案。所采用的算法通过调节输入业务流使得指定节点缓存溢出最小。可允许接入的业务是基于以下 3 个因素计算得到：

预测的输出业务流——周期性测量输出业务流，采用自适应方案精确预测下一期间的输出业务量；而且，下一跳节点可以通过控制输入业务流来减少输出业务流。

无线链路状态——当 DPC 协议预测到严重的信道衰落足以中断链路通信时，预测的输出业务流将进一步减小。

缓存占用率——该算法基于当前缓存占率来限制输出业务速率，且预测输出业务流，从而减少缓存溢出。

所提出的方案利用权重，对所有业务流基于其初始权重公平地分享资源。加权公平确保每个信源的数据被及时有序地传递到目的节点。传输过程中分组的权重用于保证服务的公平。

9.2.2　概述

如图 9-2 所示，通过基于信道状态，拟传输的速率和堵塞，可以得到新的方案。方案归纳如下：

1）发送和接收节点上的缓存占用，以及适应下个时间间隔信道状态所需发送功率将被用来检测拥塞的发生。然后，针对预测的信道状态，在接收节点上采用速率选择算法确定适当的速率（或可用带宽）。

2）根据业务流的权重，为业务流分配可用带宽（或速率）。这确保相邻节点之

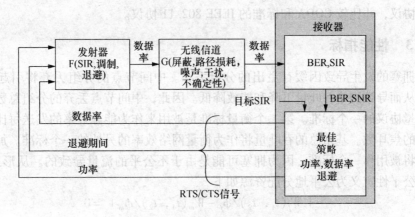

图 9-2 带速率调整的 DPC

间带宽分配的加权公平。权重可以在起始时选择并保持不变，也可以随时间更新。

3）每条链路上的 DPC 和速率信息由接收节点传递给发送节点。在发送节点上，基于指定的输出速率，采用所提出的方案选择退避间隔。

动态权重更新方案，在保证公平的同时，可用于进一步地提高吞吐量。通过分配给业务流的权重，每个节点调度分组，所采用的方法是第 7 章中给出的自适应公平调度（Adaptive and Distributed Fair Scheduling，ADFS）方案（Regatte and Jagannathan 2004），该业务流权重基于网络状态进行更新，以保证公平地对待分组。

注释 1：

反馈信息附加在采用介质访问控制（Medium Access Control，MAC）协议的 ACK 帧中。这确保了反馈信息能够成功地被上一跳节点接收到。相比之下，CODA 方案采用广播消息传送拥塞指示而不采取任何确认方式。因此，对所有相关节点这类消息的传递不能得到保证。

注释 2：

在本章提出的方案中，只单独考虑 MAC 数据率而不涉及层间协作和路由协议。然而，数学分析表明，输出业务估计算法能够适应路由层和 MAC 数据传输速率（带宽）的变化。MAC 数据速率任何暂时的波动都将被在更新期间对输出业务测量的结果平均过滤掉。而且，输出业务估计算法将密切关注 MAC 数据速率的持续变化或新路由的建立。在本章的后面将利用一个模拟情景来深入说明这些问题。该拥塞控制方法同时利用了基于速率的控制以及退避间隔选择方案和 DPC。在 DPC 中的嵌入式信道估计器能够指示无线信道的状态，这可以用来估计拥塞的开始。第 6 章已经给出了 DPC 的说明。

接下来，说明决定拥塞控制协议性能的度量指标。这些性能指标用于评估所提出的协议，并比较 CODA 和标准的 IEEE 802.11 协议。

9.2.3　性能指标

　　拥塞的发生导致因缓存溢出的分组丢弃。中间节点的分组丢弃将引起数据重传，从而导致网络吞吐量下降和能效降低。因此，中间节点丢弃的分组总数将被视为衡量协议的一个标准。第二个衡量标准是被用来作为能源效率的发送每比特数据所需的焦耳数。基站总的吞吐量将作为衡量网络效率的另外的一个标准。加权公平性也将被用作一个标准，因为拥塞可能是由于不公平的流量导致的。从形式上看，加权公平性定义为公平地分配资源如下

$$| \ W_f(t_1, \ t_2)/\phi_f - W_m(t_1, \ t_2)/\phi_m | \ = 0 \tag{9-1}$$

式中，f 和 m 是业务流；ϕ_f 是业务流 f 的权重；$W_f(t_1, \ t_2)$ 是在时间 $[\iota_1, \ \iota_2]$ 内获得的总服务量（以 bit 计算）。最后，定义公平指数（*fairness Index*，*FI*）（Vaidya et al. 2000）为 $FI = (\sum_f T_f/\phi_f)^2/(\eta * \sum_f (T_f/\phi_f)^2)$，其也被作为一个性能指标，其中 T_f 为业务流 f 的吞吐量，η 是业务流数目。

　　理论上，所提出的拥塞控制方案能够确保稳定性和性能。该方案基于缓存占用和退避间隔的选择，下面对其进行归纳。

9.3　自适应拥塞控制

　　这里所提出的自适应拥塞控制方案包括自适应速率和退避间隔选择方案。自适应速率选择方案通过估计输出业务流，将逐跳拥塞的影响降到最低。该方案实施时，每个节点将发送背压信号给源节点。因此，拥塞得到缓解的方法是，(1)基于信道状态和当前业务为每个节点设计合适的退避间隔；(2)通过控制所有节点的流速，包括源节点以防止缓存溢出。接下来，我们将详细描述速率和退避选择算法，然后说明数据传输和公平调度，最后说明该方案的公平性保证。

9.3.1　利用缓存占用选择速率

　　速率选择方案考虑了缓存占用和目标发送速率。下一跳节点的目标速率表明输入速率应该是多少。下面说明输入速率的选择。

　　如图 9-3 所示，考虑节点 i 的缓存占用。由输入业务和输出业务表示的缓存变化为

$$q_i(k+1) = Sat_p[q_i(k) + Tu_i(k) - f_i(u_{i+1}(k)) + d(k)] \tag{9-2}$$

式中，T 是测量区间；$q_i(k)$ 是节点 i 在 k 时刻的缓存占用；$u_i(k)$ 是整形后的（输入）业务速率；$d(k)$ 是业务的未知扰动；$f_i(\cdot)$ 表示由下一跳节点指定的输出业务速率，其受信道状态变化的影响，Sat_p 是饱和函数描述有限长队列的行为。需要计

算整形后的输入业务率 $u_i(k)$，并作为反馈传递给去往信源路径上的节点 $i-1$，其用于估计该上流节点 $f_{i-1}(\cdot)$ 的输出业务。

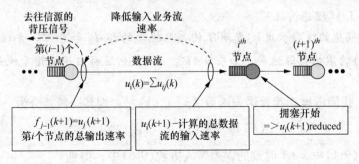

图9-3　速率选择概况

节点 i 选择期望的缓存占用为 q_{id}。然后定义缓存占用误差为 $e_{bi}(k) = q_i(k) - q_{id}$，其可用式9-2表示为 $e_{bi}(k+1) = q_i(k) + T \cdot u_i(k) - f_i(u_{i+1}(k)) + d(k) - q_{id}$。然后，引入控制器，并给出两个不同情况下的稳定性分析。

在为了说明该方案的工作，简单情况下，假设输出业务 $f_i(\cdot)$ 已知。定理9.3.1说明了系统的渐近稳定性。因此，队列长度 $q_i(\cdot)$ 接近理想长度 q_{id}。另外，如果在任何时刻，队长超过理想长度，反馈控制器将迅速迫使队长回到目标值。定理9.3.2中给出的第二种情况，放宽了完全了解输出业务 $f_i(\cdot)$ 的信息的假设。即使不了解输出业务的全部信息，只要业务流估计误差不大于最大值 f_M，稳定性依然成立。另一方面，定理9.3.3表明自适应方案能够预测输出业务 $\hat{f}_i(\cdot)$，并保证误差不超过最大值 f_M。因此，所提出的自适应控制器方案将确保队长维持在理想水平，即使对业务流的估计存在有界误差。

情况1　输出业务 $f_i(\cdot)$ 已知。现定义输入业务速率 $u_i(k)$ 为

$$u_i(k) = Sat_p(T^{-1}[f_i(u_{i+1}(k)) + (1 - k_{bv})e_{bi}(k)]) \tag{9-3}$$

式中，k_{bv} 是增益参数。在这种情况下，时刻 $k+1$ 时的缓存占用误差变为

$$e_{bi}(k+1) = Sat_p[k_{bv}e_{bi}(k) + d(k)] \tag{9-4}$$

如果 $0 < k_{bv} < 1$，当 $k \to \infty$ 时，缓存占用误差将趋近于零。

情况2　输出业务 $f_i(\cdot)$ 未知，并且必须进行估计。在这种情况下，我们定义输入业务速率 $u_i(k)$ 为

$$u_i(k) = Sat_p[T^{-1}(\hat{f}_i(u_{i+1}(k)) + (1 - k_{bv})e_{bi}(k))] \tag{9-5}$$

式中，$\hat{f}_i(u_{i+1}(k))$ 是对未知输出业务 $f_i(u_{i+1}(k))$ 的估计。

在这种情况下，$k+1$ 时刻缓存占用误差变为 $e_{bi}(k+1) = Sat_p(k_{bv}e_{bi}(k) +$

$\tilde{f}_i(u_{i+1}(k)) + d(k))$，其中 $\tilde{f}_i(u_{i+1}(k)) = f_i(u_{i+1}(k)) - \hat{f}_i(u_{i+1}(k))$ 表示输出业务的估计误差。

定理 9.3.1（理想情况）

考虑所期望的缓存长度 q_{id} 是有限的，且扰动的界 d_M 等于零。方程(9-3)给出了方程(9-2)的虚拟信源速率。如果 $0 < k_{bvmax}^2 < 1$，则缓存占用反馈系统是全局渐近稳定的。

证明 我们考虑李雅普诺夫函数 $J = [e_{bi}(k)]^2$。则其一阶差分为

$$\Delta J = [e_{bi}(k+1)]^2 - [e_{bi}(k)]^2 \tag{9-6}$$

将方程(9-4)中 $k+1$ 时刻的误差带入方程(9-6)中，得到

$$\Delta J = (k_{bv}^2 - 1)[e_{bi}(k)]^2 \leq -(1 - k_{bvmax}^2) \| e_{bi}(k) \|^2 \tag{9-7}$$

在任何 k 时刻，李雅普诺夫函数的一阶差分是负数。因此，闭环系统全局渐近稳定。

注释3：

前面采用李雅普诺夫方法的定理表明，在业务估计没有误差和没有扰动的理想情况下，该控制方案将确保实际队长渐近收敛到目标值。

定理 9.3.2（一般情况）

考虑期望的队列长度 q_{id} 是有限的，扰动的界 d_M 是已知常数。方程(9-2)中的虚拟信源速率由方程(9-5)和估计的网络业务确定，对网络业务的正确估计使得近似误差 $\tilde{f}_i(\cdot)$ 不大于 f_M。如果 $0 < k_{bv} < 1$，则缓存占用反馈系统是全局一致有界的。

证明 让我们考虑李雅普诺夫函数 $J = [e_{bi}(k)]^2$。则其一阶差分为

$$\Delta J = [k_{bv}e_{bi}(k) + \tilde{f}_i(u_{i+1}(k)) + d(k)]^2 - [e_{bi}(k)]^2 \tag{9-8}$$

稳定性条件 $\Delta J \leq 0$ 满足，当且仅当

$$\| e \| > (f_M + d_M)/(1 - k_{bvmax}) \tag{9-9}$$

当这个条件满足时，李雅普诺夫函数的一阶差分在任何 k 时刻都是负数。因此，闭环系统是全局一致有界的。

注释4：

前面应用李雅普诺夫方法的定理表明，在业务估计误差有界且扰动有界的一般情况下，控制方案将确保实际分组排队长度收敛到目标值。

下面估计输入业务函数，利用业务参数矢量 θ，且 $f_i(u_{i+1}(k)) = \theta \cdot f_i(k-1) + \varepsilon(k)$，其中 $f_i(k-1)$ 是上一个输出业务值，并且假设近似误差 $\varepsilon(k)$ 的上界为常数 ε_N。现在，定义控制器的业务估值 $\hat{f}_i(u_{i+1}(k)) = \hat{\theta}(k)f_i(k-1)$，其中 $\hat{\theta}_i(k)$ 是实际业务参数矢量，$\hat{f}_i(u_{i+1}(k))$ 是未知输出业务 $f_i(u_{i+1}(k))$ 的估值，$f_i(k-1)$ 是

上一个输出业务矢量。

定理9.3.3(无业务估计误差)

鉴于上述输入速率选择方案精确地估计(没有估计误差)变量 θ_i,且采用方程9.5更新退避间隔,则变量 θ_i 的平均估计误差和队列长度的平均误差渐进收敛到零,若参数 θ_i 的更新为

$$\hat{\theta}_i(k+1) = \hat{\theta}_i(k) + \lambda \cdot u_i(k) \cdot e_{fi}(k+1) \tag{9-10}$$

假设(a) $\lambda \|u_i(k)\|^2 < 1$ 和(b) $k_{fvmax} < 1/\sqrt{\delta}$,其中 $\delta = [1 - \lambda * \|u_i(k)\|^2]$,$k_{fvmax}$ 为最大 k_{fv} 的最大奇异值,λ 为自适应增益,$e_{fi}(k) = f_i(k) - \hat{f}_i(k)$ 为估计值和实际值的误差。

无论是否采用自适应方案来估计业务,前面方程(9-5)中的算法选择的速率没有考虑衰落信道。它只是通过监视缓存占用来检测拥塞的开始。在衰落无线信道中,传输的分组在接收端不能被解码和被丢弃,从而需要重传,这是因为没有直接考虑信道衰落。为了缓解由于信道衰落造成的拥塞,当 DPC 计算得到的发射功率超过节点的发射能力(最大发射功率)时,必须减小方程(9-5)确定的速率。这是通过使用虚拟速率和退避间的隔选择来完成的。对给定节点选择退避间隔是一项困难的任务,因为它依赖于所有相邻节点的退避间隔,而这通常是未知的。因此,需要提出节点退避间隔估计的自适应方案。

9.3.2 退避间隔选择

由于无线传感器网络中多个节点竞争访问共享信道,对节点而言,退避间隔选择对决定哪一个节点接入信道起着至关重要的作用。因此,所提出的方案适当地修改拥塞节点周围节点的退避时间间隔,以获得所期望的速率控制。对于基于争用的协议,由于多个节点竞争信道,因此很难选择一个合适的退避间隔。对于一个给定节点,传输速率和退避间隔之间的关系取决于 CSMA 或 CA 方式中的发送节点检测范围内所有节点的退避间隔。为了确定这种关系,节点需要知道所有邻居节点的退避间隔,这在无线网络中是不可取的,因为通信过程会带来大量的业务开销。

因此,我们提出使用一种分布式预测算法估计退避间隔,从而得到目标速率。其主要目的是在第 i 个节点选择退避间隔 BO_i,使得实际的吞吐量满足所期望的输出业务速率 $f_i(k)$。为简化计算,我们考虑退避间隔的倒数,即 $VR_i = 1/BO_i$,其中 VR_i 为第 i 个节点的虚拟速率,BO_i 是相应的退避间隔。公平调度算法根据节点的退避间隔调度分组的传输,公平调度方案将在下一小节讨论。当节点没有检测到任何传输,将减小退避间隔,否则保持不变。因此,节点成功访问信道的可能性与其虚拟速率成正比,和邻居节点总的虚拟速率成反比。第 i 个节点的实际速率是信道带宽 $B(t)$ 的一部分,定义为

$$R_i(t) = B(t) \cdot VR_i(t) / \sum_{l \in S_j} VR_l(t) = B(t) \cdot VR_i(t) / TVR_i(t) \qquad (9\text{-}11)$$

式中，TVR_i 是邻居节点所有虚拟速率之和。

由于该方案只考虑了一种调制方式，因此假定带宽 B 是时不变的，直到确定退避间隔。假设总带宽是不变的，只要链路能够通信（接收功率超过某个阈值）。然而，当发生严重衰落时，带宽会降到零。在这种情况下，设退避的间隔为一个较大的值 lar 以阻止不必要的传输，当功率限制导致信宿节点不能达到一个合适的信噪比(Signal-to-Noise Ratio，SNR)时。另外，在正常情况下，下面给出的算法用来计算退避间隔 BO_i，其随机地使得节点之间碰撞的可能性最小。因此，MAC 层退避计时器 BT_i 定义为

$$BT_i = \begin{cases} \rho * BO_i(k) & \text{当 } B(k) = 1 \text{ 时} \\ lar & \text{当 } B(k) = 0 \text{ 时} \end{cases} \qquad (9\text{-}12)$$

式中，ρ 是均值为 1 的随机变量；lar 是退避间隔很大的值；$B(k)$ 是用来判断信道是否发生衰落的变量。

方程(9-11)表示退避间隔和输出业务速率之间的关系。系统方程是微分方程，为设计一个能够跟踪目标速率的控制器，将其转换到离散时间域。这使得可以设计一个选择适当的退避间隔的反馈控制器

定理 9.3.4 和定理 9.3.5 表明，所提出的退避选择方案能够保证实际值收敛于输出业务的目标值，无论是在 (1) 吞吐量动态变化已知的理想情况下，还是 (2) 动态变化需要自适应估计的一般情况下。在后一种情况下，估计误差不超过已知的界 ε_N。当退避间隔选择被作为一个动态反馈系统时，基于李雅普诺夫(Jagannathan 2006，Zawodniok and Jagannathan 2006)的证明确保了稳定性。

9.3.2.1 自适应退避间隔选择

对方程(9-11)微分得到

$$\dot{R}_i(t) = B \cdot TVR_i^{-2}(t) \left[\dot{VR}_i(t) \cdot TVR_i(t) - VR_i(t) \cdot \dot{TVR}_i(t) \right] \qquad (9\text{-}13)$$

将微分方程转换到离散时间域，应用欧拉公式：

$$R_i(k+1) - R_i(k) = B \cdot TVR_i^{-2}(k)$$
$$\times \left[(VR_i(k+1) - VR_i(k)) TVR_i(k) - VR_i(k)(TVR_i(k+1) - TVR_i(k)) \right]$$
$$(9\text{-}14)$$

在应用方程(9-11)后，对方程(9-14)进行转换得到

$$R_i(k+1) = \left[R_i(k) VR_i(k+1) / VR_i(k) \right] + R_i(k) \left[1 - TVR_i(k+1) / TVR_i(k) \right]$$
$$(9\text{-}15)$$

现定义 $\alpha_i(k) = 1 - TVR_i(k+1) TVR_i(k)$，$\beta_i(k) = R_i(k) / VR_i(k)$ 和 $v_i(k) =$

$VR_i(k+1) = 1/BO_i(k+1)$。变量 α_i 描述 k 到 $k+1$ 时刻邻居节点业务流退避间隔的变化。这个变化是由于业务流的拥塞和信道衰落引起的。由于这个信息不能在本地获得，它被认为是一个未知参数，从而需要应用算法来估计。参数 β_i 是 k 时刻实际的和所使用的虚拟速率的比值，可以很容易地计算。v_i 是所考虑节点需要计算的退避间隔。

现在，方程(9-15)可以写为

$$R_i(k+1) = R_i(k)\alpha_i(k) + \beta_i(k)v_i(k) \tag{9-16}$$

方程(9-16)表明在 $k+1$ 时刻获得的速率，取决于邻居节点退避间隔的变化。现在，选择退避间隔如下

$$v_i(k) = (\beta_i(k))^{-1}[f_i(k) - R_{ij}(k)\hat{\alpha}_i(k) + \kappa_v e_i(k)] \tag{9-17}$$

式中，$\hat{\alpha}_i(k)$ 是 $\alpha_i(k)$ 的估值；$e_i(k) = R_i(k) - f_i(k)$ 是通过量误差；κ_v 是反馈增益参数。在这种情况下，通过量误差可以表示为

$$e_i(k+1) = K_v e_i(k) + \alpha_i(k)R_i(k) - \hat{\alpha}_i(k)R_i(k) = K_v e_i(k) + \tilde{\alpha}_i(k)R_i(k) \tag{9-18}$$

式中，$\tilde{\alpha}_i(k) = \alpha_i(k) - \hat{\alpha}_i(k)$ 是估计误差。

对于一条给定链路，闭环系统的吞吐量误差通常是由未知的邻居节点的退避间隔的误差造成的。如果能够正确估计这些不确定性，在考虑到选择适当的速率缓解潜在拥塞的情况下，节点可以选择一个合适的时间间隔。如果不确定情况下的误差趋于零，方程(9-18)变为 $e_i(k+1) = \kappa_v \cdot e_i(k)$。在出现邻居节点退避间隔变化的情况下，可以得出对于所考虑节点，选择的退避间隔误差有界。换句话说，拥塞控制方案将确保实际吞吐量接近其目标值，但它不能保证所有相邻节点的实际退避间隔收敛到其理想值。特别指出的是，除非对所有节点都选择了合适的退避间隔，否则不能防止拥塞。

定理 9.3.4(理想情况下的退避选择)

给定上述退避选择方案且准确估计(无估计误差)变量 α_i，利用方程(9-17)进行退避间隔更新，则变量 α_i 的平均估计错误和吞吐量的平均误差收敛于零，如果变量 α_i 更新如下：

$$\hat{\alpha}_i(k+1) = \hat{\alpha}_i(k) + \sigma \cdot R_i(k) \cdot e_i(k+1) \tag{9-19}$$

假设

$$(a)\sigma \parallel R_i(k) \parallel^2 < 1 \text{ 和 } (b) K_{vmax} < 1/\sqrt{\delta} \tag{9-20}$$

其中 $\delta = 1/[1 - \sigma * \parallel R_i(k) \parallel^2]$，$K_{vmax}$ 是 K_v 的最大奇异值，σ 是自适应增益。

证明 定义李雅普诺夫函数

$$J = e_i^2(k) + \sigma^{-1}\tilde{\alpha}_i^2(k) \tag{9-21}$$

其一阶差分为

$$\Delta J = \Delta J_1 + \Delta J_2 = e_i^2(k+1) - e_i^2(k) + \sigma^{-1}\left[\tilde{\alpha}_i^2(k+1) - \tilde{\alpha}_i^2(k)\right] \tag{9-22}$$

考虑方程(9-22)中的 ΔJ_1，并代入方程(9-18)，得到

$$\Delta J_1 = e_i^2(k+1) - e_i^2(k) = \left[k_v e_i(k) + \tilde{\alpha}_i(k)R_i(k)\right]^2 - e_i^2(k) \tag{9-23}$$

取出方程(9-22)一阶差分的第二项，并代入方程(9-19)，得到

$$\begin{aligned}\Delta J_2 &= \sigma^{-1}\left[\tilde{\alpha}_i^2(k+1) - \tilde{\alpha}_i^2(k)\right] = -2\left[k_v e_i(k)\right]\tilde{\alpha}_i(k)R_i(k) \\ &\quad -2\left[\tilde{\alpha}_i(k)R_i(k)\right]^2 + \sigma R_i^2(k)\left[k_v e_i(k) + \tilde{\alpha}_i(k)R_i(k)\right]^2\end{aligned} \tag{9-24}$$

合并方程(9-23)和方程(9-24)，得到

$$\begin{aligned}\Delta J &= -\left[1 - (1 + \sigma R_i^2(k)k_v^2)\right]e_i^2(k) + 2\sigma R_i^2(k)\left[k_v e_i(k)\right]\left[\tilde{\alpha}_i(k)R_i(k)\right] \\ &\quad -(1 - \sigma R_i^2(k))\left[\tilde{\alpha}_i(k)R_i(k)\right]^2 \leqslant -(1 - \delta k_{v\max}^2)\parallel e_i(k) \parallel^2 \\ &\quad -(1 - \sigma \parallel R_i(k) \parallel^2)\cdot \parallel \tilde{\alpha}_i(k)R_i(k) \\ &\quad -(\sigma \parallel R_i(k) \parallel^2 / [1 - \sigma \parallel R_i(k) \parallel^2])k_v e_i(k) \parallel^2\end{aligned} \tag{9-25}$$

式中，δ 在方程(9-20)后已经给出。现在，对方程两边取期望，得到

$$\begin{aligned}E(\Delta J) &\leqslant -E\Big\{(1 - \delta k_{v\max}^2)\parallel e_i(k) \parallel^2 - (1 - \sigma \parallel R_i(k) \parallel^2)\parallel \tilde{\alpha}_i(k)R_i(k) + \\ &\quad \sigma \parallel R_i(k) \parallel^2 / [1 - \sigma \parallel R_i(k) \parallel^2]k_v e_i(k) \parallel^2\Big\}\end{aligned} \tag{9-26}$$

　　由于 $E(J) > 0$ 和 $E(\Delta J) \leqslant 0$，这表明如果方程(9-20)成立，则从李雅普诺夫角度来看期望稳定。所以若 $E[e_i(k_0)]$ 和 $E[\tilde{\alpha}_i(k_0)]$ 有界，则 $E[e_i(k_0)]$ 和 $E[\tilde{\alpha}_i(k_0)]$（并且因此 $E[\hat{\alpha}_i(k_0)]$）平均有界。对方程(9-26)两边求和且取极限 $\lim\limits_{l \to \infty} E(\Delta J)$，则误差 $E[\parallel e_i(k) \parallel] \to 0$。

　　考虑估计误差为 $\varepsilon(k)$ 的闭环吞吐量误差如下：

$$e_i(k+1) = K_v e_i(k) + \alpha_i(k)R_i(k) + \varepsilon(k) \tag{9-27}$$

定理9.3.5（一般情况下的退避选择）

　　假设定理 9.3.4 中的前提，利用方程(9-18)及 $\varepsilon(k)$ 估计不确定性参数 α_i，并考虑估计误差是有上界的即 $\parallel \varepsilon(k) \parallel \leqslant \varepsilon_N$，其中 ε_N 是已知常数。假设方程(9-19)和方程(9-20)成立，则吞吐量和估计参数的平均误差有界。

　　证明　定义李雅普诺夫函数如同方程(9-21)，其一阶差分由方程(9-22)给出。则分别可以得到第一项 ΔJ_1 和第二项 ΔJ_2 如下

$$\begin{aligned}\Delta J_1 &= e_i^2(k)k_v^2 + 2\left[k_v e_i(k)\right]\left[\tilde{\alpha}_i(k)R_i(k)\right] + \left[\tilde{\alpha}_i(k)R_i(k)\right]^2 \\ &\quad + \varepsilon^2(k) + 2\left[k_v e_i(k)\right]\varepsilon(k) + 2\varepsilon(k)e_i(k) - e_i^2(k)\end{aligned} \tag{9-28}$$

$$\begin{aligned}\Delta J_2 &= -2\left[k_v e_i(k)\right]\left[\tilde{\alpha}_i(k)R_i(k)\right] \\ &\quad -2\left[\tilde{\alpha}_i(k)R_i(k)\right]^2 + \sigma R_i^2(k)\left[k_v e_i(k) + \tilde{\alpha}_i(k)R_i(k)\right]^2\end{aligned}$$

$$-2[1-\sigma R_i^2(k)]e_i(k)\varepsilon(k)$$
$$+2\sigma R_i^2(k)[k_v e_i(k)]\varepsilon(k)+\sigma R_i^2(k)\varepsilon^2(k) \tag{9-29}$$

根据方程(9-25)并对$\hat{\alpha}_i(k)R_i(k)$平方，得到

$$\Delta J\leqslant-(1-\delta k_{v\max}^2)\left(\parallel e_i(k)\parallel^2-\frac{2\sigma k_{v\max}\parallel R_i(k)\parallel^2}{1-\delta k_{v\max}^2}\varepsilon_N\parallel e_i(k)\parallel-\frac{\delta}{1-\delta k_{v\max}^2}\varepsilon_N^2\right)$$

$$-(1-\sigma\parallel R_i(k)\parallel^2)\left\|\tilde{\alpha}_i(k)R_i(k)-\frac{\sigma\parallel R_i(k)\parallel^2}{1-\sigma\parallel R_i(k)\parallel^2}(k_v e_i(k)+\varepsilon(k))\right\|^2$$

$$\tag{9-30}$$

δ含义已在方程9-20后说明过。上式两边取期望，

$$E(\Delta J)\leqslant-E\left\{(1-\delta k_{v\max}^2)\left(\parallel e_i(k)\parallel^2-\frac{2\sigma k_{v\max}\parallel R_i(k)\parallel^2}{1-\delta k_{v\max}^2}\varepsilon_N\parallel e_i(k)\parallel-\frac{\delta}{1-\delta k_{v\max}^2}\varepsilon_N^2\right)\right.$$

$$\left.+(1-\sigma\parallel R_i(k)\parallel^2)\left\|\tilde{\alpha}_i(k)R_i(k)-\frac{\sigma\parallel R_i(k)\parallel^2}{1-\sigma\parallel R_i(k)\parallel^2}(k_v e_i(k)+\varepsilon(k))\right\|^2\right\}$$

$$\tag{9-31}$$

只要式(9-20)成立，并且$E[\parallel e_i(k)\parallel]>(1-\sigma k_{v\max}^2)^{-1}\varepsilon_N(\sigma k_{v\max}+\sqrt{\sigma})$。这说明$E(\Delta J)$在紧致集合$u$之外为负值。根据标准李雅普诺夫的扩展（Jagannathan 2006，Zawodniok and Jagannathan 2006），对于所有的$l\geqslant0$吞吐量误差$E[e_i(k)]$有界。这需要说明$\hat{\alpha}_i(k)$或$\tilde{\alpha}_i(k)$是有界的。参数估计误差的动态变化为

$$\tilde{\alpha}_i(k+1)=[1-\sigma R_i^2(k)]\tilde{\alpha}_i(k)-\sigma R_i(k)[k_v e_i(k)+\varepsilon(k)] \tag{9-32}$$

式中，误差$e_i(k)$是有界的，且估计误差$\varepsilon(l)$也是有界的。应用激励条件的持续性（Jagannathan 2006），可以证明$\tilde{\alpha}_i(k)$是有界的。

9.3.2.2 速率传播

按照流经给定节点j业务流权重之和的比例，总的输入速率在上游节点间进行分配，即$u_{ij}(k)=u_i(k)\cdot\sum_n^{\text{第}j\text{个节点的业务流}}[\varphi_n]/\sum_m^{\text{第}i\text{个节点的业务流}}[\varphi_m]$，其中$u_{ij}(k)$是在接收节点$i$上分配给发送节点$j$的速率，$u_i(k)$是方程(9-3)给出的为第$i$个节点选择的全部输入流的速率，$\varphi_n$和$\varphi_m$分别为预先分配给第$n$个和第$m$个流的权重。接下来，将选定的速率$u_{ij}(k)$发送到上游节点$j$以减轻拥塞。这种反馈在拥塞链路的上游节点上递归进行，以降低传输速率，从而防止缓存溢出。下面讨论预先分配权重的更新，以保证加权公平性并提高吞吐量。

9.3.3 公平调度

首先采用自适应动态公平调度方案（Adaptive Dynamic Fair Scheduling，ADFS）

（Regatte and Jagannathan 2004）调度接收节点上的数据分组。对应于分组流的权重用于建立传输所需的调度。这个算法确保通过特定节点业务流的加权公平性。如本章给出的理论分析，所提出的方案提供了一个额外的动态权重更新特性，进一步提高了公平性和保证的指标。

这个 ADFS 的特性提高了吞吐量，同时在拥塞时通过调整每一个分组的权重来确保公平性。这里所使用的这个特性，可以作为拥塞控制方案的一个选项，因为它带来了额外开销。虽然第 7 章说明这个开销是很低的，其形式为（1）每个分组携带额外的权重比特；（2）每一跳都需要额外的计算来评估公平性和更新分组的权重。然而，这个算法在动态无线网络环境中是必须的。

ADFS 方案采用了方程（9-33）中给出的动态权重更新。ADFS 采用方程（9-1）中定义的加权公平性准则。初始权重根据用户定义的 QoS 准则进行选择。然后，分组权重根据网络状态动态调整。网络状态定义为分组经历的延时，队列中的分组数，和分组前一个权重的函数。实际上，与已有研究相比，第 7 章的分析结果给出了吞吐量和端到端延迟的界。NS 仿真结果表明，即使存在由于信道衰落造成的拥塞，所提方案是 WSN 的公平协议。下面介绍权重更新。

9.3.3.1　动态权重更新

考虑到影响公平性和时延的业务变化和信道状况，业务流的权重动态更新如下：

$$\hat{\varphi}_{ij}(k+1) = \xi\hat{\varphi}_{ij}(k) + \zeta E_{ij} \tag{9-33}$$

式中，$\hat{\varphi}_{ij}(k)$ 是 k 时刻第 i 个流量的第 j 个分组的实际权重，ξ 和 ζ 为设计的常数，$\{\xi, \zeta\} \in [-1, 1]$，$E_{ij} = e_{bi} + 1/e_{ij,\text{delay}}$，其中 e_{bi} 为队列期望长度和实际长度的误差，$e_{ij,\text{delay}}$ 为期望时延和分组到当前为止经历的时延之间的误差。

根据 E_{ij}，当队列建立起来时，分组的权重会增加以清空滞留的分组。相似地，端到端延时大的分组将被赋予高权重，以便节点能够尽快传输这些分组。注意到 E_{ij} 是有界的，因为分组排队长度和经历的时延是有限的，时延大于时延误差限制的分组将被丢弃。更新后的权重用来调度分组。然后，将要传输的分组发送到实现退避间隔方案的 MAC 层。接下来给出退避间隔选择方案的收敛性，调度方案对公平性和吞吐量的确保，以及提出的退避选择算法。

9.3.3.2　公平性和吞吐量保证

为证明动态权重的更新是公平的，对于足够长时间间隔 $[t_1, t_2]$ 且在这期间业务流 f 和 m 都在排队等待，我们需要给出 $|W_f(t_1, t_2)/\phi_f - W_m(t_1, t_2)/\phi_m|$ 的界。接下来，给出 3 个定理说明性能的确保。定理 9.3.6 确保所有业务流相应的公平性，而定理 9.3.7 保证每个流的最小吞吐量。最后，定理 9.3.8 结合了定理 9.6 和定理 9.7 保证所提方案的整体性能。下面的证明由 Regatte and Jagannathan 给出

（2004）。

注释5：

事实上，权重更新（方程（9-13））确保分配给每个节点上的分组的实际权重收敛接近其目标值。

注释6：

对于给定节点上的每个业务流，ϕ_{ij} 是有限的。定义 $\tilde{\phi}_{ij}$ 为权重误差 $\tilde{\phi}_{ij} = \phi_{ij} - \hat{\phi}_{ij}$。注意从现在开始，在节点 l 上业务流 f 的分组权重表示为 $\phi_{f,1}$，并可建立与每个节点上 ϕ_f 的关系 $\phi_{f,1} = \sigma_f \phi_f$。

定理9.3.6

对于业务流 f 和 m 在整个期间排队等待的任何间隔 $[t_1, t_2]$，两个流从簇头节点得到的服务差为

$$\left| W_f(t_1, t_2)/\phi_{f,1} - W_m(t_1, t_2)/\phi_{m,1} \right| \leq l_f^{max}/\phi_{f,1} + l_m^{max}/\phi_{m,1} \qquad (9\text{-}34)$$

注释7：

注意到定理9.3.6的成立与簇头服务速率无关。这表明该算法获得了带宽的公平分配，从而满足综合服务网络中公平调度算法的基本要求。

注释8：

权重可以在初始时选择并且不更新。如果发生这种情况，则变成了自时钟公平排队（Self-clocked Fair Queuing，SFQ）方案（Golestani 1994）。但仍然可以使用本文提出的退避间隔选择方案。第7章说明了 ADFS 和 SFQ 相比，在保证公平性的同时提高了吞吐量。

定理9.3.7（吞吐量保证）

如果 Q 是 ADFS 节点采用 FC 服务模式服务的业务流的集合，FC 业务模型的参数为 $(\lambda(t_1, t_2), \psi(\lambda))$，且 $\sum_{n \in Q} \phi_{n,l} \leq \lambda(t_1, t_2)$，则可知对于业务流 f 所有排队等待的间隔 $[t_1, t_2]$，$W_f(t_1, t_2)$ 为

$$W_f(t_1, t_2) \geq \phi_{f,1}(t_2 - t_1) - \phi_{f,1} \sum_{n \in Q} l_n^{max}/\lambda(t_1, t_2) - \phi_{f,1} \psi(\lambda)/\lambda(t_1, t_2) - l_f^{max}$$

$$(9\text{-}35)$$

证明　证明与无线 Ad Hoc 网络中的类似（Regatte and Jagannathan 2004）。

定理9.3.8（吞吐量和公平性保证）

假设定理9.6和定理9.7中的前提。如果使用方程（9-17）选择退避时间间隔，并使用方程（9-33）更新分组权重，则所提方案即使存在拥塞也将提供一个有限误差的吞吐量并确保公平性。

证明　采用类似定理9.3.6和定理9.3.7的过程。

9.4　仿真

利用 NS-2 模拟器对所提的方案进行仿真，并评估对比 DPC（Zawodniok and Jagannathan 2004）、802.11 协议以及 CODA。退避计算所需信息可在本地获得。因此，只有速率信息需要反馈给上游节点，并加入 MAC 帧。速率和退避间隔每隔0.5s 周期性计算一次。

仿真使用的参数包括一个 2 Mbit/s 的带有损耗、屏蔽和瑞利衰落的信道，并采用 AODV 路由协议。队长限制为 50 个 512B 的分组。SFQ 算法（Bennett and Zhang 1996）用于确保业务流经过给定节点的公平性。它使用分配的权重来调度分组的传输，且权重不更新。本文提出的方案将和其他方案进行比较。采用 NS-2 实现 Wan et al.（2003）中描述的 CODA 方案。另外，采用 MATLAB 在输出业务流变化时评估方案的性能。接下来对结果进行讨论。

例 9.4.1：树状拓扑结果

树状拓扑是传感器网络的典型拓扑，仿真中信源代表簇头，汇聚点 sink 为基站其收集传感器数据。业务在信宿节点附近累积从而引起中间节点的拥塞。仿真中业务包括五个业务流，在以下两种情况下仿真：（1）权重均为 0.2；（2）权重分别为 0.4，0.1，0.2，0.2，和 0.1。所有的信源产生相等的业务量，其超过信道容量，以致产生拥塞。给每个业务流的初始速率赋予相应的权重，使得信道饱和。需要注意到，在这样一种拥塞严重的网络中，RTS-CTS-DATA-ACK 握手和 802.11 协议标准的竞争窗口机制无法避免碰撞。而且采用 802.11 协议，大量的碰撞导致不能充分利用无线信道。如 Zawodniok and Jagannathan（2004）所述，DPC 提高了出现碰撞时的信道利用率。然而，DPC 并没有解决由于拥塞导致的输入和输出业务流的不平衡，因此仍然会造成缓存区的溢出和大量的分组丢弃。

图 9-4 和图 9-5 给出了每个业务流的吞吐量/权重（归一化权重）。理想情况下，对于公平调度方案来说，吞吐量与初始权重的比值曲线应该是平行于 x 轴的直线。和 DPC 和 802.11 MAC 协议相比，所提出的协议可得到公平的带宽分配，即使在改变分配

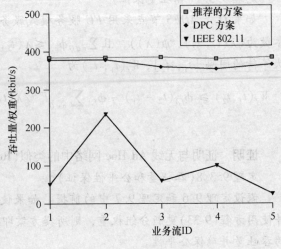

图 9-4　树状拓扑的性能

给业务流的权重的情况下，如在图 9-5 中所看到的。所提出协议得到这个结果的方法是，在分组调度和流量控制时考虑了分组的权重。因此，具有不同权重的业务流将得到相应的服务速率。在权重相等的情况下，DPC 协议具有很好的公平性。然而，当权重不相等时，由于缺乏相应的机制来调整信道资源的分配，DPC 不能保证公平性。但总体而言，和 DPC 和 802.11 协议相比，所提出的方案具有更好的公平性。

表 9-1 总结了协议的总体性能。表 9-1 中的公平指数（FI）显示改变业务流权重时的公平性。对于理想协议，其 FI 等于 1.00。802.11 和 DPC 协议的 FI 都小于 1.00，说明对业务流的调度不公

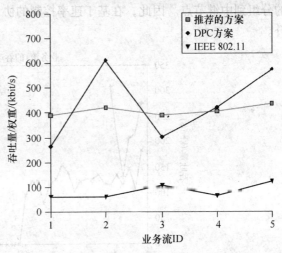

图 9-5　树状拓扑不同业务流权重时的性能

平性，而所提方案获得的公平指数等于 1.00，表明对业务流的资源分配公平。本文通过在每个节点递归地应用所提出的方案得到了端到端的公平，反过来保证了逐跳公平性。

表 9-1　协议性能比较

协议	平均时延 /s	公平性指数 /混合权重	网络效率 /(kbit/s)	能量效率 /(kbit/J)
所提协议	0.8	1.00	400.99	13.05
802.11	—	0.91	77.86	3.23
DPC	1.06	0.91	368.55	11.79

就吞吐量而言，802.11 协议的表现不能令人满意，因为它不能处理重拥塞网络大量的冲突，原因是它不能预测拥塞的发生从而避免拥塞。由于频繁的碰撞导致 802.11 协议不能成功地传递分组到目的节点，从而形成网络死锁，如图 9-5 所示。所以，802.11 协议的平均时延要比其他方案高很多。另一方面，DPC 在碰撞后检测空闲信道，比 802.11 协议更早地恢复传输（Zawodniok and Jagannathan 2004），从而提高了拥塞网络的吞吐量。采用所提出的方案可以进一步提高吞吐量，因为它可以防止拥塞发生。采用背压信号反馈，所提方案可以防止分组丢失。因此，它使得能量和带宽浪费最小，并且最大化端到端吞吐量。所以，该算法优于其他协议。

图 9-6 和图 9-7 表示业务流 1 的吞吐量和分组丢失率。可以看到，在 21～31s

的时间间隔内，中继节点到目的节点的链路发生了严重的衰落，使得不能传输。所提协议发送反压信号到源节点，避免中继节点的缓存溢出，同时防止信源发送过多的分组到中继节点。因此，在基于速率控制的协议中，没有观察到分组丢失率的上升。

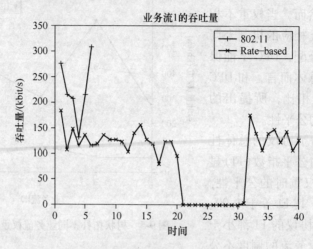

图 9-6　业务流 1 的吞吐量

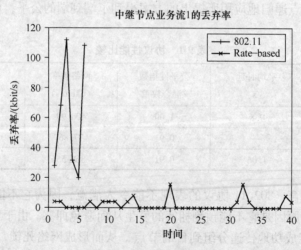

图 9-7　中继节点的分组丢失率

图 9-8 和图 9-9 给出了"权重 * 时延"的指标，以端到端时延的形式说明了加权公平性。所期望的结果是所有业务流应该有相同的时延，因为时延和 QoS 参数成反比例关系。较大权重的业务流具有较小的时延，反之亦然。图 9-8 给出了业务流权重相同时的仿真结果。所提方案对所有业务流是公平的，因为它采用相应的权重

调度分组和调整反馈信息。而且，和 DPC 协议相比，所提协议的端到端时延更小，这是因为拥塞得到了缓解并且分组的传输不存在不必要的时延。如图 9-9 所示，如果业务流量权重是变化的，则 DPC 协议变得不公平，因为它不区分业务流。与此相反，所提协议保证公平性，是因为它可以根据业务流的权重提供不同的服务速率。一般地，端到端时延的结果与前面吞吐量的结果是一致的

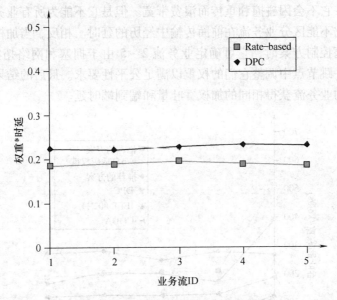

图 9-8　业务流权重相等时的加权时延

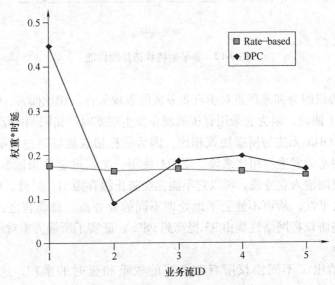

图 9-9　业务流权重变化时的加权时延

例 9.4.2：非平衡树状拓扑

非平衡的树状拓扑结构包括一个靠近目的节点的业务流(#1)和 4 个(#2 ~ #5)远离目的节点的业务流。因此，如果没有自适应权重，第一个业务流将被优先考虑，这是以牺牲其他 4 个业务流为代价的。图 9-10 描述了每个节点的吞吐量/权重比率(归一化权重)。所提出的无权重更新的协议，比 DPC 协议表现要好，因为通过缓解拥塞，它不会因碰撞和重传而浪费带宽。但是它不能为所有业务流提供公平服务，因为它不能区分业务流在前面传输中经历的延时。相反，当加权公平部分加入到所提拥塞控制方案时，它可确定业务流 2 ~ 5 由于拥塞和网络拓扑而滞后了。因此，在下一跳节点中调整它们的权重以满足公平性要求。最后的结果是在目的节点上，所有的业务流获得相同的加权吞吐量和端到端时延。

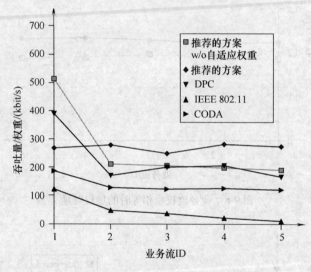

图 9-10　非平衡树状拓扑的性能

802.11 协议因为拥塞严重对所有业务流的表现欠佳。相比而言，CODA 的性能要优于 802.11 协议，因为它采用背压机制在发生拥塞时严格限制网络业务。然而，在吞吐量上 CODA 无法与所提协议相比，因为所提协议能够通过精确地控制队列长度来缓解拥塞的发生。相比来说，CODA 使用一个二进制位来标示拥塞的开始，没有精确地控制输入业务，所以它不能完全防止缓存溢出。另外，CODA 方案没有考虑加权公平性，从而不能公平地处理不同的业务流。总而言之，和 CODA 方案相比，所提协议将网络性能由 93 提高到 98%，证实了所提方案对所要求的性能的提高。

图 9-11 给出了不同协议所有业务流的权重和延时的乘积。这个图不包含802.11 协议的结果，因为拥塞会造成该协议迅速停顿，只有极少数的分组能到达

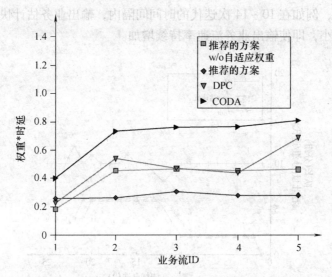

图 9-11　业务流权重相同(0.2)时分组权重与延时的乘积

目的节点。因此，观察到的延时不能与其他协议相比。在 CODA 方案中，拥塞控制策略(Wan et al. 2003)使得节点的传输暂停一段随机时间。所以，当传输经过拥塞区域时，端到端的时延将增大。而且，在这种情况下，所提协议带有权重更新故而优于其他协议，因为它按业务流权重的比例分配无线信道资源。另外，逐跳权重更新考虑了分组到当前为止所遇到的问题。因此，本地的不公平在下一跳中得到了调整。

例 9.4.3：输出业务流变化时的性能评估

除上述仿真之外，还采用 MATLAB 进行了仿真，以评估输出业务估计和改变输出业务流速率时缓存占用控制器的性能。采用 MATLAB 实现前面提出的算法，针对不同的输出业务进行仿真。队长设为 20 个分组，理想排队长度设为 10 个分组，控制器参数 $k_{vb} = 0.1$，$\lambda = 0.001$。仿真开始时每次迭代实际输出业务为 0 个分组，然后增加到 2，然后再每次迭代增加到 6 个分组。接下来，输出业务流每次迭代减少到 4 个分组。这些输出业务流的变化也可以被看做 MAC 数据速率的变化，从而显示了所提协议是如何在网络中支持多种调制速率的。

图 9-12 显示了输出业务流和队列长度的实际值和估计值。输出业务流估计能够跟踪实际值 f_{out}。队列长度 q_i 在输出业务流突然发生变化时，将偏离理想值，因为输出业务流的估计不能预测突变。然而突变之后，算法只需经过几次迭代，队列长度就会收敛到理想值，因为估计算法能够快速检测和适应变化的带宽。另外，图 9-13 中给出了输出业务流的估计误差 e_f 和队列长度误差 e_{bi}。误差是有界的并迅速收敛到零，因为该算法能够适应输出业务流的速率。而且，对于一个逐渐变化的输

出业务流速率，例如在 10 ~ 14 次迭代的时间间隔内，输出业务估计快速适应变化，且估计误差减小，即使输出业务流速率持续增加。

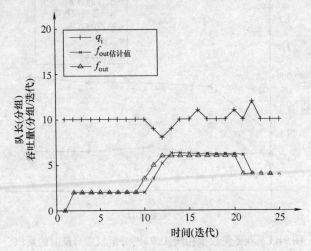

图 9-12　队列长度和输出业务流的估计

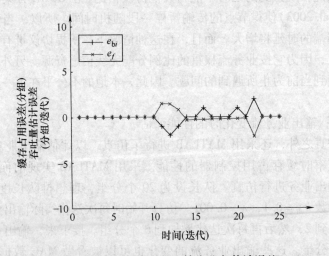

图 9-13　队列长度误差和输出业务估计误差

9.5　结论

本章提出了一种新的拥塞预测控制方案，基于当前网络条件合适地预测所有节点的退避间隔以缓解拥塞。网络条件包括通过特定区域的业务流和信道状态。仿真结果显示，所提出的方案提高了吞吐量，网络效率，和节省了能量。由于加入了公平调度算法，该方案确保所有业务流期望的 QoS 和加权公平性，即使在拥塞期间和衰落信道中。最后，所提方案提供了逐跳机制来限制分组速率，这将有助于缓解拥塞。采用基于李雅普诺夫分析的方法分析了所提方案的收敛性。

参 考 文 献

Bennett, J. C. R. and Zhang, H. , WF2Q: worst-case fair weighted fair queuing, *Proceedings of the IEEE INFOCOM*, Vol. 1, March 1996, pp. 120-128.

Golestani, S. J. , A self-clocked fair queuing scheme for broadband applications, *Proceedings of the IEEE INFOCOM*, Vol. 2, June 1994, pp. 636-646.

Hull, B. , Jamieson, K. , and Balakrishnan, H. , Mitigating congestion in wireless sensor networks, *Proceedings of the ACM SenSys*, 2004.

Jagannathan, S. , End to end congestion control in high-speed networks, *Proceedings of the IEEE LCN*, 2002, pp. 547-556.

Jagannathan, S. , *Neural Network Control of Nonlinear Discrete-Time Systems*, Taylor and Francis (CRC), Boca Raton, FL, 2006.

Kuo, W. -K. and Kuo, C. -C. J. , Enhanced backoff scheme in CSMA/CA for IEEE 802. 11, *Proceedings of the IEEE Vehicular Technology Conference*, Vol. 5, October 2003, pp. 2809-2813.

Peng, M. , Jagannathan, S. , and Subramanya, S. , End to end congestion control of multimedia high speed Internet, *Journal of High Speed Networks*, to appear in 2006.

Regatte, N. and Jagannathan, S. , Adaptive and distributed fair scheduling scheme for wireless Ad Hoc networks, *Proceedings of the World Wireless Congress*, May 2004, pp. 101-106.

Vaidya, N. H. , Bahl, P. , and Gupta, S. , Distributed fair scheduling in a wireless LAN, *Proceedings of the 6th Annual International Conference on Mobile Comput ing and Networking*, August 2000, pp. 167-178.

Wan, C. -Y. , Eisenman, S. , and Campbell, A. , CODA: congestion detection and avoid- ance in sensor networks, *Proceedings of the ACM SenSys'03*, Los Angeles, CA, November 2003, pp. 266-279.

Wang, S. -C. , Chen, Y. -M. , Lee, T. H. , Helmy, A. , Performance evaluations for hybrid IEEE 802. 11b and 802. 11g wireless networks, *Proceedings of the 24th IEEE IPCCC*, April 2005, pp. 111-118.

Yi, Y. and Shakkottai, S. , Hop-by-hop congestion control over wireless multi-hop networks, *Proceedings of IEEE INFOCOM*, Vol. 4, Hong-Kong, March 2004, pp. 2548-2558.

Zawodniok, M. and Jagannathan, S. , A distributed power control MAC protocol for wireless Ad Hoc networks, *Proceedings of the IEEE WCNC*, Vol. 3, March 2004, pp. 1915-1920.

Zawodniok, M. and Jagannathan, S. , Dynamic programming-based rate adapta-tion and congestion control MAC protocol for wireless Ad Hoc networks, *Proceedings of the 2006 IEEE Conference on Local Computer Networks*, to appear in November 2006.

Zawodniok, M. and Jagannathan, S. , Predictive congestion control MAC protocol for wireless sensor networks, *Proceedings of the International Conference on Control and Automation* (*ICCA*), Vol. 1, June 2005, pp. 185-190.

习题

9.3 节

习题 9.3.1：仿真队列长度状态方程(9-2)，拥塞控制方案使用方程 9.5 选择输入业务流速率，并应用更新业务参数的神经网络方程(9-10)估计输出业务流速率。假设在第 10 次迭代时输出业务流速率从最初的每间隔 5 个分组变为每间隔 7 个分组。计算输出业务流的估值，估值误差，排队长度，以及和理想队列长度的差。缓存的大小为 20 个分组，理想队列长度为 10 个分组，$\lambda = 0.001$，$k_{bv} = 0.1$，假设扰动 $d(k)$ 等于零。

习题 9.3.2：在有扰动 $d(k)$ 的情况下重复习题 9.3.1 的仿真，每次迭代扰动在 0 和 1 之间变化即 $(d(k) = k \bmod 2)$。

9.4 节

习题 9.4.1：选择一个密集分布的 WSN 且有多个簇头，重做例 9.4.1

习题 9.4.2：采用一个包含 150 个节点密集分布的 WSN，重做例 9.4.2

习题 9.4.3：改变缓存中分组大小，重做例 9.4.3。画出端到端时延，队列长度，能量效率。

第 10 章 RFID 阅读器网络自适应概率功率控制方案

第 6 章提出了一种无线 Ad Hoc 和传感器网络的功率控制方案。本章讨论一种不同类型网络的分布式功率控制(Distributed Power Control, DPC),通过控制功率来提高检测范围和读取率。

在射频识别(Radio Frequency Identification, RFID)系统中(Finkenzeller and Waddington 2000),检测范围和读取率受制于大功率读取设备之间的干扰。在密集的 RFID 网络中,这个问题变得更加严重并降低了系统的性能。因此,需要这种网络的 DPC 方案和相应的介质访问协议(medium access protocol, MAC),以评价并提供信道接入,使得可以准确地读取标签。本章中,我们研究若干可行的功率控制方案(Cha et al. 2006),在保持所希望的读取率的同时,保证系统整体覆盖范围。功率控制方案和 MAC 协议动态地调整 RFID 阅读器的输出功率,以适应标签读取时的干扰,获得可接受的信噪比(Signal-to-Noise Ratio, SNR)。作为两种解决方案,这里介绍文献 Cha et al.(2006)中的分布式自适应功率控制(Distributed Adaptive Power Control, DAPC)和概率功率控制(Probabilistic Power Control, PPC)。同时在 DAPC 中加上适当的退避方案以提高覆盖范围。这里同时给出了这些方案的方法和实现,仿真,对比以及对进一步工作的讨论。

10.1 引言

射频识别(RFID)技术的出现,同时在制造过程和工业化领域内越来越广为人知(Finkenzeller and Waddington 2000)。从供应链角度来看,这项技术加强了车间管理,带来了许多工艺改进和再造的机会。RFID 技术的原理是由阅读器通过射频(Radio Frequency, RF)链路从标签读取相关信息。在 EPC 全球 Web 网站(http://www.epcglobalinc.org/)上可以找到 RFID 技术的基础和当前标准。

在被动式 RFID 系统中,标签从载波信号中获取能量,也就是从阅读器获得能量为内部电路供电。另外,被动式标签不发起任何通信,而是只对来自阅读器调制的命令信号解码,并通过反向散射通信相应地进行应答(Rao 1999)。RF 反向散射的特性要求阅读器的大输出功率,理论上大输出功率在满足误码率(Bit Error Rate, BER)要求的同时,提供更大的检测范围。对于 915 MHz ISM 波段而言,输出功率限制在 1 W(FCC 代号 2000)。当多个阅读器分布在一个工作环境中时,阅读器的信号到达其他阅读器从而产生干扰。RFID 干扰问题在文献 Engels（2002）中被解释为阅读器碰撞。

　　Engels（2002）的研究指出，当来自一个阅读器发射的信号到达另一个阅读器并堵塞了该阅读器与检测区域内标签正在进行的通信时，便出现了 RFID 频率干扰。研究还表明，频率干扰的出现并不需要阅读器的查询区域重叠，原因是一个阅读器到达其他阅读器的辐射功率只要和标签的反向散射信号的功率到达相同等级（μW）时，便产生干扰。对于所期望的覆盖区域而言，阅读器必须被放置得相互距离较近以形成一个密集的阅读器网络。因此，通常会出现频率干扰，这导致了读取区域有限，读取不准确以及长时间的读取间隔。最小化干扰且最大化读取区域的阅读器布设是一个开放性问题。

　　迄今为止，频率干扰被描述为"碰撞"，如同"是"或"否"的情形，此时在同一信道上一定距离处的阅读器，使得另一个阅读器无法读取其读取范围内的任何标签。实际上，大干扰只是意味着读取范围的显著缩小，但不等于 0。10.2 节将从数学上给出该结果。已有的解决这个信道访问问题的努力（Waldrop et al. 2003，Tech Report 2005）都是基于在空间或时间上隔离阅读器。作为 CEPT 规范（Tech Report 2005）实现的 Colorwave（Waldrop et al. 2003）和"先听再说"依赖于时间隔离，而作为 FCC（FCC Code 2000）规则实现的跳频扩频（Frequency Hopping Spread Spectrum，FHSS）使用了多频率信道。前一种策略在读取时间和平均读取范围方面无效，而后者不能够得到规则的普遍许可。Cha et al.（2006）的研究专门致力于克服 RFID 网络的这些限制。

　　本章讨论文献 Cha et al.（2006）中的两种功率控制方案，将阅读器发射功率作为系统控制变量，以获得期望的读取范围和读取率。阅读器测量得到的干扰大小被用作本地反馈参数来动态地调整阅读器的发射功率。基于相同的基本概念，分布式自适应功率控制使用 SNR 以离散时间步长来调整功率，而 PPC 是基于某种概率分布来调整发射功率的。这里应用了基于李雅普诺夫的方法来分析所提出的 DAPC 方案的收敛性。仿真结果证实了理论分析结论。

10.2　问题描述

　　在研究解决频率干扰问题的方法之前需对其有充分的认识。本节我们给出问题的理论分析和做出的假设。

10.2.1　数学关系

　　在反向散射通信系统中，SNR 必须满足所要求的阈值 $R_{required}$，其表示为

$$R_{required} = (E_b/N_0)/(W/D) \tag{10-1}$$

式中，E_b 是接收信号每比特的能量，单位为 W；N_0 是噪声功率，单位为 W/Hz；D 是比特率，单位为 bit/s；W 是信道带宽，单位为 Hz。对于已知调制方式和 BER，可以计算出 E_b/N_0。所以，$R_{required}$ 可以根据希望的数据率和 BER 来选择。

对阅读器 i，若要成功地检测标签，下式必须成立：

$$\frac{P_{bs}}{I_i} = R_i \geqslant R_{required} \tag{10-2}$$

式中，P_{bs} 是标签的反向散射功率；I_i 是标签反向散射频率点的干扰；R_i 是给定阅读器的 SNR。

一般来说，P_{bs} 可以用阅读器发射功率 P_i 和标签距离 r_{i-t} 来估计。在文献 Rappaport（1999）中推导的其他变量如阅读器和标签天线增益，调制指数和波长，可以认为是常数并在方程(10-3)中简单地用 K_1 表示，则

$$P_{bs} = K_1 \cdot \frac{P_i}{r_{i-t}^{4q}} = g_{ii} \cdot P_i \tag{10-3}$$

式中，q 是考虑了路径损耗的环境变量，g_{ii} 是从阅读器 i 到标签以及返回过程的信道损耗。阅读器和被查询的标签之间的通信信道应当处于一个相对较小的范围；因此对于阅读器—标签链路不考虑瑞利衰落和屏蔽的影响。假设环境相对稳定，反射的影响可以考虑作为常数并入 g_{ii} 中。所以，P_{bs} 的估计可以只考虑路径衰落而不考虑其他的信道不确定性。但是，在干扰的计算中还是考虑了信道的不确定性，因为阅读器之间的位置比阅读器和标签相对更远，而且阅读器是功率源。

阅读器 j 对阅读器 i 造成的干扰为

$$I_{ij} = K_2 \cdot \frac{P_j}{r_{ij}^{2q}} \cdot 10^{0.1\zeta} \cdot X_{ij}^2 = g_{ij} \cdot P_j \tag{10-4}$$

式中，P_j 是阅读器 j 的发射功率；r_{ij} 是两个阅读器间的距离；K_2 是其他的所有常数特性；$10^{0.1\zeta}$ 对应于屏蔽效应；X 是符合瑞利分布（Rappaport 1999）的随机变量以反映阅读器 j 和阅读器 i 之间信道的瑞利衰落。经过简化，g_{ij} 表示阅读器 j 到阅读器 i 的信道衰落。注意到干扰实际上是发生在标签反向散射的边带，所以只需要考虑特殊频率上的功率，K_2 和 g_{ij} 还考虑了这个因素。

任何给定阅读器 i 上的累积干扰 I_i 本质上等于所有其他阅读器产生的干扰加上噪声变化 η：

$$I_i = \sum_{j \neq i} g_{ij} P_j + \eta \tag{10-5}$$

给定发射功率和干扰，阅读器的实际读取范围为

$$r_{actual}^{4q} = \frac{K_1 \cdot P_i}{R_{required} \cdot I_i} \tag{10-6}$$

标签在希望的范围 r_d 接收到的 SNR 可计算为

$$R_{rd} = \frac{K_1 \cdot P_i}{r_d^{4q} \cdot I_i} \tag{10-7}$$

结合方程(10-6)和方程(10-7)，可以计算以 R_{rd} 为变量的实际的检测范围 r_{actual} 为

$$r_{actual} = r_d \left(\frac{R_{rd}}{R_{required}} \right)^{1/4q} \tag{10-8}$$

出于分析的目的，假设任何标签在依据 BER 确定的范围内可被阅读器成功检测。若阅读器完全孤立，则意味着无干扰，可以通过使用阅读器的最大功率 P_{max} 得到最大检测范围 r_{max}。在实际应用中，由于干扰的原因不可能期望得到这个最大范围。值得指出的是，由方程(10-8)可知检测范围和 SNR 是可互换的，因此我们所提出的算法的目标是所要求的 SNR。通过可行的功率控制同时得到相应的读取率和覆盖范围。

将方程(10-3)和方程(10-4)代入方程(10-2)，作为时间变量函数的 SNR 为

$$R_i(t) = \frac{P_{bs}(t)}{I_i(t)} = g_{ii} \cdot P_i(t) / \left(\sum_{j \neq i} g_{ij}(t) P_j(t) + u_i(t) \right) \tag{10-9}$$

注意到 g_{ii} 对于特定的阅读器—标签链路而言是常数，若假设标签是静止的。如果读取器所期望的范围为 r_d，其小于 r_{max}，则我们可以定义距离阅读器 r_d 的标签的反向散射信号的 SNR 为

$$R_{i-rd}(t) = \frac{P_{bs-rd}(t)}{I_i(t)} = g_{ii-rd} \cdot P_i(t) / \left(\sum_{j \neq i} g_{ij}(t) P_j(t) + u_i(t) \right) \tag{10-10}$$

其中

$$g_{ii-rd} = \frac{K_1}{r_d^{4q}} \tag{10-11}$$

方程(10-10)通过网络特定点的干扰给出了该点的 SNR 和所有阅读器的输出功率之间的基本关系。本章的后续部分应用这个关系来推导功率控制算法。

10.2.2　双阅读器模型

为更好地理解上述问题，首先考虑一个简单的双阅读器模型。两个阅读器 i 和 j 的距离为 $D(i, j)$，其期望的范围分别为 R_{i_1} 和 R_{j_1}，如图 10-1 所示。不考虑干扰的情况下阅读器的功率至少等于 P_i 和 P_j，以覆盖其期望的范围。然而，由于相互之间造成的干扰，实际检测范围会分别减小到 R_{i_2} 和 R_{j_2}。

由于干扰的原因，在检测范围内不能获得所期望的 SNR，所以阅读器必须尝

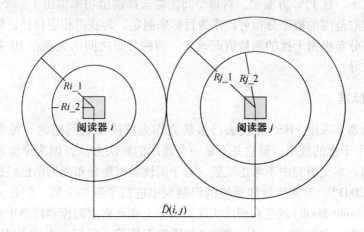

图 10-1　双阅读器模型

试增大发射功率。若两个阅读器都无节制地增大发射功率，最后都增大到最大发射功率然而却没有得到期望的检测范围，因为干扰也增大了。另外，不能满足 SNR 的目标，结果是即使在检测范围内标签也不能被读取。解决这个问题的办法之一是使阅读器在不同的时隙工作。但是，当阅读器的数目增加时，这种方法会严重地影响到阅读器的平均读取时间和检测范围，最后增大了读取间隔。

一种更可取的方法是平衡两个阅读器的发射功率，以实现多个阅读器获得所希望的读取范围的平衡。在这种方法中，若阅读器 i 以功率 P_{max} 发射而阅读器 j 不发射，则可得到大于目标值 R_{i_1} 的读取范围。另一方面，存在一个功率值，阅读器 j 以该功率发射时阅读器 i 的读取范围仍然为 R_{i_1}。反过来，应用相同的方法可以使得阅读器 j 能获得其目标范围。在这种情况下，两个阅读器的平均读取范围比 on-off 循环的方法有所提高。密集的阅读器网络需要这种相互让步的方法，因为其中可能不能同时满足所有阅读器的期望范围。这种方法将使阅读器密集分布网络的效果得到显著改善。下节详细说明这种分布式策略。

10.2.3　分布式方案

本章介绍两种 DPC 方案——DAPC 和 PPC。DAPC 包括在每个阅读器上基于本地干扰的测量值进行的系统功率更新。它还采用嵌入式信道预测来描述下一循环中时变衰落信道的状态。在 10.3 节，将说明所提出的 DAPC 方案将收敛于任何目标 SNR 在存在信道不确定性的情况下。对于密集网络不能同时达到所有阅读器的目标 SNR，除了功率更新还增加了一种选择性的退避方法，采用了某种程度的退让以使得所有阅读器达到其所期望的检测范围。

相比之下，在 PPC 方案中，对每个阅读器选择输出功率给出了一个概率分布。所期望的读取范围的概率分布可以作为目标来制定。为获得相应目标，每个阅读器的输出功率分布根据干扰的测量值而改变。两种分布之间的关系在 10.4 节进行理论分析和推导。

10.2.4　标准

在阅读器上采用 FHSS 在过去已被研究作为解决干扰问题的一种方法。尽管 FHSS 减小了干扰的概率，但它并不是一个通用的解决方法，因为全世界的频谱管理规定不同。本文研究中不考虑跳频。对于阅读器密集分布的网络已经提出了新的标准(EPC 2003)，对阅读器和标签的调制频率进行了频谱分隔。但是，受制于传输任务(Transmit Mask)规范和硬件实现，实际上在高密度阅读器网络中还存在标签边带频段干扰。文献 Cha et al. (2006)的研究不依赖于任何已有的 RFID 标准或实现，可以容易地改进以提高 RFID 阅读器网络的性能。

10.3　分布式自适应功率控制

分布式，也被称为 DPC，协议在无线通信领域得到了充分研究，包括在 Ad Hoc 网络(Zawodniok and Jagannathan 2004)和蜂窝网络(Jagannathan et al. 2006)。从概念上来说，RFID 阅读器网络中的功率控制类似于这些协议。但是，因为独特的通信干扰特性和 RFID 应用，它们之间还存在一些根本性差别。另外，相比蜂窝手机或传感器节点，标签的智能化程度不够，所以这些方案必须针对 FRID 的应用进行改变。

首先，无线通信中 DPC 的主要目标是在保证所期望的服务质量(Quality of Service, QoS)的同时节省能量。在文献 Park and Sivakumar (2002)，Jung and Vaidya (2002)，Jagannathan et al. (2006)，和 Zawodniok and Jagannathan (2004)中，研究者提出了不同的功率更新方案，以维持有效通信的目标 SNR 阈值。相比而言，所提出的 RFID 系统的工作是减少由其他阅读器造成的干扰，同时保持每个阅读器读取范围，故而得到所有阅读器的最佳覆盖和读取率。第二，Ad Hoc 和蜂窝网的 DPC 要求在发射器和接收器之间进行反馈。在 FRID 阅读器网络中，阅读器同时承担发射器和接收器的角色。所以，反馈对阅读器而言是内部的，不会产生任何通信开销。第三，与采用电池供电的低功率无线网络相比，因为严重的干扰，甚至在最大发射功率的情况下，密集网络中的 RFID 阅读器都可能不能获得目标 SNR。最后，与面向连接的网络相比，每个节点在最需要的时候发射信号，RFID 阅读器总是要发射信号以读取标签。因此，控制所有阅读器分布式信道访问更加困难。

本 DAPC 算法包括两个结构模块：自适应功率更新和选择性退避。自适应功率更新的目标是通过估计干扰和所有的信道不确定性，以获得所要求的 SNR 以及合适的输出功率。在密集网络中，选择性退避迫使大功率阅读器让步，使得其他阅读器能获得所要求的 SNR。我们将深入讨论 DAPC 中的这两个结构模块。

10.3.1　功率更新

现在通过数学分析给出 DAPC 的推导和性能。当信道干扰符合信道的时变特性时，对方程(10-10)的 SNR 进行微分，得到

$$R'_{i-\text{rd}}(t) = g_{ii-\text{rd}} \cdot \frac{P'_i(t) I_i(t) - P_i(t) I'_i(t)}{I_i^2(t)} \tag{10-12}$$

式中，$R'_{i-\text{rd}}(t)$，$P'_i(t)$ 和 $I'_i(t)$ 分别为 $R_{i-\text{rd}}(t)$，$P_i(t)$ 和 $I_i(t)$ 的微分。

应用欧拉(Euler)公式并采用与第 5 章相似的推导方法，$x'(t)$ 可以表示为离散时间域上的 $\dfrac{x(l+1) - x(l)}{T}$，其中 T 是抽样间隔。方程(10-12)可转变为离散时间域上的

$$\frac{R_{i-\text{rd}}(l+1) - R_{i-\text{rd}}(l)}{T} = \frac{g_{ii-\text{rd}} \cdot P_i(l+1)}{I_i(l) T} - \frac{g_{ii-\text{rd}} \cdot P_i(l)}{I_i^2(l) T} \cdot$$

$$\sum_{j \neq i} \left(\begin{array}{c} [g_{ij}(l+1) - g_{ij}(l)] P_j(l) \\ + g_{ij}(l) [P_j(l+1) - P_j(l)] \end{array} \right) \tag{10-13}$$

转换后，方程(10-13)可以表示为

$$R_{i-\text{rd}}(l+1) = \alpha_i(l) R_{i-\text{rd}}(l) + \beta_i v_i(l) \tag{10-14}$$

其中

$$\alpha_i(l) = 1 - \frac{\sum_{j \neq i} \Delta g_{ij}(l) P_j(l) + \Delta P_j(l) g_{ij}(l)}{I_i(l)} \tag{10-15}$$

$$\beta_i = g_{ii-\text{rd}} \tag{10-16}$$

和

$$v_i(l) = P_i(l+1) / I_i(l) \tag{10-17}$$

加入噪声后，方程(10-14)写成

$$R_{i-\text{rd}}(l+1) = \alpha_i(l) R_{i-\text{rd}}(l) + \beta_i v_i(l) + r_i(l) \omega_i(l) \tag{10-18}$$

式中，$\omega(l)$ 是均值为 0 的静态统计信道噪声；$r_i(l)$ 是系数。

由方程(10-18)，可以得到 $l+1$ 时刻的 SNR 是信道从 l 到 $l+1$ 时刻变化的函

数。设计 DAPC 的困难在于预先未知信道变化。因此，计算反馈控制时必须对 α 进行估计。现在，定义 $y_i(k) = R_{i-\text{rd}}(k)$，则方程(10-18)可以表示为

$$y_i(l+1) = \alpha_i(l)y_i(l) + \beta_i v_i(l) + r_i(l)\omega_i(l) \tag{10-19}$$

因为 α_i 和 r_i 未知，方程(10-19)可以转化为

$$y_i(l+1) = \begin{bmatrix} \alpha_i(l) & r_i(l) \end{bmatrix} \begin{bmatrix} y_i(l) \\ \omega_i(l) \end{bmatrix} + \beta_i v_i(l) = \theta_i^{\mathrm{T}}(l)\psi_i(l) + \beta_i v_i(l) \tag{10-20}$$

式中，$\boldsymbol{\theta}_i^{\mathrm{T}}(l) = \begin{bmatrix} \alpha_i(l) & r_i(l) \end{bmatrix}$ 是未知参数矢量；$\boldsymbol{\psi}_i(l) = \begin{bmatrix} y_i(l) \\ \omega_i(l) \end{bmatrix}$ 是回归矢量。选择 DAPC 的反馈控制为

$$v_i(l) = \beta_i^{-1}\begin{bmatrix} -\hat{\theta}_i(l)\psi_i(l) + \gamma + k_v e_i(l) \end{bmatrix} \tag{10-21}$$

式中，$\hat{\theta}_i(l)$ 是 $\theta_i(l)$ 的估值，SNR 的误差系统表示为

$$e_i(l+1) = k_v e_i(l) + \theta_i^{\mathrm{T}}(l)\psi_i(l) - \hat{\theta}_i^{\mathrm{T}}(l)\psi_i(l) = k_v e_i(l) + \tilde{\theta}_i^{\mathrm{T}}(l)\psi_i(l) \tag{10-22}$$

式中，$\tilde{\theta}_i(l) = \theta_i(l) - \hat{\theta}_i(l)$ 是估计误差。

由方程(10-22)，可以清楚看到，闭环 SNR 误差系统由信道估计误差引起。若能够正确估计信道不确定性，则 SNR 误差趋于 0。因此，实际的 SNR 趋于目标值。在出现估计误差时，只能给出 SNR 的误差界。给定闭环反馈系统和误差系统，可以得到信道估计算法。

现在考虑带有信道估计误差 $\varepsilon(l)$ 的闭环误差系统为

$$e_i(l+1) = k_v e_i(l) + \tilde{\theta}_i^T(l)\psi_i(l) + \varepsilon(l) \tag{10-23}$$

式中，$\varepsilon(l)$ 为估计误差，其被认为存在上界即 $\|\varepsilon(l)\| \leqslant \varepsilon_{\mathrm{N}}$，且 ε_{N} 为已知常数。

定理 10.3.1

给定上述 DPC 方案及信道不确定性，若 DPC 方案的反馈选择如方程(10-21)，则平均信道估计误差及平均 SNR 误差渐进地趋于 0，若参数更新采用下式

$$\hat{\theta}_i(l+1) = \hat{\theta}_i(l) + \sigma\psi_i(l)e_i^T(l+1) - \Gamma\|I - \psi_i^T(l)\psi_i(l)\|\hat{\theta}_i(l) \tag{10-24}$$

式中，$\varepsilon(l)$ 为估计误差，其被认为存在上界即 $\|\varepsilon(l)\| \leqslant \varepsilon_{\mathrm{N}}$，且 ε_{N} 为已知常数，则 SNR 平均误差和估计参数有界。

10.3.2　选择性退避

在密集阅读器网络中，所有阅读器能够同时获得其目标 SNR 是难以想象的，因为严重的拥塞将影响读取率和覆盖范围。作为自适应功率更新的结果，这些阅读器将最后达到最大功率。这要求基于时间的退让策略，某些阅读器允许其他阅读器

达到其目标 SNR。

无论何时当阅读器发现在最大功率也不能获得目标 SNR 时，这暗示网络中的干扰太严重，阅读器将退避到一个低功率一段时间。因为干扰是一种局部出现的现象，多个阅读器将面对这种情况，它们将全部被迫退避。快速降低功率将使得其他阅读器的 SNR 得到显著的改善。在等待一段退避时间后，阅读器将回到正常工作状态并试图获得其目标 SNR。这个过程在网络中的每一个阅读器上重复进行。为在所有拥塞的阅读器中公平地分配信道访问的机会，退避方案须确保所有阅读器的某种质量指标。选择性退避方案采用阅读器获得期望范围时间的百分比作为质量控制参数来保证公平性。

在退避后，每个阅读器必须等待一段时间 τ_w。为说明退避效果，定义 τ_w 为阅读器达到所要求的 SNR 时间的百分比 ρ 的指数函数。这样被忽略的阅读器将很快退出退避模式获得所要求的 SNR，而附近的其他阅读器退避。τ_w 的计算为

$$\tau_w = 10 \cdot [\log_{10}(\rho + 0.01) + 2] \tag{10-25}$$

应用前面的方程，ρ 为 10% 的阅读器将等待 10 个时间间隔，而 ρ 为 100% 的阅读器的等待时间等于 20。图 10-2 画出了等待时间 τ_w 与 ρ 的关系曲线。

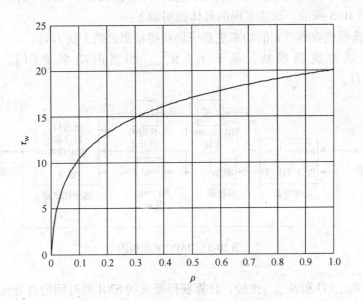

图 10-2 选择性退避函数曲线

退避策略将使得干扰向负方向变化，因此不会对自适应功率更新方案的性能造成不利影响。表 10-1 给出了实现选择性退避详细的伪代码。

表 10-1　选择性退避伪代码

若阅读器未处于退避模式

　　若 $P_{next} == P_{max}$

　　　　改变阅读器进入退避模式

　　　　初始化等待时间 τ_w

　　若阅读器处于退避模式

　　　　设 $P_{next} = P_{min}$

　　　　减小 τ_w

　　　　若 $\tau_w == 0$

　　　　　　阅读器退出退避模式

10.3.3　DAPC 实现

DAPC 可以容易地在 RFID 阅读器的 MAC 层加以实现。这里不详细说明 MAC 的实现。算法要求在起始时知道两个参数，即所期望的范围 r_d 和所要求的 SNR 值 $R_{required}$。

所提出的 DAPC 可以看作阅读器发射器单元和接收器单元之间的一个反馈，实现框图如图 10-3 所示。算法实现的具体说明如下：

1) 阅读器接收器单元的功率更新模块获得检测到的干扰 $I(l)$。

2) 在功率更新模块，基于 r_d，$R_{required}$ 和当前功率 $P(l)$，计算当前 SNR $R_{i-rd}(l)$。

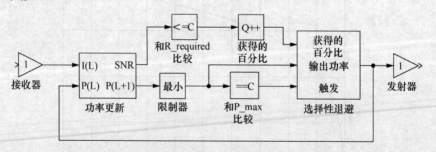

图 10-3　DAPC 实现框图

3) 将 $R_{i-rd}(l)$ 和 $R_{required}$ 比较，计算获得要求的 SNR 的时间的百分比 ρ，并记录下来。

4) 基于方程(10-24)，估计下一步 $l+1$ 时的信道，应用方程(10-21)中的反馈控制计算功率 $P(l+1)$。

5) $P(l+1)$ 应小于最大功率 P_{max}；若 $P(l+1)$ 大于 P_{max}，触发选择性退避方案，否则 $P(l+1)$ 用作下一循环的输出功率。

6）选择性退避模块采用前面小节中介绍的算法，限制下一循环最终的输出功率。

上面介绍的仿真和结果将分别在10.5节和10.6节中讨论，同时还包括PPC的仿真和结果。下面讨论PPC。

10.4　概率功率控制

PPC的思想来自简单的时分复用（Time Division Multiplexing，TDM）算法。若阅读器被赋予在一个时隙以满功率发射而其他阅读器被关闭，它将获得最大的范围。对时隙以循环的方式进行分配能够保证所有阅读器无干扰地工作。但是，这对于平均读取范围，阅读器利用率和等待时间来说效率不高。显然，不止一个阅读器可以在同一时隙工作但使用不同的功率，从而得到更好的总的读取范围。若每个时隙所有阅读器的功率变化符合某种分布，随着时间的推移，每个阅读器将能获得其最大的范围而同时保持一个好的平均范围。

对于分布式解决方法，这涉及为每个时隙设置功率的概率分布。这种分布需基于阅读器网络的密度和其他参数来进行调整。

10.4.1　功率分布

方程（10-9）说明阅读器的读取范围取决于它的发射功率和面临的干扰，这是所有其他阅读器功率的函数。若阅读器的功率符合某种概率分布，则每个阅读器的读取范围的分布是这些功率分布的函数。

$$F(r_i) = f_i(F(P_1),\ \cdots,\ F(P_n)) \tag{10-26}$$

式中，$F(r_i)$是读取器i的读取范围的累积密度函数，$F(P_i)$是读取器i的累积功率密度函数。性能指标包括所获得的平均读取范围μ_r和获得期望的范围r_d的时间的百分比ρ，体现了读取范围分布$F(r_i)$的特点。

$$F(r_i) = g_i(\mu_r,\ \rho) \tag{10-27}$$

为获得读取范围分布的目标特性，需要不受限制地改变功率分布。为此，特地选择 Beta 分布如图10-4所示：通过指定形状变量α和β，可以在 0 到 1（0～100% 功率）的范围改变累积密度函数。通过改变这两个参数，可以控制功率分布从而获得所希望的方程（10-26）中的读取范围分布。采用 Beta 分布的功率可以表示为

$$F(P_i) = H(P_i; \alpha,\ \beta) \tag{10-28}$$

如图10-4所示，$Beta(0.1, 0.1)$显示选择高或低功率的概率为30%。平均而言，三分之一的阅读器不能在同一时隙工作，因此减小了干扰程度。这种分布希望在密集网络中工作良好，因为这种工作方式类似于时隙方式。在稀疏网络中是可以

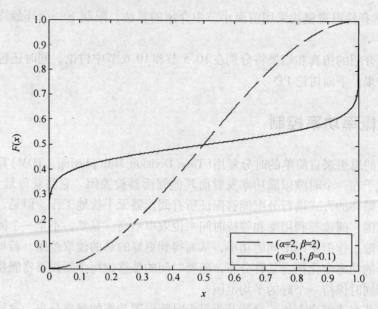

图 10-4　读取范围的累积密度函数

获得所有阅读器的目标 SNR 的，功率分布 Beta（0.1，0.1）将降低性能，因为阅读器 30% 的时间处于关闭状态。与此同时，由 Beta（2，2）生成的分布得到的处于中间功率范围的概率更高，其将得到更好的结果，因为更高的输出功率可以克服稀疏网络中产生的干扰问题。值得指出的是，密集 RFID 网络包含 30 ~ 40 个阅读器，而稀疏网络可能包含 5 ~ 10 个阅读器，这不像无线 Ad Hoc 和传感器网络，其密集网络可能包含成百上千个传感器节点。

10.4.2　分布调整

方程（10-26）给出了读取范围的累积密度函数与所有阅读器输出功率的关系。然而，在分布式实现中，操作参数如功率分布和阅读器的位置对其他阅读器而言是未知的。所以，这些参数必须体现在可测量的量中。方程（10-5）以干扰的形式给出了这种典型的量，这使得方程（10-28）为

$$F(r_i) = l_i(F(P_1), F(I_i)) \tag{10-29}$$

将方程（10-27）方程和方程（10-28）代入方程（10-29），

$$g_i(\mu_r, \tau_r) = l_i(H(\alpha, \beta), F(I_i)) \tag{10-30}$$

转换方程（10-30），得到用 μ_r，ρ 和 $F(I_i)$ 表示的 α 和 β 为

$$[\alpha, \beta] = h_i(\mu_r, \rho, F(I_i)) \tag{10-31}$$

其中干扰的累积密度函数 $F(I_i)$，可以通过观察每个节点一段时间的干扰程度来统计地评估。它可以解释为围绕阅读器的局部密度。

　　方程(10-31)表示的函数包含多个随机变量的联合分布，要提取出来是复杂和困难的。但是，通过仿真可以很容易地得到这个函数的数字数据集合。这种数据集合可以潜在地用来训练能够提供函数模型的神经网络。本章中，我们并不尝试给出PPC基于干扰的自适应分布调节方案。我们只实现所有情况下采用固定功率分布PPC，观察总体性能模式和了解DAPC和PPC的差别。仿真选择了图10-4中的两种分布Beta (0.1, 0.1) 和Beta (2, 2)，并用于性能评估的比较。

　　就实现而言，PPC只需要功率控制模块来根据预先确定的概率分布选择输出功率。但是，假设可以得到方程(10-31)中的关系，则可以生成更复杂的PPC模型。该PPC要求测量干扰，并根据干扰动态地调整功率分布以使得 μ_r 和 ρ 最大。

10.5　仿真结果

　　仿真采用MATLAB构建仿真环境。为比较实现了全模式的DAPC和PPC。在相同的设置下测试了两种算法。

10.5.1　阅读器设计

　　阅读器的功率用浮点数表示，变化范围为 0 ~ 30dBm (1 W)，符合FCC规范。对于无差错检测，阅读器需维持的目标SNR为14 (~11dB)。其他系统常数的设计应使得阅读器在孤立环境中的最大读取范围为3m。阅读器上干扰的计算是以包含所有其他阅读器功率和位置加上信道变量 g_{ij} 的矩阵为基础的。基于最差情况分析，所期望的读取范围为2m。

　　对于所提出的DAPC，功率更新参数 Kv 和 σ 均设为0.001。对于所提出的PPC，同时实现了Beta (0.1, 0.1) 和Beta (2, 2)。

10.5.2　仿真参数

　　对于两种模式，均生成随机拓扑以仿真具有适当数量阅读器的密集网络。在适当数量阅读器的密集RFID网络中，测试了将阅读器置于相互之间最小距离和最大区域的特定情况。任意两个阅读器之间的最小距离在 4 ~ 14m 之间变化，并相应地调整最大距离。阅读器的数目在 5 ~ 60 之间变化，以生成密集网络并测试所提方案的扩展性。每种仿真情况下重复10000次迭代。

10.5.3　评估指标

　　为说明阅读器网络的典型特性，可以画出阅读器的累积范围分布。在图10-5中画出了使用DAPC时阅读器 x 的累积密度函数 $F(x)$。由该图形可以观察到最小和最大检测范围和处于某一范围的百分比。

为评估所提方案的性能，评估了所有阅读器每种情况下的指标，这些指标包括平均读取范围、达到希望范围的时间的百分比、平均输出功率、和受到的平均干扰，并给出了仿真结果。

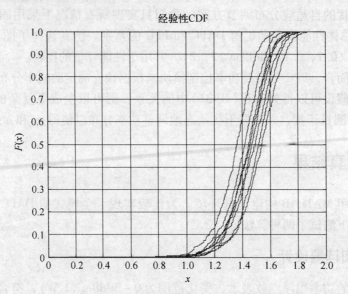

图 10-5　采用 DAPC 时阅读器的读取范围的累积密度函数

10.5.4　结果和分析

图 10-6 给出了密集网络中采用 DAPC 时，一个阅读器的输出功率、干扰程度和检测范围与时间的关系。可以看到 DAPC 试图通过增大功率来达到期望的范围；但是，干扰程度太大，所以阅读器达到了最大功率并采用了选择性退避方案。同时还可以看到，当阅读器退避进入低功率状态时，干扰程度加大，意味着其他阅读器得到好处而访问了信道。该曲线还说明，退避时间的改变对应于达到所期望的范围，例如退避间隔 12 ~ 24s 对应于达到所期望范围的时间为 28 ~ 37s。

首先讨论稀疏网络中的性能。当任意两个阅读器之间的最小距离为 9m 时，所有阅读器达到期望范围时间百分比的平均值 ρ 如图 10-7 所示。注意到每个阅读器在无干扰时最大检测范围为 3m，在有多个阅读器时期望的范围设置为 2m。观察到在该稀疏网络中 DAPC 的性能超过两种 PPC 算法。当采用合适的参数估值以及 10.3 节描述的闭环反馈控制时，DAPC 趋向 100% 所期望的范围。该结果验证了理论分析的结论。同时显示就 ρ 而言，Beta (2，2) 优于 Beta(0.1，0.1)。采用 Beta (2，2) 分布时，每个阅读器在大部分时间处于工作状态且以中等功率发射信号。对于稀疏网络和小干扰，中等功率克服了产生的干扰，因此达到了所期望的范围。

相比而言，采用 Beta（0.1，0.1）分布时阅读器处于关闭状态的概率为 30%，所以获得所期望的范围的概率将较低。

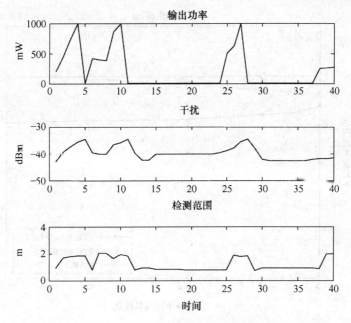

图 10-6　输出功率、干扰和检测范围与时间的函数关系（以秒为单位）

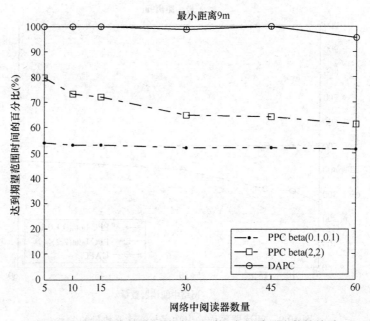

图 10-7　达到所期望范围的时间百分比与阅读器个数的关系

在图 10-8 中，考虑相同情况下的平均检测范围，DAPC 趋于 2m 的期望范围，优于两种 PPC 算法。我们还可以在图 10-9 中观察到每种算法的平均功率的大小。

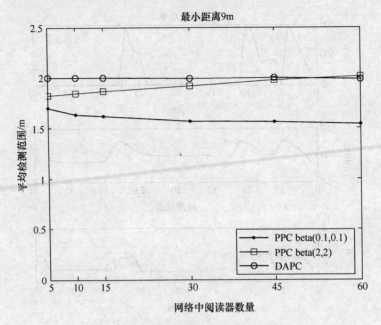

图 10-8　平均检测范围与阅读器数量的关系

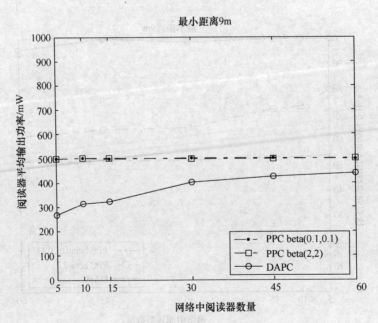

图 10-9　阅读器平均输出功率与阅读器数量的关系

因为 Beta (2, 2) 和 Beta (0.1, 0.1) 两者的平均为 0.5, 阅读器平均输出功率保持在 500 mW, 即最大功率的一半。与此同时, DAPC 可以动态地调整输出功率找到最佳值, 达到的期望范围的大小随网络规模而变化。

　　现在分析密集网络中功率控制方案的性能。对于一个最小距离为 6m 的网络而言, 当发射功率不能克服干扰时, 不可能所有的阅读器都能达到所期望的范围, 这迫使测试每种算法的退让策略。检测距离和时间百分比与阅读器数量的关系分别见图 10-10 和图 10-11。当阅读器数量增加时, 网络中的干扰也增加, 所以阅读器达到期望范围时间的百分比 ρ 将下降, 如图 10-10 所示。可以看到分布为 Beta (0.1, 0.1) 的 PPC 的 ρ 最大。这是因为在每个时间间隔, 平均 30% 的阅读器切入关闭状态, 而其他 30% 以满功率发射。因此, 使用满功率的阅读器有更大的概率达到期望的范围, 而为此付出了平均检测范围的代价。由图 10-11 看到, 和 DPC 和分布为 Beta (2, 2) 的 PPC 相比, 其平均检测范围的性能相对较差。

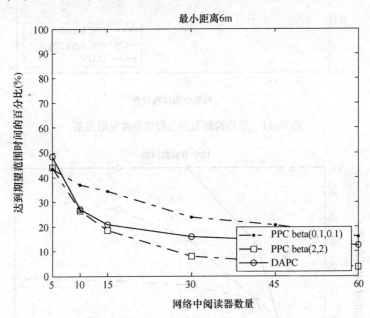

图 10-10　获得期望范围的时间百分比与阅读器数量的关系

　　尽管对于 Beta (2, 2) 而言, 达到目标范围时间的百分比较低, 但它是三种算法中平均检测范围最好的。带有选择性退避方案的 DPC 找到了这两个指标之间的平衡点。这说明在目标范围时间百分比和平均检测范围之间存在一个折中。

　　不改变阅读器的数量但改变任意两个阅读器之间的最小距离, 可以画出平均检测范围和时间百分比曲线。如图 10-12 和图 10-13 所示, 可以看到随着任意两个阅读器间的最小距离减小, DAPC 的时间百分比收敛于一个稳定值, 这再次验证了功率更新方案的理论分析结果。采用前面讨论中相同的解释，Beta（0.1，0.1）的 PPC 在获达到期望的范围上表现更好，而 Beta（2，2）的平均检测范围性能更好。

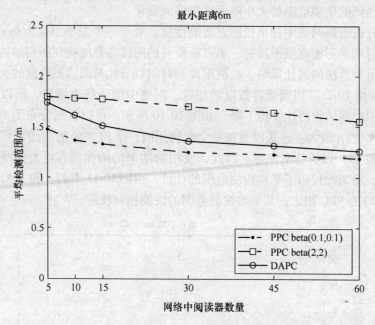

图 10-11　平均检测范围与阅读器数量的关系

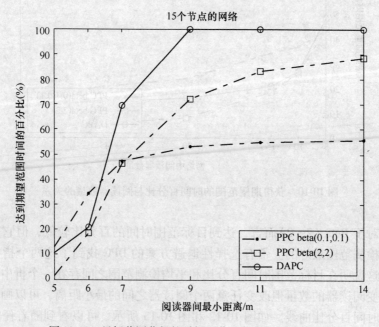

图 10-12　目标范围获得的时间百分比与最小距离的关系

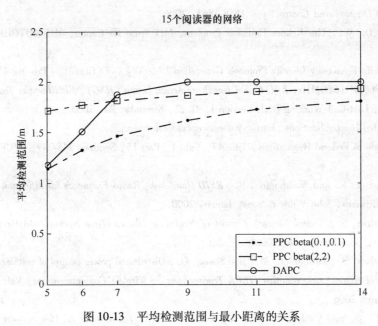

图 10-13　平均检测范围与最小距离的关系

10.6　结论

本章研究和分析了两种基于 DAPC 的 RFID 读取范围和干扰管理的算法。两种算法都在基于 MATLAB 的阅读器网络仿真中，作为功率控制的 MAC 协议加以实现。可以看到，DAPC 快速收敛于所要求的 SNR，若该 SNR 在功率限制下是可实现的。DAPC 中的选择性退避算法提高了密集网络中的信道利用率。PPC 不能完全与网络的密度相适应，但是，依然显示出其扩展性和公平性。另外，讨论了两种算法实现的细节。

本章给出了阅读器碰撞问题新的详细解释，其同样可应用于其他类似的 RF 系统。我们说明了大功率 RFID 网络存在严重的干扰，会对其他低功率 RF 设备带来问题。这些问题在 RF 通信层上不能轻易得到解决，因此提出了两种功率控制算法即 DAPC 和 PPC。DAPC 的未来研究将包括基于干扰和质量测量自动调节选择性退避的实现。未来关于 PPC 的工作降集中于开发基于干扰测量的内部功率分布调整的方法，以获得指定的读取范围的统计结果。

参 考 文 献

Cha, K., Ramachandran, A., and Jagannathan, S., Adaptive and probabilistic power control schemes and hardware implementation for dense RFID net works, *Proceedings of the IEEE International*

Conference of Decision and Control, pp. 1858-1863, 2006.

Engels, D. W., The Reader Collision Problem, MIT Auto ID Center, MIT-AUTOID- WH-007, 2002.

EPC Radio-Frequency Identity Protocols Generation 2 Identity Tag (Class 1): Pro- tocol for Communications at 860MHz-960MHz, *EPC Global Hardware Action Group (HAG)*, *EPC Identity Tag (Class 1) Generation 2*, Last-Call Working Draft Version 1. 0. 2, November 24, 2003.

EPCGlobal Inc publications, http: //www. epcglobalinc. org/.

FCC Code of Federal Regulations, Title 47, Vol. 1, Part 15, Sections 245-249, 47CFR15, October 2000.

Finkenzeller, K. and Waddington, R., *RFID Handbook: Radio-Frequency Identification Fundamentals and Applications*, John Wiley & Sons, January 2000.

Jagannathan, S., *Neural Network Control of Nonlinear Discrete-Time Systems*, Taylor and Francis (CRC Press), Boca Raton, FL, 2006.

Jagannathan, S., Zawodniok, M., and Shang, Q., Distributed power control of cellular networks in the presence of channel uncertainties, *IEEE Transactions on Wireless Communications*, Vol. 5, No. 3, 540-549, March 2006.

Jung, E. -S. and Vaidya, N. H., A power control MAC protocol for Ad Hoc networks, *Proceedings of the ACM MOBICOM*, 2002.

Karthaus, U. and Fischer, M., Fully Integrated passive UHF RFID Transponder IC With 16. 7-uW Minimum RF Input Power, *IEEE Journal of Solid-State Circuits*, Vol. 38, No. 10, October 2003.

Park, S. -J. and Sivakumar, R., Quantitative analysis of transmission power control in wireless ad-hoc networks, *Proceedings of the ICPPW'02*, August 2002.

Rao, K. V. S., An overview of back scattered radio frequency identification systems (RFID), *Proceedings of the IEEE Microwave Conference*, Vol. 3, 1999, pp. 746-749.

Rappaport, T. S., *Wireless Communications, Principles and Practices*, Prentice Hall, NJ, 1999.

TR (Technical Report) on LBT (listen-before-talk) for Adaptive Frequency Agile SRD's as Implemented in the Draft EN 302 288, ETSI TR 102 378 V1.1, October 2005.

Waldrop, J., Engels, D. W., and Sharma, S. E., Colorwave: an anti-collision algorithm for the reader collision problem, *Proceedings of the IEEE ICC*, Vol. 2, 2003, pp. 1206-1210.

Zawodniok, M. and Jagannathan, S., A distributed power control MAC protocol for wireless Ad Hoc networks, *Proceedings of the IEEE WCNC*, Vol. 3, March 2004, pp. 1915-1920.

习题

10.4 节

习题 10.4.1：说明概率性功率控制收敛于目标值。

10.6 节

习题 10.6.1：推导获得目标 SNR 的最少阅读器数量和位置方程。